工业和信息化部"十四五"规划教材　　　　名校名师精品系列教材

Routing Switching
Technology

路由交换技术

梁广民　徐磊　程越　王诗雨 ◉ 主编

王隆杰　王金周 ◉ 主审

人民邮电出版社
北　京

图书在版编目（CIP）数据

路由交换技术 / 梁广民等主编. -- 北京：人民邮电出版社，2023.6
名校名师精品系列教材
ISBN 978-7-115-61557-2

Ⅰ.①路… Ⅱ.①梁… Ⅲ.①计算机网络—路由选择—教材②计算机网络—信息交换机—教材 Ⅳ.①TN915.05

中国国家版本馆CIP数据核字（2023）第057319号

内 容 提 要

本书遵循网络工程师职业素养养成和专业技能积累的规律，将职业能力、职业素养和工匠精神融入其中，以华为认证 HCIA-Datacom 认证考试的标准为编写依据，以华为网络设备为硬件平台，以网络工程项目为依托，从产业和行业数字化转型的实际需求出发组织全书内容。本书内容拆分为 6 个项目和 18 项任务，项目 1 为配置和管理网络设备，项目 2 为部署和实施企业园区网络，项目 3 为部署和实施企业网络互联，项目 4 为部署和实施企业网络安全，项目 5 为部署和实施企业无线网络，项目 6 为部署和实施网络自动化。

本书既可作为电子信息类专业和计算机类专业的教材，也可作为华为认证 HCIA-Datacom 认证考试教学和培训指导书，还可作为从事网络工程实施、网络管理和维护工作的技术人员的参考用书。

◆ 主　编　梁广民　徐　磊　程　越　王诗雨
　　主　审　王隆杰　王金周
　　责任编辑　郭　雯
　　责任印制　王　郁　马振武

◆ 人民邮电出版社出版发行　　北京市丰台区成寿寺路 11 号
　　邮编　100164　电子邮件　315@ptpress.com.cn
　　网址　https://www.ptpress.com.cn
　　北京天宇星印刷厂印刷

◆ 开本：787×1092　1/16
　　印张：20.5　　　　　　　　　　2023 年 6 月第 1 版
　　字数：595 千字　　　　　　　2024 年 11 月北京第 3 次印刷

定价：79.80 元

读者服务热线：(010)81055256　印装质量热线：(010)81055316
反盗版热线：(010)81055315
广告经营许可证：京东市监广登字 20170147 号

前言 PREFACE

　　以数字化为特征、以技术创新为驱动、以信息网络为基础的国家新基建发展战略让更多行业进入互联网化的"快车道"。未来网络技术的发展将趋向综合化、高速化、智能化和个性化，实现数字产业化和产业数字化也将成为经济发展的主攻方向。作为全球领先的互联网设备供应商，华为公司的产品已经涉及数通、安全、无线、云计算、智能计算和存储等诸多方面。为了适应时代发展步伐，本书在编写过程中融入党的二十大精神等思政元素，遵循网络工程师职业素养养成和专业技能积累的规律，突出职业能力、职业素养、工匠精神和质量意识培育。党的二十大报告指出"要以中国式现代化全面推进中华民族伟大复兴"，其中"加快建设网络强国、数字中国"是对信息行业的战略部署。华为的数通技术，无论是在核心技术领域，还是在整体市场占有率上，都处于全球领先地位，也助力我国建设出了目前全球最大的 5G 网络。

　　本书的特色如下。

　　（1）在编写思路上，本书遵循网络技术技能人才的成长规律，注重网络知识传授、网络技能积累和职业素养养成，为学生适应 ICT 领域的工作岗位奠定坚实的基础。

　　（2）在目标设计上，本书以企业信息化建设、数字化转型和升级的实际需求为导向，以培养网络规划设计能力、网络设备的配置和调试能力、网络工程实施能力、网络故障排除能力、自动化运维能力，以及技术创新能力为目标，为数字经济人才的培养提供支撑。

　　（3）在内容选取上，本书以华为认证 HCIA-Datacom 认证考试标准为编写依据，坚持集先进性、科学性和实用性为一体，尽可能覆盖新的和实用的网络技术。本书以网络工程项目为依托，从 ICT 产业和行业的实际需求出发组织全部内容，涵盖网络设备管理、交换技术、路由技术、安全技术、无线技术和网络自动化运维等方面。

　　（4）在内容表现形式上，本书以极简单和极精炼的方式讲解网络技术基本原理，同时通过任务实施分层、分步骤地介绍网络技术，使读者能结合实验调试结果巩固和深化所学的网络技术原理。编者根据多年教学工作的经验，对实验结果和现象加以汇总和注释，使其更加直观、易懂。

　　本书配有课程标准、慕课视频、PPT、虚拟仿真案例、题库和源代码等丰富的数字化教学资源，读者可登录人邮教育社区（www.ryjiaoyu.com）下载或使用本书相关资源，登录 www.rymooc.com/Course/Show/1034 观看慕课视频。作为教学用书使用时，本书的参考学时为 72 学时，其中讲授和演示 36 学时，实训 36 学时。各项目参考学时如下。

项目	学时
项目 1　配置和管理网络设备	8
项目 2　部署和实施企业园区网络	16
项目 3　部署和实施企业网络互联	20
项目 4　部署和实施企业网络安全	12
项目 5　部署和实施企业无线网络	4
项目 6　部署和实施网络自动化	12
学时总计	72

　　本书由深圳职业技术学院梁广民教授组织编写及统稿，其中项目 1、5 由徐磊编写，项目 2、3 由梁广民编写，项目 4 由程越编写，项目 6 由王诗雨编写，参与本书编写的还有邹润生、王金涛、屈海洲、张立涓和蒋精华。深圳职业技术学院王隆杰教授和深圳市聚科睿网络技术有限公司王金周总经理主审全书。

　　由于编者水平和经验有限，书中难免存在不足之处，恳请读者批评指正，编者 E-mail 为 gmliang@szpt.edu.cn，读者也可加入人邮教师服务 QQ 群（群号为 159528354）。

编　者

2023 年 2 月

目录 CONTENTS

项目1
配置和管理网络设备

01

【项目描述】

在国家数字新基建背景下，为了增强企业的核心竞争力、加快业务流程重组、优化组织结构、降低运营成本、扩大竞争范围、激发生产和技术创新，A公司计划进行信息化建设，从而提高企业经济效益、提高企业竞争力和加速企业发展。经过前期市场调研、需求分析和规划设计，A公司选择使用华为公司的路由器和交换机组建网络，采购的设备已经到货。本项目中运维部的工程师需要完成的任务如下。

（1）路由器和交换机的验收。

（2）路由器和交换机与计算机的连接。

（3）路由器和交换机的基本配置。

（4）路由器和交换机的管理。

（5）路由器和交换机Console口登录密码清除。

（6）网络设备邻居发现。

本项目涉及的知识和能力图谱如图1-1所示。

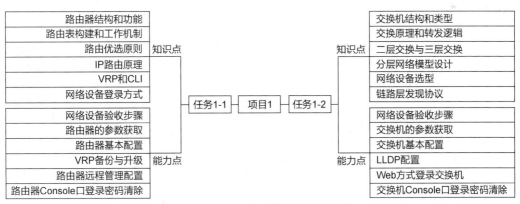

图 1-1　项目 1 涉及的知识和能力图谱

任务 1-1　配置和管理路由器

任务描述

在一个典型的数据通信网络中，往往存在多个不同的互联网协议（Internet Protocal，IP）网段，数据在不同的 IP 网段之间进行交互是需要借助三层设备的，如路由器和三层交换机等。这些设备具备路由能力，能够实现数据的跨网段转发。路由器是网络系统集成的核心设备，其主要功能是确定 IP 报文传输的最佳路径以及将 IP 报文从正确的接口转发出去。本任务的主要目的是使读者夯实及理解路由器结构和功能、路由表构建和工作机制、路由优选原则、IP 路由原理、VRP 和 CLI、网络设备登录方式等网络知识，并通过现场勘查和实际操作，掌握网络设备验收步骤、路由器的性能和功能参数的获取、通用路由平台（Versatile Routing Platform，VRP）基本配置命令、路由器基本配置、路由器远程管理、VRP系统备份和路由器 Console 口登录密码清除等职业技能，为后续任务的顺利完成做好积极的准备。

知识准备

1.1.1　路由器结构和功能

路由器是一台具有特殊用途的计算机，其组件包含中央处理器（Central Processing Unit，CPU）、内存、非易失性随机访问存储器（Non-Volatile Random Access Memory，NVRAM）、只读存储器（Read-Only Memory，ROM）、Flash、主控板、电源、风扇和多种类型的接口模块。图 1-2 所示为华为路由器 AR6140-S 的前后面板，各部分组件名称如表 1-1 所示。

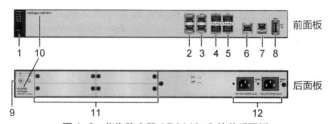

图 1-2　华为路由器 AR6140-S 的前后面板

表 1-1　华为路由器 AR6140-S 前后面板的组件名称

序号	名称	序号	名称	序号	名称
1	RESET 按钮	5	2 个 GE 光接口	9	接地点
2	2 个 GE 电接口	6	1 个 GE 电接口	10	产品型号丝印
3	2 个 GE 电接口	7	Console 口	11	4 个智能接口卡槽位
4	2 个 GE 光接口	8	USB 3.0 接口	12	2 个交流电源接口

华为 AR 系列路由器采用模块化结构提供了大量可供选配的智能接口卡（Smart Interface，SIC），WSIC 是双宽度的智能接口卡。GE 电/光接口主要用于以太网业务的接收和发送。Console 口用于连接计算机，实现带外（Out-Of-Band，OOB）配置功能。在 RESET 按钮上方，自上而下依次有 4 个状态指示灯，其中，PWR 表示电源指示灯，SYS 表示系统运行指示灯，iNET 表示网络业务是否正常建立指示灯，CTRL 表示设备是否正常连接到控制器指示灯。

路由器属于网络层设备，可根据所收到的报文的目的地址选择一条合适的路径，将报文传送到下一台路由器或目的地，路径中最后的路由器负责将报文发送给目的主机。路由器的常见功能如下。

（1）实现不同网络之间的数据通信。

（2）连接通过交换机组建的二层网络，并隔离广播，路由器的一个接口对应一个广播域。

（3）运行路由协议，如开放最短路径优先（Open Shortest Path First，OSPF）协议、中间系统到中间系统（Intermediate System-to-Intermediate System，IS-IS）协议和边界网关协议（Border Gateway Protocol，BGP）等，并构建和维护路由表。

（4）依据路由表进行路径（路由信息）选择并转发 IP 报文。

（5）实现广域网接入、路径控制、策略路由和网络地址转换等。

1.1.2　路由表构建和工作机制

路由器转发 IP 报文依赖于路由表。路由表是保存在网络设备内存中的数据文件，其中存储了与直连网络及远程网络相关的信息。路由表包含网络与下一跳的关联信息。这些关联信息告知路由器：要以最佳方式到达某一目的地，可以将 IP 报文发送到特定路由器（即在到达最终目的地的途中的下一跳）。下一跳也可以关联到最终目的地的送出接口。路由器在查找路由表的过程中通常采用递归查询。路由器通常使用 3 种途径构建路由表。

（1）直连网络：直连到路由器某一接口的网络。当然，该接口处于活动状态，路由器自动添加与自己直接连接的网络到路由表中。

（2）静态路由：通过网络管理员手动配置、添加到路由表中。

（3）动态路由：指路由器使用路由协议（如路由信息协议（Route Information Protocol，RIP）、OSPF 协议、IS-IS 协议、BGP 等）来获悉网络并更新路由表。

可以通过执行 display ip routing-table 命令来查看路由表，具体如下。

```
[R1]display ip routing-table
Route Flags: R - relay, D - download to fib
------------------------------------------------------------------------
Routing Tables: Public
        Destinations : 11        Routes : 11
Destination/Mask      Proto   Pre Cost Flags NextHop        Interface
     127.0.0.0/8      Direct  0   0    D     127.0.0.1      InLoopBack0
     127.0.0.1/32     Direct  0   0    D     127.0.0.1      InLoopBack0
127.255.255.255/32    Direct  0   0    D     127.0.0.1      InLoopBack0
   172.16.1.0/24      Direct  0   0    D     172.16.1.1     GigabitEthernet0/0/1
   172.16.1.1/32      Direct  0   0    D     127.0.0.1      GigabitEthernet0/0/1
 172.16.1.255/32      Direct  0   0    D     127.0.0.1      GigabitEthernet0/0/1
   172.16.2.0/24      OSPF    10  2    D     172.16.12.2    GigabitEthernet0/0/0
  172.16.12.0/24      Direct  0   0    D     172.16.12.1    GigabitEthernet0/0/0
  172.16.12.1/32      Direct  0   0    D     127.0.0.1      GigabitEthernet0/0/0
172.16.12.255/32      Direct  0   0    D     127.0.0.1      GigabitEthernet0/0/0
255.255.255.255/32    Direct  0   0    D     127.0.0.1      InLoopBack0
```

路由表的具体含义将在后续的项目 3 中详细介绍。路由表的工作机制如下。

（1）每台路由器根据其自身路由表中的信息独立做出转发决定。

（2）一台路由器的路由表中包含某些信息并不表示其他路由器也包含相同的信息。

（3）从一个网络能够到达另一个网络并不意味着 IP 报文一定可以返回，也就是说，路由信息必须双向可达，才能确保网络可以正常通信。

（4）当路由器收到一个 IP 报文时，会在自己的路由表中查询该 IP 报文的目的 IP 地址。如果能够找到匹配的路由表项，则依据表项所指示的出接口及下一跳来转发数据；如果没有找到匹配的表项，则丢弃该 IP 报文。

（5）IP 报文的转发是逐跳行为，即每台路由器只负责用自己路由表中的最优表项将 IP 报文转发给下一跳路由器。通过多台路由器的逐跳转发，最终 IP 报文通过最优路径到达目的主机。IP 报文从源 IP 地址到达目的 IP 地址经过的每台路由器都必须有关于目标网段的路由，否则会丢包。

（6）当路由器收到一个 IP 报文时，会将 IP 报文的目的 IP 地址与自己本地路由表中的所有路由表项进行逐位（Bit-By-Bit）比对，直到找到匹配度最高的表项，这就是最长前缀匹配机制。

1.1.3 路由优选原则

1. 优先级

优先级（Preference）用来定义路由来源的可信程度，取值为 0～255 中的整数值，值越小，表示路由来源的优先级越高。默认情况下，只有直连网络协议的优先级为 0，且这个值不能更改；而静态路由协议和动态路由协议的优先级是可以修改的。表 1-2 列出了华为设备上直连网络、静态路由以及常见动态路由协议的默认优先级。

表 1-2　华为设备路由默认优先级

路由类别	路由默认优先级
直连网络	0
静态路由	60
OSPF 协议	10
IS-IS 协议	15
RIP	100
BGP	255

2. 度量值

度量值（Metric）表示到达这条路由所指目的地址的开销，度量值很多时候被称为开销值（Cost）。对于同一种路由协议，当到达同一目的网络有多条路径时，路由协议使用开销值来确定最优的路径。开销值越小，路径越优先。每一种路由协议都有自己的度量标准，常见的度量标准包括跳数、带宽、时延、开销、负载和可靠性等。例如，RIP 使用跳数作为度量标准，OSPF 协议使用开销作为度量标准，所以不同的路由协议决策出的最优路径可能不同。

当路由器添加路由条目到路由表中时，要遵循如下原则。

（1）有效的下一跳地址。

（2）如果下一跳地址有效，则路由器通过不同的路由协议学习到多条去往同一目的网络的路由，路由器会将优先级值最小的路由条目放入路由表中。

（3）如果下一跳地址有效，则路由器通过同一种路由协议学习到多条去往同一目的网络的路由，路由器会将开销值最小的路由条目放入路由表中。

1.1.4 IP 路由原理

路由器是网络互联的核心，它可以连接多个网络。当路由器从某个接口收到 IP 报文时，它会确定使用哪个接口将该 IP 报文转发到目的地。因此路由器转发 IP 报文的行为包括确定发送 IP 报文的最优路径和将 IP 报文转发到正确的出接口。路由器使用路由表来确定转发 IP 报文的最优路径。当 IP 报文到达路由器时，路由器首先提取出 IP 报文的目的 IP 地址，然后将 IP 报文的目的 IP 地址按照路由表中表项网络地址的掩码长度做"与"操作。将"与"操作后的结果与路由表中的表项进行比较，相同则表示匹配，否则表示不匹配。当操作结果与多条表项都匹配时，路由器会选择匹配掩码最长的表项作为最优路径信息。

路由器转发 IP 报文的过程如下：路由器收到 IP 报文后，首先拆掉二层信息，然后根据 IP 报文中的目的 IP 地址在路由表中搜索最匹配的路由表项作为最优路径，并将 IP 报文重新封装（重写二层信息）后转发到下一台路由器，路径上最后的路由器负责将 IP 报文转发给目的主机。重写的二层信息取决于路由器出接口的二层封装类型（如以太网封装或者 PPP 封装等）及其连接的介质类型等。

下面通过以下例子进一步说明路由器转发 IP 报文的过程，如图 1-3 所示。此例只关注计算机和路由器对 IP 报文进行封装、解封装和转发的过程。假设所有计算机和路由器的 ARP 表为空。提示：计算机可以通过使用 arp –d 命令清空 ARP 表。

图 1-3　路由器转发 IP 报文的过程

IP 报文从计算机 PC1 到达计算机 PC2 的转发过程如下。

（1）在计算机 PC1 上执行 ping 172.16.2.100 命令，此时 PC1 首先判断目的 IP 地址和本机 IP 地址不在同一个网段，于是向网关（172.16.1.1）发送 ARP 请求。此 IP 报文为二层广播包，以太网帧二层头部信息如下：源 MAC 地址为 5489-98E1-3D83，目的 MAC 地址为 FFFF-FFFF-FFFF（广播），类型字段值为 0x0806（0x 表示数值为十六进制，0806 代表 ARP）。

（2）路由器 R1 收到 ARP 请求后，首先更新自己的 ARP 表，添加 PC1 的 IP 地址和网卡 MAC 地址的映射记录，同时回复 ARP 应答（单播）。其以太网帧二层头部信息如下：源 MAC 地址为 00E0-FC47-723A，目的 MAC 地址为 5489-98E1-3D83，类型字段值为 0x0806。

（3）计算机 PC1 收到路由器 R1 回复的 ARP 应答后，更新自己的 ARP 表，此时 PC1 的 ARP 表如下。

```
C:\>arp -a
Internet Address        Physical Address        Type
172.16.1.1              00-E0-FC-47-72-3A        dynamic
```

在实际应用环境中，当路由器 R1 的 G0/0/0 接口启动后，会主动发送 Gratuitous ARP（免费 ARP），处在同一网段的计算机收到后，就会更新自己的 ARP 表，而当计算机网卡启动的时候，也会主动周期性发送 ARP 请求，以便获得网关的 MAC 地址。因此上述（1）～（3）的过程实际上是自动完成的，不需要用户发送 IP 报文来触发、生成 ARP 表项。

（4）计算机 PC1 收到路由器 R1 回复的 ARP 应答后，进行以太网帧封装，IP 报文二层和三层头部部分信息如下：源 MAC 地址为 5489-98E1-3D83，目的 MAC 地址为 00E0-FC47-723A，类型字段值为 0x0800（0800 代表 IP），源 IP 地址为 172.16.1.100，目的 IP 地址为 172.16.2.100，协议字段值为 1（代表 ICMP）。

（5）计算机 PC1 将封装好的 IP 报文发送到默认路由器 R1，R1 从 G0/0/0 接口收到该以太网帧后，进行解封装（删除以太网帧二层信息），然后路由器 R1 使用 IP 报文的目的 IP 地址 172.16.2.100 搜索路由表，查找匹配的路由条目。在路由表中找到匹配的目的网络地址后，确定出接口为 S1/0/0，路由器 R1 将 IP 报文重新封装（重写二层信息）到 PPP 帧中，然后将 IP 报文转发到路由器 R2，IP 报文二层和三层头部部分信息如下：PPP 帧地址字段值为 0xFF，类型字段值为 0x0021（0021 代表 IP），源 IP 地址为 172.16.1.100，目的 IP 地址为 172.16.2.100，协议字段值为 1。

（6）路由器 R2 收到路由器 R1 发送的 IP 报文后，进行解封装（删除 PPP 帧二层信息），路由器 R2 使用 IP 报文的目的 IP 地址 172.16.2.100 搜索路由表，查找匹配的路由条目。在路由表中找到目的网络地址后，发现目的主机位置和自己直连的 G0/0/0 接口网络地址相同。如果此时路由器 R2 的 ARP 表中有与 172.16.2.100 对应的 ARP 缓存条目，则直接转到（10）继续二层重写；如果此时路由器 R2 的 ARP 表中没有与 172.16.2.100 对应的 ARP 缓存条目，则发送 ARP 请求，以便获得计算机 PC2 的网卡的 MAC 地址信息。路由器 R2 发送 ARP 请求的以太网帧二层头部信息如下：源 MAC 地址为 00E0-FCBC-3B8B，目的 MAC 地址为 FFFF-FFFF-FFFF，类型字段值为 0x0806。对计算机 PC1 来说，此时第一次 ping 的结果显示超时（Timeout），然后执行第二次 ping 命令，其转发过程直接从（5）

和（6）开始。

（7）计算机 PC2 收到路由器 R2 发送的 ARP 请求后，更新自己的 ARP 表，此时 PC2 的 ARP 表如下。

```
C:\>arp -a
Internet Address      Physical Address        Type
172.16.2.2            00-E0-FC-BC-3B-8B        dynamic
```

（8）计算机 PC2 收到路由器 R2 发送的 ARP 请求后会回复 ARP 应答（单播）。以太网帧二层 IP 报头信息如下：源 MAC 地址为 5489-9803-1BFA，目的 MAC 地址为 00E0-FCBC-3B8B，类型字段值为 0x0806。

（9）路由器 R2 收到计算机 PC2 回复的 ARP 应答后，更新自己的 ARP 表，具体显示如下。

```
<R2>display arp dynamic
IP ADDRESS        MAC ADDRESS       EXPIRE(M) TYPE        INTERFACE
                                              VLAN/CEVLAN PVC
------------------------------------------------------------------------
172.16.2.2        00e0-fcbc-3b8b              I -         GE0/0/0
172.16.2.100      5489-9803-1bfa    12        D-0         GE0/0/0
------------------------------------------------------------------------
Total:2           Dynamic:1         Static:0  Interface:1
```

（10）路由器 R2 进行重新封装（重写二层信息），然后将 IP 报文转发到计算机 PC2。IP 报文二层和三层头部部分信息如下：源 MAC 地址为 00E0-FCBC-3B8B，目的 MAC 地址为 5489-9803-1BFA，类型字段值为 0x0800，源 IP 地址为 172.16.1.100，目的 IP 地址为 172.16.2.100，协议字段值为 1。

（11）计算机 PC2 收到 IP 报文后，继续执行和上述类似的过程，IP 报文最后到达计算机 PC1，完成一次 ping 的过程。

以上数据转发过程表明，IP 报文在从计算机 PC1 到达计算机 PC2 的整个传输过程中，二层地址信息会被逐跳重写，但是三层 IP 地址信息保持不变。

1.1.5 VRP 和 CLI

路由器和交换机等网络设备都有自己的操作系统，华为路由器和交换机采用的操作系统称为通用路由平台（Versatile Routing Platform，VRP）。VRP 以 IP 业务为核心，采用组件化的体系结构，在实现丰富功能、特性的同时，还提供基于应用的可裁剪和可扩展的功能，使得路由器和交换机的运行效率大大提升。VRP 拥有一致的网络界面、用户界面和管理界面，为用户提供灵活、丰富的应用解决方案。VRP 以 TCP/IP 协议簇为核心，实现了数据链路层、网络层和应用层的多种协议，集成了路由交换技术、服务质量（Quality of Service，QoS）技术、安全技术和 IP 语音技术等数据通信功能，并以 IP 转发引擎技术作为基础，为网络设备提供出色的数据转发能力。随着网络技术和应用的飞速发展，VRP 在处理机制、业务能力、产品支持等方面也在持续演进，陆续出现 VRP1、VRP2、VRP3、VRP5 和 VRP8 等版本。可以通过 display version 命令查看设备运行的 VRP 软件版本，也可以从华为的官网上下载最新的 VRP 软件版本。例如，AR6140-S 路由器运行的 VRP5 版本，产品版本号为 V300R021C00SPC200，其中 V300 表示产品码，R021 表示大版本号，C00 表示小版本号，SPC200 表示补丁号。

VRP 提供的服务可以通过命令行界面（Command Line Interface，CLI）和 Web 界面来访问。CLI 是较为常见的访问方式。为便于用户使用 CLI 命令，华为路由器按功能分类将命令分别注册在不同的命令行视图下。配置某一功能时，需首先进入对应的命令行视图，然后执行相应的命令进行配置。常见的命令行视图如下。

（1）用户视图：用户从终端成功登录至设备即进入用户视图。在该视图下，用户可以查看设备运行状态和统计信息等，提示符为"<主机名>"，"Huawei"是默认的主机名，通过 system-view 命令可进入系统视图。

（2）系统视图：在该视图下，用户可以配置系统参数以及通过该视图进入其他的功能配置视图，提示符为"[主机名]"，通过 return 命令可返回用户视图。

（3）接口视图：使用 interface 命令并指定接口类型及接口编号可以进入相应的接口视图，如 [Huawei-GigabitEthernet0/0/0]。在该视图下可以配置接口相关的物理属性、链路层特性及 IP 地址等重要参数，可通过 quit 命令返回上一级视图，或者通过 return 命令直接返回用户视图。

为了增加设备的安全性，VRP 系统对命令用户权限进行分级管理。默认情况下，命令级别按 0～3 级进行注册，用户级别按 0～15 级进行注册。用户级别和命令级别的对应关系如表 1-3 所示。不同级别的用户登录后，只能使用等于或低于自己级别的命令。

表 1-3　用户级别和命令级别的对应关系

级别名称	用户级别	命令级别	描述
参观级	0	0	可使用网络诊断工具命令（ping、tracert 命令）、从本设备访问外部设备的命令（telnet 命令）、部分 display 命令等
监控级	1	0 或 1	用于系统维护，可使用 display 等命令
配置级	2	0～2	可使用业务配置命令向用户提供直接网络服务
管理级	3～15	0～3	可使用系统基本运行的命令，对业务提供支撑作用

VRP 系统支持命令简写、Tab 键命令补全及"？"帮助功能，同时提供热键和快捷方式，以便配置、监控和排除故障，如使用"Ctrl+A"组合键可将光标移动到当前行的开头。通过 display hotkey 命令可查看已定义、未定义和系统保留的快捷键的情况。

1.1.6　网络设备登录方式

华为网络设备登录方式分为命令行界面方式和 Web 网管方式两种。用户通过相应的方式登录到设备后才能对设备进行管理。

命令行界面方式需要用户使用设备提供的命令行对设备进行管理与维护。此方式可实现对设备的精细化管理，但是要求用户熟悉命令行。命令行界面方式可以通过 Console 口、Telnet 或 SSH 方式登录设备。用户通过命令行界面方式登录设备时，系统会分配一个用户界面来管理、监控设备和用户间的当前会话。设备系统支持的用户界面有 Console 用户界面和虚拟类型终端（Virtual Type Terminal，VTY）用户界面。Console 用户界面用来管理和监控通过 Console 口登录的用户。用户终端的串行口或者 USB 接口可以与设备 Console 口直接连接，然后通过 PuTTY 或者 SecureCRT 等软件本地登录实现对设备的本地配置，如图 1-4 所示。当用户需为第一次加电的设备进行配置时，可通过 Console 口登录设备。

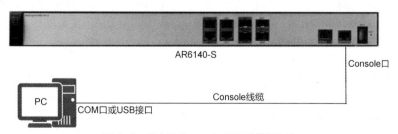

图 1-4　路由器 Console 口和计算机连接

VTY 用户界面用来管理和监控通过 VTY 方式登录的用户。用户通过终端与设备建立 Telnet 或 SSH

连接后，即建立了一条 VTY 通道，通过 VTY 通道实现对设备的远程访问。出于网络安全的考虑，建议用户通过 SSH 连接实现对网络设备的远程访问。

　　Web 网管方式通过图形化的操作界面，实现对设备的直观、方便的管理与维护，但是此方式仅可实现对设备部分功能的管理与维护。Web 网管方式可以通过 HTTP 和 HTTPS 方式登录设备。在 PC 终端打开浏览器软件，在地址栏中输入"https://管理 IP 地址"，按"Enter"键，进入 AR Web 管理平台登录界面，如图 1-5 所示。输入默认用户名（admin）和默认密码（admin@huawei.com），单击"登录"按钮，进入 Web 页面。用户登录成功后，若在固定时间内未进行任何操作（默认超时时间为 10min），则系统将自动注销当前登录。单击"确定"按钮后，重新返回 AR Web 管理平台登录界面。

图 1-5　AR Web 管理平台登录界面

1.1.7　基本 VRP 命令

　　华为提供的命令按照一定的格式设计，用户可以通过 CLI 输入命令，由 CLI 对命令进行解析，实现用户对路由器的配置和管理。华为 VRP 命令通常包括命令字、关键字和参数列表。命令字规定了系统应该执行的功能。关键字由特殊的字符构成，用于进一步约束命令，是对命令的拓展，也可用于表达命令构成逻辑。参数列表是对命令执行功能的进一步约束，可以包括一对或多对参数名和参数值。例如，在用来查看接口信息的 display ip interface GE0/0/0 命令中，命令字是 display，关键字是 ip，参数名是interface，参数值是 GE0/0/0。

　　华为 VRP 系统提供的命令集非常庞大，此处只给出常见的 VRP 命令。

1.　基本配置命令

```
<Huawei>clock datetime 10:18:00 2022-11-7      //设置设备当前日期和时间
<Huawei>clock timezone BJ add 08:00:00         //设置本地时区信息
<Huawei>reboot                                 //重启设备
<Huawei>save                                   //保存当前配置信息
```

```
<Huawei>reset saved-configuration      //清除设备中存储的启动配置文件
<Huawei>system-view                    //进入系统视图
[Huawei]quit //如果在用户视图下执行该命令，则退出系统，如果在其他视图下执行该命令，则返回上一级视图
[Huawei]return                         //从（除用户视图外）其他视图返回用户视图
[Huawei]sysname R1                     //设置设备的主机名，默认主机名为 Huawei
[R1]undo sysname                       /*恢复设备的主机名为默认主机名，undo 命令用于恢复默认配置、禁用某个
功能或者删除某项配置*/
[R1]header login information #All may be monitored#      //设置登录时的标题文本
[R1]header shell information #Welcome#                   //设置登录成功后的标题文本
```

2. 用户配置命令

```
[R1]aaa    //进入 AAA 视图
[R1-aaa]local-user huawei privilege level 15 password cipher huawei idle-timeout    10
//创建本地用户，指定用户的级别、密码和登录超时时间
[R1-aaa]local-user huawei service-type telnet terminal
//设置本地用户的接入类型
```

3. Console 口配置命令

```
[R1]user-interface con 0   //进入 Console 用户界面视图
[R1-ui-console0]authentication-mode password
//设置用户验证方式为密码验证，验证方式包括 AAA 验证或者密码验证
[R1-ui-console0]set authentication password cipher      //配置验证的密码
[R1-ui-console0]idle-timeout 10 0
//设置 Console 用户界面断开连接的超时时间，默认为 10min
[R1-ui-console0]user privilege level 15                 //配置用户级别
```

4. VTY 配置命令

```
[R1]user-interface vty 0 4   //进入 VTY 用户界面视图
[R1-ui-vty0-4]authentication-mode aaa    //设置用户验证方式为 AAA 验证
[R1-ui-vty0-4]history-command max-size 20
//配置 VTY 用户界面的历史命令缓冲区大小，默认值为 10
[R1-ui-vty0-4]screen-length 30
//配置 VTY 用户界面的终端屏幕每屏显示的行数，默认值为 24
[R1-ui-vty0-4]protocol inbound all
//配置所在的 VTY 类型用户界面所支持的协议
```

5. 路由器接口配置命令

```
[R1]interface GigabitEthernet0/0/0   //进入接口视图
[R1-GigabitEthernet0/0/0]ip address 172.16.12.1 24
//配置接口 IP 地址、掩码长度或者掩码
[R1-GigabitEthernet0/0/0]negotiation auto
//配置接口工作在自协商模式，默认配置就是 auto
[R1-GigabitEthernet0/0/0]description Connect to R2 //配置接口描述
[R1-GigabitEthernet0/0/0]set flow-stat interval 10
//配置接口流量统计时间间隔，单位为秒，默认值为 300s，配置的值必须是 10 的倍数
[R1-GigabitEthernet0/0/0]undo shutdown
//启用接口，shutdown 命令用来关闭接口，华为设备接口默认是开启的
[R1-GigabitEthernet0/0/0]restart
//重新启用接口，相当于依次执行 shutdown 和 undo shutdown 命令
<R1>reset counters interface //清除接口的统计信息
```

6. 文件和目录操作配置命令

```
<R1>cd flash:                              //进入目录
<R1>dir flash:                             //查看指定路径下的文件信息
<R1>pwd                                    //查看当前路径
<R1>copy private-data.txt pd.txt           //复制文件
<R1>rename pd.txt pt.txt                    //重命名文件
<R1>delete pt.txt                          //删除文件
<R1>more private-data.txt                   //查看文件内容
<R1>mkdir usb1:/test                       //创建目录
<R1>format usb1:                           //格式化存储设备
```

7. 查看信息命令

```
[R1]display clock                          //查看系统当前日期和时间
[R1]display this                           //查看系统当前视图的运行配置
[R1]display version                        //查看版本信息
[R1]display current-configuration          //查看当前生效的配置参数
[R1]display saved-configuration            //查看加电启动时所用的配置文件
[R1]display interface                      //查看接口当前运行状态和接口统计信息
[R1]display ip interface                   //查看接口与IP相关的配置和统计信息
[R1]display ip interface brief             //查看接口与IP相关的摘要信息
[R1]display local-user                     //查看本地用户的属性
[R1]display users                          //查看用户登录信息
[R1]display user-interface                 //查看用户界面信息
[R1]display device                         //查看设备的部件类型及状态信息
[R1]display history-command                //查看当前终端上保存的历史命令
[R1]display health                         //查看系统的健康状况，包括CPU使用率、内存使用率等
[R1]display elabel                         //查看设备的电子标签信息
[R1]display memory-usage                   //查看内存使用率信息
[R1]display cpu-usage                      //查看CPU使用率的统计信息
[R1]display fan                            //查看风扇的状态
[R1]display power                          //查看电源信息
[R1]display diagnostic-information         //查看系统当前诊断信息
```

任务实施

A公司网络设计方案选用华为路由器，工程师从设备供应商收到路由器后，需要完成路由器的验收、路由器性能和参数的确认，并且需要完成网络的连接、基本的配置和测试等工作，主要任务如下。

（1）开箱验收路由器。

（2）连接计算机和路由器并且加电测试。

（3）远程管理路由器。

（4）备份VRP软件和配置文件。

（5）清除Console口登录密码。

1. 开箱验收路由器

开箱验收路由器时需要注意以下事项。

（1）开箱前将包装箱搬至路由器安装位置附近（空间允许的情况下），以免远程搬运时损坏路由器。

（2）开箱过程中如发现路由器锈蚀或浸水，应立即停止开箱，查明原因，并向供应商反馈。

（3）拆封纸箱时应戴上手套或采取相应的保护措施，以防手受伤。

（4）拆封后的纸箱请妥善保存，以备后续搬运路由器时再使用。

在打开包装路由器的箱子前，首先确认包装箱上面的产品信息，包括订单号、产品型号、序列号、产地、服务热线和网址等，然后按照下列步骤开箱验收。

（1）用裁纸刀沿胶带封贴处划开胶带。

（2）打开纸箱，取出箱中的安装附件包和快速入门手册包装袋。注意，不同型号路由器的快速入门手册有的放置在安装附件包中，有的与安装附件包分开单独放置，只是存放位置不同，手册内容无差异。

（3）拿出路由器，取下路由器两端的泡沫板。

（4）把路由器从防静电包装袋中取出，查看路由器上的防拆标签（位于路由器底部）是否完好，如果防拆标签有破损的痕迹，则请立即向供应商反馈。如果防拆标签被撕毁，则设备将不能被保修。

（5）查看路由器上的铭牌，查看是否与纸箱上的标签相符。路由器的铭牌贴在设备的底部。

（6）取出安装附件包后请妥善放置，以备后续安装时使用。安装附件包中包含接地线缆、螺钉、胶垫贴和保修卡等。

2. 连接计算机和路由器并且加电测试

路由器本身没有键盘、显示器和鼠标等外设，所以要借助计算机配置路由器，配置前需要把计算机和路由器正确连接，如图 1-4 所示。连接时，从路由器的 Console 口接出一条 Console 线，另一端连接计算机的 USB 接口。注意不要把 Console 线接到路由器的其他接口（如以太网接口）上，因为它们都是 RJ-45 类型的接口，很容易混淆。华为的绝大多数网络设备，如路由器、交换机和防火墙等，都可以通过 Console 口进行配置，各设备和计算机连接的方法都是一样的。

工程师将计算机的 USB 接口和路由器的 Console 口连接好，然后使用 SecureCRT 软件对路由器进行加电测试和基本配置。首先在"计算机管理（本地）"→"设备管理器"→"端口"下可以看到该USB 接口转换 COM 端口的编号为 COM3，如图 1-6 所示。

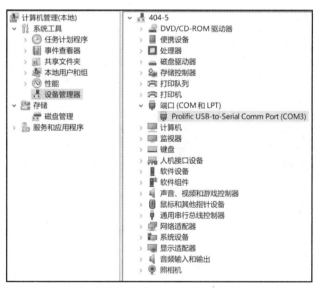

图 1-6 查看 USB 接口转换 COM 端口的编号

计算机安装 SecureCRT 软件后，打开该软件，选择"文件"→"快速连接"选项，弹出"快速连接"对话框，在"协议"下拉列表中选择 Serial；在"端口"下拉列表中选择 COM3，具体 COM 端口的编号请读者根据自己计算机的实际情况选择，不一定是 COM3；在"波特率"下拉列表中选择 9600，通常路由器、交换机等网络设备出厂时，Console 口的通信波特率为 9600bit/s，此处一定要选对，否则 SecureCRT 软件的窗口可能不显示任何信息或者显示乱码；"数据位""奇偶校验""停止位"保持默认设置即可，单击"连接"按钮，如图 1-7 所示。

图 1-7 SecureCRT 软件的快速连接设置

路由器连接电源并开机，按"Enter"键，查看 SecureCRT 软件窗口是否出现路由器启动的信息，如果出现，则说明计算机上的 SecureCRT 软件设置正确。接下来可以详细地在 SecureCRT 软件的窗口中观察路由器的开机过程，此处以华为 AR2220E 为例进行介绍。

```
**************************************************************
***              HUAWEI AR.                       ***
***BOOT version:317 (Build time: Jan 24 2018 - 16:01:48)   *** //引导程序版本和出厂日期
**************************************************************

Press Ctrl+T for memory test .... skip      //提示按"Ctrl+T"组合键跳过内存检测
Flash : 16 MiB                               //Flash 容量
SD card: 0 Device(s) found                   //路由器上没有插入 SD 卡
USB   : 3 USB Device(s) found                //3 个 USB 设备
      : 1 Storage Device(s) found            //1 个存储设备
Net   : octeth0, octeth1, octeth2, octeth3, octeth4, octeth5, octeth6, octeth7

Press Ctrl+A for Bootrom menu ... 0          //提示按"Ctrl+A"组合键进入 BootROM 菜单
Now boot from flash:/AR2220E-V200R009C00SPC500.cc, please wait... //从 Flash 加载 VRP 软件
（此处省略部分输出）
Press Ctrl+B to break auto startup ... 0     //按"Ctrl+B"组合键可中断启动
file check /dev/sdc1 start...                //开始文件检测

file check /dev/sdc1 end                     //文件检测结束
（此处省略部分输出）
  Press any key to get started               //按任意键开始

Login authentication                         //登录验证

Password:admin@huawei //输入系统默认密码
<Huawei>
```

提示：如果在上述启动过程中，按"Ctrl+A"组合键，则会进入 BootROM 菜单，显示信息如下。

```
Init menu password
（此处省略部分输出）
Enter Password:Admin@huawei                  //系统默认的初始化菜单密码
Default Password, Please Set New Password.   //提示设置新的密码
     Bootrom Menu

  1. Serial Menu    //串行菜单
```

```
    2. Reboot              //重启

Enter your choice(1-2):1
      Serial Menu

    1. Update Bootrom      //更新 BootROM
    2. Update CPLD Chip 0
    //更新复杂可编程逻辑器件（Complex Programming Logic Device, CPLD）
    3. Modify baud rate    //修改波特率
    0. Return              //返回上一级菜单

Enter your choice(0-3):
```

登录路由器之后，使用 VRP 命令继续查看路由器的常见产品信息，进一步确认供货商提供的产品是否符合要求。

（1）查看版本信息

```
<Huawei>display version
Huawei Versatile Routing Platform Software              //华为公司 VRP 软件
VRP (R) software, Version 5.170 (AR2200 V200R009C00SPC500)   //VRP 软件版本信息
Copyright (C) 2011-2018 HUAWEI TECH CO., LTD            //华为公司版权声明
Huawei AR2220E Router uptime is 0 week, 0 day, 0 hour, 3 minutes
//设备型号以及系统运行时间
BKP 0 version information:                    //备板的版本信息
1. PCB     Version : AR01BAK2C VER.B         /*印制电路板（Printed Circuit Board, PCB）
的版本信息*/
2. If Supporting PoE : No                    //是否支持 PoE 功能
3. Board   Type    : AR2220E                 //单板类型
4. MPU Slot Quantity : 1                     //主控板的槽位数
5. LPU Slot Quantity : 6                     //业务板的槽位数

MPU 0(Master) : uptime is 0 week, 0 day, 0 hour, 2 minutes
//主控板的运行时间
SDRAM Memory Size   : 1024  M bytes          /*同步动态随机存储器（Synchronous Dynamic
Random Access Memory, SDRAM）空间大小*/
Flash 0 Memory Size : 512      M bytes       //Flash 0 空间大小
Flash 1 Memory Size : 16     M bytes         //Flash 1 空间大小
NVRAM Memory Size   : 512       K bytes       //NVRAM（非易失性 RAM）空间大小
USB Disk1 Memory Size  : 29313      M bytes   //USB1 空间大小
MPU version information  :                    //主控板的版本信息
1. PCB     Version : AR-SRU2220I VER.A       //PCB 的版本信息
2. MAB     Version : 0                        //MAB 的版本信息
3. Board   Type    : AR2220E                 //单板类型
4. CPLD0   Version : 102                      //CPLD0 的版本信息
5. BootROM Version : 317                      //BootROM 的版本信息
```

（2）查看设备的电子标签信息

```
[Huawei]display elabel 0 brief
 It is executing, please wait...

[Slot_0]           //槽位 0
/$[Board Integration Version]
/$BoardIntegrationVersion=3.0
```

```
[Main_Board]          //主板
/$[ArchivesInfo Version]
/$ArchivesInfoVersion=3.0

[Board Properties]                          //板卡属性
BoardType=AR2220E                           //单板类型
BarCode=2102350DQMDMJ8001017                //条形码
Item=02350DQM //BOM（Bill of Material）     //编码
Description=Assembling Components,AR2220E,AR2220E,3GE WAN(1GE Combo),2 USB,4 SIC,2
WSIC,1 DSP DIMM,150W AC Power               //产品信息描述
Manufactured=2018-08-17                     //生产日期
VendorName=Huawei                           //厂商名称
IssueNumber=00                              //发行号
CLEICode= /*通用语言设备标识编码（Common Language Equipment Identifier Code,CLEICode）*/
BOM=                                        //销售 BOM 编码
（此处省略部分输出）
155324416 bytes available (101163008 bytes used) //可用的 Flash 的空间及已经使用的空间大小
```

（3）查看路由器电源信息

```
[Huawei]display power
--------------------------------------------------------------------------
PowerNo  Present  Mode   State    Current(A)  Voltage(V)  Power(W)
--------------------------------------------------------------------------
  0       YES     AC     Supply    N/A          12          150
//以上输出显示了电源编号、在位状态、电源模式、电源状态、电源供电电流、额定电压和额定功率的信息
```

（4）查看路由器系统的健康状况

```
[Huawei]display health
--------------------------------------------------------------------------
Slot  Card  Sensor No.  SensorName      Status   Upper  Lower  Temp(C)
--------------------------------------------------------------------------
 0     -      1          AR2220E TEMP    NORMAL   74     0      53
//以上输出显示了槽位号、子卡号、传感器编号、传感器名称、器件状态、温度上限值、温度下限值及当前温度
PowerNo  Present  Mode   State    Current(A)  Voltage(V)  Power(W)
--------------------------------------------------------------------------
  0       YES     AC     Supply    N/A          12          150
//以上输出显示了电源编号、在位状态、电源模式、电源供电电流、额定电压和额定功率等信息
         FanId  FanNum  Present  Register  Speed  Mode
--------------------------------------------------------------------------
  0      [1-3]   YES     YES       37%     AUTO
           1                                6048
           2                                6048
           3                                6048
//以上输出显示了风扇编号、数目、在位状态、是否注册、当前转速和模式等信息
 The total  power is : 150.000(W)           //电源总功率
 The remain power is : 110.000(W)           //电源剩余功率
 The system used power detail information :  //系统使用电源的详细信息
--------------------------------------------------------------------------
 SlotID  BoardType       Power-Used(W)     Power-Requested(W)
--------------------------------------------------------------------------
  0      AR2220E          17.208            40
//以上输出显示了槽位号、单板类型、单板消耗的功率和单板最大功率
```

```
System CPU Usage Information:                        //系统 CPU 使用信息
 System cpu usage at 2021-11-28  13:58:28 510 ms
--------------------------------------------------------------------

 SlotID  CPU Usage  Upper Limit
--------------------------------------------------------------------

 0       6%         80%
System Memory Usage Information:                     //系统内存使用信息
 System memory usage at 2021-11-28  13:58:30 450 ms
--------------------------------------------------------------------

 SlotID  Total Memory(MB)  Used Memory(MB)  Used Percentage  Upper Limit
--------------------------------------------------------------------

 0       715               336              47%              95%
System Disk Usage Information:                       //系统磁盘使用信息
 System disk usage at 2021-11-28  13:58:30 450 ms
--------------------------------------------------------------------

 SlotID  Device      Total Available   Used Memory(MB)    Used Percentage
                     Memory(MB)
--------------------------------------------------------------------

 0       usb1:       29313.02          0.05               0.00%
         flash:      498.52            207.70             41.66%
```

工程师经过详细地检查和测试，最后测试结果如下：路由器型号为 AR2200E，内存为 1024MB，Flash 空间为 512MB+16MB，3 个 GE 接口，2 个 USB 插槽，4 个 SIC 插槽，2 个 WSIC 插槽，NVRAM 空间为 512KB，条形码为 2102350DQMDMJ8001017，电源额定功率为 150W。

3. 远程管理路由器

除了第一次配置通过 Console 口进行外，后续路由器或者交换机管理通常都是采用远程方式（Telnet 或者 SSH）进行的。为此，工程师需要在路由器上测试，为将来设备上线时能够进行远程管理做好准备。Telnet 和 SSH 测试任务的拓扑如图 1-8 所示。此处是对路由器进行的配置，对交换机进行配置的方法与此相同。

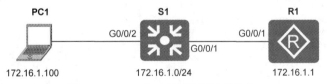

图 1-8　Telnet 和 SSH 测试任务的拓扑

（1）以 Telnet 方式管理路由器

① 配置 Telnet 登录

```
[R1]telnet server enable                //启用 Telnet 服务，允许 Telnet 用户登录
[R1]interface GigabitEthernet0/0/1      //进入以太网接口视图
[R1-GigabitEthernet0/0/1]ip address 172.16.1.1 24
//配置接口 IP 地址和掩码长度
[R1-GigabitEthernet0/0/1]quit           //退出接口视图
[R1]aaa                                 //进入 AAA 视图
[R1-aaa]local-user huawei privilege level 15 password cipher huawei123 idle-timeout
//创建本地用户，指定用户的级别、密码和登录超时时间
[R1-aaa]local-user huawei service-type telnet        //设置本地用户的接入类型
```

10

```
[R1-aaa]quit                              //退出 AAA 视图
[R1]user-interface vty 0                  //进入 VTY 用户界面视图
[R1-ui-vty0]authentication-mode aaa       //设置用户验证方式
[R1-ui-vty0]protocol inbound telnet
//配置 VTY 用户界面视图所支持的协议，默认为 Telnet
```

② 配置 Telnet 客户端

计算机 PC1 上需要安装 SecureCRT 或者 PuTTY 等远程登录客户端的软件。本任务以 SecureCRT 软件为例介绍如何从计算机 PC1 远程登录到路由器 R1 上，操作如下。

运行 SecureCRT 软件，选择"文件"→"快速连接"选项，弹出"快速连接"对话框，在"协议"下拉列表中选择 Telnet；在"主机名"文本框中输入 172.16.1.1；在"端口"文本框中保持默认的 23；单击"连接"按钮，输入用户名和密码，登录成功，其界面如图 1-9 所示。

图 1-9　从计算机通过 Telnet 成功登录路由器界面

③ 验证 Telnet 登录

```
<R1>display users
  User-Intf  Delay    Type   Network Address   AuthenStatus   AuthorcmdFlag
  0  CON 0   00:22:56                          pass
  Username : Unspecified
+ 129 VTY 0  00:01:27  TEL    172.16.1.100              pass
  Username : huawei
```

/*以上输出表示用户 huawei 从 172.16.1.100 通过 Telnet 登录成功，验证状态为通过，其中+表示当前用户，**User-Intf** 显示 129 VTY 0，其中，129 表示用户界面的绝对编号，VTY 0 表示用户界面的相对编号*/

```
[R1]display local-user username huawei
  The contents of local user(s):
  Password             : ****************     //用户的密码
  State                : active               //用户的状态
  Service-type-mask    : T                    //用户的接入类型
  Privilege level      : 15                   //用户的级别
  Ftp-directory        : -
  Access-limit         : Yes                  //用户的连接限制已启用
  Access-limit-max     : 4294967295           //用户的连接限制数
  Accessed-num         : 1                    //用户已建立的连接数
  Idle-timeout         : 10 Min 0 Sec         //用户的闲置超时时间
  User-group           : -
  Original-password    : Yes
  Password-set-time    : 2022-9-28 14:59:27   //设置密码时间
  Password-expired     : No
  Password-expire-time : -
  Account-expire-time  : -
  Bind IP              : -
```

（2）以 SSH 方式管理路由器

安全外壳（Secure Shell，SSH）是一种网络安全协议，通过加密和认证机制实现安全访问和文件传输等业务，保护设备系统不受 IP 欺骗、明文密码截取等攻击。默认 SSH 服务监听端口是 TCP 的 22 号端口。

① 配置 SSH 登录

```
[R1]stelnet server enable          //启用 STelnet 服务功能
[R1]rsa local-key-pair create      /* 在服务器端生成本地密钥对，rsa local-key-pair
destroy 命令用来删除 SSH 服务器的主机密钥对和服务密钥对*/
The key name will be: Host         //密钥名称
The range of public key size is (512 ~ 2048).
//密钥长度为 512 ~ 2048 位
NOTES: If the key modulus is less than 2048,
       It will introduce potential security risks.
//系统提示如果密钥长度小于 2048 位，则将产生潜在的安全风险
Input the bits in the modulus[default = 2048]:1024  //输入密钥长度
Generating keys...//产生密钥
...................++++++
....++++++
...................+++++++
....+++++++


[R1]aaa                            //进入 AAA 视图
[R1-aaa]local-user huawei privilege level 15 password cipher huawei123
//创建本地用户，指定用户的级别和密码
[R1-aaa]local-user huawei service-type ssh          //设置本地用户的接入类型
[R1-aaa]quit
[R1]user-interface vty 0 4         //进入 VTY 用户界面视图
[R1-ui-vty0]authentication-mode aaa          //设置用户验证方式
[R1-ui-vty0]protocol inbound ssh             //配置 VTY 用户界面视图所支持的协议
[R1-ui-vty0]quit
[R1]ssh user huawei authentication-type password //设置 SSH 用户的验证方式
```

② 配置 SSH 客户端

运行 SecureCRT 软件，选择"文件"→"快速连接"选项，弹出"快速连接"对话框，在"协议"下拉列表中选择 SSH2；在"主机名"文本框中输入 172.16.1.1；在"端口"文本框中保持默认的 22；在"身份验证"选项组中保持默认的设置；单击"连接"按钮，如图 1-10 所示。

在弹出的"新建主机密钥"对话框中单击"接收并保存"按钮，接收和保存路由器发送的密钥，如图 1-11 所示。

图 1-10　新建 SSH 连接

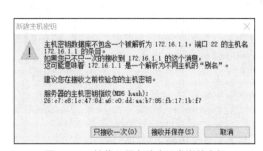

图 1-11　接收和保存路由器发送的密钥

在弹出的"输入 SSH 用户名"对话框的"用户名"文本框中输入登录的用户名 huawei，单击"确

定"按钮,如图 1-12 所示。

在弹出的"输入安全外壳口令"对话框的"口令"文本框中输入密码,勾选"保存口令"复选框,单击"确定"按钮,如图 1-13 所示。

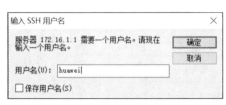

图 1-12　输入用户名

图 1-13　输入口令

接下来会看到用户 huawei 已经通过 SSH 成功登录到路由器,如图 1-14 所示,窗口中显示了接入类型、客户端 IP 地址以及登录时间。

图 1-14　用户 huawei 通过 SSH 成功登录到路由器

③ 验证 SSH 登录

```
<R1>display ssh server session
-----------------------------------------------------------------
Conn   Ver  Encry   State  Auth-type   Username
-----------------------------------------------------------------
VTY 0  2.0  AES     run    password    huawei
-----------------------------------------------------------------
//以上输出显示了 SSH 服务器的会话状态,包括 VTY 连接号、SSH 版本、加密方式、状态、验证类型和用户名
<R1>display ssh user-information
-----------------------------------------------------------------
Username        Auth-type        User-public-key-name
-----------------------------------------------------------------
huawei          password         null
-----------------------------------------------------------------
//以上输出显示了 SSH 用户信息,包括用户名、验证类型和用户公钥名称
<R1>display user-interface vty 0
 Idx  Type  Tx/Rx    Modem Privi ActualPrivi Auth  Int
+ 129 VTY 0   -        15    15            A     -
/*以上输出显示了用户界面 VTY 0 的信息,包括用户接口的绝对编号、类型、相对编号、速率、权限级别、实
际权限级别、验证方式等信息*/
```

4. 备份 VRP 软件和配置文件

为了防止路由器发生故障或者员工误删除路由器 VRP 软件和配置文件,工程师将路由器配置为 FTP 服务器,然后通过 FTP 客户端软件将路由器上的核心文件备份到工程师自己的计算机上。

（1）配置 FTP 服务

```
[R1]ftp server enable                     //启用 FTP 服务功能
[R1]ftp timeout 20                        //配置 FTP 连接超时时间，单位为分钟
[R1]set default ftp-directory flash:/     //配置 FTP 用户的默认工作目录
[R1]aaa
[R1-aaa]local-user ftp privilege level 15 password cipher huawei123  //创建本地用户
[R1-aaa]local-user ftp service-type ftp   //配置本地用户的接入类型为 FTP
[R1-aaa]quit
```

（2）客户端连接 FTP 服务器下载或者上传文件

在计算机 PC1 上下载并安装 CuteFTP 软件，在"Host"文本框中输入 172.16.1.1，在"Username"文本框中输入 ftp，在"Password"文本框中输入 huawei123，保持"Port"文本框的默认值为 21，单击 按钮，如图 1-15 所示，连接成功后就可以下载 VRP 软件的配置文件或者上传文件。

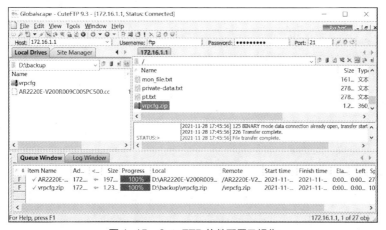

图 1-15 CuteFTP 软件配置及操作

5. 清除路由器 Console 口登录密码

项目组在做设备测试时，配置了 Console 口登录密码，并且保存了配置文件。重启路由器后，若测试工程师忘记了密码，则可通过查找文档，了解华为设备的 BootROM 提供清除 Console 口登录密码的功能，工程师可以在设备启动后修改 Console 口登录密码，然后保存配置。工程师通过 BootROM 清除 Console 口登录密码的过程如下。

通过 Console 口连接设备，并重启设备。当界面出现"Press Ctrl+B to break auto startup ... 2"时，及时按"Ctrl+B"组合键并输入 BootROM 密码。注意：V200R003 版本的密码为 huawei，V200R005C00 及之后版本的密码为 Admin@huawei 或者 admin@huawei.com。

```
Press Ctrl+B to break auto startup ... 2
//此处需要在倒计时为 0 之前按"Ctrl+B"组合键才有效，否则将继续执行后续的启动过程
bootloader creattime Oct 28 2017, 17:14:51
config IP address:ifconfig eth6 192.168.1.8 //配置管理口的 IP 地址
Enter Password:Admin@huawei
Default Password,Please Set New Password.
      BootLoader Menu           //引导加载程序菜单


   1. Startup Select            //启动选择
   2. Network Menu              //网络菜单
   3. File Manager              //文件管理
   4. Password Manager          //密码管理
```

```
5. Reboot                                  //重启

Enter your choice(1-5):4                   //此处选择 4：密码管理
     PassWord Menu                         //密码菜单

  1. Modify the menu password              //修改菜单的密码
  2. Clear the console login password      //清除 Console 口登录过的密码
  0. Return //返回上一级菜单

Enter your choice(0-2):2 此处选择 2
Clear the console login password Succeed! //清除 Console 口登录密码成功后，返回密码菜单

     PassWord Menu

  1. Modify the menu password
  2. Clear the console login password
  0. Return
Enter your choice(0-2):0 //此处选择 0：返回上一级菜单
     BootLoader Menu

  1. Startup Select
  2. Network Menu
  3. File Manager
  4. Password Manager
  5. Reboot

Enter your choice(1-5):5 //此处选择 5：重启设备
Requesting system reboot
```

完成系统启动后，通过 Console 口登录时不需要验证。登录设备后，用户可以根据需要配置 Console 用户界面的验证方式及密码。根据需要配置 Console 用户界面的验证方式及新密码是必要步骤，否则设备重启后通过 Console 口登录时依然需要通过旧密码进行验证。

任务评价

评价指标	评价观测点	评价结果
理论知识	1. 路由器结构和功能的理解 2. 路由表构建和工作机制的理解	自我测评 □ A □ B □ C
	3. 路由优选原则的理解 4. IP 路由原理的理解 5. VRP 和 CLI 的理解 6. 网络设备登录方式的理解	教师测评 □ A □ B □ C
职业能力	1. 了解路由器验收步骤 2. 获取路由器的性能和功能参数	自我测评 □ A □ B □ C
	3. 掌握 VRP 基本命令和备份 4. 掌握路由器基本配置 5. 掌握路由器远程管理配置 6. 掌握路由器 Console 口登录密码清除步骤	教师测评 □ A □ B □ C

续表

评价指标	评价观测点	评价结果
职业素养	1. 设备操作规范 2. 故障排除思路 3. 报告书写能力 4. 查阅文献能力 5. 语言表达能力 6. 团队协作能力	自我测评 □ A □ B □ C 教师测评 □ A □ B □ C
综合评价	1. 理论知识（40%） 2. 职业能力（40%） 3. 职业素养（20%）	自我测评 □ A □ B □ C 教师测评 □ A □ B □ C
学生签字：	教师签字：	年　月　日

任务总结

　　路由器是网络互联的核心设备，其两大核心功能是路径选择和数据交换。本任务详细介绍了路由器结构和功能、路由表构建和工作机制、路由优选原则、IP 路由原理、VRP 和 CLI、网络设备登录方式和基本 VRP 命令等基础知识。同时，本任务以真实的工作任务为载体，介绍了路由器参数获取、基本配置、远程管理、Console 口登录密码清除以及 VRP 备份等职业技能。熟练掌握这些基础知识和基本技能，将为后续任务的顺利实施奠定坚实的基础。

知识巩固

1. 直连路由的优先级是（　　　）。
   A. 0　　　　　　　　　B. 1　　　　　　　　　C. 10　　　　　　　　　D. 15
2. 华为 AR6140S 路由器的（　　　）状态指示灯是否正常显示表明了网络业务能否正常建立。
   A. PWR　　　　　　　B. SYS　　　　　　　C. iNET　　　　　　　D. CTRL
3. 路由器属于第（　　　）层网络设备。
   A. 2　　　　　　　　　B. 3　　　　　　　　　C. 4　　　　　　　　　D. 7
4. 网络管理员可以通过（　　　）方式登录华为路由器。
   A. Console 口　　　B. Telnet　　　　　　C. SSH　　　　　　　D. Web
5. 路由器构建路由表的途径包括（　　　）。
   A. 直连网络　　　B. 静态路由　　　　C. 动态路由　　　D. 间接路由

任务 1-2　配置和管理交换机

任务描述

　　作为园区网络的主要组网设备，以太网交换机成为应用最为普及的网络设备之一，其交换功能是由交换机内部的专用集成电路（Application Specific Integrated Circuit，ASIC）来完成的。本任务主要要求读者夯实和理解交换机结构和类型、MAC 地址表和数据帧转发逻辑、交换原理、二层交换与三层交换、分层网络模型设计、网络设备选型原则、链路层发现协议等网络知识，掌握交换机验收步骤、交换机的性能和功能参数的获取、交换机基本配置、Web 方式登录设备、使用 LLDP 功能发现直连设备的信息和交换机 Console 口登录密码清除等职业技能，为后续任务顺利完成做好积极的准备。

知识准备

1.2.1　交换机结构和类型

目前，华为可提供从核心层到接入层，从园区到数据中心的多个系列的多款交换机产品，并已广泛应用于政府、电信运营商、金融、教育和医疗等。以太网交换机可以实现的功能包括数据帧的交换、终端用户设备的接入、基本的接入安全、分割冲突域以及二层链路的冗余等。图 1-16 所示为华为交换机 S9706 的正面视图，其各部分名称如表 1-4 所示。

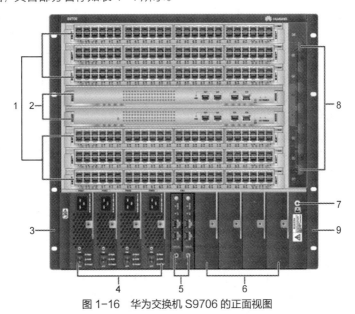

图 1-16　华为交换机 S9706 的正面视图

表 1-4　华为交换机 S9706 前面板组件名称

序号	1	2	3、9	4	5	6	7	8
名称	业务板	主控板	挂耳	电源模块	集中监控板	保留槽位	ESD 插孔	分线齿

S9706 机框提供 6 个业务板槽位、2 个主控板槽位、2 个集中监控板槽位、4 个电源模块槽位。主控板（Main Processing Unit，MPU）主要负责系统的控制和管理工作，包括路由计算、设备管理和维护、设备监控等。作为系统同步单元，它提供高精度、高可靠性的同步时钟、时间信号。业务板（Line Processing Unit，LPU）用于完成报文的业务处理和提供业务接口，数据报文都是通过业务板接收和发送的，通信线缆都要插接到业务板的接口上。集中监控板（Centralized Monitoring Unit，CMU）主要完成整机电源的监控、风扇的监控和以太网供电（Power over Ethernet，PoE）管理等功能。主控板和集中监控均采用 1∶1 主备备份设计。S9706 设备的 PWR1～PWR4 槽位为电源模块槽位，支持直流和交流两种电源模块。

此外，在机框的背面，S9706 配置了两个风扇模块和防尘网。风扇模块采用吸风的方式将机框工作过程中各个部件模块产生的热量带出机框，保证机框工作在正常的温度范围内。防尘网用于阻挡空气中的灰尘等杂物进入机框内部。

在为园区网络选择交换机时，必须根据企业的实际需求，来决定采用盒式或者框式交换机以及是否支持堆叠功能。盒式和框式交换机的样例如图 1-17 所示。

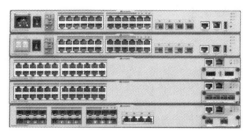

（a）盒式交换机　　　　　　　　　　（b）框式交换机

图 1-17　盒式和框式交换机的样例

（1）盒式交换机：配置是固定的，不能为该交换机增加出厂配置以外的功能或配件。交换机的型号决定了可用的功能和配件，所以在购买固定端口交换机时一定要注意交换机的端口数量、端口类型以及是否提供 PoE 功能。

（2）框式交换机：配置较灵活，通常有不同尺寸的机箱，允许安装不同数目和不同功能的模块化板卡。

华为交换机支持智能堆叠（intelligent Stack，iStack）和集群交换系统（Cluster Switch System，CSS）。iStack 适用于 S2700、S3700、S5700 和 S6700 等中、低端系列交换机，而 CSS 适用于 S7700、S9300 和 S9700 等高端系列交换机。堆叠也称交换机虚拟化，是将多台物理交换机在逻辑上合并成一台交换机。在华为交换机中，iStack 最多支持将 9 台交换机合并，而 CSS 只支持 2 台交换机合并。通过交换机堆叠，可以实现网络高可靠性和网络大数据量转发，同时简化网络管理。

1.2.2　MAC 地址表和数据帧转发逻辑

介质访问控制（Medium Access Control，MAC）地址可在网络中唯一标识网卡，每个网卡都需要并拥有一个唯一的 MAC 地址，也就是说，网卡的 MAC 地址是具有全球唯一性的。MAC 地址长度为 48bit，由 12bit 的十六进制数字组成，其中从左到右开始，0～23bit 是厂商向因特网工程任务组（Internet Engineering Task Force，IETF）等机构申请用来标识厂商的代码，24～47bit 由厂商自行分配，是各个厂商制造的所有网卡的一个唯一编号。

MAC 地址表记录了交换机学习到的其他设备的 MAC 地址与接口的对应关系以及接口所属 VLAN 等信息。MAC 地址表中的表项分为动态表项、静态表项和黑洞表项。

（1）动态表项：由接口通过报文中的源 MAC 地址学习获得，表项可老化。

（2）静态表项：由用户手动配置，并下发到各接口板，表项不老化。

（3）黑洞表项：由用户手动配置，并下发到各接口板，表项不老化。配置黑洞 MAC 地址后，源 MAC 地址或目的 MAC 地址是该 MAC 地址的报文将会被丢弃。通过配置黑洞 MAC 地址表项，可以过滤掉非法用户。

交换机在转发报文时，根据报文的目的 MAC 地址查询 MAC 地址表。如果 MAC 地址表中包含与报文目的 MAC 地址对应的表项，则直接通过该表项中的出接口转发该帧；如果 MAC 地址表中没有包含报文目的 MAC 地址对应的表项，则设备将向所属 VLAN 内除接收接口外的所有接口转发该报文。二层交换机对数据帧的转发逻辑如图 1-18 所示。

交换机对帧的处理行为包括泛洪（Flooding）、转发（Forwarding）、丢弃（Discarding）这 3 种方式。

（1）泛洪：交换机把从某一接口收到的数据帧向所有其他（指除了这个帧进入交换机的那个接口以外的所有接口）的接口转发出去。

（2）转发：交换机把从某一接口收到的数据帧向另一个接口转发出去。

（3）丢弃：交换机把从某一接口收到的数据帧直接丢弃。

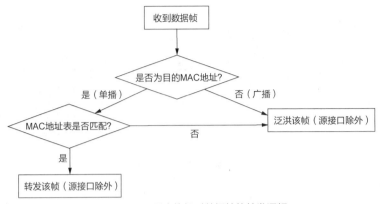

图 1-18　二层交换机对数据帧的转发逻辑

1.2.3　交换原理

从传统概念来讲，交换机是第二层（数据链路层）的设备，是基于收到的数据帧中的源 MAC 地址和目的 MAC 地址来进行工作的，具有每个接口享用专用的带宽、隔离冲突域和实现全双工操作等优点。当然，现在三层交换机也非常普及。交换机的作用主要包括维护 MAC 地址表和根据 MAC 地址表来进行数据帧的转发。交换机采用以下 5 种基本操作来完成数据帧交换功能。

（1）学习：初始状态下，交换机并不知道所连接主机的 MAC 地址，所以 MAC 地址表为空。当交换机从某个接口收到数据帧时，交换机会读取帧的源 MAC 地址，并在 MAC 地址表中填入 MAC 地址及其对应的接口。

（2）过期：通过学习过程获取的 MAC 地址表中的条目具有时间戳。此时间戳用于从 MAC 地址表中删除旧条目。当某个条目在 MAC 地址表中创建之后，就会使用其时间戳为起始值开始递减计数。计数值到 0 后，条目被删除，也称为老化。当交换机从相同接口接收同一源 MAC 地址的帧时，将会刷新 MAC 地址表中的该条目。华为交换机 MAC 地址表中条目的老化时间默认为 300s。

（3）泛洪：如果数据帧的目的 MAC 地址不在 MAC 地址表中（此时收到的数据帧称为未知单播帧），则交换机会将帧发送到除接收接口以外的所有其他接口，这个过程称为泛洪。泛洪还用于发送目的地址为广播或者组播 MAC 地址的帧。

（4）转发：当计算机发送数据帧到交换机时，如果数据帧的目的 MAC 地址在 MAC 地址表中，则交换机会将数据帧从相应接口转发出去。

（5）丢弃：在某些情况下，数据帧不会被转发，此过程称为帧丢弃。例如，交换机不会将数据帧转发到接收该帧的接口。另外，交换机还会丢弃损坏（例如，数据帧没有通过循环冗余校验）的帧。丢弃操作的另一个原因是网络安全的需要，通过在交换机上进行安全设置，用于阻挡发往或来自指定 MAC 地址或特定接口的帧。

1.2.4　二层交换与三层交换

二层交换技术发展比较成熟，交换机只根据报文中的目的 MAC 地址信息进行数据交换，而对网络协议和用户应用程序完全透明。不同局域网之间的网络互通需要由路由器来完成。随着数据通信网络范围的不断扩大和网络业务的不断丰富，网络间互访的需求越来越大。而路由器由于自身成本高、转发性能低和接口数量少等特点无法很好地满足网络发展的需求，因此出现了能够实现高速三层转发的三层交换机。三层交换机不仅可以使用二层 MAC 地址信息来做出转发决策，还可以使用 IP 地址信息做出转发决定。因此三层交换机可以根据 IP 地址信息来转发网络中的数据流量。三层交换机具有路由功能，从而省去园区网络中对专用路由器的需求。二层和三层交换机都有专门的硬件来完成数据转发，因此都可以实现线速转发。

虽然三层交换机具有路由功能，但是不能简单地把它和路由器等同起来。三层交换机并不能完全替代路由器，路由器所具备的丰富的接口类型、良好的流量服务等级控制和强大的路由能力等仍然是三层交换机的薄弱环节。三层交换使用的典型场景是实现 VLAN 间路由。

1.2.5　分层网络模型设计

在企业园区网络中采用分层网络设计更容易管理、扩展和排除故障。典型的分层网络模型可分为接入层、汇聚层和核心层，如图 1-19 所示。在中小型网络中，通常采用紧缩型设计，即汇聚层和核心层合二为一。各层的具体描述如下。

（1）接入层：负责连接终端设备（如 PC、打印机、AP 和 IP 电话）以提供对网络中其他部分的访问。接入层的主要目的是提供一种将设备连接到网络并控制允许网络上的哪些设备进行通信的方法。接入层设备通常是二层交换机。

（2）汇聚层：先汇聚接入层交换机发送的数据，再将其传输到核心层，最后发送到最终目的地。汇聚层使用策略控制网络的通信流量并通过在接入层定义的 VLAN 之间执行路由功能来划定广播域。汇聚层设备通常是三层交换机。

（3）核心层：其为汇聚层设备之间互联的关键，因此核心层保持高可用性和高冗余性非常重要。核心层汇聚所有汇聚层设备发送的流量，因此它必须能够快速转发大量的数据。核心层设备通常也是三层交换机。

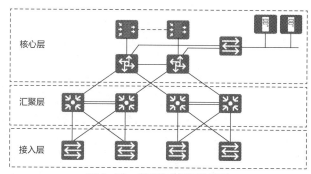

图 1-19　典型的分层网络模型

1.2.6　网络设备选型

网络设备选型指根据项目的技术方案来确定网络设备的型号与规格。网络设备的选型一般遵循如下原则。

（1）厂商的选择：尽可能选取同一厂商的产品，这样在设备可互联性、协议互操作性、技术支持和采购价格等方面都更有优势。作为系统集成商，不应过分依赖任何一家厂商的产品。

（2）扩展性：在网络的层次结构中，骨干设备选择时应预留一定的能力，以便将来扩展；而低端设备则够用即可，因为低端设备更新较快，且易于扩展。

（3）实际需求：在参照整体网络设计需求的基础上，根据网络实际带宽、性能需求、端口类型和端口密度选型。如果是旧网改造项目，则应尽可能保留并延长用户对原有网络设备的投资，减少在资金投入方面的浪费。

（4）性价比：为使资金的投入产出达到最小值，后期以较低的成本和较少的人员投入来维持系统运转，一定要选择性价比高并且质量过硬的产品。设备选型还应考虑用户的承受能力。

（5）产品服务：设备选型时既要看产品的品牌，又要看生产厂商和销售商品是否有强大的技术支持及良好的售后服务，否则出现故障时既没有技术支持又没有产品服务，会使企业蒙受损失。

因为每种网络设备的功能和使用场景不同，所以设备选型考虑的侧重点不一样，作为技术人员，更加关注的是设备的性能能否达到要求。常见的网络设备选型考虑的性能参数具体如下。

（1）路由器选型要考虑的性能参数包括背板能力、吞吐量、丢包率、转发时延、路由表容量、可靠性和平均故障间隔时间（Mean Time Between Failures，MTBF）等。

（2）交换机选型要考虑的性能参数包括接口密度、接口速率、背板能力、可堆叠和 PoE 等。

（3）防火墙选型要考虑的性能参数包括处理性能、接口数量、并发连接数、吞吐量和支持用户数等。

（4）无线设备选型考虑的性能参数包括支持标准、覆盖范围、发射功率、天线增益、接入数量、传输速率和安全性等。

（5）服务器选型考虑的因素包括所需运行的服务、应用层次、处理器架构和机箱结构等。

1.2.7　链路层发现协议

链路层发现协议（Link Layer Discovery Protocol，LLDP）是在 IEEE 802.1ab 中定义的二层协议，它提供了一种标准的链路层发现网络设备信息的方式。LLDP 消息格式是以太网 II 帧（类型字段值为 0x88CC）或者以太网 IEEE 802.3 SNAP 帧（协议 ID 字段值为 0x88CC），以组播（组播的目的 MAC 地址为 0180.C200.000E）方式发送，可以将本地设备的主要功能、管理地址、设备标识和接口标识等信息组织成不同的类型/长度/值（Type/Length/Value，TLV），并封装在链路层发现协议数据单元（Link Layer Discovery Protocol Data Unit，LLDPDU）中发送给与自己直连的邻居。邻居收到这些信息后将其以标准管理信息库（Management Information Base，MIB）的形式保存起来，以供网络管理系统查询及判断链路的通信状况。LLDP 的主要功能如下。

（1）维护 LLDP 本地设备 MIB 和 LLDP 远端设备 MIB。MIB 用来保存本地设备信息，包括设备 ID、接口 ID、系统名称、系统描述、接口描述和网络管理地址等信息。

（2）在本地状态发生变化的情况下，提取 LLDP 本地设备 MIB 信息并向远端设备发送。在本地设备状态信息没有变化的情况下，按照一定的周期提取 LLDP 本地设备 MIB 信息向 LLDP 远端设备 MIB 发送。华为网络设备的 LLDP 功能默认是开启的，启用该功能后，华为网络设备默认每 30s 发送一次 LLDP 通告，LLDP 通告的维持时间默认为 120s。

（3）负责识别并处理收到的 LLDP 帧。设备会对收到的 LLDP 报文及其携带的 TLV 进行有效性检查，通过检查后再将远端信息保存到本地设备，并根据 LLDPDU 报文中 TLV 携带的生存时间（Time To Live，TTL）值设置邻居信息在本地设备的老化时间。如果接收到的 LLDPDU 中的 TTL 值等于零，则将立刻老化该远端设备的信息。

（4）在 LLDP 本地设备 MIB 或 LLDP 远端设备 MIB 的状态发生变化的情况下，向网管发送 LLDP 告警。

1.2.8　交换机基本配置

因为交换机和路由器的操作系统都是 VRP 软件，所以它们的很多基本配置命令是相同的，详见 1.1.7 节。针对交换机的基本配置命令介绍如下。

1. 接口配置命令

```
[S1]interface GigabitEthernet0/0/1                    //进入交换机接口视图
[S1-GigabitEthernet0/0/1]port link-type access        //配置接口链路类型
[S1-GigabitEthernet0/0/1]undo negotiation auto         //关闭接口自协商模式
[S1-GigabitEthernet0/0/1]duplex full                   //配置双工方式
[S1-GigabitEthernet0/0/1]speed 1000                    //配置接口速率
[S1-GigabitEthernet0/0/1]description S1-S2             //配置接口描述
[S1-GigabitEthernet0/0/1]poe enable                    //启用接口的 PoE 功能
[S1-GigabitEthernet0/0/1]mdi auto                      //配置接口的网线适应方式
```

```
[S1-GigabitEthernet0/0/1]mac-address learning disable
```
//关闭接口 MAC 地址学习功能
```
[S1-GigabitEthernet0/0/1]undo portswitch
```
//配置将以太网接口从二层模式切换到三层模式
```
[S1-GigabitEthernet0/0/1]shutdown              //关闭接口，使用 undo shutdown 命令可启用接口
[S1]set flow-stat interval 60                  //配置接口的流量统计时间间隔
<S1>reset counters interface GigabitEthernet 0/0/1  //清除当前接口的统计信息
[S1]port-group g1  //创建端口组，并进入端口组视图
[S1-port-group-g1]group-member Gi0/0/20 to Gi0/0/24
```
//将接口添加到端口组中，端口组可实现一次配置多个接口，减少重复配置工作
```
[S1]clear configuration interface Gi0/0/1  //将接口的配置恢复为出厂参数
```

2. LLDP 配置命令

```
[S1]lldp enable    //全局启用 LLDP 功能
[S1]lldp management-address 172.16.1.100  //配置 LLDP 的管理 IP 地址
[S1]lldp message-transmission interval 60
```
//配置设备向邻居设备发送 LLDP 报文的时间周期
```
[S1]lldp message-transmission hold-multiplier 4
```
//配置设备信息在邻居设备中保持的时间倍数
```
[S1-GigabitEthernet0/0/1]lldp enable          //接口下启用 LLDP 功能
[S1-GigabitEthernet0/0/1]undo lldp enable     //接口下关闭 LLDP 功能
<S1>reset lldp statistics  //清除所有接口 LLDP 报文统计信息
```

3. MAC 地址配置命令

```
[S1]mac-address aging-time 180
```
//配置动态 MAC 地址表项的老化时间，默认为 300s
```
[S1]undo mac-address dynamic                   //删除所有动态 MAC 地址表项
[S1]mac-address static 1-1-1 Gi0/0/2 vlan 2    //配置静态 MAC 地址表项
```

4. display 命令

```
[S1]display port-group all                     //查看所有端口组及端口组中的接口
[S1]display ip interface brief                 //查看接口的 IP 地址、状态等摘要信息
[S1]display mac-address                         //查看交换机的 MAC 地址表
[S1]display mac-address aging-time              //查看交换机的 MAC 地址表项老化时间
[S1]display interface brief
```
//查看接口的物理状态、协议状态、带宽利用率、错误报文数等信息
```
[S1]display device                             //查看设备的部件类型及状态信息
[S1]display device manufacture-info
```
//查看设备制造信息，包括序列号、出厂日期等
```
[S1]display poe information  //查看设备当前的 PoE 运行信息
[S1]display poe-power
```
//查看系统可用功率、功率预留比例、功率告警上限、PoE 电源模块等信息
```
[S1]display poe power                          //查看设备所有接口的输出功率
[S1]display lldp neighbor                       //查看邻居设备信息
[S1]display lldp statistics                     //查看全局或指定接口收发 LLDP 报文的统计信息
```

任务实施

A 公司网络设计方案采用华为交换机。工程师从设备供应商收到交换机后，需要完成设备的验收、交换机性能参数的了解，并且需要完成设备基本的配置和测试等工作，主要任务如下。

（1）开箱验收交换机。

（2）连接计算机和交换机并且加电测试。

（3）使用 LLDP 功能发现直连设备的信息。

（4）通过 Web 方式登录设备。

（5）清除 Console 口登录密码。

1. 开箱验收交换机

在打开交换机的箱子前，首先确认包装箱上面的产品信息，包括订单号、产品型号、序列号、产地、服务热线和网址等。通过交换机的前面板，可以查看华为交换机的型号。开箱验收的注意事项和步骤请参考路由器的开箱验收。

2. 连接计算机和交换机并且加电测试

交换机 Console 口和计算机的 USB 接口连接好后，工程师对交换机进行加电测试和配置，使用的终端软件是 SecureCRT。交换机接通电源后，在终端软件的窗口中查看启动信息。此处以华为 S5720-28X-PWR-SI-AC 交换机为例进行介绍。

```
BIOS loading ...    //BIOS 加载
DDR3 Training Sequence - Ver TIP-42.H-1.0.0
DDR3 Training Sequence - Switching XBAR Window to FastPath Window
DDR3 Training Sequence - Ended Successfully    /*双倍速率（Double Data Rate，DDR）训
练成功*/
BootROM: Image checksum verification PASSED    //镜像校验和验证通过

U-Boot (Mar 07 2018 - 17:07:48) // U-Boot 日期

The press of Ctrl+T before TEST is room test
Press Ctrl+T to Start Memory Test: 0  //提示按"Ctrl+T"组合键进入内存检测
Board: ES5D2V28S003  //设备硬件类型
NAND: 512 MB    //闪存容量
Using default environment

FPU initialized to Run Fast Mode. /*浮点计算单元（Floating Processing Unit，FPU）初始
化为快速运行模式*/
（此处省略部分输出）
Press Ctrl+B or Ctrl+E to enter BootLoad menu: 0    //引导加载菜单的组合键
Now, the current startup file is flash:/s5720si-v200r011c10spc600.cc  //加载 VRP 文件

Info: Check signature, please wait.........

patch load bin,no need to update.

System total memory is 0x15200000 //系统总内存

Start to initialize the LSW ...
（此处省略部分输出）
Press ENTER to get started.
Login authentication
Password:
```

工程师登录交换机之后，使用 VRP 命令继续查看交换机的产品信息，进一步确认设备供应商提供的产品是否符合要求。

（1）查看 Flash 中的文件信息

```
<S1>dir flash:
Directory of flash:/
```

```
   Idx  Attr     Size(Byte)     Date        Time     FileName
    0   -rw-     64,049,700  May 07 2017  15:09:38  s5720si-v200r010c00spc600.cc
    1   drw-              -  Aug 06 2018  05:38:26  dhcp
    2   drw-              -  Aug 06 2018  05:37:46  user
    3   -rw-          5,290  Aug 06 2018  05:38:29  default_ca.cer
    4   -rw-             36  Dec 13 2018  20:50:53  $_patchstate_reboot
    5   -rw-            855  Dec 13 2018  20:36:11  vrpcfg20181213203610.zip
    6   -rw-          3,684  Dec 13 2018  20:50:53  $_patch_history
    7   -rw-          1,407  Aug 06 2018  05:38:38  default_local.cer
    8   drw-              -  Dec 13 2018  20:38:09  logfile
    9   -rw-          1,003  Dec 05 2021  10:12:44  vrpcfg.zip
   10   drw-              -  Dec 13 2018  20:38:34  pmdata
   11   drw-              -  Aug 06 2018  05:37:30  $_install_mod
   12   -rw-            836  Dec 05 2021  10:44:46  rr.bak
   13   -rw-            836  Dec 05 2021  10:44:46  rr.dat
   14   -rw-          1,012  Dec 05 2021  10:44:35  private-data.txt
   15   drw-              -  Dec 12 2018  16:07:56  localuser
   16   drw-              -  Dec 12 2018  18:08:34  $_backup
   17   -rw-      8,973,914  Dec 13 2018  20:34:46  s5720si-v200r011sph007.pat
   18   -rw-              4  Dec 05 2021  10:41:49  snmpnotilog.txt
   19   -rw-            200  Aug 06 2018  05:38:39  ca_config.ini
   20   -rw-        242,933  Aug 06 2018  05:32:34  s5720si-v200r010sph008.pat
   21   -rw-     69,449,940  Dec 12 2018  16:10:21  s5720si-v200r011c10spc600.cc
247,032 KB total (111,340 KB free)
```
//以上输出显示了 Flash 中文件、目录以及 Flash 空间的使用情况

（2）查看交换机版本信息

```
<S1>display version
Huawei Versatile Routing Platform Software    //华为公司 VRP 软件
VRP (R) software, Version 5.170 (S5720 V200R011C10SPC600) //VRP 软件版本信息
Copyright (C) 2000-2018 HUAWEI TECH Co., Ltd.  //华为公司版权声明
HUAWEI S5720-28X-PWR-SI-AC Routing Switch uptime is 0 week, 0 day, 0 hour, 32 minutes
//设备型号及系统运行时间
ES5D2V28S003 0(Master)  : uptime is 0 week, 0 day, 0 hour, 31 minutes
//设备的硬件类型、角色及运行时间
DDR          Memory Size : 512    M bytes //DDR 内存空间大小
FLASH Total  Memory Size : 512    M bytes //Flash 空间大小
FLASH Available Memory Size : 241    M bytes //可用的 Flash 空间大小
Pcb          Version : VER.B                 //PCB 的版本信息
BootROM      Version : 020b.0a05             //BootROM 的版本信息
BootLoad     Version : 020b.0a06             //BootLoad 的版本信息
CPLD         Version : 0110                  //CPLD 的版本信息
Software     Version : VRP (R) Software, Version 5.170 (V200R011C10SPC600)
//VRP 软件的版本信息
FLASH        Version : 0x0                   //Flash 的版本信息
PWR1 information                             //可插拔电源模块信息
Pcb          Version : PWR VER.A
```

（3）查看交换机的电子标签信息

```
[S1]display elabel
Warning: It may take a long time to excute this command. Continue? [Y/N]:Y
Info: It is executing, please wait...
```

29

```
/$[System Integration Version]      //系统集成版本
/$SystemIntegrationVersion=3.0

[Slot_0]   //槽位 0
/$[Board Integration Version]
/$BoardIntegrationVersion=3.0

[Main_Board]   //主板
/$[ArchivesInfo Version]
/$ArchivesInfoVersion=3.0

[Board Properties]                  //板卡属性
BoardType=S5720-28X-PWR-SI-AC       //单板类型
BarCode=2102350DLWDMJ8000421        //条形码
Item=02350DLW                       //编码
Description=Assembling Components, S5720-28X-PWR-SI-AC, S5720-28X-PWR-SI-AC, S5720-
28X-PWR-SI bundle (24*10/100/1000BASE-T ports, 4 of which are 10/100/1000BASE-T+SFP combo
ports, 4*10GE SFP+, PoE+, 1*500W AC power)     //产品信息描述
Manufactured=2018-08-06                  //生产日期
VendorName=Huawei                        //厂商名称
IssueNumber=00
CLEICode=
BOM=
（此处省略部分输出）
```

（4）查看系统可用功率、功率预留比例、功率告警上限、PoE 电源模块等信息

```
[S1]display poe-power
Slot 0
Total Available PoE Power(mW): 369600          //总的 PoE 可用功率
Reserved PoE Power Percent  : 20 %             //PoE 预留功率百分比
PoE Power Threshold Percent : 90 %             //PoE 告警阈值功率百分比
    PoE Power 1                                //PoE 电源 1
    Power Value(mW)         : 369600           //电源功率
    Type                    : PAC-500WA-BE     //PoE 电源类型
    Supported Mode          : Redundancy, Balance //PoE 电源支持的模式
    PoE Power 2                                //PoE 电源 2，本机没有第二块电源
    Power Value(mW)         : -
    Type                    : -
    Supported Mode          : -
```

（5）查看交换机当前所有的补丁信息

```
[S1]display patch-information
Patch Package Name   :flash:/s5720si-v200r011sph007.pat   //系统当前补丁名称
Patch Package Version:V200R011SPH007                      //补丁版本
The state of the patch state file is: Running             //补丁状态文件的状态
The current state is: Running                             //系统当前补丁状态
（此处省略部分输出）
```

（6）查看交换机的电源信息

```
[S1]display power
-----------------------------------------------------------
  Slot    PowerID  Online  Mode    State      Power(W)
```

```
-------------------------------------------------------------
0      PWR1     Present  AC     Supply    500.00
0      PWR2     Absent   -      -         -
```
//以上输出显示了电源槽位、电源编号、在线状态、电源模式、工作状态和额定功率的信息

工程师经过详细检查和测试，最后的测试结果如下：交换机型号为 S5720-28X-PWR-SI-AC，内存为 512MB，Flash 空间为 512MB，24 个吉比特以太网接口，4 个复用吉比特 Combo SFP，4 个 10 吉比特 SFP+，条形码为 2102350DLWDMJ8000421，电源功率为 500W，PoE 功率约为 370W。

3. 使用 LLDP 功能发现直连设备的信息

在图 1-20 所示的网络拓扑中，工程师连接交换机 G0/0/1 接口和路由器 G0/0/1 接口，使用 LLDP 功能发现直接设备的信息。

图 1-20　使用 LLDP 功能发现直连设备的信息

（1）交换机和路由器启用 LLDP 功能并配置 LLDP 管理地址

```
[S1]interface Vlanif 1
[S1-Vlanif1]ip address 172.16.1.2 24
[S1-Vlanif1]quit
[S1]lldp enable
[S1]lldp management-address 172.16.1.2

[R1]interface GigabitEthernet 0/0/1
[R1-GigabitEthernet0/0/1]ip address 172.16.1.1 24
[R1-GigabitEthernet0/0/1]quit
[R1]lldp enable
[R1]lldp management-address 172.16.1.1
```

（2）查看 LLDP 邻居信息

```
[R1]display lldp neighbor interface GigabitEthernet 0/0/1
GigabitEthernet0/0/1 has 1 neighbors:          //接口有一个邻居
Neighbor index   : 1                            //邻居索引
Chassis type     :macAddress                    //邻居设备 ID 子类型
Chassis ID       :40ee-dd5e-88f0                //邻居设备 ID
Port ID type     :interfaceName                 //邻居接口 ID 子类型
Port ID          :GigabitEthernet0/0/1          //邻居接口 ID
Port description :GigabitEthernet0/0/1          //邻居接口描述信息
System name      :S1                            //邻居系统名称
System description  :S5720-28X-PWR-SI-AC        //邻居设备描述信息
Huawei Versatile Routing Platform Software
VRP (R) software, Version 5.170 (S5720 V200R011C10SPC600)
Copyright (C) 2000-2018 HUAWEI TECH Co., Ltd.
System capabilities supported:bridge router     //邻居节点支持能力
System capabilities enabled  :bridge router     //邻居节点启用能力
Management address type       :IPv4             //管理 IP 地址类型
Management address            :172.16.1.2       //邻居管理 IP 地址
Expired time   :182s                            //远端邻居老化时间
```

```
Port VLAN ID(PVID) :1                          //接口的 VLAN ID
VLAN name of VLAN 1: VLAN 0001                 //接口的 VLAN 名称
Protocol identity :                            //协议标识

Auto-negotiation supported :Yes                //接口是否支持自协商
Auto-negotiation enabled   :Yes                //接口是否启用自协商
OperMau :speed(1000)/duplex(Full)              //接口自适应的速率和双工状态

Power port class           :PSE                //PoE 的类型
PSE power supported        :Yes                //是否支持 PSE 供电
PSE power enabled          :Yes                //是否启用 PSE 供电
PSE pairs control ability  :Yes                //是否支持 PSE 控制
Power pairs                :Signal             //PoE 接口的远程供电模式
Port power classification  :Unknown            //受电设备的接口控制级别

Link aggregation supported :Yes                //接口是否支持链路聚合
Link aggregation enabled   :No                 //接口是否启用链路聚合
Aggregation port ID        :0                  //聚合接口的接口 ID
Maximum frame Size         :9216               //接口支持的最大帧长度

MED Device information                         //MED 设备信息
Device class  :Network Connectivity            //MED 设备类型

HardwareRev               :VER.B               //产品的硬件版本
FirmwareRev               :020b.0a05           //产品的固件版本
SoftwareRev               :Version 5.170 V200R011C10SPC600 //产品的软件版本
SerialNum                 :NA                  //序列号
Manufacturer name         :HUAWEI TECH CO., LTD //制造厂商
Model name                :NA                  //模块名称
Asset tracking identifier :NA                  //资产 ID

Power Type                :PSE                 //供电类型
PoE PSE power source :PSE                      //PSE 的电源类型
Port PSE Priority         :Low                 //接口 PSE 优先级
Port Available power value:2                   //接口供电功率
```

（3）调整 LLDP 时间参数

```
[S1]lldp message-transmission interval 60
//配置设备向邻居设备发送 LLDP 报文，报文的时间周期默认值为 30s
[S1]lldp message-transmission hold-multiplier 3
//配置设备向邻居设备发送 LLDP 报文能保持的时间倍数，默认值为 4
```

（4）关闭 LLDP 功能

```
[S1]interface GigabitEthernet 0/0/1
[S1-GigabitEthernet0/0/1]undo lldp enable //在接口上关闭 LLDP 功能
[S1-GigabitEthernet0/0/1]quit
[S1]undo lldp enable                       //全局关闭 LLDP 功能
```

4. 通过 Web 方式登录设备

用户可以通过 Web 方式登录设备，实现对设备的管理和维护。工程师若想验证通过 Web 方式来管理交换机，则配置和测试过程如下。

（1）启用 HTTPS 服务并创建 HTTP 用户

```
[S1]http secure-server enable              //启用 HTTPS 服务
[S1]http timeout 10                        //配置 HTTPS 会话的超时时间，默认值为 20min
[S1]aaa                                     //进入 AAA 视图
[S1-aaa]local-user web privilege level 15 password cipher huawei@123
//创建本地用户，指定用户的级别和密码
[S1-aaa]local-user web service-type http   //配置本地用户的接入类型
[S1-aaa]quit
[S1]interface Vlanif 1
[S1-Vlanif1]ip address 172.16.1.2 24
[S1-Vlanif1]quit
```

（2）计算机通过浏览器登录交换机并进入 Web 管理界面

在计算机（IP 地址为 172.16.1.200）浏览器的地址栏中输入 https://172.16.1.2，进入 Web 登录界面，提示输入用户名和密码，如图 1-21（a）所示。输入用户名和密码后，单击"Go"按钮，进入新用户首次登录修改密码界面，如图 1-21（b）所示。输入旧密码、新密码和确认密码后，单击"确定"按钮，系统提示密码修改成功，请重新登录，如图 1-21（c）所示。再次单击"确定"按钮，接下来系统会返回 Web 登录界面，此时输入用户名和新的密码后，就可以 Web 方式登录交换机。

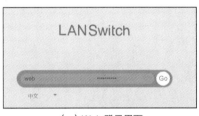

（a）Web 登录界面

（c）密码修改成功

（b）新用户首次登录修改密码界面

图 1-21　以 Web 方式首次登录交换机

如图 1-22 所示，设备通过内置的 Web 服务器提供图形化的操作界面，以方便用户直观地管理和维护设备。

（3）验证 Web 方式的登录信息

```
[S1]display http user
Total online users: 1      //总在线用户数
--------------------------------------------------------------------
User Name          IP Address          Login Date
--------------------------------------------------------------------
web                172.16.1.200        2021-12-05 17:20:36+00:00
//以上输出显示了当前在线 Web 用户信息，包括用户名、登录 IP 地址和登录时间
[S1]display http server
  HTTP Server Status            : enabled          //HTTP IPv4 服务器的状态
  HTTP Server Port              : 80(80)            //HTTP IPv4 服务器的端口号
```

```
HTTP Timeout Interval              : 10           // HTTP 服务器的超时时间
Current Online Users               : 1            // 当前在线用户数
Maximum Users Allowed              : 5            // 服务器允许访问的最大用户数
HTTP Secure-server Status          : enabled      // HTTP IPv4 安全服务器的状态
HTTP Secure-server Port            : 443(443)     // HTTP IPv4 安全服务器的端口号
HTTP SSL Policy                    : Default      // HTTP SSL 策略
HTTP IPv6 Server Status            : disabled
HTTP IPv6 Server Port              : 80(80)
HTTP IPv6 Secure-server Status     : disabled
HTTP IPv6 Secure-server Port       : 443(443)
HTTP server source address         : 0.0.0.0
```

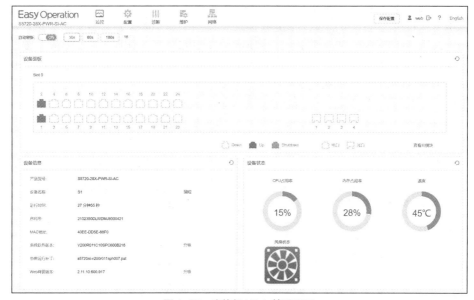

图 1-22　交换机 Web 管理界面

5. 清除 Console 口登录密码

项目组在进行设备测试时配置了 Console 口登录密码，并且保存了配置文件。若重启交换机后测试工程师忘记了密码，则可通过查找文档来查找密码。华为设备的 BootROM 提供清除 Console 口登录密码的功能，工程师可以在设备启动后修改 Console 口登录密码，然后保存配置。工程师通过 BootROM 清除 Console 口登录密码的过程如下。

通过 Console 口连接设备，并重启设备。当界面出现"Press Ctrl+B or Ctrl+E to enter BootLoad menu:"时，及时按"Ctrl+B"组合键并输入 BootROM 密码 Admin@huawei.com，会出现以下菜单。

```
The default password is used now. Change the password.
    BootLoad Menu    //引导加载程序菜单

    1. Boot with default mode           //默认模式启动
    2. Enter serial submenu             //进入串口子菜单
    3. Enter startup submenu            //进入启动子菜单
    4. Enter ethernet submenu           //进入以太网子菜单
    5. Enter filesystem submenu         //进入文件系统子菜单
    6. Enter password submenu           //进入密码子菜单
    7. Clear password for console user  //清除用户控制台登录密码
```

```
8. Reboot                                    //重启

Enter your choice(1-8): 7                    //输入 7

Note: Clear password for console user? Yes or No(Y/N): y  //确认清除用户控制台登录密码
Clear password for console user successfully.  //成功清除控制台用户登录密码
Note: Choose "1. Boot with default mode" to boot, then set a new password
//提示: 选择 1 进行重启, 并设置新的密码
        BootLoad Menu

  1. Boot with default mode
  2. Enter serial submenu
  3. Enter startup submenu
  4. Enter ethernet submenu
  5. Enter filesystem submenu
  6. Enter password submenu
  7. Clear password for console user
  8. Reboot

Enter your choice(1-8): 1 //输入 1
```

　　完成系统启动后, 通过 Console 口登录时不需要验证。登录设备后, 用户可以根据需要配置 Console 用户界面的验证方式及密码。根据需要配置 Console 用户界面的验证方式及新密码是必要步骤, 否则设备重启后通过 Console 口登录时依然需要通过旧密码进行验证。

任务评价

评价指标	评价观测点	评价结果
理论知识	1. 交换机结构和类型的理解 2. MAC 地址表和数据帧转发逻辑的理解	自我测评 □ A □ B □ C
	3. 交换原理的理解 4. 二层交换与三层交换的理解 5. 分层网络模型设计的理解 6. 网络设备选型的理解 7. 链路层发现协议的理解	教师测评 □ A □ B □ C
职业能力	1. 了解交换机验收步骤 2. 获取交换机的性能和功能参数	自我测评 □ A □ B □ C
	3. 掌握交换机基本配置 4. 掌握使用 LLDP 功能发现直连设备的信息 5. 以 Web 方式登录设备进行配置 6. 掌握交换机 Console 口登录密码清除步骤	教师测评 □ A □ B □ C
职业素养	1. 设备操作规范 2. 故障排除思路	自我测评 □ A □ B □ C
	3. 报告书写能力 4. 查阅文献能力 5. 语言表达能力 6. 团队协作能力	教师测评 □ A □ B □ C

续表

评价指标	评价观测点	评价结果
综合评价	1. 理论知识（40%） 2. 职业能力（40%） 3. 职业素养（20%）	自我测评 □ A　□ B　□ C
		教师测评 □ A　□ B　□ C
学生签字：　　　　　　教师签字：　　　　　年　　月　　日		

任务总结

交换机是组建企业网络的核心设备。本任务详细介绍了交换机结构和类型、MAC 地址表和数据帧转发逻辑、交换原理、二层交换与三层交换、分层网络模型设计、网络设备选型、链路层发现协议和基本 VRP 命令等基础知识。同时，本任务以真实的工作任务为载体，介绍了交换机验收步骤、交换机的性能和功能参数的获取、交换机基本配置、Web 方式登录设备、使用 LLDP 功能发现直连设备的信息和交换机 Console 口登录密码清除等职业技能。熟练掌握这些基础知识和基本技能，将为后续任务的顺利实施奠定坚实的基础。

知识巩固

1. 交换机收到未知单播帧，执行的操作是（　　）。
　　A. 丢弃　　　　　　B. 泛洪　　　　　　C. 保留　　　　　　D. 过滤
2. 华为交换机 MAC 地址表的老化时间默认是（　　）min。
　　A. 5　　　　　　　B. 10　　　　　　　C. 15　　　　　　　D. 20
3. 通过交换机堆叠，可以实现网络高可靠性和网络大数据量转发，同时简化网络管理。在华为交换机中，CSS 支持（　　）台交换机合并。
　　A. 2　　　　　　　B. 4　　　　　　　C. 7　　　　　　　D. 9
4. 大型企业园区网分层网络模型通常包括（　　）。
　　A. 接入层　　　　　B. 汇聚层　　　　　C. 核心层　　　　　D. 过渡层
5. 交换机对帧的处理行为包括（　　）。
　　A. 泛洪　　　　　　B. 丢弃　　　　　　C. 转发　　　　　　D. 泛播

项目实战

1. 项目目的
通过本项目训练可以掌握以下内容。
（1）熟悉网络设备验收步骤。
（2）获取路由器和交换机的性能及功能参数。
（3）掌握 VRP 基本命令和备份。
（4）掌握路由器和交换机基本配置。
（5）掌握路由器和交换机远程管理、配置。
（6）掌握路由器和交换机 Console 口登录密码清除步骤。
（7）使用 LLDP 功能发现直连设备的信息。
（8）以 Web 方式登录设备进行配置。

（9）进行网络连通性测试。

2．项目拓扑

项目网络拓扑如图 1-23 所示。

图 1-23　项目网络拓扑

3．项目实施

B 公司计划进行信息化建设，经过需求分析、市场调研和规划设计后，开始部署和实施信息化项目。在公司网络设备选型方案中，其中一部分选择华为的设备，购买了一批华为 AR6140E 路由器和一批 S5731 交换机，现进行设备验收和设备基本配置测试。工程师需要完成的任务如下。

（1）将网络设备开箱查验后，按照图 1-23 所示的网络拓扑进行网络设备连接，组建测试网络。

（2）将计算机 USB 接口和路由器的 Console 口连接好，并且安装好 SecureCRT 软件，以实现配置路由器和交换机的目的。

（3）确定路由器和交换机的硬件参数（如版本信息、型号、内存、Flash、VRP 版本和接口等信息）无误，并形成简单的测试报告。

（4）熟悉 VRP 各种工作模式，并进行路由器和交换机的基本配置。

（5）实现路由器和交换机的基本安全，如 Console 和 VTY 的验证方式配置，本地用户的创建、用户接入方式的设置等。

（6）通过 SSH 方式远程管理路由器和交换机。

（7）通过 Web 方式远程管理路由器和交换机。

（8）从 FTP 服务器升级路由器和交换机 VRP。

（9）使用 LLDP 功能发现直连设备的信息。

（10）完成路由器和交换机 Console 口密码清除操作。

（11）保存配置文件，完成实验报告。

项目2
部署和实施企业园区网络

02

【项目描述】

　　企业网络的建设应该遵循先进性、实用性、开放性、灵活性、可扩展性、可靠性和安全性的原则。设计优良的企业网络应该满足企业日益增长的数据传输需求并保障网络稳定、可靠运行。在企业园区网络设计中，通常采用分层设计模型使网络更容易管理、扩展和排除故障。

　　项目组已经完成网络设备的验收及系统集成的前期准备工作，接下来要全面参与A公司园区网络和服务器区网络的部署及实施工作，网络拓扑如图2-1所示。按照A公司的整体网络功能和性能规划，运维部工程师需要完成的任务如下。

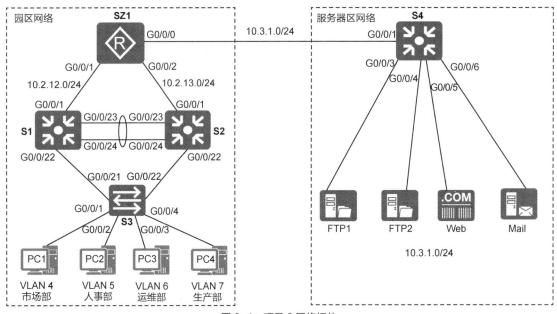

图 2-1　项目 2 网络拓扑

　　（1）按照表2-1所示的IP地址规划及网络连接，在交换机上执行VLAN配置并将交换机接口划分给相应的VLAN，服务器区配置MUX VLAN。

　　（2）将交换机之间连接的接口类型配置为Trunk。

　　（3）配置链路聚合提升网络数据传输能力，减少网络瓶颈。

　　（4）通过三层交换实现VLAN间路由。

　　（5）配置MSTP，从而避免交换环路。

　　（6）配置VRRP，实现网关冗余和负载均衡。

　　（7）配置DHCP，使员工的主机可自动获取IP地址。

表 2-1　A 公司园区网络和服务器区网络的 IP 地址规划及网络连接

VLAN 或者设备	接口	IP 地址	描述
园区网络 VLAN 4	–	10.1.4.0/24	园区网络市场部主机
园区网络 VLAN 5	–	10.1.5.0/24	园区网络人事部主机
园区网络 VLAN 6	–	10.1.6.0/24	园区网络运维部主机
园区网络 VLAN 7	–	10.1.7.0/24	园区网络生产部主机
园区网络 VLAN 12	–	10.2.12.0/24	S1 和 SZ1 连接
园区网络 VLAN 13	–	10.2.13.0/24	S2 和 SZ1 连接
服务器区网络 VLAN 3	–	10.3.1.0/24	S4 和 SZ1 连接（MUX VLAN 主 VLAN）
交换机 S1	VLANIF 4	10.1.4.252	VLANIF 接口
	VLANIF 5	10.1.5.252	VLANIF 接口
	VLANIF 6	10.1.6.252	VLANIF 接口
	VLANIF 7	10.1.7.252	VLANIF 接口
	VLANIF 12	10.2.12.2	连接 SZ1 G0/0/1
	G0/0/1	–	连接 SZ1 G0/0/1
	G0/0/22	–	连接 S3 G0/0/21
	G0/0/23	–	连接 S2 G0/0/23
	G0/0/24	–	连接 S2 G0/0/24
交换机 S2	VLANIF 4	10.1.4.253	VLAN 间路由
	VLANIF 5	10.1.5.253	VLAN 间路由
	VLANIF 6	10.1.6.253	VLAN 间路由
	VLANIF 7	10.1.7.253	VLAN 间路由
	VLANIF 13	10.2.13.2	连接 SZ1 G0/0/2
	G0/0/1	–	连接 SZ1 G0/0/2
	G0/0/22	–	连接 S3 G0/0/22
	G0/0/23	–	连接 S1 G0/0/23
	G0/0/24	–	连接 S1 G0/0/24
交换机 S3	G0/0/21	–	连接 S1 G0/0/22
	G0/0/22	–	连接 S2 G0/0/22
	G0/0/1	–	连接 PC1
	G0/0/2	–	连接 PC2
	G0/0/3	–	连接 PC3
	G0/0/4	–	连接 PC4
路由器 SZ1	G0/0/0	10.3.1.254	连接 S4 G0/0/1
	G0/0/1	10.2.12.1	连接 S1 G0/0/1
	G0/0/2	10.2.13.1	连接 S2 G0/0/1
交换机 S4	G0/0/1	–	连接 SZ1 G0/0/0（划分到 VLAN 3）
	G0/0/3	–	连接 FTP1 服务器（IP 地址为 10.3.1.100）
	G0/0/4	–	连接 FTP2 服务器（IP 地址为 10.3.1.101）
	G0/0/5	–	连接 Web 服务器（IP 地址为 10.3.1.102）
	G0/0/6	–	连接 Mail 服务器（IP 地址为 10.3.1.103）

本项目涉及的知识和能力图谱如图2-2所示。

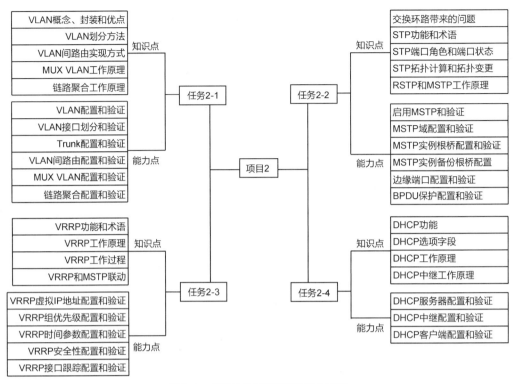

图 2-2　项目 2 涉及的知识和能力图谱

任务 2-1　部署和实施 VLAN 和链路聚合

任务描述

在典型的交换网络中，当某台主机发送一个广播帧或未知单播帧时，因为二层交换机不能分割广播域，所以该数据帧被泛洪到整个广播域。广播域越大，产生的网络安全、垃圾流量等问题就越严重。虚拟局域网（Virtual Local Area Network，VLAN）技术可解决以上问题。而随着业务的发展和园区网络规模的不断扩大，用户对网络的带宽和可靠性要求越来越高。传统的解决方案通过升级设备来提高网络带宽，但是会带来额外的投资。链路聚合技术可在不增加投资的情况下实现网络带宽的提升。VLAN 和链路聚合技术是企业园区网络最基本及最核心的网络技术之一，在企业园区网络部署和实施时应用广泛。本任务主要是夯实及理解 VLAN 概念和封装、VLAN 划分方法、VLAN 间路由实现方式、MUX VLAN 工作原理、链路聚合工作原理和工作模式等网络知识。通过在园区网络部署和实施 VLAN 和链路聚合技术，读者可掌握 VLAN 配置和验证、VLAN 接口划分和验证、Trunk 配置和验证、VLAN 间路由配置和验证、链路聚合配置和验证，以及 MUX VLAN 配置和验证等职业技能，为后续网络互联以及访问 Internet 做好准备。

知识准备

2.1.1　VLAN 简介

二层交换机能够隔离冲突域，但不能隔离广播域。通过多台交换机连接在一起的所有主机都在同一个广播域中，任何一台主机发送广播报文，其他主机都会收到。如图 2-3 所示，6 台交换机连接了大量主机，假设主机 A 需要与主机 B 通信，主机 A 必须先发送 ARP 请求来尝试获取主机 B 的 MAC 地址。交换机 S1 收到 ARP 请求（广播帧）后，会将它转发给除接收接口外的其他所有接口，即广播帧泛洪；交换机 S2～S6 收到广播帧后也会泛洪，最终 ARP 请求会被转发到同一网络中的所有主机上。最后，虽然主机 B 收到了该帧，但网络中的很多其他非目的主机同样收到了不该接收的数据帧。广播帧不仅消耗了大量的网络带宽，收到广播帧的主机还要消耗一部分 CPU 资源来对它进行处理。除了前面出现的 ARP 外，还有 DHCP、RIP 和 OSPF 等很多协议是基于广播或者组播方式工作的，也存在广播帧泛洪的情况，而对于未知单播帧，交换机同样会泛洪。

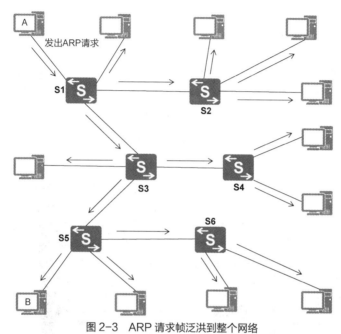

图 2-3　ARP 请求帧泛洪到整个网络

　　VLAN 是通过软件功能将物理交换机从逻辑上划分成一组逻辑上的设备和用户，这些设备和用户并不受物理位置的限制，可以根据功能、部门及应用等因素将它们组织起来，从而实现虚拟工作组的技术。如图 2-4 所示，主机 PC11、PC12 和 PC13 被划分到运维部的 VLAN 中，但是 3 台主机分别位于 3 台不同的交换机上。

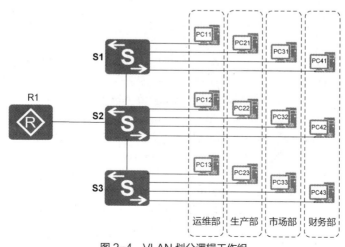

图 2-4　VLAN 划分逻辑工作组

VLAN 工作在开放系统互连（Open System Interconnection，OSI）的第 2 层，是交换机接口的逻辑组合，可以把同一交换机上的接口划分到一个 VLAN，也可以把不同交换机上的接口划分到一个 VLAN。一个 VLAN 就是一个广播域，VLAN 之间的通信必须通过第 3 层路由功能来实现。与传统的局域网技术相比，VLAN 技术更加灵活，具有以下优点。

（1）有效防止广播风暴：将网络划分为多个 VLAN 可减少参与广播风暴的设备数量。每一个 VLAN 都是一个广播域，这样每个广播域中的主机数量就大为减少了。在规划设计时，每个 VLAN 通常对应一个独立的 IP 子网。

（2）增强网络安全：含有敏感数据的用户组可与网络的其余部分隔离，从而降低泄露私密信息的可能性。

（3）提高网络性能：将第 2 层扁平网络划分为多个逻辑工作组（广播域）可以减少网络上不必要的流量并提高网络性能。

（4）提高管理效率：VLAN 是逻辑上的分组，当 VLAN 中的用户位置移动时，不需或只需少量重新布线、配置和调试。管理员很容易通过修改配置重新划分 VLAN，而不需要改变物理拓扑，大大提高了管理的效率，减少了在移动、添加和修改用户方面的开销。

（5）提高网络的健壮性：网络故障被限制在一个 VLAN 内，此 VLAN 内的故障不会影响其他 VLAN 的正常工作。

当一个 VLAN 跨过不同的交换机时，连接在不同交换机接口处的同一 VLAN 的主机实现通信，交换机如何识别接收到的数据帧属于哪个 VLAN 呢？要使交换机能够分辨不同 VLAN 的数据帧，需要在数据帧中添加标识 VLAN 信息的字段。IEEE 802.1Q 协议规定，在以太网帧源 MAC 地址字段之后和协议类型字段之前插入 4 字节的 VLAN 标签，又称 VLAN Tag，用于标识 VLAN 信息。IEEE 802.1Q 数据帧格式如图 2-5 所示。交换机利用 VLAN 标签中的 VLAN ID 来识别数据帧所属的 VLAN，广播帧只在同一 VLAN 内转发，这样即可将广播域限制在一个 VLAN 范围内。

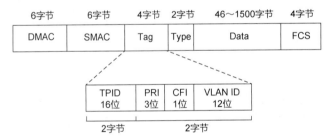

图 2-5　IEEE 802.1Q 数据帧格式

VLAN 标签包含 4 个字段，各字段的含义及说明如下。

（1）标签协议标识符（Tag Protocol Identifier，TPID）：2 字节，表示数据帧类型，取值为 0x8100 时表示 IEEE 802.1Q 的 VLAN 数据帧。如果不支持 IEEE 802.1Q 的设备收到这样的帧，则会将其丢弃。

（2）优先级（Priority，PRI）：3 位，表示数据帧的 IEEE 802.1p 优先级，取值为 0～7，值越大，优先级越高。当网络发生拥塞时，交换机优先发送优先级高的数据帧。

（3）标准格式指示位（Canonical Format Indicator，CFI）：1 位，表示 MAC 地址在不同的传输介质中是否以标准格式进行封装，用于兼容以太网和令牌环网。CFI 取值为 0 表示 MAC 地址以标准格式进行封装，为 1 表示 MAC 地址以非标准格式进行封装。在以太网中，CFI 的值为 0。

（4）VLAN 标识符（VLAN Identifier，VLAN ID）：12 位，表示该数据帧所属 VLAN 的编号。VLAN ID 取值为 0～4095。因为 0 和 4095 为协议保留取值，所以 VLAN ID 的有效取值为 1～4094。

如图 2-6 所示，交换机 S1 识别出计算机 PC1 发往计算机 PC2 的数据帧属于 VLAN 10 后，在以太网帧源 MAC 地址字段之后插入 VLAN ID 为 10 的标签；交换机 S2 收到这个带有标签 10 的数据帧后，就能轻而易举地直接根据标签信息识别出这个帧属于 VLAN 10，移除标签后再将其发给计算机 PC2。

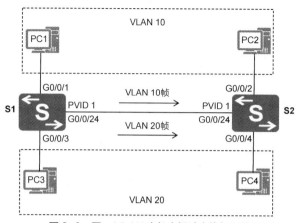

图 2-6　同一 VLAN 主机之间跨交换机通信

2.1.2　VLAN 划分

主机发出的数据帧不带任何标签。对已支持 VLAN 特性的交换机来说，当主机发出的不带标签（Untagged）帧进入交换机后，交换机必须通过某种划分原则把这个帧划分到某个特定的 VLAN 中。VLAN 的划分可以基于接口、源 MAC 地址、源 IP 地址和子网掩码、网络层协议和匹配策略。其中，常用的划分方法有基于接口划分 VLAN 和基于源 MAC 地址划分 VLAN。

1. 基于接口划分 VLAN

根据交换机的接口来划分 VLAN 是最简单、有效的 VLAN 划分方法之一。网络管理员可以手动方式将交换机的某一接口指定为某一 VLAN 的成员。网络管理员会预先为交换机的每个接口配置不同的 PVID，当一个数据帧进入交换机时，如果没有带 VLAN 标签，则该数据帧会被打上接口指定 PVID 的标签，然后数据帧将在指定 VLAN 中传输。默认情况下，PVID 的值为 1。如图 2-7 所示，交换机的 G0/0/1 和 G0/0/2 接口属于 VLAN 10，G0/0/3 和 G0/0/4 接口属于 VLAN 20。基于接口划分 VLAN 的缺点如下：当用户从一个接口移动到另一个接口时，网络管理员必须对交换机接口所属的 VLAN 成员进行重新配置。

图 2-7　基于接口划分 VLAN

基于接口的 VLAN 划分依赖交换机的接口类型。华为交换机的接口类型包括 Access 接口、Trunk 接口和 Hybrid 接口这 3 种。

（1）Access 接口

Access 接口是交换机上常用来连接用户 PC 和服务器等终端设备的接口。Access 接口所连接的这些设备的网卡往往只收发无标签帧。Access 接口只能加入一个 VLAN。在图 2-7 中，交换机的 G0/0/1~G0/0/4 接口都配置为 Access 接口。

（2）Trunk 接口

Trunk 接口允许多个 VLAN 的数据帧通过，这些数据帧通过 IEEE 802.1Q 标签进行区分。Trunk 接口常用于交换机之间的互联，也用于连接路由器、防火墙等设备的子接口。在图 2-6 中，交换机 S1 和 S2 的 G0/0/24 接口都配置为 Trunk 接口，因此 VLAN 1、VLAN 10 和 VLAN 20 的数据帧都可以在 Trunk 链路上传输。需要注意的是，对于 Trunk 接口，除了要配置 PVID 外，还必须配置允许通过的

VLAN ID 列表。华为交换机默认只允许 VLAN 1 的数据帧通过 Trunk 链路。

（3）Hybrid 接口

Hybrid 接口与 Trunk 接口类似，也允许多个 VLAN 的数据帧通过，这些数据帧通过 IEEE 802.1Q 标签进行区分。用户可以灵活指定 Hybrid 接口在发送某个（或某些）VLAN 的数据帧时是否携带标签。华为交换机默认的接口类型是 Hybrid。

以上 3 种接口在接收和发送数据帧时添加或剥除 VLAN 标签的处理过程如下。

（1）接收数据帧

当接收到不带 VLAN 标签的数据帧时，Access 接口、Trunk 接口和 Hybrid 接口都会给数据帧打上 VLAN 标签，但 Trunk 接口、Hybrid 接口会根据数据帧的 VLAN ID 是否为其允许通过的 VLAN 来判断是否接收，而 Access 接口则无条件接收。

当接收到带 VLAN 标签的数据帧时，Access 接口、Trunk 接口和 Hybrid 接口都会根据数据帧的 VLAN ID 是否为其允许通过的 VLAN（Access 接口允许通过的 VLAN 就是默认 VLAN）来判断是否接收。

（2）发送数据帧

Access 接口直接剥离数据帧中的 VLAN 标签。Trunk 接口只有在数据帧中的 VLAN ID 与接口的 VLAN ID 相等时才会剥离数据帧中的 VLAN 标签。Hybrid 接口会根据接口上的配置判断是否剥离数据帧中的 VLAN 标签。

因此，Access 接口发出的数据帧肯定不带标签；Trunk 接口发出的数据帧只有一个 VLAN 的数据帧不带标签，其他都带 VLAN 标签；Hybrid 接口发出的数据帧可根据需要设置某些 VLAN 的数据帧带标签，而某些 VLAN 的数据帧不带标签。

2. 基于源 MAC 地址划分 VLAN

该方法根据数据帧的源 MAC 地址来划分 VLAN，需要网络管理员预先配置 MAC 地址和 VLAN ID 映射关系表。如果交换机收到不带标签的数据帧，则会查找之前配置的 MAC 地址和 VLAN ID 映射关系表，并根据数据帧中携带的源 MAC 地址来添加相应的 VLAN 标签。基于源 MAC 地址的 VLAN 划分可以允许网络设备从一个物理位置移动到另一个物理位置，且不需要重新配置 VLAN，自动保留其所属 VLAN 的成员身份，从而提高用户的安全性和接入的灵活性。

3. 基于源 IP 地址和子网掩码划分 VLAN

该方法根据数据帧中的源 IP 地址和子网掩码来划分 VLAN。网络管理员预先配置 IP 地址和 VLAN ID 映射关系表，当交换机收到的是不带标签的数据帧时，就依据该表为数据帧添加指定 VLAN 的标签，数据帧将在指定 VLAN 中传输。

4. 基于网络层协议划分 VLAN

该方法根据数据帧所属的协议（簇）类型及封装格式来划分 VLAN。网络管理员预先配置以太网帧中的协议域和 VLAN ID 的映射关系表，如果收到的是不带标签的数据帧，则依据该表为数据帧添加指定 VLAN 的标签，数据帧将在指定 VLAN 中传输。

5. 基于匹配策略划分 VLAN

该方法根据配置的策略划分 VLAN，能实现多种组合的 VLAN 划分方式，包括接口、MAC 地址和 IP 地址等。

2.1.3 VLAN 间路由

在实际网络部署中一般会将不同的 IP 网段划分到不同的 VLAN。同一 VLAN 且同一网段的主机之间可直接进行通信，无须借助三层转发设备，该通信方式被称为二层通信。VLAN 之间需要通过三层通信实现互访，三层通信需借助三层设备（如路由器或三层交换机）的路由功能。使用路由功能从一个 VLAN 向另一个 VLAN 转发网络流量的过程称为 VLAN 间路由。VLAN 间路由可以通过多臂路由、单臂路由和三层交换来实现。

1. 多臂路由

传统的 VLAN 间路由需要路由器三层接口作为网关，并转发本网段前往其他网段的流量，这种实现 VLAN 间路由的方法称为多臂路由，如图 2-8 所示。路由器三层接口无法处理携带 VLAN 标签的数据帧，因此交换机上连路由器的接口需配置为 Access。路由器的一个物理接口作为一个 VLAN 的网关，因此一个 VLAN 就需要占用一个路由器物理接口。如果要实现 N 个 VLAN 间的通信，则需要占用路由器的 N 个接口，同时会占用交换机的 N 个接口，而路由器的接口数量较少，该方案会增加硬件投资的成本，因此该方案的可扩展性很差。

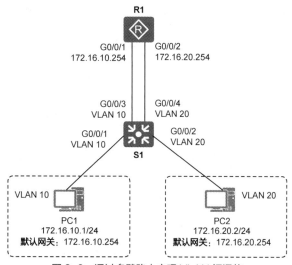

图 2-8 通过多臂路由实现 VLAN 间通信

2. 单臂路由

单臂路由是一种通过一个路由器物理接口解决 VLAN 间路由的方案。如图 2-9 所示，路由器 R1 只需要一个物理接口 G0/0/1 和交换机接口 G0/0/24 相连，路由器 R1 基于该物理接口创建 G0/0/1.10 和 G0/0/1.20 两个子接口（ Sub-Interface ），分别使用这两个子接口的 IP 地址作为 VLAN 10 及 VLAN 20 的默认网关。子接口是基于路由器以太网接口所创建的逻辑接口，用物理接口 ID+子接口 ID 进行标识，子接口同物理接口一样可进行三层转发。

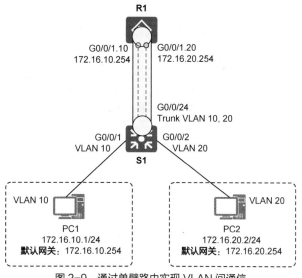

图 2-9 通过单臂路由实现 VLAN 间通信

子接口不同于物理接口，它可以终结携带 VLAN 标签的数据帧，也就是说，对于接口接收到的报文，剥除 VLAN 标签后再进行三层转发或其他处理；对于接口发出的报文，将相应的 VLAN 标签添加到报文中后再发送。基于一个物理接口创建多个子接口，将该物理接口对接到交换机的 Trunk 接口，即可使用一个物理接口为多个 VLAN 提供三层转发服务，因此其被称为单臂路由。路由器物理接口和子接口的对比如表 2-2 所示。

表 2-2　路由器物理接口和子接口的对比

物理接口	子接口
每个 VLAN 占用一个物理接口	多个 VLAN 占用同一个物理接口
无带宽争用	带宽争用
连接到 Access 模式交换机接口	连接到 Trunk 模式交换机接口
成本高	成本低
连接配置较复杂	连接配置较简单

3. 三层交换

单臂路由实现 VLAN 间路由时转发速率较慢，特别是交换机和路由器之间的链路很容易成为网络瓶颈或出现单点故障。随着三层交换机在企业网络中的大面积使用和部署，目前绝大多数企业采用三层交换机实现 VLAN 间路由。三层交换机除了具备二层交换机的功能外，还支持通过三层接口（如 VLANIF 接口）实现路由转发功能。

从使用者的角度可以把三层交换机看作交换模块和路由模块的组合，如图 2-10 所示，VLANIF 接口是一种三层的逻辑接口，支持 VLAN 标签的剥离和添加，因此可以通过 VLANIF 接口实现 VLAN 之间的通信。VLANIF 接口编号与所对应的 VLAN ID 相同，如 VLAN 10 对应 VLANIF 10，VLAN 20 对应 VLANIF 20。VLANIF 接口的 IP 地址就是相应 VLAN 中主机的默认网关。

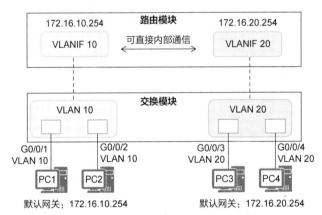

图 2-10　通过三层交换实现 VLAN 间通信

2.1.4　MUX VLAN

对企业来说，它们希望企业员工之间可以互相交流，而企业客户之间是隔离的，不能互相访问。为了使所有用户都可访问企业服务器，可通过配置 VLAN 间通信来实现。如果企业规模很大，拥有大量的用户，那么就要为不能互相访问的用户分配不同的 VLAN，这样不但会耗费大量的 VLAN ID，而且增加了网络管理员的配置和运维工作量。多路 VLAN（Multiplex VLAN，MUX VLAN）提供了一种在 VLAN 接口间进行二层流量控制的机制。例如，在企业网络中，企业员工和企业客户可以访问企业的服务器，通过使用 MUX VLAN 的二层流量控制机制，可以轻松地实现企业员工之间的互访及企业客户之间的相互隔离。

MUX VLAN 分为主 VLAN（Principal VLAN）和从 VLAN（Subordinate VLAN），从 VLAN 又分为隔离 VLAN（Separate VLAN）和互通 VLAN（Group VLAN）。

（1）主 VLAN：此接口从属于主接口（Principal Port）。主接口可以和 MUX VLAN 内的所有接口进行通信。

（2）隔离 VLAN：此接口从属于隔离接口（Separate Port）。隔离接口只能和主接口进行通信，和其他类型的接口完全隔离。每个隔离 VLAN 必须绑定一个主 VLAN。

（3）互通 VLAN：此接口从属于互通接口（Group Port）。互通接口可以和主接口进行通信，同一组内的接口之间也可互相通信，但不能和其他组接口或隔离接口通信。每个隔离 VLAN 必须绑定一个主 VLAN。

图 2-11 所示为 MUX VLAN 应用场景举例，在交换机 S1 上把企业客户所属的 VLAN 设置为隔离 VLAN，把企业员工所属的 VLAN 设置为互通 VLAN，把连接服务器接口所属的 VLAN 设置为主 VLAN，并且所有从 VLAN 都与主 VLAN 绑定。这样就能够实现企业客户、企业员工可以访问企业服务器，而企业员工间可以通信、企业客户间不能通信、企业客户和企业员工之间不能互访的目的。

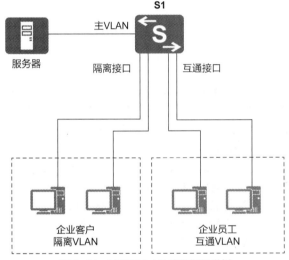

图 2-11　MUX VLAN 应用场景举例

2.1.5　链路聚合

设备之间存在多条链路时，由于 STP 的存在，实际上只会有一条链路转发流量，设备间的链路带宽无法得到提升和有效利用。以太网链路聚合（Eth-Trunk）通过将多个物理接口捆绑为一个逻辑接口，可以在不进行硬件升级的条件下，达到增加链路带宽的目的。链路聚合接口的最大带宽可以达到各成员接口带宽之和。除了增加带宽外，链路聚合还可以在一个链路聚合组内，实现在各成员活动链路上的负载均衡。当一条或多条活动链路出现故障时，流量可以切换到其他可用的成员链路上，从而提高链路聚合接口的可靠性。

为了说明链路聚合的工作原理，首先介绍链路聚合的相关术语，如图 2-12 所示。

（1）链路聚合组（Link Aggregation Group，LAG）：若干条链路捆绑在一起所形成的逻辑链路。每个聚合组唯一对应着一个逻辑接口，这个逻辑接口又被称为链路聚合接口或 Eth-Trunk 接口。

（2）成员接口和成员链路：组成 Eth-Trunk 接口的各个物理接口称为成员接口；成员接口对应的链路称为成员链路。

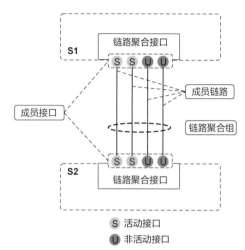

图 2-12　链路聚合的相关术语

（3）活动接口和活动链路：活动接口又称选中（Selected）接口，是参与数据转发的成员接口；活动接口对应的链路被称为活动链路（Active Link）。

（4）非活动接口和非活动链路：非活动接口又称非选中（Unselected）接口，是不参与转发数据的成员接口；非活动接口对应的链路被称为非活动链路（Inactive Link）。

（5）活动接口数上限阈值：设置活动接口数上限阈值的目的是在保证带宽的情况下提高网络的可靠性。当前活动接口数达到上限阈值时，若再向 Eth-Trunk 中添加成员接口，则不会增加活动接口的数目，超过上限阈值的链路状态将被置为 Down，以作为备份链路。例如，有 8 条无故障链路在一个 Eth-Trunk 内，每条链路都能提供 1Gbit/s 的带宽，现在最多需要 5Gbit/s 的带宽，如果上限阈值设为 5，其他链路就自动进入备份状态以提高网络的可靠性。

（6）活动接口数下限阈值：设置活动接口数下限阈值是为了保证最小带宽，当前活动接口数小于下限阈值时，Eth-Trunk 接口的状态转为 Down。例如，每条物理链路能提供 1Gbit/s 的带宽，如果现在至少需要 2Gbit/s 的带宽，那么活动接口数下限阈值必须要大于等于 2。

（7）聚合模式：根据是否启用链路聚合控制协议（Link Aggregation Control Protocol，LACP），链路聚合可以分为手动模式和 LACP 模式两种。

1. 手动模式链路聚合

在手动模式下，Eth-Trunk 的建立、成员接口的加入由网络管理员手动配置。具体来说，就是网络管理员在一台设备上创建 Eth-Trunk，根据网络需求将多个连接同一台交换机的接口都添加到此 Eth-Trunk 中，并在对端交换机上执行对应的操作。该模式下所有活动链路都参与数据的转发，平均分担流量。如果某条活动链路发生故障，则 LAG 自动在剩余的活动链路中平均分担流量。当需要在两台直连设备之间提供一个较大的链路带宽，而其中一端或两端设备都不支持 LACP 时，可以配置手动模式链路聚合。

2. LACP 模式链路聚合

作为链路聚合技术，手动模式可以将多个物理接口聚合成一个 Eth-Trunk 接口来提高带宽，同时能够检测到同一 LAG 内的成员链路有断路等故障，但是无法检测到链路层故障。为了提高 Eth-Trunk 的容错性，并实现备份功能，保证成员链路的高可靠性，LACP 出现了。

LACP 为交换数据的设备提供一种标准的协商模式，以供设备根据自身配置自动形成聚合链路并启用聚合链路收发数据。聚合链路形成以后，LACP 负责维护链路状态，当聚合条件发生变化时，自动调整或解散链路聚合。

为了区分两端设备优先级的高低而配置的参数称为系统 LACP 优先级。在 LACP 模式下，两端设备所选择的活动接口必须保持一致，否则 LAG 无法建立。此时可以使其中一端具有更高的优先级，另一端根据高优先级的一端来选择活动接口即可。系统 LACP 优先级的值越小，优先级越高。

为了区分同一个 Eth-Trunk 中的不同接口被选为活动接口的优先程度，可以设置接口 LACP 优先级，优先级高的接口将优先被选为活动接口。接口 LACP 优先级的值越小，优先级越高。

LACP 模式链路聚合由 LACP 确定 LAG 中的活动和非活动链路，又称为 $M:N$ 模式，即 M 条活动链路与 N 条备份链路的模式。这种模式能提供更高的链路可靠性，并且可以在 M 条链路中实现不同方式的负载均衡。当 M 条链路中有一条链路发生故障时，LACP 会从 N 条备份链路中找出一条优先级高的可用链路替换故障链路。此时链路的实际带宽还是 M 条链路的总和。

LACP 模式链路聚合的工作过程如图 2-13 所示。

（1）在 LACP 模式的 Eth-Trunk 中加入成员接口后，两端互相发送 LACP 数据单元（LACP Data Unit，LACPDU）报文。在双方交换的 LACPDU 中，包含系统 LACP 优先级的参数。在完成 LACPDU 交换之后，双方交换机会使用系统 LACP 优先级来判断谁充当两者中的 LACP 主动端，如双方系统 LACP 优先级相同，则 MAC 地址较小的交换机会成为 LACP 主动端。

（2）选出主动端后，两端都会以主动端的接口优先级来选择活动接口，如果主动端的接口优先级都相同，则选择接口编号比较小的作为活动接口。两端设备选择一致的活动接口，活动链路组便可以建立起来，并从这些活动链路中以负载均衡的方式转发数据。

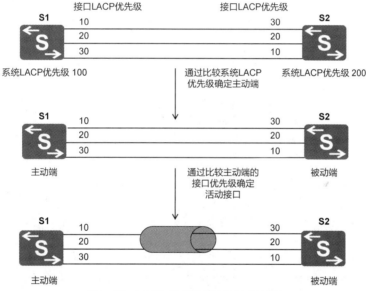

图 2-13　LACP 模式链路聚合的工作过程

2.1.6　VLAN 和链路聚合基本配置命令

1．VLAN 基本配置命令

```
[Huawei]vlan vlan-id /*通过此命令创建 VLAN 并进入 VLAN 视图，如果 VLAN 已存在，则直接进入该
VLAN 的视图。vlan-id 是整数形式，取值为 1～4094*/
[Huawei]vlan batch { vlan-id1 [ to vlan-id2 ] }  //批量创建 VLAN
[Huawei-GigabitEthernet0/0/1]port link-type access
//配置接口的链路类型为 Access
Huawei-GigabitEthernet0/0/1]port default vlan vlan-id
//配置接口的默认 VLAN 并加入这个 VLAN
[Huawei-GigabitEthernet0/0/1]port link-type trunk
//配置接口的链路类型为 Trunk
[Huawei-GigabitEthernet0/0/1]port trunk pvid vlan vlan-id
```

//配置 Trunk 类型接口的默认 VLAN

[Huawei-GigabitEthernet0/0/1]**port trunk allow-pass vlan { { *vlan-id1* [to *vlan-id2*] }** **| all }** //配置 Trunk 类型接口允许通过的 VLAN

2. VLAN 间路由配置命令

[Huawei]**interface GigabitEthernet0/0/1.10** //创建子接口

[Huawei-GigabitEthernet0/0/1.10]**dot1q termination vid 10**

//配置子接口 dot1q 终结的 VLAN ID

[Huawei-GigabitEthernet0/0/1.10]**ip address 192.168.10.254 24**

//配置子接口的 IP 地址和掩码长度

[Huawei]**interface vlanif 4** //创建 VLANIF 接口并进入 VLANIF 接口视图

[Huawei -Vlanif4]**ip address 10.1.4.2 24** //配置 VLANIF 接口的 IP 地址和掩码长度

3. MUX VLAN 配置命令

[Huawei]**vlan *vlan-id*** //创建 VLAN

[Huawei-vlan100]**mux-vlan** //配置 MUX VLAN 的主 VLAN

[Huawei-vlan100]**subordinate group { *vlan-id1* [to *vlan-id2*] }**

//配置从 VLAN 中的互通 VLAN，一个主 VLAN 下最多可以配置 128 个互通 VLAN

[Huawei-vlan100]**subordinate separate *vlan-id***

//配置从 VLAN 中的隔离 VLAN，一个主 VLAN 下只能配置一个隔离 VLAN

[Huawei-GigabitEthernet0/0/1]**port mux-vlan enable *vlan-id***

//启用接口 MUX VLAN 功能

4. 链路聚合配置命令

[Huawei]**interface eth-trunk *trunk-id***

//创建 Eth-Trunk 接口，并进入 Eth-Trunk 接口视图

[Huawei-Eth-Trunk1]**mode {lacp | manual load-balance }**

//配置链路聚合模式

[Huawei-GigabitEthernet0/0/1]**eth-trunk *trunk-id***

//将接口加入链路聚合组中（以太网接口视图）

[Huawei]**lacp priority *priority***

//配置系统 LACP 优先级，默认系统 LACP 优先级为 32768

[Huawei-GigabitEthernet0/0/1]**lacp priority *priority***

//配置接口 LACP 优先级

[Huawei-Eth-Trunk1]**max active-linknumber *{number}***

//配置最大活动接口数

[Huawei-Eth-Trunk1]**least active-linknumber *{number}***

//配置最小活动接口数

任务实施

在 A 公司的园区网络设计方案中有 4 台交换机，其中交换机 S1 和交换机 S2 是核心交换机，交换机 S3 和交换机 S4 是接入交换机；服务器区包括 2 台 FTP 服务器、1 台 Web 服务器和 1 台 Mail 服务器，通过交换机 S4 接入网络，网络拓扑如图 2-1 所示。工程师需要完成的配置任务如下。

（1）配置和验证 VLAN。

（2）配置和验证 VLAN 接口划分。

（3）配置和验证 Trunk。

（4）配置和验证 VLAN 间路由。

（5）配置和验证链路聚合。

（6）配置和验证 MUX VLAN。

1. 配置和验证 VLAN

（1）创建 VLAN

在交换机 S1、S2、S3 上创建市场、人事部、运维部和生产部所属的 VLAN。

```
[S1]vlan batch 4 to 7            //批量创建 VLAN 4、VLAN 5、VLAN 6、VLAN 7
[S1]vlan 4                       //进入 VLAN 视图
[S1-vlan4]description Marketing   //配置 VLAN 描述。如果不配置，则默认为 VLAN 0004
[S1-vlan4]quit
[S1]vlan 5
[S1-vlan5]description Ministry of Personnel
[S1-vlan5]quit
[S1]vlan 6
[S1-vlan6]description Operation and Maintenance
[S1-vlan6]quit
[S1]vlan 7
[S1-vlan7]description Production
```

交换机 S2 和 S3 上的 VLAN 配置同交换机 S1。

（2）查看 VLAN 信息

VLAN 创建完成后，可以通过执行 display vlan 命令查看 VLAN 信息。

```
<S1>display vlan
The total number of vlans is : 5   //VLAN 总数量
--------------------------------------------------------------------------
U: Up;         D: Down;        TG: Tagged;         UT: Untagged;
// VLAN 的状态以及手动加入本 VLAN 的接口，分为带标签和不带标签方式
MP: Vlan-mapping;              ST: Vlan-stacking;
#: ProtocolTransparent-vlan; *: Management-vlan;
--------------------------------------------------------------------------

VID  Type    Ports
--------------------------------------------------------------------------
1    common  UT:GE0/0/1(D)     GE0/0/2(D)      GE0/0/3(D)      GE0/0/4(D)
             GE0/0/5(D)        GE0/0/6(D)      GE0/0/7(D)      GE0/0/8(D)
             GE0/0/9(D)        GE0/0/10(D)     GE0/0/11(D)     GE0/0/12(D)
             GE0/0/13(D)       GE0/0/14(D)     GE0/0/15(D)     GE0/0/16(D)
             GE0/0/17(D)       GE0/0/18(D)     GE0/0/19(D)     GE0/0/20(D)
             GE0/0/21(U)       GE0/0/22(D)     GE0/0/23(U)     GE0/0/24(U)
4    common
5    common
6    common
7    common
```

/*以上输出的第一列是 VLAN ID；第二列是 VLAN 的类型，common 表示普通 VLAN；第三列列出了本交换机上属于该 VLAN 的接口，默认情况下，交换机所有接口都属于 VLAN 1，目前没有接口被划分到 VLAN 4～VLAN 7*/

```
VID  Status  Property     MAC-LRN Statistics Description
--------------------------------------------------------------------------
1    enable  default      enable  disable    VLAN 0001
4    enable  default      enable  disable    Marketing
5    enable  default      enable  disable    Ministry of Personnel
6    enable  default      enable  disable    Operation and Maintenance
7    enable  default      enable  disable    Production
```

/*以上输出的第一列是 VLAN ID；第二列是 VLAN 的当前状态；第三列是 VLAN 的属性，default 表示默认 VLAN，MulticastVlan 表示组播 VLAN，UserVlan 表示用户 VLAN；第四列表示是否启用 MAC 地址学习功能；第五列表示是否启用流量统计功能；第六列是 VLAN 的描述信息*/

2. 配置和验证 VLAN 接口划分

（1）VLAN 接口划分

按照网络规划和部署要求，将接入层交换机 S3 的各个接口划分到相应的 VLAN 中。

```
[S3]port-group group-member Giga0/0/1 Giga0/0/5 to Giga 0/0/7
  //批量选择交换机接口
[S3-port-group]port link-type access          //配置接口链路类型
[S3-port-group]port default vlan 4            //将接口划分到 VLAN
[S3-port-group]quit
[S3]port-group group-member Giga0/0/2 Giga0/0/8 to Giga0/0/10
[S3-port-group]port link-type access
[S3-port-group]port default vlan 5
[S3-port-group]quit
[S3]port-group group-member Giga0/0/3 Giga0/0/11 to Giga0/0/13
[S3-port-group]port link-type access
[S3-port-group]port default vlan 6
[S3-port-group]quit
[S3]port-group group-member Giga0/0/4 Giga0/0/14 to Giga0/0/16
[S3-port-group]port link-type access
[S3-port-group]port default vlan 7
```

（2）查看 VLAN 信息

```
<S3>display vlan
The total number of vlans is : 5
--------------------------------------------------------------------------------
U: Up;          D: Down;          TG: Tagged;          UT: Untagged;
MP: Vlan-mapping;                 ST: Vlan-stacking;
#: ProtocolTransparent-vlan;          *: Management-vlan;
--------------------------------------------------------------------------------
VID  Type    Ports
--------------------------------------------------------------------------------
1    common  UT:GE0/0/17(D)    GE0/0/18(D)       GE0/0/19(D)       GE0/0/20(D)
                GE0/0/21(U)    GE0/0/22(U)       GE0/0/23(D)       GE0/0/24(D)

4    common  UT:GE0/0/1(U)     GE0/0/5(D)        GE0/0/6(D)        GE0/0/7(D)

5    common  UT:GE0/0/2(U)     GE0/0/8(D)        GE0/0/9(D)        GE0/0/10(D)

6    common  UT:GE0/0/3(U)     GE0/0/11(D)       GE0/0/12(D)       GE0/0/13(D)

7    common  UT:GE0/0/4(U)     GE0/0/14(D)       GE0/0/15(D)       GE0/0/16(D)
```
（此处省略部分输出）

/*以上输出显示了交换机的接口 G0/0/1、G0/0/5～G0/0/7 属于 VLAN 4；G0/0/2、G0/0/8～G0/0/10 属于 VLAN 5；G0/0/3、G0/0/11～G0/0/13 属于 VLAN 6；G0/0/4、G0/0/14～G0/0/16 属于 VLAN 7*/

（3）查看 VLAN 中包含的接口信息

```
[S3]display port vlan
Port               Link Type     PVID  Trunk VLAN List
--------------------------------------------------------------------------------
```

```
GigabitEthernet0/0/1      access     4    -
GigabitEthernet0/0/2      access     5    -
GigabitEthernet0/0/3      access     6    -
GigabitEthernet0/0/4      access     7    -
GigabitEthernet0/0/5      access     4    -
GigabitEthernet0/0/6      access     4    -
GigabitEthernet0/0/7      access     4    -
GigabitEthernet0/0/8      access     5    -
GigabitEthernet0/0/9      access     5    -
GigabitEthernet0/0/10     access     5    -
GigabitEthernet0/0/11     access     6    -
GigabitEthernet0/0/12     access     6    -
GigabitEthernet0/0/13     access     6    -
GigabitEthernet0/0/14     access     7    -
GigabitEthernet0/0/15     access     7    -
GigabitEthernet0/0/16     access     7    -
GigabitEthernet0/0/17     hybrid     1    -
GigabitEthernet0/0/18     hybrid     1    -
GigabitEthernet0/0/19     hybrid     1    -
GigabitEthernet0/0/20     hybrid     1    -
GigabitEthernet0/0/21     hybrid     1    -
GigabitEthernet0/0/22     hybrid     1    -
GigabitEthernet0/0/23     hybrid     1    -
GigabitEthernet0/0/24     hybrid     1    -
//以上输出显示了交换机 S3 的每个接口名称、链路类型、VLAN ID 等信息
```

（4）查看接口的信息

```
<S3>display port vlan GigabitEthernet0/0/1
Port                  Link Type    PVID   Trunk VLAN List
-------------------------------------------------------------------------
GigabitEthernet0/0/1      access        4       -
//以上输出显示了 G0/0/1 接口的链路类型为 Access, VLAN ID 为 4
```

3. 配置和验证 Trunk

（1）配置 Trunk 接口类型

在交换机 S1～S3 上将交换机之间连接的相应接口类型配置为 Trunk 模式。

```
[S1]interface GigabitEthernet 0/0/22
[S1-GigabitEthernet0/0/22]port link-type trunk    //配置接口链路类型
[S1-GigabitEthernet0/0/22]port trunk pvid vlan 1
//配置 Trunk 接口的默认 VLAN, 默认为 VLAN 1
[S1-GigabitEthernet0/0/22]port trunk allow-pass vlan 4 to 7
//配置 Trunk 链路只允许 VLAN 4～VLAN 7 的数据帧通过

[S2]interface GigabitEthernet 0/0/22
[S2-GigabitEthernet0/0/22]port link-type trunk
[S2-GigabitEthernet0/0/22]port trunk allow-pass vlan 4 to 7

[S3]port-group group-member GigabitEthernet 0/0/21 to GigabitEthernet 0/0/22
//批量选择接口
[S3-port-group]port link-type trunk
[S3-port-group]port trunk allow-pass vlan 4 to 7
```

（2）查看 VLAN 中包含的接口信息

```
<S3>display port vlan
Port                    Link Type    PVID  Trunk VLAN List

（此处省略部分输出）
GigabitEthernet0/0/21   trunk         1     1    4-7
GigabitEthernet0/0/22   trunk         1     1    4-7
GigabitEthernet0/0/23   hybrid        1     -
GigabitEthernet0/0/24   hybrid        1     -
```
/*以上输出显示了交换机 S3 的 G0/0/21 和 G0/0/22 接口的类型为 Trunk，接口的 VLAN ID 为 1，允许 VLAN 1、VLAN 4～VLAN 7 的数据帧通过；同时显示 G0/0/23 和 G0/0/24 接口的类型为 Hybrid，这是华为交换机接口链路类型的默认配置*/

4. 配置和验证 VLAN 间路由

交换机 S1 和 S2 为 VLAN 4～VLAN 7 分别创建 VLANIF 接口，通过三层交换实现 VLAN 间路由。

（1）配置 VLANIF 接口

```
[S1]interface Vlanif4
[S1-Vlanif4]ip address 10.1.4.252 255.255.255.0
[S1-Vlanif4]quit
[S1]interface Vlanif5
[S1-Vlanif5]ip address 10.1.5.252 255.255.255.0
[S1-Vlanif5]quit
[S1]interface Vlanif6
[S1-Vlanif6]ip address 10.1.6.252 255.255.255.0
[S1-Vlanif6]quit
[S1]interface Vlanif7
[S1-Vlanif7]ip address 10.1.7.252 255.255.255.0

[S2]interface Vlanif4
[S2-Vlanif4]ip address 10.1.4.253 255.255.255.0
[S2-Vlanif4]quit
[S2]interface Vlanif5
[S2-Vlanif5]ip address 10.1.5.253 255.255.255.0
[S2-Vlanif5]quit
[S2]interface Vlanif6
[S2-Vlanif6]ip address 10.1.6.253 255.255.255.0
[S2-Vlanif6]quit
[S2]interface Vlanif7
[S2-Vlanif7]ip address 10.1.7.253 255.255.255.0
```

（2）查看路由表

```
[S1]display ip routing-table | include 10.1
Route Flags: R - relay, D - download to fib
------------------------------------------------------------------------
Routing Tables: Public
        Destinations : 10        Routes : 10
Destination/Mask     Proto    Pre  Cost    Flags   NextHop        Interface
    10.1.4.0/24      Direct   0    0       D       10.1.4.252     Vlanif4
    10.1.4.252/32    Direct   0    0       D       127.0.0.1      Vlanif4
```

10.1.5.0/24	Direct	0	0	D	10.1.5.252	Vlanif5
10.1.5.252/32	Direct	0	0	D	127.0.0.1	Vlanif5
10.1.6.0/24	Direct	0	0	D	10.1.6.252	Vlanif6
10.1.6.252/32	Direct	0	0	D	127.0.0.1	Vlanif6
10.1.7.0/24	Direct	0	0	D	10.1.7.252	Vlanif7
10.1.7.252/32	Direct	0	0	D	127.0.0.1	Vlanif7

/*以上输出显示了交换机 S1 的路由表中关于 VLAN 4～VLAN 7 的路由条目，包括 VLAN 4～VLAN 7 的网络地址、接口主机 IP 地址、协议类型、优先级、开销值、下一跳地址以及对应的出接口。注意，出接口均为相应 VLAN 的 VLANIF 接口*/

5. 配置和验证链路聚合

交换机 S1 和 S2 之间的 G0/0/23 及 G0/0/24 接口需要配置链路聚合，以提升网络转发数据的能力及链路的可靠性。本任务中，工程师首先配置手动模式链路聚合，验证成功后，删除相关配置，再配置 LACP 模式链路聚合。

（1）配置手动模式链路聚合

```
[S1]interface Eth-Trunk 12
//创建 Eth-Trunk 接口。删除 Eth-Trunk 接口时，Eth-Trunk 接口中不能有成员接口
[S1-Eth-Trunk12]mode manual load-balance
/*配置 Eth-Trunk 的工作模式。默认情况下，Eth-Trunk 的工作模式为手动模式。配置时需要保证两端的链路聚合模式一致*/
[S1-Eth-Trunk12]load-balance src-dst-ip
//配置 Eth-Trunk 的负载均衡方式。默认情况下，Eth-Trunk 的负载均衡方式为 src-dst-ip
[S1-Eth-Trunk12]trunkport GigabitEthernet 0/0/23 to 0/0/24
//将成员接口加入链路聚合组中
[S1-Eth-Trunk12]port link-type trunk    //配置接口链路类型为 Trunk
[S1-Eth-Trunk12]port trunk allow-pass vlan 4 to 7
//配置 Eth-Trunk 链路只允许 VLAN 4～VLAN 7 的数据帧通过，默认允许 VLAN 1 的数据帧通过

[S2]interface Eth-Trunk 12
[S2-Eth-Trunk12]mode manual load-balance
[S2-Eth-Trunk12]load-balance src-dst-ip
[S2-Eth-Trunk12]trunkport GigabitEthernet 0/0/23 to 0/0/24
[S2-Eth-Trunk12]port link-type trunk
[S2-Eth-Trunk12]port trunk allow-pass vlan 4 to 7
```

（2）查看手动模式链路聚合信息

① 查看 Eth-Trunk 接口的状态信息

```
<S1>display eth-trunk 12
Eth-Trunk12's state information is:
WorkingMode: NORMAL        Hash arithmetic: According to SIP-XOR-DIP
/*WorkingMode:Eth-Trunk 接口的工作模式为 NORMAL 时表示手动模式;为 STATIC 时表示 LACP 模式。Hash arithmetic: Eth-Trunk 接口的哈希（Hash）算法，此处基于源 IP 地址与目的 IP 地址进行负载均衡*/
Least Active-linknumber: 1 Max Bandwidth-affected-linknumber: 8
//Least Active-linknumber 表示处于 Up 状态的成员链路的下限阈值
//Max Bandwidth-affected-linknumber 表示影响链路聚合带宽的最大连接数，主要用于 STP 计算
Operate status: up         Number Of Up Port In Trunk: 2
//Eth-Trunk 接口的状态和 Eth-Trunk 接口中处于 Up 状态的成员接口数
--------------------------------------------------------------------
PortName                   Status     Weight
GigabitEthernet0/0/23      Up         1
```

55

```
GigabitEthernet0/0/24          Up              1
```
/*以上输出表明编号为 12 的 Eth-Trunk 链路聚合组已经形成，物理接口 G0/0/23 和 G0/0/24 是该链路聚合组的成员，成员接口的状态都为 Up，成员接口负载均衡的权重值都为 1*/

② 查看 Eth-Trunk 接口及其成员接口信息

```
<S2>display trunkmembership eth-trunk 12
Trunk ID: 12                        //Eth-Trunk 的编号
Used status: VALID                  //Eth-Trunk 的状态，VALID 表示 Eth-Trunk 有效
TYPE: ethernet                      //Eth-Trunk 的接口类型
Working Mode : Normal               //Eth-Trunk 的工作模式
Number Of Ports in Trunk = 2        //Eth-Trunk 中包含的接口数
Number Of Up Ports in Trunk = 2     //Eth-Trunk 中包含的处于启用状态的接口数
Operate status: up                  //Eth-Trunk 的接口状态

Interface GigabitEthernet0/0/23, valid, operate up, weight=1
Interface GigabitEthernet0/0/24, valid, operate up, weight=1
```

（3）配置 LACP 模式的链路聚合

① 先删除前面关于手动模式链路聚合的配置，再配置 LACP 模式的链路聚合

```
[S1]interface Eth-Trunk 12
[S1-Eth-Trunk12]mode lacp-static      //配置采用 LACP 协商 Eth-Trunk
[S1-Eth-Trunk12]trunkport GigabitEthernet 0/0/23 to 0/0/24
```
/*成员接口加入链路聚合组，在 LACP 模式下，需手动创建 Eth-Trunk，手动加入 Eth-Trunk 成员接口，但活动接口的选择是由 LACP 协商确定的，配置相对灵活*/
```
[S1-Eth-Trunk12]load-balance src-dst-ip
[S1-Eth-Trunk12]port link-type trunk
[S1-Eth-Trunk12]port trunk allow-pass vlan 4 to 7
[S1-Eth-Trunk12]quit
[S1]lacp priority 100   /*配置系统 LACP 优先级，系统 LACP 优先级的值越小，优先级越高，默认系统
```
LACP 优先级为 32768*/
```
[S1]interface GigabitEthernet 0/0/23
[S1-GigabitEthernet0/0/23]lacp priority 10
```
/*配置当前接口的 LACP 优先级，默认接口的 LACP 优先级为 32768，其值越小，优先级越高，优先级高的接口将优先被选为活动接口*/
```
[S1-GigabitEthernet0/0/23]quit
[S1]interface GigabitEthernet 0/0/24
[S1-GigabitEthernet0/0/24]lacp priority 20

[S2]interface Eth-Trunk 12
[S2-Eth-Trunk12]mode lacp-static
[S2-Eth-Trunk12]trunkport GigabitEthernet 0/0/23 to 0/0/24
[S2-Eth-Trunk12]load-balance src-dst-ip
[S2-Eth-Trunk12]port link-type trunk
[S2-Eth-Trunk12]port trunk allow-pass vlan 4 to 7
[S2-Eth-Trunk12]quit
[S2]lacp priority 200
[S2]interface GigabitEthernet 0/0/23
[S2-GigabitEthernet0/0/23]lacp priority 100
[S2-GigabitEthernet0/0/23]quit
```

```
[S2]interface GigabitEthernet 0/0/24
[S2-GigabitEthernet0/0/24]lacp priority 200
```

② 查看 LACP 模式链路聚合信息

```
<S1>display eth-trunk 12
Eth-Trunk12's state information is:
Local:
LAG ID: 12                  WorkingMode: STATIC  //链路聚合组 ID 和工作模式
Preempt Delay: Disabled     Hash arithmetic: According to SIP-XOR-DIP
//优先级抢占时间和 Eth-Trunk 接口的哈希算法
System Priority: 100        System ID: 4c1f-cc6a-2a33
//系统 LACP 优先级和系统 ID,系统 ID 为第一个以太网接口的 MAC 地址
Least Active-linknumber: 1  Max Active-linknumber: 8
//处于 Up 状态的成员链路的下限阈值和处于 Up 状态的成员链路的上限阈值
Operate status: up          Number Of Up Port In Trunk: 2
//Eth-Trunk 接口的状态和 Eth-Trunk 接口中处于 Up 状态的成员接口数
--------------------------------------------------------------------
ActorPortName            Status   PortType PortPri PortNo PortKey PortState Weight
GigabitEthernet0/0/23    Selected 1GE      10      24     3121    10111100  1
GigabitEthernet0/0/24    Selected 1GE      20      25     3121    10111100  1
```
/*以上输出显示了本地成员接口名、本地成员接口的状态(Selected 表示该成员接口被选中,成为活动接口,Unselectd 表示该成员接口未被选中)、本地成员接口的类型、本地成员接口的 LACP 优先级、本地成员接口在 LACP 中的编号、本地成员接口在 LACP 中的 Key 值、本地成员接口的状态变量和本地成员接口的权重*/
```
Partner:   //LACP 对端信息
--------------------------------------------------------------------
ActorPortName            SysPri  SystemID       PortPri PortNo PortKey PortState
GigabitEthernet0/0/23    200     4c1f-ccc4-2cdc 100     24     3121    10111100
GigabitEthernet0/0/24    200     4c1f-ccc4-2cdc 200     25     3121    10111100
```
/*以上输出显示了对端成员接口名、对端系统优先级、对端成员接口系统 ID、对端成员接口优先级、对端成员接口在 LACP 中的编号、对端成员接口的 Key 值和对端成员接口的状态变量*/

6. 配置和验证 MUX VLAN

在服务器区的交换机 S4 上配置 MUX VLAN,其拓扑如图 2-14 所示,主 VLAN 为 VLAN 3,FTP1 服务器和 FTP2 服务器属于互通 VLAN 301,Web 服务器和 Mail 服务器属于隔离 VLAN 302。

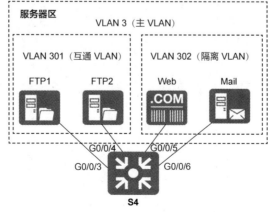

图 2-14　服务器区 MUX VLAN 拓扑

（1）配置 MUX VLAN

```
[S4]vlan batch 3 301 302                   //创建主 VLAN 和从 VLAN
```

```
[S4]vlan 3
[S4-vlan3]mux-vlan                      //将 VLAN 3 配置为 MUX VLAN 中的主 VLAN
[S4-vlan3]subordinate group 301         //配置主 VLAN 下的互通从 VLAN
[S4-vlan3]subordinate separate 302      //配置主 VLAN 下的隔离从 VLAN
[S4-vlan3]quit
[S4]interface GigabitEthernet0/0/1
[S4-GigabitEthernet0/0/1]port link-type access
[S4-GigabitEthernet0/0/1]port default vlan 3
[S4-GigabitEthernet0/0/1]port mux-vlan enable
[S4]interface GigabitEthernet0/0/3
[S4-GigabitEthernet0/0/3]port link-type access
[S4-GigabitEthernet0/0/3]port default vlan 301
[S4-GigabitEthernet0/0/3]port mux-vlan enable      //启用接口的 MUX VLAN 功能
[S4-GigabitEthernet0/0/3]quit
[S4]interface GigabitEthernet0/0/4
[S4-GigabitEthernet0/0/4]port link-type access
[S4-GigabitEthernet0/0/4]port default vlan 301
[S4-GigabitEthernet0/0/4]port mux-vlan enable
[S4-GigabitEthernet0/0/4]quit
[S4]interface GigabitEthernet0/0/5
[S4-GigabitEthernet0/0/5]port link-type access
[S4-GigabitEthernet0/0/5]port default vlan 302
[S4-GigabitEthernet0/0/5]port mux-vlan enable
[S4-GigabitEthernet0/0/5]quit
[S4]interface GigabitEthernet0/0/6
[S4-GigabitEthernet0/0/6]port link-type access
[S4-GigabitEthernet0/0/6]port default vlan 302
[S4-GigabitEthernet0/0/6]port mux-vlan enable
```

（2）查看 MUX VLAN 信息

```
<S4>display mux-vlan
Principal Subordinate Type        Interface
--------------------------------------------------------------------------
3           -         principal
3           302       separate   GigabitEthernet0/0/5 GigabitEthernet0/0/6
3           301       group      GigabitEthernet0/0/3 GigabitEthernet0/0/4
--------------------------------------------------------------------------
/*从以上输出中可以看到 VLAN 3 为主 VLAN，VLAN 301 为互通从 VLAN，包含接口 G0/0/3 和 G0/0/4；VLAN
302 为隔离从 VLAN，包含接口 G0/0/5 和 G0/0/6*/
```

任务评价

评价指标	评价观测点	评价结果
理论知识	1. VLAN 概念、封装和优点的理解 2. VLAN 划分方法的理解 3. VLAN 间路由实现方式的理解 4. MUX VLAN 工作原理的理解 5. 链路聚合工作原理和模式的理解 6. VLAN 和链路聚合基本配置命令的理解	自我测评 □ A □ B □ C 教师测评 □ A □ B □ C

续表

评价指标	评价观测点	评价结果
职业能力	1. 掌握 VLAN 配置和验证 2. 掌握 VLAN 接口划分和验证 3. 掌握 Trunk 配置和验证 4. 掌握 VLAN 间路由配置和验证 5. 掌握链路聚合配置和验证 6. 掌握 MUX VLAN 配置和验证	自我测评 □ A □ B □ C 教师测评 □ A □ B □ C
职业素养	1. 设备操作规范 2. 故障排除思路 3. 报告书写能力 4. 查阅文献能力 5. 语言表达能力 6. 团队协作能力	自我测评 □ A □ B □ C 教师测评 □ A □ B □ C
综合评价	1. 理论知识（40%） 2. 职业能力（40%） 3. 职业素养（20%）	自我测评 □ A □ B □ C 教师测评 □ A □ B □ C
学生签字： 教师签字： 年 月 日		

任务总结

　　VLAN 和链路聚合技术是构建园区网络经常使用的技术。本任务详细介绍了 VLAN 概念和封装、VLAN 划分方法、VLAN 间路由实现方式、MUX VLAN 工作原理、链路聚合工作原理和工作模式等网络知识。同时，本任务以真实的工作任务为载体，介绍了 VLAN 配置和验证、VLAN 接口划分和验证、Trunk 配置和验证、VLAN 间路由配置和验证、链路聚合配置和验证，以及 MUX VLAN 配置和验证等网络技能。以上各项网络技术虽然配置简单，但是在企业中应用非常广泛。读者应该熟练掌握这些网络基础知识和基本技能，为后续任务的顺利实施奠定坚实的基础。

知识巩固

1. IEEE 802.1Q 数据帧在以太网帧的源 MAC 地址字段之后插入（　　）字节标签。
　　A. 2　　　　　　　　B. 4　　　　　　　　C. 8　　　　　　　　D. 12
2. 链路聚合技术中，华为设备的默认系统 LACP 优先级是（　　）。
　　A. 0　　　　　　　B. 4096　　　　　　C. 32768　　　　　D. 65536
3. MUX VLAN 的从 VLAN 类型包括（　　）。
　　A. 隔离 VLAN　　　B. 互通 VLAN　　　C. 超级 VLAN　　　D. 管理 VLAN
4. 华为交换机的接口类型包括（　　）。
　　A. Access 接口　　B. Trunk 接口　　　C. Hybrid 接口　　　D. 环回接口
5. 以下（　　）方式可以实现 VLAN 间路由。
　　A. 单臂路由　　　B. 双臂路由　　　　C. 多臂路由　　　　D. 三层交换

任务 2-2 部署和实施 MSTP 构建无环的园区网络

任务描述

为了减少网络的故障恢复时间，避免网络单点故障以及提高网络可靠性，园区网络中经常会采用冗余拓扑，但这样会引起交换环路。STP 可以解决交换环路带来的问题。本任务主要是夯实和理解交换环路带来的问题、STP 功能和术语、STP 端口角色和端口状态、STP 拓扑计算、STP 拓扑变更、RSTP 对 STP 的改进、MSTP 工作原理和术语以及 STP 基本配置命令等基础知识。通过在园区网络中部署和实施 MSTP，构建无环和可靠的园区网络，读者可掌握在交换机上启用 MSTP、MSTP 域配置、MSTP 实例的根桥和备份根桥配置、边缘端口和 BPDU 保护配置以及 MSTP 配置和验证等职业技能，为后续网络互联以及访问 Internet 做好准备。

知识准备

2.2.1 交换环路带来的问题

为了避免网络单点故障和减少网络宕机时间，在分层的园区网络设计方案中经常使用冗余拓扑。第 2 层冗余功能通过添加设备或线缆来实现备用网络路径，从而提升网络可用性和可靠性。冗余功能为网络路径选择提供了很大的灵活性，使得在分布层或核心层的某条路径或设备发生故障的情况下数据仍然可以顺利传输数据。但是冗余的网络会引起交换环路，交换环路的产生会带来广播风暴和 MAC 地址漂移等问题。

1. 广播风暴

根据交换机的转发原理，如果交换机从一个端口上接收到的是一个广播帧，或者是一个目的 MAC 地址未知的单播帧，则会将这个帧向除源端口之外的其他所有端口转发。如果交换网络中有环路，则这个帧会被无限转发，此时便会形成广播风暴，网络中也会充斥着重复的数据帧。如图 2-15 所示，交换机 S1、S2 和 S3 之间形成交换环路，主机 PC1 访问服务器 Server。主机 PC1 不知道服务器 Server 的 MAC 地址，因此主机 PC1 首先发送 ARP 请求广播帧，交换机 S3 收到后泛洪该广播帧，结果广播帧在网络中所有的交换机之间的链路上不断循环。此时主机 PC2、PC3 和 PC4 也要访问服务器，它们执行和主机 PC1 相同的行为，也向网络发送 ARP 请求广播帧，最后所有的广播帧都在交换机之间的链路上不断循环。随着其他设备发送到网络中的广播帧（如 DHCP DISCOVER 等）越来越多，更多的流量在网络中循环，便形成了广播风暴。一旦出现广播风暴，交换机性能便会急速下降，并将导致业务中断。

2. MAC 地址漂移

交换机是根据所接收到的数据帧的源地址和接收端口生成 MAC 地址表项的。在图 2-15 中，假设 3 台交换机都是刚刚启动，因此 MAC 地址表为空。在主机 PC1 上配置了服务器 Server 的静态 ARP 条目。主机 PC1 发送单播帧给服务器 Server，交换机 S3 收到该帧后将主机 PC1 的 MAC 地址和端口对应关系添加到 MAC 地址表中，并对该未知单播帧泛洪；交换机 S2 收到该帧后将主机 PC1 的 MAC 地址和端口（G0/0/22）对应关系添加到 MAC 地址表中；交换机 S1 收到该帧后将主机 PC1 的 MAC 地址和端口（G0/0/21）对应关系添加到 MAC 地址表中，并继续泛洪。此时交换机 S2 收到 S1 发送的帧后，将主机 PC1 的 MAC 地址和端口对应关系从端口 G0/0/22 更改到 G0/0/23，并添加到 MAC 地址表中。这样，随着更多数据帧的出现，交换机 S2 认为自己与主机 PC1 连接的端口在 G0/0/22 和 G0/0/23 之间切换，造成 MAC 地址漂移。

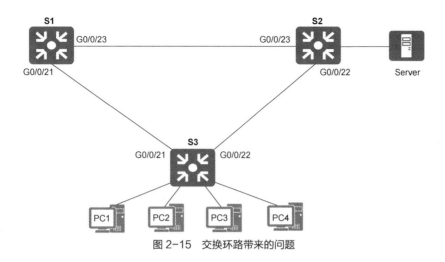

图 2-15 交换环路带来的问题

2.2.2 STP 简介

无论是广播风暴还是 MAC 地址漂移，都对网络性能有着极为严重的影响。生成树协议（Spanning Tree Protocol，STP）可以解决这些问题。运行 STP 的设备通过彼此交互信息发现网络中的环路，并有选择地对某个端口进行阻塞，最终将环形网络结构修剪成无环路的树形网络结构，从而防止报文在环形网络中不断循环，避免设备由于重复接收相同的报文而导致处理能力下降。

桥 PDU（Bridge PDU，BPDU）是运行 STP 功能的交换机之间交换的数据帧，包含配置 BPDU（Configuration BPDU）和拓扑变化通知（Topology Change Notification，TCN）BPDU 两种类型。配置 BPDU 用于生成树计算，TCN BPDU 用于通知网络拓扑的变化。BPDU 各字段及其含义如表 2-3 所示，理解 BPDU 的各字段及其含义对于掌握 STP 的工作原理至关重要，这里重点介绍根路径开销、网桥 ID、端口 ID 和 BPDU 计时器字段。

表 2-3　BPDU 各字段及其含义

字节数	字段	含义
2	协议 ID	该值总为 0
1	版本	STP 的版本（IEEE 802.1d 中，该值为 0）
1	BPDU 类型	BPDU 类型（配置 BPDU = 0x00，TCN BPDU = 0x80）
1	标志	IEEE 802.1d 只使用 8 位中的最高位和最低位，其中最低位置 1 是 TC 标志，最高位置 1 是 TCA 标志
8	根桥 ID	根桥的 ID
4	根路径开销	到达根桥的开销值
8	网桥 ID	发送 BPDU 的网桥 ID
2	端口 ID	发送 BPDU 的端口 ID
2	消息老化时间	该 BPDU 的消息年龄。在实际实现中，配置 BPDU 报文每经过一个网桥，消息老化时间增加 1
2	Hello 时间	根桥连续发送 BPDU 的时间间隔
2	转发延迟时间	交换机处于监听和学习状态的时间
2	最大老化时间	交换机端口保存配置 BPDU 的最长时间

表 2-3 中，TCA（Topology Change Acknowledgment）表示拓扑变化确认，TC（Topology Change）表示拓扑变化。

1. 根路径开销

选出根桥后,STP 会确定其他交换机到达根桥的最佳路径。根路径开销(Root Path Cost,RPC)是指到根桥的路径上所有端口开销(Cost)的总和。STP 通过计算路径开销,选择路径开销最小的链路,阻塞多余的链路,将网络修剪成无环路的树形网络结构。交换机的每个端口都有开销值,端口路径开销取值由路径开销计算方法决定。华为交换机支持 IEEE 802.1d-1998 标准方法、IEEE 802.1t 标准方法和华为私有计算方法这 3 种路径开销计算方法。

2. 网桥 ID

在 IEEE 802.1d 标准中,网桥的桥 ID(Bridge Identifier,BID)由两部分组成,长度为 8 字节,前面 2 字节是网桥优先级(Bridge Priority),后面 6 字节是该网桥的 MAC 地址。网桥优先级的值可以手动设置,值为 0~61440,但只能是 4096 的倍数,即优先级步长为 4096,其默认值为 32768。为了在网络中形成一个没有环路的拓扑,在 STP 运行时,网络中的交换机首先要选举根桥,网桥 ID 最小的设备被选举为根桥。

3. 端口 ID

端口 ID(Port Identifier,PID),长度为 2 字节,由交换机接口的优先级和接口 ID 构成。其中,高 4 位表示接口优先级,低 12 位表示接口 ID 编号。在华为设备中,端口优先级默认值为 128,可配置值为 0~240(步长为 16)。

4. BPDU 计时器

BPDU 计时器决定了 STP 的性能和状态转换,包括以下 3 个计时器。

(1)Hello Time(Hello 时间):交换机发送 BPDU 的时间间隔。其默认值为 200cs(即厘秒),取值为 100~1000cs,步长为 100cs。在运行 STP 的网络中,以 Hello Time 为周期,交换设备会定时向处于同一棵生成树的其他设备发送 BPDU,以此来维护生成树的稳定性。在根桥上配置的 Hello Time 将通过 BPDU 传递下去,成为整棵生成树内所有交换设备的 Hello Time。如果交换设备在超时时间(超时时间 = Hello Time × 3 × Timer Factor,其中 Timer Factor 为时间倍数)内没有收到上游交换设备发送的 BPDU,则会重新进行生成树的计算。在稳定的网络中,应将超时时间配置得长一些,以减少网络资源的浪费。建议将 Timer Factor 的值设置为 5~7,以增强网络稳定性。

(2)Forward Delay(转发延迟时间):交换机处于监听和学习状态的时间。这个时间实际上决定了两个时间间隔,即交换机从监听状态进入学习状态以及交换机从学习状态进入转发状态的时间间隔。其默认值为 1500cs,取值为 400~3000cs,步长为 100cs。在根桥上配置的 Forward Delay 将通过 BPDU 传递下去,从而成为整棵生成树内所有交换设备的 Forward Delay。

(3)Max Age(最大老化时间):交换机端口保存配置 BPDU 的最长时间。交换机收到 BPDU 时,会保存 BPDU,同时会启动计时器开始倒计时,如果在 Max Age 内还没有收到新的 BPDU,那么交换机将认为邻居交换机无法联系,网络拓扑发生了变化,从而开始新的 STP 计算。其默认值为 2000cs,取值为 600~4000cs,步长为 100cs。在根桥上配置的 Max Age 将作为整棵生成树所有交换设备的 Max Age。

2.2.3 STP 端口角色和端口状态

1. 端口角色

STP 工作中首先会选出根桥,而根桥在网络拓扑中的位置决定了如何计算端口角色。在 STP 工作过程中,端口会被自动配置为以下 3 种不同的端口角色。

(1)根端口(Root Port,RP):根端口就是所有非根桥上的端口中去往根桥路径开销最小(根路径开销最小者)的端口。实际上,非根桥接收到最优配置 BPDU 的那个端口即为根端口。根桥上没有根端口,非根桥上都要选择一个根端口,一台设备有且只有一个根端口。

(2)指定端口(Designated Port,DP):交换机的每一个物理网段的不同接口之间会选举出一个指定端口,且只能存在一个指定端口。

（3）阻塞端口（Blocking Port，BP）：一旦根桥、根端口、指定端口选举成功，则整个树形拓扑建立完毕，在拓扑稳定后，只有根端口和指定端口转发用户流量，其他的非根端口和非指定端口都处于阻塞状态，它们只接收 STP 报文而不转发用户流量。

2. 端口状态

在 IEEE 802.1d-1998 标准中，运行 STP 的设备上的端口有 5 种状态，分别是 Forwarding（转发）、Learning（学习）、Listening（监听）、Blocking（阻塞）和 Disabled（禁用）。STP 端口状态和行为如表 2-4 所示。

表 2-4 STP 端口状态和行为

STP 端口状态	是否发送 BPDU	是否学习 MAC 地址	是否发送用户数据	备注
Forwarding	是	是	是	只有根端口或指定端口才能进入 Forwarding 状态
Learning	是	是	否	过渡状态，为了防止临时环路
Listening	否	否	否	过渡状态
Blocking	否	否	否	阻塞端口的最终状态
Disabled	否	否	否	端口状态为 Down

在 STP 网络收敛的过程中，交换机端口会从一个状态向另一个状态迁移，这些状态与 STP 的运行以及交换机的工作原理有着重要的关系。STP 端口状态迁移机制如图 2-16 所示。

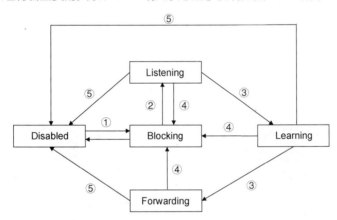

① 端口初始化或者启用，进入Blocking状态
② 端口被选举为根端口或指定端口，进入Listening状态
③ 端口的临时状态停留时间（默认为15s）到，进入下一状态
  （Listening或Forwarding），端口被选举为根端口或指定端口
④ 端口不再是根端口或指定端口，进入Blocking状态
⑤ 端口被禁用或链路失效

图 2-16 STP 端口状态迁移机制

需要注意的是，在华为网络设备的 STP 实现中，支持 STP、RSTP 和多业务传送平台（Multiple Service Transport Platform，MSTP）这 3 种模式，默认情况下工作在 MSTP 模式。当从 MSTP 模式切换到 STP 模式时，运行 STP 的设备上端口支持的端口状态仍然保持和 MSTP 支持的端口状态一样，即 Forwarding、Learning 和 Discarding（丢弃）这 3 种状态，这和 IEEE 802.1d-1998 标准描述并不相同。

2.2.4 STP 拓扑计算

网络中所有的设备启用 STP 后，每一台设备都认为自己是根桥。此时，每台设备仅仅收发配置

BPDU，而不转发用户流量，所有的端口都处于监听状态。所有设备通过交换配置 BPDU 后，进行选举工作，选举出根桥、根端口、指定端口和替换端口。

1. 选举根桥

选举根桥就是在交换网络中所有运行 STP 的交换机上选举出一个唯一的根桥。根桥是 STP 的顶端交换设备，是 STP 的"树根"。根桥的选举依据是各桥的配置 BPDU 报文中的 BID 字段值，BID 字段值最小的交换机将成为根桥。在进行 BID 比较时，先比较桥优先级的值，优先级的值最小的交换机将成为根桥，当桥优先级的值相等时，再比较交换机的 MAC 地址，MAC 地址最小的交换机将成为根桥。

在初始化过程中，每台交换机都认为自己是根桥，所以在每个端口所发出的 BPDU 中，根桥字段都使用各自的网桥 ID，根路径开销是累计到根桥的开销，发送者网桥 ID 是自己的网桥 ID，PID 是发送该 BPDU 端口的端口 ID。通过交换配置 BPDU，交换机之间比较根桥 ID，网络中根桥 ID 最小的交换机被选为根桥。交换机上的根 ID 字段更新后，交换机随后将在所有后续 BPDU 中包含新的根 ID，这样就可确保具有最小的根 ID 的 BPDU 最终能传递给网络中的所有其他交换机，即所有交换机都能收到最优的配置 BPDU。

在图 2-17 所示的网络中，3 台交换机的 STP 优先级都相同（默认值为 32768），而交换机 S1 的 MAC 地址为 4C1F-CCB8-6D93，比交换机 S2 和 S3 的 MAC 地址小，所以它被选举为根桥，根桥 S1 上的 G0/0/1 和 G0/0/2 为指定端口。

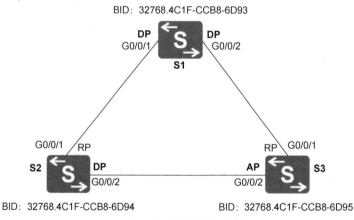

图 2-17　STP 拓扑计算过程举例

2. 选举根端口

选举根桥后，交换机开始为每一个端口配置端口角色。需要确定的第一个角色是根端口。选举根端口就是在所有非根桥上的不同端口之间选举出一个到根桥最近的端口，实质上就是非根桥设备上接收到最优配置 BPDU 的那个端口。根端口的选举依据以下原则，按顺序进行，一旦比较出大小，就不再向下比较。

（1）到达根桥的最小开销值。

（2）发送者的最小网桥 ID。

（3）发送者的最小端口 ID。

（4）接收者的最小端口 ID。

在图 2-17 中，假设开销值的计算方法为 IEEE 802.1t 标准。交换机 S2 从 G0/0/1 到达根桥的开销值为 20000，从 G0/0/2 到达根桥的开销值为 20000+20000=40000，因此交换机 S2 上的 G0/0/1 就是根端口。同样，交换机 S3 从 G0/0/1 到达根桥的开销值为 20000，从 G0/0/2 到达根桥的开销值为 20000+20000=40000，因此交换机 S3 上的 G0/0/1 就是根端口。

有时候通过比较根路径开销并不能确定根端口，如图 2-18 所示，交换机 S1 为根桥，而交换机 S2

上的 G0/0/1 和 G0/0/2 到达根桥的开销值相同。此时会继续比较配置 BPDU 的发送者网桥 ID，因为都是交换机 S2 发送的 BPDU，所以网桥 ID 也相同。于是继续比较发送者的端口 ID，交换机 S1 的 G0/0/1 端口 ID 为 128.1，G0/0/2 端口 ID 为 128.2，因此交换机的 G0/0/1 会被选举为根端口。

图 2-18　STP 根端口选举

3. 选举指定端口和替换端口

当交换机确定了根端口后，接下来要确定指定端口，以完成逻辑无环生成树的创建。交换网络中的每个网段只能有一个指定端口。当 2 个非根端口的交换机端口连接到同一个网段时，会发生竞选端口角色的情况。指定端口的选举原则和根端口的选举原则的比较顺序相同。

在图 2-17 中，在交换机 S2 和 S3 之间的网络上，S2 的 G0/0/2 和 S3 的 G0/0/2 不能同时处于转发数据的状态，否则将产生环路，必须在该网络上选举一个指定端口。由于交换机 S2 和 S3 发送的 BPDU 中到达根桥的开销值都为 20000，所以要进一步比较发送者的网桥 ID。交换机 S2 具有较小的网桥 ID，因此交换机 S2 上的 G0/0/2 成为指定端口，而交换机 S3 上的 G0/0/2 成为替换端口，处于 Blocking 状态。

2.2.5　STP 拓扑变更

拓扑稳定后根桥仍然按照 Hello 计时器时间间隔发送配置 BPDU 报文，非根桥设备从根端口收到配置 BPDU 报文，并通过指定端口转发。如果接收到优先级比自己高的配置 BPDU，则非根桥设备会使用收到的配置 BPDU 更新自己相应的端口存储的配置 BPDU 信息。

当交换机检测到拓扑变更（如端口被阻塞或者手动将接口关闭）时，交换机会通过根端口沿着去往根桥的方向发送 TCN BPDU 报文。上游交换机收到 TCN BPDU 报文后，只有指定端口会处理 TCN BPDU 报文，其他端口也有可能收到 TCN BPDU 报文，但不会对其进行处理。同时，上游设备会回复 TCA 置位的配置 BPDU 报文给下游设备，告知下游设备停止发送 TCN BPDU 报文，如图 2-19 所示。与此同时，上游设备复制一份 TCN BPDU 报文，向根桥发送。当根桥收到 TCN BPDU 报文后，会向全网发送 TC 置位的配置 BPDU 报文，如图 2-20 所示，交换机收到 TC 置位的配置 BPDU 报文后将自己的 MAC 地址表项老化时间缩短为转发延迟时间。

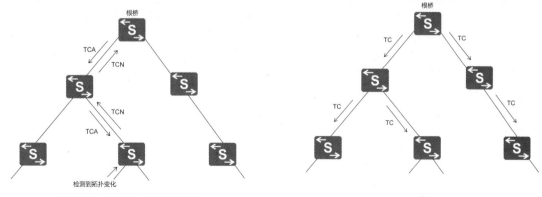

图 2-19　TCN 与 TCA 的发送　　　　　　　　　图 2-20　根桥发送 TC

在华为的 STP 实现中，只有非边缘端口进入 Forwarding 状态的时候才会触发且产生 TCN，而端口在进入 Down 状态时并不会触发且产生 TCN。另外，当交换机收到 TC 置位的配置 BPDU 后，会将

MAC 地址表清空，而不是设置 MAC 地址表老化时间为转发延迟时间，这样做的目的是及时清除 MAC 地址表中错误的信息，避免数据转发产生黑洞。

2.2.6　RSTP 对 STP 的改进

STP 虽然能够解决环路问题，但是网络拓扑收敛慢，因此会影响用户通信质量。如果网络中的拓扑结构频繁变化，则网络会随之频繁失去连通性，从而导致用户通信频繁中断，这是用户无法忍受的。STP 的不足之处如下。

（1）STP 没有细致区分端口状态和端口角色，不利于初学者学习及部署。网络协议的优劣往往取决于协议是否对各种情况加以细致区分。从用户角度来讲，Listening、Learning 和 Blocking 状态并没有区别，都同样不转发用户流量。从使用和配置角度来讲，端口之间最本质的区别并不在于端口状态，而在于端口角色。根端口和指定端口可以都处于 Listening 状态，也可能都处于 Forwarding 状态。

（2）STP 的算法是被动的算法，依赖定时器等待的方式判断拓扑变化，收敛速度慢。

（3）STP 的算法要求在稳定的拓扑中，根桥主动发出配置 BPDU 报文，而其他设备对其进行处理并传遍整个 STP 网络。这也将导致 STP 拓扑收敛速度缓慢。

继 IEEE 802.1d 定义了 STP 标准后，IEEE 于 2001 年又发布了 IEEE 802.1w 标准作为 IEEE 802.1d 的补充，并定义了快速生成树协议（Rapid Spanning Tree Protocol，RSTP），该协议基于 STP 对原有的 STP 进行了更加细致的修改和补充。RSTP 保留了 STP 的大部分算法和计时器，只在一些细节上做了改进。但这些改进相当关键，极大地提升了 STP 的性能，使其能满足低延迟时间和高可靠性的网络要求。

根据前面介绍的 STP 的不足，RSTP 删除了 3 种区分不明显的端口状态（Listening、Learning 和 Blocking），另外增加了 3 种端口角色，并且解除了端口属性中端口状态和端口角色的关联，可以更加精确地描述端口，从而使初学者更易于学习协议，同时加快了网络收敛速度。下面详细介绍 RSTP 对 STP 的改进之处。

1．新增 3 种端口角色

RSTP 的端口角色共有 5 种：根端口、指定端口、替换端口、备份端口和边缘端口。RSTP 端口角色中的根端口和指定端口的确定方法与 STP 一致，而非指定端口则进一步分为替换端口和备份端口。

（1）替换端口（Alternate Port，AP）和备份端口（Backup Port，BP）：替换端口和备份端口都是被阻塞的交换机端口，这两种端口不会转发数据帧，也不会学习 MAC 地址，但是可以转发 BPDU。当根端口或指定端口失效时，替换端口或备份端口就会立即进入转发状态，提高收敛效率。

替换端口是收到其他网桥更优的 BPDU 而被阻塞的端口，备份端口是收到自身交换机其他端口发出的更优的 BPDU 而被阻塞的端口。如图 2-21 所示，交换机 S3 的 G0/0/1 是该网段的指定端口，交换机 S2 将会从 G0/0/1 接收到交换机 S3 发送的更优的 BPDU，所以交换机 S2 的 G0/0/1 为替换端口；交换机 S3 的 G0/0/2 将接收到交换机 S3 自己的 G0/0/1 发出的更优的 BPDU，所以交换机 S3 的 G0/0/2 为备份端口。当交换机 S2 的根端口发生故障时，交换机 S2 的替换端口 G0/0/1 将成为新的根端口，所以说替换端口是根端口的备份；而当交换机 S3 的指定端口 G0/0/1 发生故障时，交换机 S3 的备份端口 G0/0/2 将成为新的指定端口，所以说备份端口是指定端口的备份。

（2）边缘端口（Edge Port，EP）：边缘端口是网络管理员根据实际需要配置的一种指定端口，用以连接终端设备或不需要运行 STP 的下游交换机。边缘端口不参与 RSTP 运算，可以由 Disabled 直接进入 Forwarding 状态，且不经历时延，就像在端口上将 STP 禁用一样。但是一旦边缘端口收到配置 BPDU，就丧失了边缘端口属性，成为普通 STP 端口，并重新进行生成树计算，从而引起网络震荡。正常情况下，边缘端口不会收到 RSTP BPDU。如果有人伪造 RSTP BPDU 恶意攻击交换设备，则当边缘端口接收到 RSTP BPDU 时，交换设备会自动将边缘端口设置为非边缘端口，并重新进行生成树计算，从而引起网络震荡。

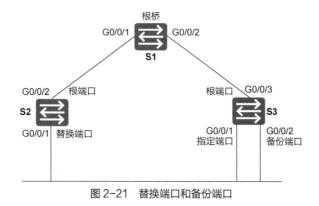

图 2-21　替换端口和备份端口

交换设备上启用 BPDU 保护功能后，如果边缘端口收到 RSTP BPDU，则边缘端口将被关闭（Error-Down），但是边缘端口属性不变，同时通知网管系统。

2. 重新划分端口状态

不同于 STP 的 5 种端口状态，RSTP 将端口状态缩减为 3 种。根据端口是否转发用户流量和学习 MAC 地址，端口状态分为 Discarding、Learning 和 Forwarding 这 3 种。

（1）Discarding：稳定的活动拓扑以及拓扑同步和更改期间都会出现此状态。Discarding 状态禁止转发数据帧，因而可以阻止第 2 层环路。

（2）Learning：稳定的活动拓扑以及拓扑同步和更改期间都会出现此状态。Learning 状态会接收数据帧来填充 MAC 地址表，以限制未知单播帧泛洪。

（3）Forwarding：仅在稳定的活动拓扑中出现此状态。Forwarding 状态的交换机端口决定了拓扑。发生拓扑变化后，或在同步期间，只有当提议/同意（Proposal/Agreement，P/A）过程完成后才会转发数据帧。

3. 配置 BPDU 的改变

由于端口角色的变更，配置 BPDU 报文格式也有相应的改变。RSTP 充分利用了 BPDU 报文中的 Flags 字段，明确了端口角色，并在 BPDU 类型值上做了改变。具体表现在以下两个字段上。

（1）Type 字段：RSTP 的配置 BPDU 类型不再是 0，而是 2，所以运行 STP 的设备收到 RSTP 的配置 BPDU 时会丢弃。

（2）Flags 字段：在 RSTP 中使用了 STP 配置 BPDU 中保留的中间 6 位，这样改变的配置 BPDU 叫作 RSTP BPDU，其 Flags 字段的结构如图 2-22 所示。

Bit7	Bit6	Bit5	Bit4	Bit3	Bit2	Bit1	Bit0
TCA	Agreement	Forwarding	Learning	Port role		Proposal	TC

图 2-22　RSTP BPDU 的 Flags 字段的结构

从图 2-22 中可以看出，RSTP 的 Flags 字段增加了端口属性和端口状态，其中 Bit4 和 Bit5 用于标识端口状态，Bit2 和 Bit3 用于标识端口角色，而 Bit1 和 Bit6 用于点到点链路端口的 P/A 快速收敛机制。

4. 根端口快速切换机制

如果网络中一个根端口失效，那么网络中最优的替换端口将成为根端口，进入转发状态。因为通过这个替换端口连接的网段上必然有一个指定端口可以通往根桥。如图 2-21 所示，当交换机 S1 和 S3 之间的链路发生中断时，因为交换机 S3 的 G0/0/2 的端口角色是备份端口，是到根桥 S1 的次优路径，所以当交换机 S3 检测到根端口 G0/0/3 发生故障后，备份端口 G0/0/2 立即成为根端口，并进入转发状态。

5. 拓扑变更机制

在 RSTP 的网络中，检测拓扑是否发生变化只有一个标准，即一个非边缘端口迁移到转发状态。

如果端口状态迁移到转发状态，则会发生拓扑变化。一旦检测到拓扑发生变化，设备将进行如下处理。

（1）为本交换设备的所有非边缘指定端口和根端口启动一个 TC While 计时器，该计时器值是 Hello Time 的两倍。在这个时间内，清空所有端口上学习到的 MAC 地址。

（2）由非边缘指定端口和根端口向外发送 RSTP BPDU，其中 TC 位置位。一旦 TC While 计时器超时，则停止发送 RSTP BPDU。

（3）其他交换设备接收到 RSTP BPDU 后，清空所有端口学习到 MAC 地址，除了收到 RSTP BPDU 的端口，并为自己所有的非边缘指定端口和根端口启动 TC While 计时器，重复上述过程。

这样就实现了 RSTP BPDU 在网络中的泛洪。相比于 STP，RSTP 拓扑变化后收敛速度更快。

6．P/A 快速收敛机制

当一个端口被选举成为指定端口之后，在 STP 中，该端口至少要等待一个 Forward Delay（Learning）时间才会迁移到转发状态。而在 RSTP 中，此端口会先进入 Discarding 状态，再通过 P/A 快速收敛机制快速进入转发状态。P/A 快速收敛机制的目的是使一个指定端口尽快进入 Forwarding 状态，这种机制必须在点到点全双工链路上使用。

如图 2-23 所示，根桥 S1 和 S2 之间新添加了一条链路。新链路连接成功后，RSTP 的 P/A 快速收敛机制协商过程如下。

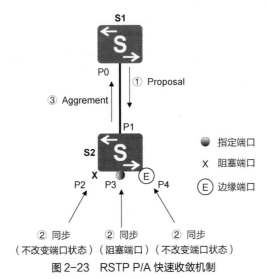

图 2-23　RSTP P/A 快速收敛机制

（1）P0 和 P1 两个端口马上成为指定端口，发送 RSTP BPDU。

（2）S2 的 P1 端口收到更优的 RSTP BPDU 后，马上意识到自己将成为根端口，而不是指定端口，停止发送 RSTP BPDU。

（3）S1 的 P0 进入 Discarding 状态，于是在发送的 RSTP BPDU 中把 Proposal 和 Agreement 置位。

（4）S2 收到根桥发送来的携带 Proposal 置位的 RSTP PBPDU，开始将自己的所有端口进入同步状态，即阻塞相关的端口。P2 已经被阻塞，保持状态不变；P4 是边缘端口，不参与运算；所以只需要阻塞指定端口 P3。

（5）各端口同步后，下游端口 P2 继续保持 Discarding 状态，P3 进入 Discarding 状态，上游根端口 P1 进入 Forwarding 状态并向 S1 返回 Agreement 位置位的 RSTP BPDU。

（6）S1 判断出这是对刚刚发出的 Proposal 回应的 RSTP BPDU，于是端口 P0 马上进入 Forwarding 状态。

以上 P/A 过程可以向下游继续传递。使用 P/A 快速收敛机制能加快上游端口转到 Forwarding 状态的速度。

2.2.7 MSTP 简介

RSTP 虽然在 STP 基础上进行了改进，实现了网络拓扑快速收敛，但是 RSTP 和 STP 还存在同一个缺陷，即局域网内所有的 VLAN 共享同一棵生成树，因此无法在 VLAN 间实现数据流量的负载均衡，链路被阻塞后将不承载任何流量。

为了弥补 STP 和 RSTP 的缺陷，IEEE 于 2002 年发布的 IEEE 802.1s 标准，定义了一种 STP 和 VLAN 结合使用的新协议——多业务传送平台（Multiple Service Transport Platform，MSTP）。MSTP 兼容 STP 和 RSTP，既继承了 RSTP 端口快速迁移等优点，又解决了 RSTP 中不同 VLAN 必须运行在同一棵生成树上的问题，提供了数据转发的多个冗余路径，在数据转发过程中实现了 VLAN 数据的负载均衡。

MSTP 把一个交换网络划分成多个域，每个域内形成多棵生成树，生成树之间彼此独立。每棵生成树叫作一个多生成树实例（Multiple Spanning Tree Instance，MSTI），每个域叫作一个 MST 域（Multiple Spanning Tree Region）。

如图 2-24 所示，MSTP 通过设置 VLAN 映射表（即 VLAN 和 MSTI 的对应关系表），可以将一个或多个 VLAN 映射到一个实例（Instance），再基于实例计算生成树，映射到同一个实例的 VLAN 共享同一棵生成树。

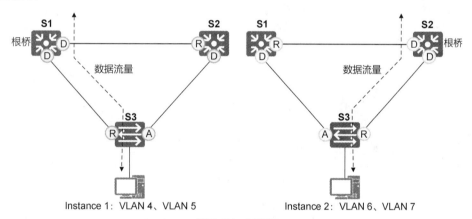

图 2-24　MSTP

经计算，最终生成以下两棵生成树。

（1）Instance 1 对应的生成树以 S1 为根桥，转发 VLAN 4、VLAN 5 的报文。

（2）Instance 2 对应的生成树以 S2 为根桥，转发 VLAN 6、VLAN 7 的报文。

通过 MSTP 技术实现不同 VLAN 的报文沿不同的路径转发，实现了负载均衡。同时，说明在 MSTP 中，生成树不是基于 VLAN 运行的，而是基于实例运行的。

要想理解 MSTP 的工作原理，首先要了解 MSTP 所涉及的一些基本概念，如果 2-25 所示。

（1）实例：多个 VLAN 的一个集合，这种通过将多个 VLAN 映射到一个实例中的方法可以节省通信开销和资源占用率。MSTP 各个实例拓扑的计算是独立的，通过控制这些实例上的 STP 选举，就可以实现负载均衡。默认时，交换机只有一个实例 0。在图 2-25 中，域 B 的 Instance 1 包含 VLAN 2 和 VLAN 3，Instance 2 包含 VLAN 4 和 VLAN 5。

（2）MST 域：交换网络中的多台交换设备以及它们之间的网段构成一个 MST 域。MST 域包括配置名称（Configuration Name）、修订级别（Revision Level）、格式选择器（Format Selector）、VLAN 与实例的映射关系（Mapping of VIDs to Spanning Tree），其中配置名称（32 字节）、格式选择器（1字节）和修订级别（2 字节）在 BPDU 报文中都有相关字段，而 VLAN 与实例的映射关系在 BPDU 报文中表现为摘要信息（Configuration Digest），该摘要会根据映射关系计算得到的一个 16 字节签名。只有上述四者都一样且相互连接的交换机才认为在同一个 MST 域内。默认情况下，域名就是交换机的 MAC 地址，修订级别为 0，格式选择器为 0，所有的 VLAN 都映射到 Instance 0 上。图 2-25 中包括 A、B 和 C 这 3 个 MST 域。

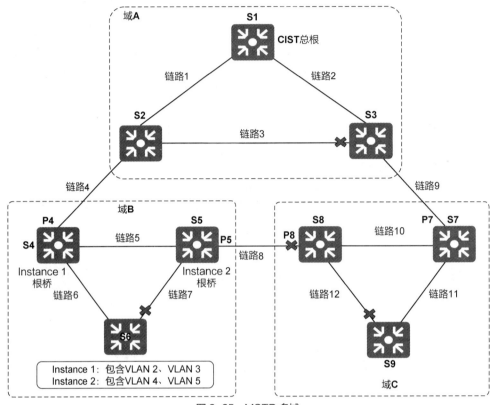

图 2-25　MSTP 多域

（3）VLAN 映射表：MST 域的属性，它描述了 VLAN 和 MSTI 之间的映射关系。在图 2-25 中，域 B 包含 3 个映射表，Instance 1 对应的 VLAN 映射表为 VLAN 2 和 VLAN 3，Instance 2 对应的 VLAN 映射表为 VLAN 4 和 VLAN 5，Instance 0 对应的 VLAN 映射表为 VLAN 1 和 VLAN 6~VLAN 4094。

（4）公共生成树（Common Spanning Tree，CST）：连接交换网络内所有 MST 域的一棵生成树。如果把每个 MST 域看作一个节点，CST 就是这些节点通过 RSTP 计算生成的一棵生成树。在图 2-25 中，链路 4、8 和 9 组成 CST。

（5）内部生成树（Internal Spanning Tree，IST）：各 MST 域内的一棵生成树。IST 是一个特殊的 MSTI，MSTI 的 ID 为 0，通常称为 MSTI0。IST 是 CIST 在 MST 域中的一个片段。在图 2-25 中，假设交换机 S4 Instance 0 的优先级最低，则域 B 的 IST 由链路 5~7 组成。

（6）公共和内部生成树（Common and Internal Spanning Tree，CIST）：通过 STP 或 RSTP 计算生成的，连接一个交换网络内所有交换设备的单生成树。所有 MST 域的 IST 加上 CST 就构成一棵完整的生成树。在图 2-25 中，链路 1、2、4、5、6、9、10 和 11 组成 CIST。

（7）总根：一个全局概念，总根是 CIST 的根桥。在图 2-25 中，S1 是总根。

（8）域根：一个局部概念，是相对于某个域的某个实例而言的，分为 IST 域根和 MSTI 域根。IST 域根是 IST 生成树中距离总根最近的交换设备。MSTI 域根是每个 MSTI 的树根。在图 2-25 的域 B 中，S5 是 MSTI2 的域根，而 S4 是 MSTI1 和 IST 的域根。

（9）主桥（Master Bridge）：就是 IST Master，它是域内距离总根最近的交换设备。如果总根在 MST

域中，则总根为该域的主桥。在图 2-25 中，域 A 的主桥是 S1，域 B 的主桥是 S4，域 C 的主桥是 S7。

（10）外部路径开销和内部路径开销：外部路径开销是相对于 CIST 而言的，同一个域内的外部路径开销是相同的；内部路径开销是相对于某个实例而言的，同一端口对于不同实例对应不同的内部路径开销。

（11）Master 端口和域边缘端口：MSTP 在 RSTP 的基础上新增了 Master 端口和域边缘端口两种，因此 MSTP 的端口角色共有 7 种——根端口、指定端口、替换端口、备份端口、边缘端口、Master 端口和域边缘端口。其中，根端口、指定端口、替换端口、备份端口和边缘端口的作用同 RSTP 中的相同。同一端口在不同的生成树实例中可以担任不同的角色。Master 端口是 MST 域和总根相连的所有路径中最短路径上的端口，它是交换设备上连接 MST 域到总根的端口。Master 端口是域中的报文去往总根的必经之路。Master 端口是特殊域边缘端口，Master 端口在 CIST 上的角色是根端口，在其他各实例上的角色都是 Master 端口。在图 2-25 中，P4 和 P7 都是 Master 端口。域边缘端口是指位于 MST 域的边缘并连接其他 MST 域或 SST 的端口。进行 MSTP 计算时，域边缘端口在 MSTI 上的角色和 CIST 实例上的角色保持一致，即如果边缘端口在 CIST 实例上的角色是 Master 端口，则它在域内所有 MSTI 上的角色都是 Master 端口。在图 2-25 中，域 B 的 P4、P5 以及域 C 的 P7、P8 都是域边缘端口。

MSTP 可以将整个二层网络划分为多个 MST 域，各个域之间通过计算生成 CST。域内则通过计算生成多棵生成树，每棵生成树都被称为一个 MSTI。同 STP 一样，MSTP 使用配置消息进行生成树的计算，只是配置消息中携带的是设备上 MSTP 的配置信息。

MSTI 和 CIST 都是根据向量来计算的，参与 CIST 计算的向量为{ 根交换设备 ID,外部路径开销,域根 ID,内部路径开销,指定交换设备 ID,指定端口 ID,接收端口 ID }，参与 MSTI 计算的优先级向量为{ 域根 ID,内部路径开销,指定交换设备 ID,指定端口 ID,接收端口 ID }，花括号中的向量的优先级从左到右依次递减。这些向量的优先级信息都包含在 MST BPDU 中。各交换设备互相交换 MST BPDU 来生成 MSTI 和 CIST。

同一向量比较时，值最小的向量具有最高优先级。向量按如下原则进行比较：比较根交换设备 ID，如果根交换设备 ID 相同，则比较外部路径开销；如果外部路径开销相同，则比较域根 ID；如果域根 ID 仍然相同，则比较内部路径开销；如果内部路径仍然相同，则比较指定交换设备 ID；如果指定交换设备 ID 仍然相同，则比较指定端口 ID；如果指定端口 ID 还相同，则比较接收端口 ID。

1. CIST 的拓扑计算

经过比较配置消息后，在整个网络中选择一个优先级最高的交换设备作为 CIST 的树根。在每个 MST 域内，MSTP 通过计算生成 IST；同时 MSTP 将每个 MST 域作为单台交换设备对待，通过计算在 MST 域间生成 CST。CST 和 IST 构成整个交换设备网络的 CIST。

2. MSTI 的拓扑计算

在 MST 域内，MSTP 根据 VLAN 和生成树实例的映射关系，针对不同的 VLAN 生成不同的生成树实例。每棵生成树独立进行计算，计算过程与 RSTP 计算生成树的过程类似。

2.2.8 STP 基本配置命令

1. STP 和 RSTP 基本配置命令

```
[Huawei]stp enable //启用交换机的 STP/RSTP/MSTP 功能，默认处于启用状态
[Huawei]stp mode { stp | rstp | mstp }
//配置生成树工作模式，默认工作在 MSTP 模式
[Huawei]stp root primary
//配置当前设备为根桥，配置后该设备优先级数值自动变为 0，并且不能更改
[Huawei]stp root secondary
//配置当前交换机为备份根桥，配置后该设备优先级数值变为 4096，并且不能更改
[Huawei]stp priority priority //配置交换机的 STP 优先级
[Huawei]stp pathcost-standard { dot1d-1998 | dot1t | legacy }
```

```
//配置接口路径开销，默认计算方法为 IEEE 802.1t（dot1t）
[Huawei-GigabitEthernet0/0/1]stp cost cost  //设置当前端口的路径开销值
[Huawei-GigabitEthernet0/0/1]stp priority priority
 //配置接口的优先级，默认值是 128
[Huawei-GigabitEthernet0/0/1]stp edged-port enable //配置端口为边缘端口
[Huawei]stp bpdu-protection  //配置 BPDU 保护
```

2. MSTP 基本配置命令

```
[Huawei]stp region-configuration         //进入 MST 域视图
[Huawei-mst-region]region-name name  //配置 MST 域的域名
[Huawei-mst-region]instance instance-id vlan { vlan-id1 [ to vlan-id2 ] }
//配置 MSTI 与 VLAN 的映射关系
[Huawei-mst-region]revision-level level
 //配置 MST 域的 MSTP 修订级别，默认 MST 域的修订级别是 0
[Huawei-mst-region]active region-configuration //激活 MST 域的配置
[Huawei]stp [ instance instance-id ] root { primary | secondary }
//配置根桥和备份根桥
[Huawei]stp [ instance instance-id ] priority priority
//配置生成树实例中的优先级
[Huawei-GigabitEthernet0/0/1]stp [ instance instance-id ] cost cost
//配置端口的路径开销
[Huawei-GigabitEthernet0/0/1]stp [ instance instance-id ] port priority priority
//配置端口的优先级
```

任务实施

　　为了增强网络的可靠性并避免单点故障，A 公司的园区网络采用冗余的设计，接入层交换机 S3 通过双链路分别连接到 2 台核心层交换机 S1 和 S2，网络拓扑如图 2-1 所示。工程师在完成任务 2-1 的基础上在 A 公司的园区网络中配置 MSTP，确保网络中没有交换环路，同时实现负载均衡；确保交换机 S1 作为 VLAN 4～VLAN 5 的根桥，作为 VLAN 6～VLAN 7 的备份根桥；确保交换机 S2 作为 VLAN 4～VLAN 5 的备份根桥，作为 VLAN 6～VLAN 7 的根桥。工程师需要完成的主要任务如下。

　　（1）交换机上启用 MSTP 功能。

　　（2）配置 MSTP 域。

　　（3）配置 MSTP 实例的根桥和备份根桥。

　　（4）配置边缘端口和 BPDU 保护。

　　（5）验证 MSTP 配置。

1. 交换机上启用 MSTP 功能

　　华为交换机上的 STP 默认是启用的，且 STP 的工作模式默认为 MSTP，可以通过执行 display stp 命令查看。

```
[S1]stp mode rstp
[S1]display stp
-------[CIST Global Info][Mode MSTP]-------        //CIST 全局信息和 STP 运行模式
CIST Bridge          :32768.4c1f-cc6a-2a33        //CIST 桥 ID
Config Times         :Hello 2s MaxAge 20s FwDly 15s MaxHop 20
                     //手动配置的定时器的时间值
Active Times         :Hello 2s MaxAge 20s FwDly 15s MaxHop 20
                     //实际使用的定时器的时间值
CIST Root/ERPC       :32768.4c1f-cc6a-2a33 / 0    //CIST 总根交换设备 ID 和外部路径开销
```

```
CIST RegRoot/IRPC     :32768.4c1f-cc6a-2a33 / 0    //CIST 域根桥 ID 和内部路径开销
CIST RootPortId       :0.0                          //CIST 根端口的 ID
BPDU-Protection       :Disabled                     //BPDU 保护功能
TC or TCN received    :4                            //收到的 TC 或者 TCN 报文数量
TC count per hello    :0                            //每个 Hello Time 收到的 TC 报文总数
STP Converge Mode     :Normal                       //STP 收敛方式
Time since last TC    :0 days 0h:11m:17s            //从上次拓扑变化到现在经过的时间
Number of TC          :4                            //拓扑变化的次数
Last TC occurred      :GigabitEthernet0/0/21        //最近一次收到 TC 的接口
```
（此处省略部分输出）

2. 配置 MSTP 域

在 3 台交换机上分别创建一个相同的 MST 域、两个多生成树实例，并配置 VLAN 和实例的映射关系。

```
[S1]stp region-configuration                    //进入 MST 域视图
[S1-mst-region]region-name SZ                   //配置 MST 域的名称
[S1-mst-region]revision-level 1                 //配置 MST 域的修订级别
[S1-mst-region]instance 1 vlan 4 to 5           //配置 MST 实例和 VLAN 的映射关系
[S1-mst-region]instance 2 vlan 6 to 7
[S1-mst-region]active region-configuration      //激活 MST 域配置
[S1-mst-region]quit


[S2]stp region-configuration
[S2-mst-region]region-name SZ
[S2-mst-region]revision-level 1
[S2-mst-region]instance 1 vlan 4 to 5
[S2-mst-region]instance 2 vlan 6 to 7
[S2-mst-region]active region-configuration
[S2-mst-region]quit


[S3]stp region-configuration
[S3-mst-region]region-name SZ
[S3-mst-region]revision-level 1
[S3-mst-region]instance 1 vlan 4 to 5
[S3-mst-region]instance 2 vlan 6 to 7
[S3-mst-region]active region-configuration
[S3-mst-region]quit
```

3. 配置 MSTP 实例的根桥和备份根桥

配置两个多生成树实例的根桥和备份根桥，实现流量负载均衡。

```
[S1]stp instance 1 priority 4096   //配置实例 1 的优先级，使得 S1 是实例 1 的根桥
[S1]stp instance 2 priority 8192   //配置实例 2 的优先级，使得 S1 是实例 2 的备份根桥


[S2]stp instance 1 priority 8192   //配置实例 1 的优先级，使得 S2 是实例 1 的备份根桥
[S2]stp instance 2 priority 4096   //配置实例 2 的优先级，使得 S2 是实例 2 的根桥
```

4. 配置边缘端口和 BPDU 保护

将连接终端的交换机端口配置为边缘端口。为了防止网络攻击者伪造 BPDU 恶意攻击交换设备而引起网络震荡，需要配置 BPDU 保护。

```
[S3]interface GigabitEthernet0/0/1
[S3-GigabitEthernet0/0/12]stp edged-port enable    //配置边缘端口
```

```
[S3]interface GigabitEthernet0/0/2
[S3-GigabitEthernet0/0/13]stp edged-port enable
[S3]interface GigabitEthernet0/0/3
[S3-GigabitEthernet0/0/13]stp edged-port enable
[S3]interface GigabitEthernet0/0/4
[S3-GigabitEthernet0/0/13]stp edged-port enable
[S3]stp bpdu-protection    //配置 BPDU 保护
```

5. 验证 MSTP 配置

（1）查看 STP 摘要信息

```
<S1>display stp brief
MSTID  Port                    Role    STP State     Protection
  0    GigabitEthernet0/0/22   DESI    FORWARDING    NONE
  0    Eth-Trunk12             DESI    FORWARDING    NONE
  1    GigabitEthernet0/0/22   DESI    FORWARDING    NONE
  1    Eth-Trunk12             DESI    FORWARDING    NONE
  2    GigabitEthernet0/0/22   DESI    FORWARDING    NONE
  2    Eth-Trunk12             ROOT    FORWARDING    NONE      //实例 2 的根端口

<S2>display stp brief
MSTID  Port                    Role    STP State     Protection
  0    GigabitEthernet0/0/22   DESI    FORWARDING    NONE
  0    Eth-Trunk12             ROOT    FORWARDING    NONE
  1    GigabitEthernet0/0/22   DESI    FORWARDING    NONE
  1    Eth-Trunk12             ROOT    FORWARDING    NONE      //实例 1 的根端口
  2    GigabitEthernet0/0/22   DESI    FORWARDING    NONE
  2    Eth-Trunk12             DESI    FORWARDING    NONE

<S3>display stp brief
MSTID  Port                    Role    STP State     Protection
  0    GigabitEthernet0/0/1    DESI    FORWARDING    BPDU
  0    GigabitEthernet0/0/2    DESI    FORWARDING    BPDU
  0    GigabitEthernet0/0/3    DESI    FORWARDING    BPDU
  0    GigabitEthernet0/0/4    DESI    FORWARDING    BPDU
  0    GigabitEthernet0/0/2    ROOT    FORWARDING    NONE
  0    GigabitEthernet0/0/22   ALTE    DISCARDING    NONE      //实例 1 的替换端口
  1    GigabitEthernet0/0/1    DESI    FORWARDING    BPDU
  1    GigabitEthernet0/0/2    DESI    FORWARDING    BPDU
  1    GigabitEthernet0/0/21   ROOT    FORWARDING    NONE      //实例 1 的根端口
  1    GigabitEthernet0/0/22   ALTE    DISCARDING    NONE      //实例 1 的替换端口
  2    GigabitEthernet0/0/3    DESI    FORWARDING    BPDU
  2    GigabitEthernet0/0/4    DESI    FORWARDING    BPDU
  2    GigabitEthernet0/0/21   ALTE    DISCARDING    NONE      //实例 2 的替换端口
  2    GigabitEthernet0/0/22   ROOT    FORWARDING    NONE      //实例 2 的根端口
```

/*以上输出显示了交换机 S3 实例 1 阻塞 G0/0/22 端口，实例 2 阻塞 G0/0/21 端口，不同的实例阻塞不同的端口，从而可以实现负载均衡*/

（2）查看 MSTP 实例 1 的端口信息

```
[S3]display stp instance 1 interface GigabitEthernet0/0/21
-------[MSTI 1 Global Info]-------              //MSTI 全局信息
MSTI Bridge ID     :32768. 4c1f-cc7d-74dd       //MSTI 桥 ID
```

```
MSTI RegRoot/IRPC    :4096. 4c1f-cc3c-0d23 / 20000    //MSTI 根桥 ID 和内部路径开销
MSTI RootPortId      :128.21                           //MSTI 根端口 ID
Master Bridge        :32768.4c1f-cc3c-0d23             //主桥 ID
Cost to Master       :20000                            //到达主桥的开销
TC received          :21                               //接收 TC 的数量
TC count per hello   :0                                //每个 Hello Time 发送的 TC 数量
Time since last TC   :0 days 0h:0m:31s                 //最近一次接收 TC 的时间
Number of TC         :14                               //TC 的数量
Last TC occurred     :GigabitEthernet0/0/21            //最近一次接收 TC 的端口
 ----[Port1(GigabitEthernet0/0/1)][FORWARDING]----     //端口 1 的状态
 Port Role           :Root Port                        //端口角色为根端口
 Port Priority       :128                              //端口的优先级
 Port Cost(dot1t )   :Config=auto / Active=20000
//端口开销计算方法，Config 是指手动配置的路径开销，Active 是指实际使用的路径开销
 Designated Bridge/Port  : 4096.4c1f-cc3c-0d23 / 128.22    //指定根桥 ID 和端口 ID
 Port Times          :RemHops 20                       //端口定时器
 TC or TCN send      :1    //指定端口发送的 TC 标记报文或 TCN 报文数的统计
 TC or TCN received  :6    //指定端口接收的 TC 标记报文或 TCN 报文数的统计
```

（3）查看交换机上当前生效的 MST 域配置信息

```
<S1>display stp region-configuration
 Oper configuration
  Format selector   :0        //格式选择器
  Region name       :SZ       //MST 域名称
  Revision level    :1        //修订级别

  Instance   VLANs Mapped     //实例和 VLAN 映射表
    0      1 to 3, 8 to 4094
    1      4 to 5
    2      6 to 7
```

（4）查看 MSTP 拓扑变化相关统计信息

```
<S1>display stp topology-change | begin MSTI 1
 MSTI 1 topology change information
   Number of topology changes             :6        //拓扑变化的次数
   Time since last topology change        :0 days 0h:47m:22s
   //当前距离最近一次拓扑变化的时间
   Topology change initiator(notified)    :Eth-Trunk12
   //由于收到拓扑变化报文而触发拓扑变化的端口
   Topology change last received from     :4c1f-ccc1-3c3c
   //拓扑变化报文来源的桥 MAC 地址
   Number of generated topologychange traps :10      //产生的告警次数
   Number of suppressed topologychange traps:0       //抑制的告警次数


 MSTI 2 topology change information
   Number of topology changes             :8
     Time since last topology change      :0 days 0h:47m:15s
   Topology change initiator(notified)    :Eth-Trunk12
   Topology change last received from     :4c1f-ccc1-3c3c
   Number of generated topologychange traps :10
   Number of suppressed topologychange traps:0
```

任务评价

评价指标	评价观测点	评价结果		
理论知识	1. 交换环路带来的问题的理解 2. STP 功能和术语的理解 3. STP 端口角色和端口状态的理解 4. STP 拓扑计算的理解 5. STP 拓扑变更的理解 6. RSTP 对 STP 的改进的理解 7. MSTP 工作原理的理解 8. STP 基本配置命令的理解	自我测评 □ A □ B □ C 教师测评 □ A □ B □ C		
职业能力	1. 掌握在交换机上启用 MSTP 和验证的方法 2. 掌握 MSTP 域配置和验证 3. 掌握 MSTP 实例的根桥及备份根桥配置和验证 4. 掌握边缘端口及 BPDU 保护配置和验证	自我测评 □ A □ B □ C 教师测评 □ A □ B □ C		
职业素养	1. 设备操作规范 2. 故障排除思路 3. 报告书写能力 4. 查阅文献能力 5. 语言表达能力 6. 团队协作能力	自我测评 □ A □ B □ C 教师测评 □ A □ B □ C		
综合评价	1. 理论知识（40%） 2. 职业能力（40%） 3. 职业素养（20%）	自我测评 □ A □ B □ C 教师测评 □ A □ B □ C		
学生签字：　　　　　　教师签字：　　　　年　　月　　日				

任务总结

为了保证网络的可靠性，常常会在网络中设置冗余链路，但冗余链路很可能导致交换环路的产生。交换环路会导致广播风暴和 MAC 地址漂移现象，使得交换机无法正常工作。为了解决交换网络中的环路问题，人们提出了生成树协议。STP 通过发送 BPDU 报文在交换机间进行通信，把某些端口阻塞，从而构建没有环路的拓扑。当网络的某些链路发生故障时，STP 会重新构建新的拓扑以保证交换机间的正常通信。与众多协议的发展过程一样，生成树协议也是随着网络的发展而不断更新的，从最初的 IEEE 802.1d 中定义的 STP 到 IEEE 802.1w 中定义的 RSTP，再到 IEEE 802.1s 中定义的 MSTP，MSTP 弥补了 STP 和 RSTP 的缺陷，因此实际应用非常广泛。本任务详细介绍了交换环路带来的问题、STP 功能和术语、STP 端口角色和端口状态、STP 拓扑计算、STP 拓扑变更、RSTP 对 STP 的改进、MSTP 工作原理和术语以及 STP 基本配置命令等基础知识。同时，本任务以真实的工作任务为载体，介绍了交换机上启用 MSTP、MSTP 域配置、MSTP 实例的根桥和备份根桥配置、边缘端口和 BPDU 保护配置，并详细介绍了 MSTP 配置验证和调试过程。最后需要强调的是，STP 不会占用大量处理器资源，每条链路上的少量 BPDU 也不会占用太多额外的带宽，所以不要禁用 STP 功能，否则如果发生意外环路，网络可能会在瞬间瘫痪。

知识巩固

1. STP 的 BPDU 的 Forwarding Delay 默认是（　　　）。
   A. 2s　　　　　　　B. 15s　　　　　　　C. 20s　　　　　　　D. 30s
2. 网桥 ID 由（　　　）组成。
   A. 优先级　　　　　B. MAC 地址　　　　C. 端口优先级　　　　D. 端口号码
3. 标准 STP 的两种 BPDU 类型是（　　　）。
   A. 配置 BPDU　　　B. RST BPDU　　　　C. TCN　　　　　　　D. MST BPDU
4. RSTP 的端口状态包括（　　　）。
   A. Discarding　　　B. Learning　　　　C. Listening
   D. Forwarding　　　E. Blocking
5. MSTP 在 RSTP 的基础上新增了（　　　）。
   A. 总根端口　　　　B. 域内部端口　　　C. Master 端口　　　D. 域边缘端口

任务 2-3　部署和实施 VRRP 实现主机冗余网关

任务描述

　　局域网的用户终端通常采用配置一个默认网关的形式访问外网，网关在网络中扮演着重要的角色，因此应该部署冗余网关来提升网络的可用性和可靠性。如果默认网关设备发生故障，那么所有用户终端访问外网的流量将会中断。可以通过部署多个网关的方式来解决单点故障，但是需要解决多个网关之间存在的冲突问题。虚拟路由器冗余协议（Virtual Router Redundancy Protocol，VRRP）既能够实现网关的备份，又能解决多个网关之间互相冲突的问题，从而提高了网络可靠性。本任务主要要求读者夯实及理解 VRRP 功能和术语、VRRP 工作原理、VRRP 工作过程和 VRRP 基本配置命令等基础知识。通过在园区网络中部署和实施 VRRP，实现网关冗余和负载均衡，进而掌握 VRRP 虚拟 IP 地址配置、VRRP 组优先级配置、VRRP 时间参数配置、VRRP 验证配置、VRRP 接口跟踪配置、MSTP 和 VRRP 联动设计和 VRRP 配置验证等职业技能，为后续网络互联以及访问 Internet 做好准备。

知识准备

2.3.1　VRRP 简介

　　VRRP 是第一跳冗余协议（First Hop Redundancy Protocol，FHRP）的一种，通过把几台路由设备联合组成一台虚拟的"路由设备"，使用一定的机制保证当主机的下一跳路由设备出现故障时，及时将业务切换到备份路由设备，从而保持通信的连续性和可靠性。VRRP 工作的物理拓扑和逻辑拓扑示例如图 2-26 所示。

　　VRRP 是 IETF 标准协议，基于 IP（协议号 112）工作，使用 224.0.0.18 组播地址发送报文。实现 VRRP 的条件是系统中有多台路由器组成一个备份组，备份组由一台主路由器（Master Router）和多台备份路由器（Backup Router）组成。这个组形成一台虚拟路由器，在任一时刻，一个组内由主路由器来响应 ARP 请求及转发 IP 报文。如果主路由器发生了故障，则将从备份路由器中选举一台来接替主路由器工作，继续实现数据转发功能。在主机看来，网关并没有改变，因此 VRRP 实际上也可以看作一种容错协议，它保证当主机的下一跳路由器发生故障时，可以及时由另一台路由器来代替，从而保持通信的连续性和可靠性。在实际应用中，网络中可能有多个备份组，例如，为每个 VLAN 创建一个备份组，每个备份组都有一台虚拟路由器，通过把 VLAN 分布到不同的备份组，而不同的备份组选择不同的主路由器来实现流量负载均衡。需要注意的是，VRRP 是配置在路由器的接口或者交换机的 VLAN 接口上的，而且是基于接口来工作的。

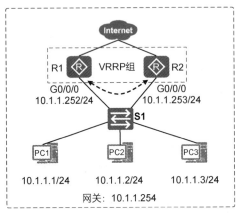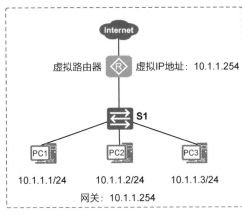

（a）物理网络拓扑　　　　　　　　　（b）逻辑网络拓扑

图 2-26　VRRP 工作的物理拓扑和逻辑拓扑示例

下面的术语对于理解 VRRP 技术的工作原理和工作过程非常重要。

1. 虚拟路由器

虚拟路由器（Virtual Router）是由一组有相同 VRID（虚拟路由器标识）的路由器组成的，这组路由器称为备份组。虚拟路由器有自己的虚拟 IP 地址和虚拟 MAC 地址，虚拟 MAC 地址格式为 0000.5E00.01XX，其中 XX 表示组号，这意味着 VRRP 最多支持 255 个组。

2. 主路由器

在一个 VRRP 组中，只有一台路由器被选为主路由器，负责响应组内主机发送的 ARP 请求并转发发送到虚拟路由器的虚拟 MAC 地址的 IP 报文。

3. 备份路由器

备份路由器会监听主路由器周期性发送的通告（Advertisement）报文，如果备份路由器在失效时间间隔（Down Interval）（默认为 3s）内无法接收到主路由器发送的通告报文，就认为主路由器发生了故障，将进行新一轮的主路由器选举。一个 VRRP 组可以有多台备份路由器。

4. VRRP 版本

VRRP 的实现有 VRRPv2 和 VRRPv3 两个版本。其中，VRRPv2 只支持第 4 版互联网协议（Internet Protocol version 4，IPv4），VRRPv3 同时支持 IPv4 和第 6 版互联网协议（Internet Protocol version 6，IPv6）。

5. VRRP 定时器

VRRP 定时器包括通告间隔定时器、时滞时间定时器和主用失效时间间隔定时器 3 种。

（1）通告间隔（Advertisement Interval）定时器：VRRP 备份组中的主路由器会定时发送 VRRP 通告报文，通知备份组内的路由器自己工作正常。用户可以通过设置 VRRP 定时器来调整主路由器发送 VRRP 通告报文的时间间隔，默认为 1s。

（2）时滞时间（Skew Time）定时器：该值的计算方式为（256-优先级）/256，单位为秒。

（3）主用失效（Master Down）定时器：如果备份路由器在等待了 3 个通告间隔时间后，依然没有收到 VRRP 通告报文，则认为自己是主路由器，并对外发送 VRRP 通告报文，重新进行主路由器的选举。备份路由器并不会立即抢占成为主路由器，而是等待一定时间（时滞时间）后，才会对外发送 VRRP 通告报文取代原来的主路由器，因此该定时器值=3×通告时间间隔+(256-优先级)/256s。

2.3.2　VRRP 工作原理

1. VRRP 选举原则

VRRP 利用优先级决定哪台路由器成为主路由器。如果一台路由器的优先级比其他路由器的优先级高，则该路由器成为主路由器。如果优先级相同，则接口 IP 地址大的路由器成为主路由器，默认优先级是 100，取值为 0～255，可配置值为 1～254，其中，优先级 0 为系统保留给路由器放弃主路由器地位时使用，255 则由系统保留给 IP 地址拥有者（物理接口 IP 地址与虚拟 IP 地址相同）使用，当虚拟 IP 地址就是物理接口真实 IP 地址时，其优先级始终为 255。

2. VRRP 抢占

启用 VRRP 抢占（Preempt）功能的主要目的是当主路由器出现故障时，使备份路由抢占成为主路由器。默认情况下，VRRP 抢占功能是启用的。配置 VRRP 抢占功能能够确保任何时候优先级高的备份路由器成为主路由器。VRRP 工作方式可以分为非抢占方式和抢占方式。

（1）VRRP 非抢占方式：如果备份路由器工作在非抢占方式下，则只要主路由器没有出现故障，备份路由器即使随后被配置了更高的优先级，也不会通过抢占成为主路由器。

（2）VRRP 抢占方式：如果备份路由器工作在抢占方式下，则当它收到 VRRP 通告报文后，会将自己的优先级与通告报文中的优先级进行比较。如果自己的优先级比当前的主路由器的优先级高，则会主动抢占成为主路由器；否则，将保持 Backup 状态。VRRP 默认方式是抢占方式，延迟时间为 0，即立即抢占。

3. VRRP 上行链路监视或跟踪

上行链路监视或跟踪特性能够使路由器根据上行接口、链路出现故障或者绑定静态 BFD 会话状态等调整 VRRP 组的优先级。当被跟踪的关键对象变为不可用时，主路由器 VRRP 优先级会降低，这可能使其放弃主路由器的角色。被跟踪的关键对象故障恢复后，VRRP 的优先级会自动恢复原值，因此又可以通过抢占成为主路由器。如图 2-27 所示，VRRP 组 1 中的 R1 因为优先级高成为主路由器，承担转发来自 VRRP 组 1 主机数据流量的任务。假设 R1 的上行链路出现故障，但是此时 R1 和 R2 之间通过 S1 连接的二层链路没有出现问题，所以 R1 仍为主路由器，仍然承担转发 VRRP 组 1 内主机发送的数据流量的任务，造成转发数据失败（接口启用 VRRP 后，自动禁用重定向功能）。可以在 R1 上配置 VRRP 对象监视或跟踪，监视或跟踪上行链路（G0/0/1）的状态，这样如果上行链路出现故障，则 R1 会自动降低 VRRP 的优先级，如降低 20。因为配置了 VRRP 抢占，此时 R2 会抢占为主路由器，承担转发 VRRP 组 1 内主机的数据流量的任务。当 R1 的上行链路恢复后，VRRP 的优先级会自动恢复为原来的值 110，因此 R1 又可以通过抢占成为主路由器。

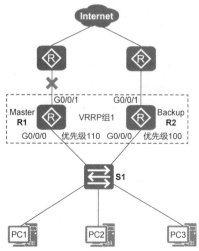

图 2-27　VRRP 上行链路监视或跟踪

2.3.3 VRRP 工作过程

VRRP 中定义了初始（Initialize）状态、活动（Master）状态和备份（Backup）状态这 3 种状态。其中，只有处于活动状态的设备才可以转发发送到虚拟 IP 地址的 IP 报文。VRRP 状态的转换工作逻辑如图 2-28 所示。

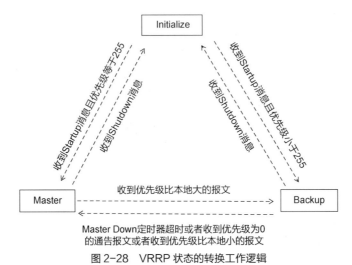

图 2-28　VRRP 状态的转换工作逻辑

（1）初始状态：该状态为 VRRP 不可用状态，在此状态下，设备不会对 VRRP 报文做任何处理。通常刚配置 VRRP 时或设备检测到故障时会进入初始状态。

（2）活动状态：VRRP 组中的路由器通过 VRRP 报文交换后确定的当前转发报文的一种状态。当 VRRP 设备处于 Master 状态时，它会定时发送 VRRP 通告报文，以虚拟 MAC 地址响应对虚拟 IP 地址的 ARP 请求，并转发目的 MAC 地址为虚拟 MAC 地址的 IP 报文。

（3）备份状态：VRRP 组中的路由器通过 VRRP 信息交换后确定处于监听的一种状态，作为候选的活动路由器。当 VRRP 设备处于 Backup 状态时，它将接收主路由器发送的 VRRP 通告报文，判断主路由器的状态是否正常。其对虚拟 IP 地址的 ARP 请求不做响应，同时丢弃目的 MAC 地址为虚拟 MAC 地址的 IP 报文和目的 IP 地址为虚拟 IP 地址的 IP 报文。

VRRP 的工作机制如下。

（1）备份组中的路由器根据优先级选举出主路由器。主路由器通过发送免费 ARP 报文，将自己的虚拟 MAC 地址通知给与它连接的设备或者主机，从而承担其响应主机 ARP 请求以及数据转发任务。

（2）主路由器周期性发送 VRRP 通告报文，以通告其配置信息（优先级等）和工作状况。

（3）如果主路由器出现故障，则备份路由器将根据优先级重新选举新的主路由器。

（4）虚拟路由器切换状态时，主路由器由一台设备切换为另外一台设备，新的主路由器只是简单地发送一个携带虚拟路由器的 MAC 地址和虚拟 IP 地址信息的免费 ARP 报文，这样就可以更新与它连接的主机或设备中的 ARP 相关信息。网络中的主机感知不到主路由器已经切换为另外一台设备。VRRP 主备切换通常分为以下两种场景，如图 2-29 所示。

① 如图 2-29（a）所示，当主路由器 R1 主动退出 VRRP 组，如删除接口 VRRP 配置时，会发送优先级为 0 的通告报文，用来使备份路由器快速切换成主路由器，而不用等到 Master Down 定时器超时。这个切换的时间即为时滞时间。

② 如图 2-29（b）所示，当主路由器 R1 发生网络故障而不能发送通告报文的时候，备份路由器并不能立即知道其工作状况。等到 Master Down 定时器超时后，才会认为主路由器无法正常工作，从而将状态切换为 Master，切换时间为 Master Down 时间，也就是 3×Advertisement Interval + Skew Time。

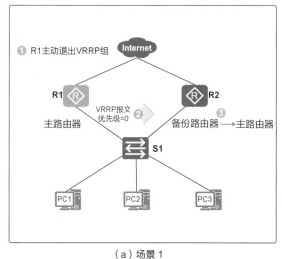

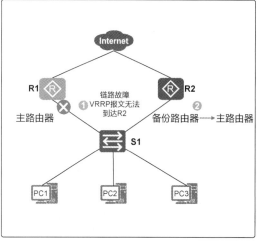

（a）场景 1　　　　　　　　　　　　　　（b）场景 2

图 2-29　VRRP 主备切换场景

（5）通过创建多台虚拟路由器，每台物理路由器在不同的 VRRP 组中扮演不同的角色，不同虚拟路由器的虚拟 IP 地址作为不同的内网网关地址可以实现流量转发负载均衡。

2.3.4　VRRP 基本配置命令

```
[Huawei-GigabitEthernet0/0/0]vrrp vrid vrid virtual-ip virtual-address
//创建 VRRP 备份组并给备份组配置虚拟 IP 地址
[Huawei-GigabitEthernet0/0/0]vrrp vrid vrid priority priority-value
//配置路由器在备份组中的优先级
[Huawei-GigabitEthernet0/0/0]vrrp vrid vrid timer advertise advertise-interval
//配置发送 VRRP 通告报文的时间间隔
[Huawei-GigabitEthernet0/0/0]vrrp vrid vrid preempt-mode timer delay delay-value
//配置备份组中设备的抢占延迟时间
[Huawei-GigabitEthernet0/0/0]vrrp vrid vrid preempt-mode disable
//配置 VRRP 备份组中设备采用非抢占方式
[Huawei-GigabitEthernet0/0/0]vrrp vrid vrid track interface-type interface-number
[ increased value-increased | reduced value-decreased ]
//配置 VRRP 备份组监视接口
[Huawei-GigabitEthernet0/0/0]vrrp vrid vrid authentication-mode { simple { key |
plain key | cipher cipher-key } | md5 md5-key }
//配置 VRRP 报文认证方式
[Huawei-GigabitEthernet0/0/0]vrrp vrid vrid track bfd-session { bfd-session-id |
session-name bfd-configure-name } [ increased value-increased | reduced value-reduced ]
//配置 VRRP 备份组联动 BFD 会话
```

任务实施

A 公司的园区网络有两台核心交换机 S1 和 S2，通过 VRRP 技术为 VLAN 4～VLAN 7 的主机提供冗余网关，网络拓扑如图 2-1 所示，工程师在完成任务 2-1 和任务 2-2 的基础上，在两台核心交换机上配置了 4 个 VRRP 组，以实现各个部门主机的网关冗余和负载均衡。在任务 2-2 中，通过把 S1 作为实例 1 的根桥，S2 作为实例 2 的根桥来实现负载均衡，因此本任务需要将 MSTP 技术和 VRRP 技术联用来避免网络中出现次优路径，也就是确保每个 VLAN 的 MSTP 的根桥和 VRRP 的主设备相同，具体是 S1 作为 VLAN 4 和 VLAN 5 的主设备并作为 VLAN 6 和 VLAN 7 的备份设备，而 S2 作为 VLAN 6 和 VLAN 7 的主设备并作为 VLAN 4 和 VLAN 5 的备份设备。工程师需要完成的主要任务如下。

（1）配置 VRRP 虚拟 IP 地址。

（2）配置 VRRP 组优先级。

（3）配置 VRRP 时间参数。

（4）配置 VRRP 验证。

（5）配置 VRRP 接口监视/跟踪。

（6）验证 VRRP 配置。

1. 配置 VRRP 虚拟 IP 地址

```
[S1]interface Vlanif 4     //进入 VLANIF 接口
[S1-Vlanif4]vrrp vrid 4 virtual-ip 10.1.4.254
/*启用 VRRP 功能，并设置 VRRP 组虚拟 IP 地址，4 为 VRRP 的组号。该 IP 地址也是后续任务配置 DHCP 时，
自动分配给 VLAN 4 内主机的网关*/
[S1-Vlanif4]quit
[S1]interface Vlanif 5
[S1-Vlanif5]vrrp vrid 5 virtual-ip 10.1.5.254
[S1-Vlanif5]quit
[S1]interface Vlanif 6
[S1-Vlanif6]vrrp vrid 6 virtual-ip 10.1.6.254
[S1-Vlanif6]quit
[S1]interface Vlanif 7
[S1-Vlanif7]vrrp vrid 7 virtual-ip 10.1.7.254

[S2]interface Vlanif 4
[S2-Vlanif4]vrrp vrid 4 virtual-ip 10.1.4.254
[S2-Vlanif4]quit
[S2]interface Vlanif 5
[S2-Vlanif5]vrrp vrid 5 virtual-ip 10.1.5.254
[S2-Vlanif5]quit
[S2]interface Vlanif 6
[S2-Vlanif6]vrrp vrid 6 virtual-ip 10.1.6.254
[S2-Vlanif6]quit
[S2]interface Vlanif 7
[S2-Vlanif7]vrrp vrid 7 virtual-ip 10.1.7.254
```

2. 配置 VRRP 组优先级

```
[S1]interface Vlanif 4
[S1-Vlanif4]vrrp vrid 4 priority 110
//配置 VRRP 组 4 的优先级，确保 S1 是 VLAN 4 的主设备，和 MSTP 根桥保持一致
[S1-Vlanif4]quit
[S1]interface Vlanif 5
[S1-Vlanif5]vrrp vrid 5 priority 110
//配置 VRRP 组 5 的优先级，确保 S1 为 VLAN 5 的主设备，与 MSTP 根桥保持一致
[S1-Vlanif5]quit

[S2]interface Vlanif 6
[S2-Vlanif6]vrrp vrid 6 priority 110
```

//配置 VRRP 组 6 的优先级，确保 S2 为 VLAN 6 的主设备，与 MSTP 根桥保持一致
```
[S2-Vlanif6]quit
[S2]interface Vlanif 7
[S2-Vlanif7]vrrp vrid 7 priority 110
```
//配置 VRRP 组 7 的优先级，确保 S2 为 VLAN 7 的主设备，与 MSTP 根桥保持一致

3. 配置 VRRP 时间参数

```
[S1]vrrp gratuitous-arp timeout 60
```
//配置主设备发送免费 ARP 报文的时间间隔，默认值为 20s
```
[S1]interface Vlanif 4
[S1-Vlanif4]vrrp vrid 4 preempt-mode timer delay 20
```
//配置 VRRP 组中的抢占延迟时间，防止因网络堵塞导致 VRRP 状态频繁切换，默认为 0s
```
[S1-Vlanif4]vrrp vrid 4 timer advertise 1
```
//配置发送 VRRP 通告报文的时间间隔，默认为 1s

```
[S1-Vlanif4]quit
[S1]interface Vlanif 5
[S1-Vlanif5]vrrp vrid 5 preempt-mode timer delay 20
[S1-Vlanif5]vrrp vrid 5 timer advertise 1
[S1-Vlanif5]quit
[S1]interface Vlanif 6
[S1-Vlanif6]vrrp vrid 6 preempt-mode timer delay 20
[S1-Vlanif6]vrrp vrid 6 timer advertise 1
[S1-Vlanif6]quit
[S1]interface Vlanif 7
[S1-Vlanif7]vrrp vrid 7 preempt-mode timer delay 20
[S1-Vlanif7]vrrp vrid 7 timer advertise 1

[S2]vrrp gratuitous-arp timeout 60
[S2]interface Vlanif 4
[S2-Vlanif4]vrrp vrid 4 preempt-mode timer delay 20
[S2-Vlanif4]vrrp vrid 4 timer advertise 1
[S2-Vlanif4]quit
[S2]interface Vlanif 5
[S2-Vlanif5]vrrp vrid 5 preempt-mode timer delay 20
[S2-Vlanif5]vrrp vrid 5 timer advertise 1
[S2-Vlanif5]quit
[S2]interface Vlanif 6
[S2-Vlanif6]vrrp vrid 6 preempt-mode timer delay 20
[S2-Vlanif6]vrrp vrid 6 timer advertise 1
[S2-Vlanif6]quit
[S2]interface Vlanif 7
[S2-Vlanif7]vrrp vrid 7 preempt-mode timer delay 20
[S2-Vlanif7]vrrp vrid 7 timer advertise 1
```

4. 配置 VRRP 验证

默认情况下，设备对发送的 VRRP 通告报文不进行任何验证处理，收到通告报文的设备也不进行任何验证，而是认为收到的都是真实的、合法的 VRRP 报文。通过配置 VRRP 验证方式，对 VRRP 报文进行验证，可以增强网络安全性。

```
[S1]interface Vlanif 4
[S1-Vlanif4]vrrp vrid 4 authentication-mode md5 shenzhen
```

```
//配置 VRRP 组使用 MD5 验证，密码是 shenzhen，默认使用明文验证
[S1-Vlanif4]quit
[S1]interface Vlanif 5
[S1-Vlanif5]vrrp vrid 5 authentication-mode md5 shenzhen
[S1-Vlanif5]quit
[S1]interface Vlanif 6
[S1-Vlanif6]vrrp vrid 6 authentication-mode md5 shenzhen
[S1-Vlanif6]quit
[S1]interface Vlanif 7
[S1-Vlanif7]vrrp vrid 7 authentication-mode md5 shenzhen

[S2]interface Vlanif 4
[S2-Vlanif4]vrrp vrid 4 authentication-mode md5 shenzhen
[S2-Vlanif4]quit
[S2]interface Vlanif 5
[S2-Vlanif5]vrrp vrid 5 authentication-mode md5 shenzhen
[S2-Vlanif5]quit
[S2]interface Vlanif 6
[S2-Vlanif6]vrrp vrid 6 authentication-mode md5 shenzhen
[S2-Vlanif6]quit
[S2]interface Vlanif 7
[S2-Vlanif7]vrrp vrid 7 authentication-mode md5 shenzhen
```

5. 配置 VRRP 接口监视/跟踪

为了进一步提高网络的可靠性，需要在主设备上配置 VRRP 的上行接口监视/跟踪功能。当主设备的上行接口发生故障时，将自动降低优先级，使得备份设备能抢占成为主设备，将网络中断所造成的影响最小化。

```
[S1]interface Vlanif 4
[S1-Vlanif4]vrrp vrid 4 track interface GigabitEthernet 0/0/1 reduced 20
/*配置 VRRP 组 4 监视/跟踪 G0/0/1，如果该接口发生故障，则优先级降低 20，变为 110-20=90，此时 S2
的优先级为 100（默认值），因此 S2 会通过抢占成为主设备*/
[S1-Vlanif4]quit
[S1]interface Vlanif 5
[S1-Vlanif5]vrrp vrid 5 track interface GigabitEthernet 0/0/1 reduced 20

[S2]interface Vlanif 6
[S2-Vlanif6]vrrp vrid 6 track interface GigabitEthernet 0/0/1 reduced 20
[S2-Vlanif6]quit
[S2]interface Vlanif 7
[S2-Vlanif7]vrrp vrid 7 track interface GigabitEthernet 0/0/1 reduced 20
```

6. 验证 VRRP 配置
（1）查看 VRRP 摘要信息

```
<S1>display vrrp brief
VRID  State    Interface     Type    Virtual IP
-----------------------------------------------------------------
4     Master   Vlanif4       Normal  10.1.4.254
5     Master   Vlanif5       Normal  10.1.5.254
6     Backup   Vlanif6       Normal  10.1.6.254
```

```
7    Backup    Vlanif7            Normal  10.1.7.254
---------------------------------------------------------------
Total:4   Master:2   Backup:2   Non-active:0


<S2>display vrrp brief
VRID State      Interface         Type    Virtual IP
---------------------------------------------------------------
4    Backup    Vlanif4           Normal  10.1.4.254
5    Backup    Vlanif5           Normal  10.1.5.254
6    Master    Vlanif6           Normal  10.1.6.254
7    Master    Vlanif7           Normal  10.1.7.254
---------------------------------------------------------------
Total:4   Master:2   Backup:2   Non-active:0
```

以上输出显示了交换机 S1 和 S2 的各个 VRRP 组的信息,可以清楚地看到 S1 是 VLAN 4 和 VLAN 5 的主设备,S2 是 VLAN 6 和 VLAN 7 的主设备。各列输出信息的含义如下。

① VRID: VRRP 备份组号。

② State: 交换机的 VRRP 状态。

③ Interface: 配置 VRRP 备份组的接口。

④ Type: VRRP 备份组类型,Normal 表示普通 VRRP 备份组。

⑤ Virtual IP: VRRP 备份组的虚拟 IP 地址。

(2)查看 VRRP 详细信息

```
<S1>display vrrp interface Vlanif 4
  Vlanif4 | Virtual Router 4     //VRRP 备份组所在的接口和 VRRP 备份组号
    State : Master               //交换机的 VRRP 状态
    Virtual IP : 10.1.4.254      //VRRP 备份组的虚拟 IP 地址
    Master IP : 10.1.4.252       //主设备上该 VRRP 备份组所在接口的主 IP 地址
    PriorityRun : 110            //VRRP 备份组运行时当前交换机的优先级
    PriorityConfig : 110         //VRRP 备份组中该交换机配置的优先级
    MasterPriority : 110         //该备份组中主设备的优先级
    Preempt : YES   Delay Time : 20 s //启用 VRRP 抢占方式,抢占延迟时间为 20s
    TimerRun : 1 s               //VRRP 备份组中主设备发送广播报文的时间间隔,单位是秒
    TimerConfig : 1 s            //VRRP 备份组配置的主设备发送广播报文的时间间隔,单位是秒
    Auth type : MD5   Auth key : /;Z+*fA"YNsPddVIN=17m*I#   //VRRP 报文验证方式及密码
    Virtual MAC : 0000-5e00-0104  //VRRP 备份组的虚拟 MAC 地址
    Check TTL : YES              //检测 VRRP 报文的 TTL 值
    Config type : normal-vrrp    /*配置的 VRRP 备份组的类型,normal-vrrp 表示普通 VRRP 备
份组,admin-vrrp 表示管理 VRRP 备份组,member-vrrp 表示业务 VRRP 备份组*/
    Track IF : GigabitEthernet0/0/1   Priority reduced : 20 /*VRRP 备份组监视/跟踪的接
口,当 VRRP 备份组监视/跟踪的对象(如接口或 BFD 会话)状态变为 Down 时,本端设备降低的优先级值*/
    IF state : UP                           //VRRP 所监视/跟踪接口的状态
    Create time : 2022-10-11 16:12:41 UTC-08:00   //VRRP 备份组的创建时间
    Last change time : 2022-10-11 16:50:08 UTC-08:00 //VRRP 备份组最后一次状态变化的时间
```

(3)验证 VRRP 状态切换

在交换机 S1 上将 G0/0/1 关闭,其显示的信息如下。

```
Oct 11 2022 17:04:49-08:00 S1 %%01PHY/1/PHY(1)[3]:     GigabitEthernet0/0/1: change
status to down
    Oct 11 2022 17:05:10-08:00 S1 %%01VRRP/4/STATEWARNINGEXTEND(1)[4]:Virtual Router
state MASTER changed to BACKUP, because of priority calculation. (Interface=Vlanif5,
VrId=5, InetType=IPv4)
```

```
    Oct 11 2022 17:05:10-08:00 S1 %%01VRRP/4/STATEWARNINGEXTEND(l)[5]:Virtual Router
state MASTER changed to BACKUP, because of priority calculation.(Interface=Vlanif4,
VrId=4, InetType=IPv4)
```

/*以上输出信息显示了监视/跟踪接口关闭后，VRRP 优先级降低 20，即变成 90（110-20），VLAN 4 和 VLAN 5 的 VRRP 备份组的主设备 S1 从 Master 变成 Backup 的过程。可以通过执行 **display vrrp brief** 命令再次查看设备状态*/

```
<S1>display vrrp brief
VRID  State      Interface             Type     Virtual IP
------------------------------------------------------------------
4     Backup     Vlanif4               Normal   10.1.4.254
5     Backup     Vlanif5               Normal   10.1.5.254
6     Backup     Vlanif6               Normal   10.1.6.254
7     Backup     Vlanif7               Normal   10.1.7.254
------------------------------------------------------------------

Total:4    Master:0    Backup:4    Non-active:0
```
//以上输出信息显示了 S1 已经变为 VLAN 4 和 VLAN 5 的备份设备

在交换机 S1 上将 G0/0/1 启用，其显示的信息如下。

```
    Oct 11 2022 17:08:57-08:00 S1 %%01VRRP/4/STATEWARNINGEXTEND(l)[7]:Virtual Router
state BACKUP changed to MASTER, because of priority calculation.(Interface=Vlanif5,
VrId=5, InetType=IPv4)
    Oct 11 2022 17:08:57-08:00 S1 %%01VRRP/4/STATEWARNINGEXTEND(l)[8]:Virtual Router
state BACKUP changed to MASTER, because of priority calculation.(Interface=Vlanif4,
VrId=4, InetType=IPv4)
```

/*以上输出信息显示了监视/跟踪接口启用后，VRRP 优先级增加 20，即变成 110（90+20），VLAN 4 和 VLAN 5 的 VRRP 备份组的主设备 S1 从 Backup 状态变成 Master 状态的过程*/

（4）查看主机 ARP 表

在 VLAN 4 的主机 PC1 上查看 ARP 表。

```
PC>arp -a
Internet Address    Physical Address     Type
10.1.4.252          4C-1F-CC-3C-0D-23     dynamic
10.1.4.254          00-00-5E-00-01-04     dynamic
```
//以上输出显示了 VRRP 组 4 的虚拟 IP 地址和虚拟 MAC 地址

任务评价

评价指标	评价观测点	评价结果
理论知识	1. VRRP 功能和术语的理解 2. VRRP 工作原理的理解	自我测评 □ A □ B □ C
	3. VRRP 工作过程的理解 4. VRRP 和 MSTP 联动的理解 5. VRRP 基本配置命令的理解	教师测评 □ A □ B □ C
职业能力	1. 掌握 VRRP 虚拟 IP 地址配置 2. 掌握 VRRP 组优先级配置	自我测评 □ A □ B □ C
	3. 掌握 VRRP 时间参数配置 4. 掌握 VRRP 验证配置 5. 掌握 VRRP 接口监视/跟踪配置 6. 掌握 VRRP 配置验证	教师测评 □ A □ B □ C

续表

评价指标	评价观测点	评价结果
职业素养	1. 设备操作规范 2. 故障排除思路 3. 报告书写能力 4. 查阅文献能力 5. 语言表达能力 6. 团队协作能力	自我测评 □ A □ B □ C 教师测评 □ A □ B □ C
综合评价	1. 理论知识（40%） 2. 职业能力（40%） 3. 职业素养（20%）	自我测评 □ A □ B □ C 教师测评 □ A □ B □ C
学生签字：　　　　　　教师签字：　　　　　　年　　月　　日		

任务总结

VRRP 是实现网关冗余的重要手段之一，每个 VRRP 组中都有一台主设备负责转发数据流量，以及一台或者多台备份设备，当主设备出现故障时，备份设备接管数据流量转发的任务。本任务详细介绍了 VRRP 功能和术语、VRRP 工作原理、VRRP 工作过程和 VRRP 基本配置命令等基础知识。同时，本任务以真实的工作任务为载体，介绍了 VRRP 备份组的配置、VRRP 优先级和抢占配置、VRRP 验证配置和 VRRP 接口监视/跟踪配置等，并详细介绍了 VRRP 验证和调试过程。热备份路由器协议（Hot Standby Router Protocol，HSRP）和网关负载均衡协议（Gateway Load Balance Protocol，GLBP）技术也可以实现冗余网关，相关内容请进行拓展学习。

知识巩固

1. VRRP 最多支持（　　　）个备份组。
   A. 100　　　　　　B. 155　　　　　　C. 200　　　　　　D. 255
2. 默认情况下，VRRP 组中主路由器周期性发送 VRRP 通告报文的时间是（　　　）。
   A. 1s　　　　　　B. 3s　　　　　　C. 10s　　　　　　D. 30s
3. 发送 VRRP 组播报文的组播 IP 地址是（　　　）。
   A. 224.0.0.6　　B. 224.0.0.2　　　C. 224.0.0.18　　D. 224.0.0.102
4. VRRP 报文封装在 IP 报文中，IP 报头协议字段的值是（　　　）。
   A. 88　　　　　　B. 89　　　　　　C. 102　　　　　　D. 112
5. VRRP 的状态包括（　　　）。
   A. 禁用状态　　　B. 初始状态　　　C. 活动状态　　　D. 备份状态

任务 2-4　部署和实施 DHCP 服务

任务描述

随着网络规模的不断扩大，网络复杂度不断提升，网络中的终端设备，如主机、手机和平板等，位置经常发生变化。终端设备访问网络时需要配置 IP 地址、网关地址、DNS 服务器地址等。采用手动方式为终端配置这些参数非常低效且不够灵活。IETF 于 1993 年发布了动态主机配置协议（Dynamic Host

Configuration Protocol，DHCP）。DHCP 实现了网络参数配置的自动化，能够降低客户端的配置和维护成本，从而可以减少网络管理员的工作量，并提高工作的灵活性。本任务主要要求读者夯实和理解 DHCP 功能、DHCP 选项字段、DHCP 工作原理、DHCP 中继和 DHCP 基本配置命令等基础知识，通过在园区网络中部署和实施 DHCP 服务，实现主机和服务器 IP 地址自动获得，进而掌握 DHCP 服务器配置、DHCP 中继配置和 DHCP 客户端配置等职业技能，为后续网络互联以及访问 Internet 做好准备。

知识准备

2.4.1 DHCP 简介

园区网络的员工主机 IP 地址可以静态手动配置，也可以自动获得。采用静态手动配置方式时，由于普通用户对于网络参数不了解，经常配置错误，导致无法正常访问网络，且随意配置 IP 地址导致 IP 地址冲突时常发生。如果交由网络管理员统一配置，则工作量巨大，属于重复性劳动。为弥补传统的静态手动配置方式的不足，DHCP 应运而生，其可以实现网络动态、合理地分配 IP 地址给主机使用。

DHCP 基于 UDP（服务器服务端口号为 67，客户端服务端口号为 68）以客户端/服务器模式工作，服务器能够从预先设置的 IP 地址池里自动给主机分配 IP 地址，服务器也会记录维护 IP 地址的使用状态，做到 IP 地址统一分配和管理，它不仅能够保证 IP 地址不重复分配，还能及时回收 IP 地址以提高 IP 地址的利用率。

DHCP 报文中的 Options 字段包含服务器分配给终端的配置信息，该字段为可变长度字段，包含 DHCP 报文类型，信息则包括网关 IP 地址、DNS 服务器的 IP 地址、客户端可以使用 IP 地址的有效租期等。Options 字段由 Type（单位为字节）、Length（单位为字节）和 Value 这 3 部分组成，其中 Type 字段取值为 1~255。DHCP 常见的 Options 类型和作用如表 2-5 所示。

表 2-5　DHCP 常见的 Options 类型和作用

Type	Length	Value	作用
1	4	Subnet Mask	设置子网掩码
3	4	Router	设置网关地址
50	4	Requested IP Address	设置请求 IP 地址
51	4	IP Address Lease Time	设置 IP 地址租期
53	1	Message Type	设置 DHCP 消息类型
54	4	DHCP Server Identifier	设置 DHCP 服务器标识
55	9	Parameter Request List	设置请求选项列表。客户端利用该选项指明需要从服务器获取哪些网络配置参数
58	4	Rebinding Time Value	设置续约 T1 时刻，一般是租期的 50%
59	4	Renewal Time Value	设置续约 T2 时刻，一般是租期的 87.5%

除了标准协议中规定的字段选项外，还有部分选项内容没有统一规定，统称为用户自定义选项，如 Option 82 和 Option 43。

Option 82 称为中继代理信息选项。Option 82 中最多可以包含 255 个 Sub-Option（子选项），若定义了 Option 82，则至少要定义一个 Sub-Option。DHCP 中继或 DHCP Snooping 设备接收到 DHCP 客户端发送给 DHCP 服务器的请求报文后，在该报文中添加 Option 82，并转发给 DHCP 服务器。网络管理员可以从 Option 82 中获得 DHCP 客户端的信息，如 DHCP 客户端所连接交换机端口的 VLAN ID、二层端口号和中继设备的 MAC 地址等。

Option 43 称为厂商特定信息选项。DHCP 服务器和 DHCP 客户端通过 Option 43 交换厂商特定的信息。当 DHCP 服务器接收到 Option 43 信息的 DHCP 请求报文（Option 55 中带有 Option 43 参数）后，将在回复报文中携带 Option 43，为 DHCP 客户端分配厂商指定的信息。在 WLAN 组网中，AP 作为 DHCP 客户端，DHCP 服务器可以为 AP 指定 AC 的 IP 地址，以方便 AP 与 AC 建立连接。

2.4.2　DHCP 工作原理

1. DHCP 客户端首次接入网络的工作原理

DHCP 客户端首次从 DHCP 服务器动态获取 IP 地址时，主要通过 4 个阶段进行操作，如图 2-30 所示。

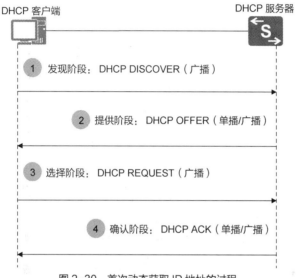

图 2-30　首次动态获取 IP 地址的过程

（1）发现阶段：DHCP 客户端发现 DHCP 服务器的阶段。DHCP 客户端发送 DHCP DISCOVER 广播报文来发现 DHCP 服务器。网络上每一台安装了 TCP/IP 的主机都会接收到这种广播报文，但只有 DHCP 服务器才会做出响应。DHCP DISCOVER 报文中携带了客户端的 MAC 地址、需要请求的参数列表选项和广播标志符等信息。

（2）提供阶段：DHCP 服务器提供网络配置信息的阶段。服务器接收到 DHCP DISCOVER 报文后，选择与接收 DHCP DISCOVER 报文接口的 IP 地址处于同一网段的地址池，从中选择一个可用的 IP 地址，并通过 DHCP OFFER 报文发送给 DHCP 客户端。DHCP 服务器收到 DHCP DISCOVER 报文时，给客户端分配 IP 地址前会发送 ping 探测。如果能 ping 通，则表示该地址不可用，并选择将其他 IP 地址分配给客户端。

（3）选择阶段：DHCP 客户端选择 IP 地址的阶段。如果有多个 DHCP 服务器向 DHCP 客户端回应 DHCP OFFER 报文，则 DHCP 客户端一般只接收第一个收到的 DHCP OFFER 报文，然后以广播方式发送 DHCP REQUEST 报文，该报文中包含客户端想选择的 DHCP 服务器标识符和客户端 IP 地址。

（4）确认阶段：DHCP 服务器确认所提供的 IP 地址的阶段。当 DHCP 服务器收到 DHCP 客户端回应的 DHCP REQUEST 消息之后，它便向 DHCP 客户端发送一个包含它所提供的 IP 地址和其他设置的 DHCP ACK 报文，告诉 DHCP 客户端可以使用它所提供的 IP 地址，此后 DHCP 客户端可将其 TCP/IP 与网卡绑定。DHCP 客户端成功获取 IP 地址后，会立即发送免费 ARP 报文。如果收到响应，则发送 DHCP DECLINE 报文通知 DHCP 服务器该 IP 地址冲突，DHCP 服务器标识该地址不可用，客户端发送 DHCP DISCOVER 报文重新申请 IP 地址。

2. 重新登录时 IP 地址的获取

第一次申请获得 IP 地址之后，以后 DHCP 客户端每次重新登录网络时，就不需要再发送 DHCP DISCOVER 报文了，而是直接发送包含前一次所分配的 IP 地址的 DHCP REQUEST 报文。当 DHCP 服务器收到这一报文后，它会尝试让 DHCP 客户端继续使用原来的 IP 地址，并回复一个 DHCP ACK 报文。如果此 IP 地址已无法再分配给原来的 DHCP 客户端使用（例如，此 IP 地址已分配给其他 DHCP 客户端使用），则 DHCP 服务器给 DHCP 客户端回复一个 DHCP NACK 报文。当原来的 DHCP 客户端收到此 DHCP NACK 消息后，它必须重新发送 DHCP DISCOVER 消息来请求新的 IP 地址。

3. IP 地址的租期更新

如果采用动态地址分配策略，则 DHCP 服务器分配给客户端的 IP 地址有一定的租借期限（简称租期），租期满后服务器会收回该 IP 地址。如果 DHCP 客户端希望继续使用该地址，则需要更新 IP 地址租期。DHCP 客户端启动时间为租期的 50%（T1 时刻）时，DHCP 客户端会自动以单播的方式向 DHCP 服务器发送 DHCP REQUEST 报文。如果收到 DHCP 服务器回应的 DHCP ACK 报文，则租期更新成功。当租期达到 87.5%（T2 时刻）时，如果仍未收到 DHCP 服务器的应答报文，则 DHCP 客户端会自动以广播的方式向 DHCP 服务器发送 DHCP REQUEST 报文，请求更新 IP 地址租期。如果收到 DHCP 服务器回应的 DHCP ACK 报文，则租期更新成功。如果租期到时都没有收到服务器的回应，则客户端停止使用此 IP 地址，重新发送 DHCP DISCOVER 报文请求新的 IP 地址。当然，客户端可以主动向服务器发出 DHCP RELEASE 报文，释放当前的 IP 地址。

DHCP 服务器按照如下次序为客户端分配 IP 地址。

（1）DHCP 服务器的数据库中与客户端 MAC 地址静态绑定的 IP 地址。

（2）客户端以前曾经使用过的 IP 地址，即客户端发送的请求报文中请求 IP 地址选项的地址。

（3）在 DHCP 地址池中，顺序查找可供分配的空闲 IP 地址时，最先找到的 IP 地址。

（4）如果在 DHCP 地址池中未找到可供分配的空闲 IP 地址，则依次查询超过租期、发生冲突的 IP 地址。如果找到可用的 IP 地址，则进行分配，否则报告错误。

2.4.3　DHCP 中继

随着网络规模的不断扩大，网络设备不断增多，企业内不同的用户可能分布在不同的网段，一台 DHCP 服务器在正常情况下无法满足多个网段的 IP 地址分配需求。如果还需要通过 DHCP 服务器分配 IP 地址，则需要跨网段发送 DHCP 报文。DHCP 客户端通过 DHCP DISCOVER 广播报文获得 DHCP 服务器的响应后得到 IP 地址。但 DHCP DISCOVER 广播报文是不能跨越子网的，如图 2-31（a）所示，DHCP 客户端 A、客户端 B 以及 DHCP 服务器都不在同一个子网内，客户端如何向 DHCP 服务器申请 IP 地址呢？

一种解决方案就是网络管理员在所有子网上均添加 DHCP 服务器。但是这样会带来成本和管理上的额外开销。另外一种解决方案就是使用 DHCP 中继。DHCP 中继（DHCP Relay）是为解决 DHCP 服务器和 DHCP 客户端不在同一个广播域而提出的，提供了对 DHCP 广播报文的中继转发功能，既能够把 DHCP 客户端的广播报文"透明地"传送到其他广播域中的 DHCP 服务器上，又能够把 DHCP 服务器端的应答报文"透明地"传送到其他广播域的 DHCP 客户端上，如图 2-31（b）所示。这样，在多个不同网络上的 DHCP 客户端可以使用同一台 DHCP 服务器，既节省成本，又便于进行集中管理和维护。路由器和三层交换机都可以充当 DHCP 中继设备。如果要将路由器 R1 配置成 DHCP 中继，则可以在面向客户端的接口下启用 DHCP 中继功能，并直接指定 DHCP 服务器 IP 地址。假设路由器和三层交换机已配置 DHCP 中继，那么它会接收来自客户端 A 和客户端 B 的 DHCP 广播请求，并将其作为单播（UDP 源端口和目的端口都是 67）转发给 DHCP 服务器。DHCP 客户端首次接入网络的工作过程（中继场景下）如图 2-32 所示。

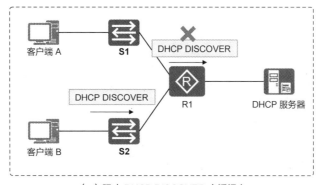

（a）阻止 DHCP DISCOVER 广播报文

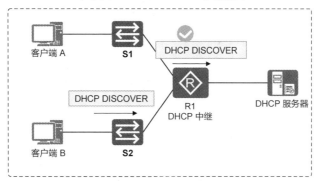

（b）DHCP 中继单播方式转发 DHCP DISCOVER 报文

图 2-31　DHCP 中继

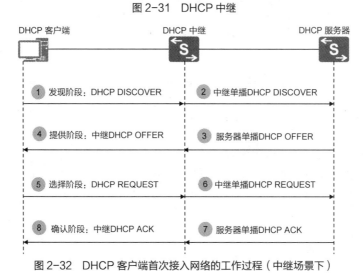

图 2-32　DHCP 客户端首次接入网络的工作过程（中继场景下）

2.4.4　DHCP 基本配置命令

1. DHCP 全局地址池配置命令

```
[Huawei]ip pool ip-pool-name　//创建全局地址池
[Huawei-ip-pool-HW]gateway-list ip-address //配置 DHCP 客户端的网关地址
[Huawei-ip-pool-HW]network ip-address [ mask { mask | mask-length } ]
//配置全局地址池可动态分配的 IP 地址范围
[Huawei-ip-pool-HW]excluded-ip-address start-ip-address [end-ip-address]
```

//配置地址池中不参与自动分配的 IP 地址

[Huawei-ip-pool-HW]**lease** { **day** *day* [**hour** *hour* [**minute** *minute*]] | **unlimited** }

//配置地址池的地址租期

[Huawei-ip-pool-HW]**static-bind ip-address** *ip-address* **mac-address** *mac-address* [**description** *description*] //为指定 DHCP 客户端分配固定 IP 地址

2. DHCP 接口地址池配置命令

[Huawei-GigabitEthernet0/0/1]**ip address** *ip-address* { *mask* | *mask-length* }

//配置基于接口方式的地址池，接口地址所属的 IP 地址网段即为接口地址池

[Huawei-GigabitEthernet0/0/1]**dhcp server gateway-list** *ip-address*

//配置接口地址池的网关地址

[Huawei-GigabitEthernet0/0/1]**dhcp server static-bind ip-address** *ip-address* **mac-address** *mac-address* [**description** *description*]

//为指定 DHCP 客户端分配固定 IP 地址

[Huawei-GigabitEthernet0/0/1]**dhcp server excluded-ip-address** *start-ip-address* **[end-ip-address]**   //配置地址池中不参与自动分配的 IP 地址

[Huawei-GigabitEthernet0/0/1]**dhcp server lease** { **day** *day* [**hour** *hour* [**minute** *minute*]] | **unlimited** }   //配置地址池的地址租期

3. DHCP 中继配置命令

[Huawei-GigabitEthernet0/0/0]**dhcp select relay** //启用接口的 DHCP 中继功能

[Huawei-GigabitEthernet0/0/0]**dhcp relay server-ip** *ip-address*

//在接口视图下配置 DHCP 服务器的 IP 地址

[Huawei]**dhcp server group** *group-name* //创建 DHCP 服务器组

[Huawei-DHCP-server-group-HW]**dhcp-server ip-address** [*ip-address-index*]

//在 DHCP 服务器组中配置 DHCP 服务器成员

[Huawei-GigabitEthernet0/0/0]**dhcp relay server-select** *group-name*

//配置接口应用的 DHCP 服务器组

任务实施

A 公司的园区网络和服务器区的主机及服务器需要通过 DHCP 方式获得 IP 地址，DHCP 服务器在路由器 SZ1 上配置，网络拓扑如图 2-1 所示。工程师在完成任务 2-1、任务 2-2 和任务 2-3 的基础上在路由器上完成 DHCP 服务器的部署和实施。工程师需要完成的主要任务如下。

说明：本任务只关注 DHCP 配置，涉及 OSPF 路由配置的任务会在项目 3 中完成。这里假设 OSPF 路由部分配置已经完成，SZ1、S1、S2、S3 和 S4 之间网络已经畅通。

（1）配置 DHCP 服务器。

（2）配置 DHCP 中继。

（3）配置 DHCP 客户端。

（4）验证 DHCP 配置。

1. 配置 DHCP 服务器

将路由器 SZ1 配置为 DHCP 服务器，为园区网络各个部门和服务器区的主机分配 IP 地址。

[SZ1]**ip pool POOL_VLAN4**   //定义地址池

[SZ1-ip-pool-POOL_VLAN4]**network 10.1.4.0 mask 24** //配置地址池的网络和掩码长度

[SZ1-ip-pool-POOL_VLAN4]**excluded-ip-address 10.1.4.252 10.1.4.253**

//配置 VLAN 地址池中需要排除的地址

[SZ1-ip-pool-POOL_VLAN4]**gateway-list 10.1.4.254**

//默认网关，这个地址是各个 VLAN 的 VRRP 的虚拟网关的 IP 地址

[SZ1-ip-pool-POOL_VLAN4]**domain-name comA.com** //配置域名

```
[SZ1-ip-pool-POOL_VLAN4]dns-list 10.3.1.100    //DNS 服务器（可以配置多个）
[SZ1-ip-pool-POOL_VLAN4]lease unlimited         //配置租期
[SZ1-ip-pool-POOL_VLAN4]quit
[SZ1]ip pool POOL_VLAN5
[SZ1-ip-pool-POOL_VLAN5]network 10.1.5.0 mask 24
[SZ1-ip-pool-POOL_VLAN5]excluded-ip-address 10.1.5.252 10.1.5.253
[SZ1-ip-pool-POOL_VLAN5]domain-name comA.com
[SZ1-ip-pool-POOL_VLAN5]gateway-list 10.1.5.254
[SZ1-ip-pool-POOL_VLAN5]dns-list 10.3.1.100
[SZ1-ip-pool-POOL_VLAN5]lease unlimited
[SZ1-ip-pool-POOL_VLAN5]quit
[SZ1]ip pool POOL_VLAN6
[SZ1-ip-pool-POOL_VLAN6]network 10.1.6.0 mask 24
[SZ1-ip-pool-POOL_VLAN6]excluded-ip-address 10.1.6.252 10.1.6.253
[SZ1-ip-pool-POOL_VLAN6]domain-name comA.com
[SZ1-ip-pool-POOL_VLAN6]gateway-list 10.1.6.254
[SZ1-ip-pool-POOL_VLAN6]dns-list 10.3.1.100
[SZ1-ip-pool-POOL_VLAN6]lease unlimited
[SZ1-ip-pool-POOL_VLAN6]quit
[SZ1]ip pool POOL_VLAN7
[SZ1-ip-pool-POOL_VLAN7]network 10.1.7.0 mask 24
[SZ1-ip-pool-POOL_VLAN7]excluded-ip-address 10.1.7.252 10.1.7.253
[SZ1-ip-pool-POOL_VLAN7]domain-name comA.com
[SZ1-ip-pool-POOL_VLAN7]gateway-list 10.1.7.254
[SZ1-ip-pool-POOL_VLAN7]dns-list 10.3.1.100
[SZ1-ip-pool-POOL_VLAN7]lease unlimited
[SZ1-ip-pool-POOL_VLAN7]quit
[SZ1]ip pool POOL_SERVER    //定义服务器区的地址池
[SZ1-ip-pool-POOL_SERVER]network 10.3.1.0 mask 24
[SZ1-ip-pool-POOL_SERVER]gateway-list 10.3.1.254
[SZ1-ip-pool-POOL_SERVER]static-bind ip-address 10.3.1.100 mac-address 5489-9866-251b
//配置为服务器分配的固定 IP 地址
[SZ1-ip-pool-POOL_SERVER]static-bind ip-address 10.3.1.101 mac-address 5489-980b-3794
[SZ1-ip-pool-POOL_SERVER]static-bind ip-address 10.3.1.102 mac-address 5489-98be-7c23
[SZ1-ip-pool-POOL_SERVER]static-bind ip-address 10.3.1.103 mac-address 5489-9870-4b72
[SZ1-ip-pool-POOL_SERVER]dns-list 10.3.1.100
[SZ1-ip-pool-POOL_SERVER]domain-name comA.com
[SZ1-ip-pool-POOL_SERVER]quit
[SZ1]dhcp enable    //全局启用 DHCP 功能
[SZ1]interface GigabitEthernet0/0/1
[SZ1-GigabitEthernet0/0/1]dhcp select global //配置接口工作在全局地址池模式
[SZ1-GigabitEthernet0/0/1]quit
[SZ1]interface GigabitEthernet 0/0/2
[SZ1-GigabitEthernet0/0/2]dhcp select global
[SZ1-GigabitEthernet0/0/2]quit
[SZ1]interface GigabitEthernet1/0/0
[SZ1-GigabitEthernet1/0/0]dhcp select global
```

2. 配置 DHCP 中继

因为需要动态分配 IP 地址的主机和服务器与 DHCP 路由器不在同一子网中，所以需要在交换机 S1

和 S2 上配置 DHCP 中继，使主机能跨网段从路由器 SZ1 上自动获取 IP 地址。

```
[S1]dhcp enable                              //全局启用 DHCP 功能
[S1]interface Vlanif 4
[S1-Vlanif4]dhcp select relay                //在接口 VLANIF 4 中配置 DHCP 中继功能
[S1-Vlanif4]dhcp relay server-ip 10.2.12.1   //配置 DHCP 中继服务器的 IP 地址
[S1-Vlanif4]quit
[S1]interface Vlanif 5
[S1-Vlanif5]dhcp select relay
[S1-Vlanif5]dhcp relay server-ip 10.2.12.1
[S1-Vlanif5]quit
[S1]interface Vlanif 6
[S1-Vlanif6]dhcp select relay
[S1-Vlanif6]dhcp relay server-ip 10.2.13.1
[S1-Vlanif6]quit
[S1]interface Vlanif 7
[S1-Vlanif7]dhcp select relay
[S1-Vlanif7]dhcp relay server-ip 10.2.13.1

[S2]dhcp enable
[S2]interface Vlanif 4
[S2-Vlanif4]dhcp select relay
[S2-Vlanif4]dhcp relay server-ip 10.2.12.1
[S2-Vlanif4]quit
[S2]interface Vlanif 5
[S2-Vlanif5]dhcp select relay
[S2-Vlanif5]dhcp relay server-ip 10.2.12.1
[S2-Vlanif5]quit
[S2]interface Vlanif 6
[S2-Vlanif6]dhcp select relay
[S2-Vlanif6]dhcp relay server-ip 10.2.13.1
[S2-Vlanif6]quit
[S2]interface Vlanif 7
[S2-Vlanif7]dhcp select relay
[S2-Vlanif7]dhcp relay server-ip 10.2.13.1
```

3. 配置 DHCP 客户端

首先在 Windows 中将 IP 地址设置为自动获得，如果 DHCP 服务器还提供了 DNS 和 Windows Internet 命名服务器（Windows Internet Naming Server，WINS）等，则它们的 IP 地址也设置为自动获得。

在命令提示符窗口中，执行 ipconfig /release 命令释放 IP 地址，执行 ipconfig /renew 命令可以动态获取 IP 地址，而执行 ipconfig /all 命令可以查看动态分配的 IP 地址的域名和 DNS 等信息是否正确。

在计算机 PC1 上通过 DHCP 服务器获得 IP 地址后，显示的信息如下。

```
PC>ipconfig /all
IP Configuration
Link local IPv6 address.................: fe80::5689:98ff:fecc:7dd4
IPv6 address............................: :: / 128
IPv6 gateway............................: ::
IPv4 address............................: 10.1.4.251
Subnet mask.............................: 255.255.255.0
```

```
Gateway...............................: 10.1.4.254
Physical address.....................: 54-89-98-E4-42-E6
DNS server...........................: 10.3.1.100
```

/*以上输出显示了主机 PC1 获取的 IP 地址是 10.1.4.251，子网掩码是 255.255.255.0，网关是 10.1.4.254，DNS 服务器是 10.3.1.100*/

在服务器 FTP1 上通过 DHCP 服务器获得 IP 地址后，显示的信息如下。

```
PC>ipconfig /all
IP Configuration
Link local IPv6 address...............: fe80::5689:98ff:fe66:251b
IPv6 address..........................: :: / 128
IPv6 gateway..........................: ::
IPv4 address..........................: 10.3.1.100
Subnet mask...........................: 255.255.255.0
Gateway...............................: 10.1.4.254
Physical address.....................: 54 89-98 BA-62 94
DNS server............................: 10.3.1.100
```

//以上输出信息显示了服务器 FTP1 按照静态绑定方式分配了固定的 IP 地址 10.3.1.100

4. 验证 DHCP 配置

（1）查看 IP 地址池

```
<SZ1>display ip pool
--------------------------------------------------------------------
  Pool-name       : POOL_VLAN4
  Pool-No         : 0
  Position        : Local          Status          : Unlocked
  Gateway-0       : 10.1.4.254
  Mask            : 255.255.255.0
  VPN instance    : --
--------------------------------------------------------------------
  Pool-name       : POOL_VLAN5
  Pool-No         : 1
  Position        : Local          Status          : Unlocked
  Gateway-0       : 10.1.5.254
  Mask            : 255.255.255.0
  VPN instance    : --
--------------------------------------------------------------------
  Pool-name       : POOL_VLAN6
  Pool-No         : 2
  Position        : Local          Status          : Unlocked
  Gateway-0       : 10.1.6.254
  Mask            : 255.255.255.0
  VPN instance    : --
--------------------------------------------------------------------
  Pool-name       : POOL_VLAN7
  Pool-No         : 3
  Position        : Local          Status          : Unlocked
  Gateway-0       : 10.1.7.254
  Mask            : 255.255.255.0
  VPN instance    : --
--------------------------------------------------------------------
```

```
        Pool-name       : POOL_SERVER
        Pool-No         : 4
        Position        : Local           Status        : Unlocked
        Gateway-0       : 10.3.1.254
        Mask            : 255.255.255.0
        VPN instance    : --
        IP address Statistic
          Total         :1265
          Used          :8        Idle          :1249
          Expired       :0        Conflict   :0        Disable    :8
```

/*以上输出显示了 DHCP 服务器 SZ1 上有 5 个地址池，IP 地址总数为 1265 个，使用了 8 个，空闲 1249 个，有 8 个 IP 地址不参与分配*/

（2）查看地址池中已经使用的 IP 地址信息

```
<SZ1>display ip pool name POOL_VLAN4 used
   Pool-name       : POOL_VLAN4
   Pool-No         : 0
   Lease           : unlimited
   Domain-name     : comA.com
   DNS-server0     : 10.3.1.100
   NBNS-server0    : -
   Netbios-type    : -
   Position        : Local           Status        : Unlocked
   Gateway-0       : 10.1.4.254
   Mask            : 255.255.255.0
   VPN instance    : --
   -----------------------------------------------------------------------------
       Start         End        Total  Used  Idle(Expired)  Conflict  Disable
   -----------------------------------------------------------------------------
       10.1.4.1    10.1.4.254    253    1       250(0)          0        2
   -----------------------------------------------------------------------------
   Network section :
   -----------------------------------------------------------------------------
   Index         IP          MAC          Lease    Status
   -----------------------------------------------------------------------------
    250      10.1.4.251   5489-98E4-42E6  1224     Used
   -----------------------------------------------------------------------------
```

/*以上输出显示了地址池 POOL_VLAN4 中已使用的 IP 地址数量为 1，已使用的 IP 地址是 10.1.4.251，使用该 IP 地址的主机的 MAC 地址是 5489-98E4-42E6*/

```
[SZ1]display ip pool name POOL_SERVER used
   Pool-name       : POOL_SERVER
   Pool-No         : 4
   Lease           : 1 Days 0 Hours 0 Minutes
   Domain-name     : comA.com
   DNS-server0     : 10.3.1.100
   NBNS-server0    : -
   Netbios-type    : -
   Position        : Local           Status        : Unlocked
   Gateway-0       : 10.3.1.254
   Mask            : 255.255.255.0
```

```
  VPN instance   : --
  ----------------------------------------------------------------------
      Start       End      Total Used  Idle(Expired)  Conflict  Disable
  ----------------------------------------------------------------------
     10.3.1.1  10.3.1.254   253   4       249(0)          0         0
  ----------------------------------------------------------------------

  Network section :
  ----------------------------------------------------------------------
  Index        IP          MAC          Lease   Status
  ----------------------------------------------------------------------
     99     10.3.1.100   5489-9866-251b    -     Static-bind used
    100     10.3.1.101   5489-980b-3794    -     Static-bind used
    101     10.3.1.102   5489-98be-7c23    -     Static-bind used
    102     10.3.1.103   5489-9870-4b72    -     Static-bind used
  ----------------------------------------------------------------------
```

/*以上输出显示了地址池 POOL_SERVER 中已使用的 IP 地址数量为 4，已使用的 IP 地址是 10.3.1.100～ 10.3.1.103，**Static-bind used** 表示此 IP 地址与 MAC 地址绑定且已使用*/

（3）查看 DHCP 中继的配置信息

```
[S1]display dhcp relay interface vlan4
  DHCP relay agent running information of interface Vlanif4 :
  Server IP address [01] : 10.2.12.1
```
//DHCP 服务器的 IP 地址，其中"01"表示 DHCP 服务器索引号
```
  Gateway address in use : 10.1.4.254  //DHCP 网关地址
```

（4）查看 DHCP 服务器的统计信息

```
<SZ1>display dhcp server statistics
  DHCP Server Statistics:
  Client Request         : 22    //DHCP 客户端发送给 DHCP 服务器的消息数量
   Dhcp Discover         : 11    //DHCP 客户端发送给 DHCP 服务器的 DISCOVER 报文的统计数目
   Dhcp Request          : 11    //DHCP 客户端发送给 DHCP 服务器的 REQUEST 报文的统计数目
   Dhcp Decline          : 0
   Dhcp Release          : 0
   Dhcp Inform           : 0
  Server Reply           : 22    //DHCP 服务器发送给 DHCP 客户端的消息数量
   Dhcp Offer            : 11    //DHCP 服务器发送给 DHCP 客户端的 OFFER 报文的统计数目
   Dhcp Ack              : 11    //DHCP 服务器发送给 DHCP 客户端的 ACK 报文的统计数目
   Dhcp Nak              : 0
  Bad Messages           : 0
```

任务评价

评价指标	评价观测点	评价结果
理论知识	1. DHCP 功能的理解 2. DHCP 选项字段的理解 3. DHCP 工作原理的理解 4. DHCP 中继工作原理的理解 5. DHCP 基本配置命令的理解	自我测评 □ A □ B □ C 教师测评 □ A □ B □ C

续表

评价指标	评价观测点	评价结果
职业能力	1. 掌握 DHCP 服务器的配置 2. 掌握 DHCP 中继的配置 3. 掌握 DHCP 客户端的配置 4. 掌握 DHCP 配置验证和调试过程	自我测评 □ A □ B □ C 教师测评 □ A □ B □ C
职业素养	1. 设备操作规范 2. 故障排除思路 3. 报告书写能力 4. 查阅文献能力 5. 语言表达能力 6. 团队协作能力	自我测评 □ A □ B □ C 教师测评 □ A □ B □ C
综合评价	1. 理论知识（40%） 2. 职业能力（40%） 3. 职业素养（20%）	自我测评 □ A □ B □ C 教师测评 □ A □ B □ C

学生签字：　　　　教师签字：　　　年　　月　　日

任务总结

DHCP 可以灵活地为网络中的主机分配 IP 地址，在大型网络环境下使用非常广泛。DHCP 服务不仅可以在路由器或者交换机中配置，还可以在 Windows 操作系统和 Linux 操作系统中配置。本任务详细介绍了 DHCP 功能、DHCP 选项字段、DHCP 工作原理、DHCP 中继和 HDCP 基本配置命令等网络知识。同时，本任务以真实的工作任务为载体，介绍了 DHCP 服务器配置、DHCP 中继配置和 DHCP 客户端配置等，并详细介绍了 DHCP 配置验证和调试过程。本任务的难点是对 DHCP Option 82 的理解，请通过更多的拓展资料深入了解该知识点。

知识巩固

1. DHCP 基于（　　）协议，服务端口号为（　　），主要用来为客户端动态分配 IP 地址，并及时回收 IP 地址以提高 IP 地址的利用率。
    A. TCP 67　　　B. UDP 67　　　C. TCP 68　　　D. UDP 68
2. 网络管理员可以从 Option（　　）中获得 DHCP 客户端的信息，如 DHCP 客户端所连接交换机端口的 VLAN ID、二层端口号和中继设备的 MAC 地址等。
    A. 43　　　B. 50　　　C. 59　　　D. 82
3. 下列（　　）不是 DHCP 的报文。
    A. HELLO　　　B. DISCOVER　　　C. OFFER　　　D. REQUEST
4. DHCP 的 T1 时刻指客户端启动时间为租期的（　　）%。
    A. 25　　　B. 50　　　C. 87.5　　　D. 100
5. DHCP 中继和 DHCP 服务器之间通信方式为（　　）。
    A. 单播　　　B. 组播　　　C. 广播　　　D. 泛播

项目实战

1．项目目的

通过本项目训练可以掌握以下内容。

（1）VLAN 配置和验证。

（2）VLAN 接口划分和验证。

（3）Trunk 配置和验证。

（4）VLAN 间路由配置和验证。

（5）链路聚合配置和验证。

（6）MSTP 域配置和验证。

（7）MSTP 实例的根桥及备份根桥配置和验证。

（8）边缘端口及 BPDU 保护配置和验证。

（9）VRRP 虚拟 IP 地址配置和验证。

（10）VRRP 接口监视/跟踪配置和验证。

（11）DHCP 配置和验证。

（12）DHCP 中继配置和验证。

2．项目拓扑

项目网络拓扑如图 2-33 所示。

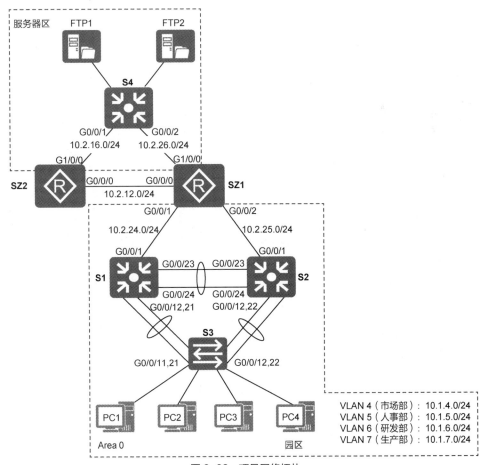

图 2-33　项目网络拓扑

3. 项目实施

A 公司计划部署和实施园区网络及服务器区网络，在设计方案中，园区网络有 3 台交换机，其中 S1 和 S2 是核心交换机，S3 是接入交换机；服务器区有 2 台 FTP 服务器通过交换机 S4 接入网络。在两个区域的边界上有两台路由器，其中 SZ1 用于连接园区网络和服务器区网络，SZ2 作为预留，将来连接到运营商的网络。工程师需要完成的任务如下。

（1）按照 A 公司的园区和服务器区 VLAN 规划，在交换机上配置 VLAN 并将交换机接口划分到相应的 VLAN 中。

（2）在园区网络的 3 台交换机上配置链路聚合，提升网络数据传输能力，减少网络瓶颈。

（3）在园区网络的 3 台交换机之间连接的 Eth-Trunk 接口上配置 Trunk。

（4）在交换机 S1、S2 和 S4 上配置 VLANIF 接口 IP 地址，通过三层交换实现 VLAN 间路由。

（5）在园区网络的 3 台交换机上配置 MSTP，从而避免交换环路。通过设计使不同的实例阻塞不同的接口，从而实现负载均衡。

（6）在交换机 S1 和 S2 上配置 VRRP，实现网关冗余。为了实现负载均衡和避免次优路径，在设计上要考虑使 VLAN 所在 MSTP 实例的根桥和 VRRP 组的主设备位于同一台设备上。

（7）在路由器 SZ1 上配置 DHCP，在交换机 S1 和 S2 上配置 DHCP 中继，使各部门员工的主机能够自动获取 IP 地址。

（8）连通性测试，园区网络中的 4 个 VLAN 的主机应该可以互相访问。

（9）保存配置文件，完成实验报告。

项目3
部署和实施企业网络互联

03

【项目描述】

企业网络的设计和建设应该遵循先进性、实用性、开放性、灵活性、扩展性、可靠性及安全性的原则。设计优良的企业网络应该满足企业日益增长的数据传输需求和网络的稳定及可靠运行的需求。项目组已经完成A公司的园区网络及服务器区网络的部署和实施，接下来要全面参与A公司深圳总部园区网络和广州分公司网络互联与优化，以及A公司Internet接入的部署和实施工作，网络拓扑如图3-1所示。本拓扑忽略了A公司深圳总部园区网络的细节，其部署和实施细节可参见项目2。广州分公司是A公司兼并不久的公司，其继续保留自己原来运行的IS-IS协议。按照公司的整体网络功能和性能规划，工程师需要完成的任务如下。

（1）明确表3-1所示的A公司深圳总部和广州分公司IP地址规划及连接方案，按照IP地址规划配置各台设备的IP地址。

（2）在深圳总部部署和实施浮动静态默认路由及NAT，使整个A公司能够接入Internet。

（3）在深圳总部和广州分公司之间部署多区域OSPF协议。

（4）在广州分公司内部部署IS-IS协议。

（5）通过路由引入技术实现A公司整个网络的连通。

（6）部署和实施路由优化，使深圳总部和广州分公司的内网设备只能学习到彼此业务网段路由。

（7）在深圳总部部署IPv6试验网络，为A公司全面部署IPv6网络做好准备。

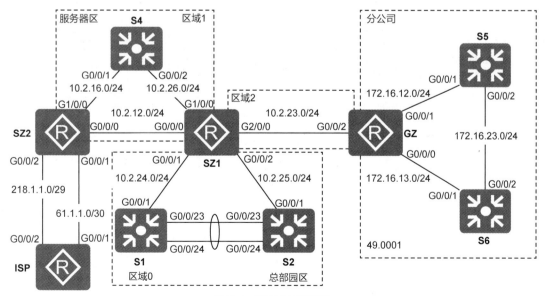

图3-1　项目3网络拓扑

表 3-1　A 公司深圳总部和广州分公司 IP 地址规划及连接方案

VLAN 或者设备	接口	IP 地址	描述
总部 VLAN 4		10.1.4.0/24	深圳总部园区网络市场部主机
总部 VLAN 5		10.1.5.0/24	深圳总部园区网络人事部主机
总部 VLAN 6		10.1.6.0/24	深圳总部园区网络运维部主机
总部 VLAN 7		10.1.7.0/24	深圳总部园区网络生产部主机
总部 VLAN 24		10.2.24.0/24	S1 和 SZ1 连接
总部 VLAN 25		10.2.25.0/24	S2 和 SZ1 连接
分公司 VLAN 4		192.168.4.0/24	广州分公司市场部主机
分公司 VLAN 5		192.168.5.0/24	广州分公司人事部主机
分公司 VLAN 6		192.168.6.0/24	广州分公司财务部主机
分公司 VLAN 7		192.168.7.0/24	广州分公司生产部主机
分公司 VLAN 12		172.16.12.0/24	GZ 和 S5 连接
分公司 VLAN 13		172.16.13.0/24	GZ 和 S6 连接
分公司 VLAN 23		172.16.23.0/24	S5 和 S6 连接
服务器区 VLAN 3		10.3.1.0/24	深圳总部服务器区主机
服务器区 VLAN 16		10.2.16.0/24	SZ2 和 S4 连接
服务器区 VLAN 26		10.2.26.0/24	SZ1 和 S4 连接
总部交换机 S1	VLANIF 4	10.1.4.252	VLANIF 接口
	VLANIF 5	10.1.5.252	VLANIF 接口
	VLANIF 6	10.1.6.252	VLANIF 接口
	VLANIF 7	10.1.7.252	VLANIF 接口
	VLANIF 24	10.2.24.4	与 SZ1 G0/0/1 所在网络直连
	G0/0/1		连接 SZ1 G0/0/1
	G0/0/23		连接 S2 G0/0/23
	G0/0/24		连接 S2 G0/0/24
总部交换机 S2	VLANIF 4	10.1.4.253	VLANIF 接口
	VLANIF 5	10.1.5.253	VLANIF 接口
	VLANIF 6	10.1.6.253	VLANIF 接口
	VLANIF 7	10.1.7.253	VLANIF 接口
	VLANIF 25	10.2.25.5	与 SZ1 G0/0/2 所在网络直连
	G0/0/1		连接 SZ1 G0/0/2
	G0/0/23		连接 S1 G0/0/23
	G0/0/24		连接 S1 G0/0/24
总部路由器 SZ2	G0/0/0	10.2.12.2	连接 SZ1 G0/0/0
	G0/0/1	61.1.1.2	连接 ISP G0/0/1
	G0/0/2	218.1.1.2	连接 ISP G0/0/2
	G1/0/0	10.2.16.2	连接 S4 G0/0/1
总部路由器 SZ1	G0/0/0	10.2.12.1	连接 SZ2 G0/0/0
	G0/0/1	10.2.24.1	连接 S1 G0/0/1
	G0/0/2	10.2.25.1	连接 S2 G0/0/1
	G1/0/0	10.2.26.1	连接 S4 G0/0/2
	G2/0/0	10.2.23.1	连接 GZ G0/0/2

续表

VLAN 或者设备	接口	IP 地址	描述
服务器区交换机 S4	G0/0/1		连接 SZ2 G1/0/0
	G0/0/2		连接 SZ1 G1/0/0
	VLANIF 3	10.3.1.254	服务器区 VLAN 3 主机网关
	VLANIF 16	10.2.16.6	与 SZ2 G1/0/0 所在网络直连
	VLANIF 26	10.2.26.6	与 SZ1 G1/0/0 所在网络直连
分公司路由器 GZ	G0/0/0	172.16.13.1	连接 S6 G0/0/1
	G0/0/1	172.16.12.1	连接 S5 G0/0/1
	G0/0/2	10.2.23.2	连接 SZ1 G2/0/0
分公司交换机 S5	VLANIF 12	172.16.12.2	与 GZ G0/0/1 所在网络直连
	VLANIF 23	172.16.23.1	与 S6 G0/0/2 所在网络直连
	VLANIF 4	192.168.4.254	分公司 VLAN 4 主机网关
	VLANIF 5	192.168.5.254	分公司 VLAN 5 主机网关
	G0/0/1		连接 GZ G0/0/1
	G0/0/2		连接 S6 G0/0/2
分公司交换机 S6	VLANIF 13	172.16.13.2	与 GZ G0/0/0 所在网络直连
	VLANIF 23	172.16.23.2	与 S5 G0/0/2 所在网络直连
	VLANIF 6	192.168.6.254	分公司 VLAN 6 主机网关
	VLANIF 7	192.168.7.254	分公司 VLAN 7 主机网关
	G0/0/1		连接 GZ G0/0/0
	G0/0/2		连接 S5 G0/0/2
ISP 路由器	G0/0/1	61.1.1.1	连接 SZ2 G0/0/1
	G0/0/2	218.1.1.1	连接 SZ2 G0/0/2

本项目涉及的知识和能力图谱如图 3-2 所示。

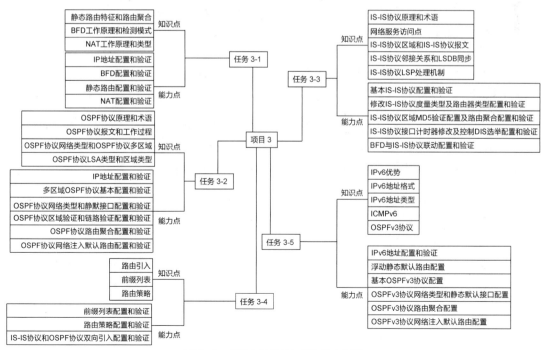

图 3-2　项目 3 涉及的知识和能力图谱

任务 3-1 部署和实施静态路由及 NAT 实现 Internet 接入

任务描述

路由是数据通信网络中最基本的要素之一，路由过程就是指报文转发的过程。而路由器转发 IP 报文的核心就是路由表，构建路由表的方式有静态路由和动态路由。企业网络和运营商网络连接时绝大多数采用静态路由。静态路由通过网络管理员手动配置路由信息来填充路由表。随着 Internet 的发展和网络应用的增多，有限的 IPv4 公有网络地址已经成为制约网络发展的瓶颈，因此，企业内网主机的 IP 地址通常是私有 IP 地址。为解决企业内部私有 IP 地址主机访问 Internet，网络地址转换（Network Address Translation，NAT）技术应需而生。NAT 技术主要用于实现内部私有网络的主机访问外部公有网络的主机。NAT 不仅能够缓解 IPv4 地址短缺的问题，还让外网无法与使用私有网络地址的内网进行直接通信，提升了内网的安全性。BFD 能够快速检测链路故障。通过将 BFD 和静态路由联用，能够实现数据转发路径的快速切换。本任务主要要求读者夯实及理解静态路由的优缺点和适用场景、路由聚合概念、BFD 工作原理和检测机制、NAT 工作原理和类型以及静态路由、BFD 和 NAT 配置命令等基础知识，通过在企业边界路由器上部署和实施静态路由和 NAT，掌握 IP 地址配置和验证、BFD 配置和验证、静态默认路由配置和验证以及 NAT 配置和验证等职业技能，为后续网络互联做好准备。

知识准备

3.1.1 静态路由简介

作为构建路由表最简单的方式之一，静态路由由网络管理员手动配置，其配置简单、方便，对系统要求低，适用于拓扑结构简单并且稳定的小型网络。静态路由的优点和缺点如下。

1. 静态路由优点

（1）不需要路由计算和路由更新，因此占用的 CPU、内存和带宽资源较少。

（2）可控性强，网络管理员可以根据网络实际需要配置报文转发路径。

（3）简单和易于配置。

2. 静态路由缺点

（1）随着网络规模的增长，配置和维护网络会耗费网络管理员大量时间。

（2）当网络拓扑发生变化时，需要网络管理员手动维护变化的路由信息。

（3）网络管理员需要对整个网络的情况完全了解才能进行恰当的配置。

3. 静态路由适用场景

（1）网络规模较小的场景，因为在此场景中如果使用动态路由协议，则可能会增加额外的管理负担。

（2）路由器没有足够的 CPU 和内存来运行动态路由协议的场景。

（3）通过浮动静态路由为动态路由提供备份的场景。

默认路由是一种特殊的路由，是当报文没有在路由表中找到匹配的明细路由表项时才会使用的路由。如果报文的目的地址不能与路由表的任何目的地址相匹配，那么该报文将选取默认路由进行转发。默认路由在路由表中的形式为 0.0.0.0/0，默认路由也称为缺省路由。在企业网络中连接到 ISP 网络的边缘路由器上通常会配置默认路由。

对大规模的网络来说，路由器或其他具备路由功能的设备需要维护大量的路由表项，这会导致资源占用增加以及转发效率降低。因此，在保证网络中的路由器到各网段都具备 IP 可达性的同时，需要减小设备的路由表规模。如果网络具备科学的 IP 编址，并且进行合理的规划，是可以利用多种手段减小设备路由表规模的，其中常见而又有效的办法就是使用路由汇总（Route Summarization）。路由汇总又被称为路由聚合（Route Aggregation），是将一组有规律的路由汇聚成一条路由，从而达到减小路由表规模以及优化设备资源利用率的目的，被汇聚的路由称为精细路由或明细路由，汇聚之后的路由称为汇总路由或聚合路由。例如，路由表中有 10.1.0.0/24、10.1.1.0/24、10.1.2.0/24 和 10.1.3.0/24 这 4 条明细路由，执行汇总的结果为 10.1.0.0/22。

3.1.2　双向转发检测简介

为了减小设备故障对业务的影响和提高网络的可用性，设备需要能够尽快检测到与相邻设备间的通信故障，以便能够及时采取措施，从而保证业务继续进行。双向转发检测（Bidirectional Forwarding Detection，BFD）提供通用的、标准化的、与介质无关的和与协议无关的快速故障检测机制。BFD 通过与静态路由、动态路由和 VRRP 等联动实现快速收敛，确保业务的连续性。BFD 报文采用 UDP 封装，目的端口号为 3784，源端口号为 49152～65535。

BFD 使用本地标识符（Local Discriminator）和远端标识符（Remote Discriminator）区分同一对设备之间的多个 BFD 会话。按照本地标识符和远端标识符创建方式的差异，BFD 会话类型分为静态建立 BFD 会话和动态建立 BFD 会话，如图 3-3 所示。静态建立 BFD 会话是指通过命令手动配置 BFD 会话参数，包括配置本地标识符和远端标识符等，并手动下发 BFD 会话建立请求。动态建立 BFD 会话的本地标识符由触发创建 BFD 会话的设备动态分配，远端标识符从收到对端 BFD 报文的本地标识符的值学习而来。

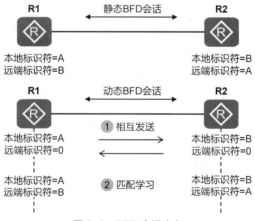

图 3-3　BFD 会话建立

BFD 包括单跳检测和多跳检测。单跳检测是指对两个直连设备进行 IP 连通性检测。多跳检测可以检测两台设备间的任意路径，这些路径可能跨越很多设备。另外，在两台直接相连的设备中，假设其中一台设备支持 BFD 功能，另一台设备不支持 BFD 功能，为了能够快速检测这两台设备之间的故障，可以在支持 BFD 功能的设备上创建单臂回声（one-arm-echo）功能的 BFD 会话。支持 BFD 功能的设备主动发起回声请求功能，不支持 BFD 功能的设备接收到该报文后直接将其环回，从而实现转发链路的连通性检测功能。

两台设备建立 BFD 会话，并沿它们之间的路径周期性发送 BFD 控制报文。如果一方在既定的时间内没有收到 BFD 控制报文，则认为路径上发生了故障。BFD 的模式包括异步模式和查询模式两种。异步模式指设备之间相互周期性地发送 BFD 控制报文，如果某台设备在检测时间内没有收到对端发来的 BFD 控制报文，则宣布会话为 Down。查询模式指在需要验证连接性的情况下，设备连续发送多个 BFD 控制报文，如果在检测时间内没有收到返回的报文，则宣布会话为 Down。异步模式和查询模式的本质区别是检测的位置不同，异步模式检测位置为远端设备，查询模式检测位置为本端设备。

BFD 会话检测时长由最小发送时间间隔（Desired Min TX Interval，TX）、最小接收时间间隔（Required Min RX Interval，RX）、检测倍数（Detect Multi，DM）这 3 个参数决定。BFD 报文的实际发送时间间隔、实际接收时间间隔由 BFD 会话协商决定。BFD 报文发送时间间隔默认为 1000ms，接收时间间隔默认为 1000ms，检测倍数默认为 3。

（1）本地 BFD 报文实际发送时间间隔=MAX{ 本地配置的发送时间间隔，对端配置的接收时间间隔 }。

（2）本地 BFD 报文实际接收时间间隔=MAX{ 对端配置的发送时间间隔，本地配置的接收时间间隔 }。

本地 BFD 报文实际检测时间如下。

（1）异步模式：本地 BFD 报文实际检测时间=本地 BFD 报文实际接收时间间隔×对端配置的 BFD 检测倍数。

（2）查询模式：本地 BFD 报文实际检测时间=本地 BFD 报文实际接收时间间隔×本端配置的 BFD 检测倍数。

图 3-4 显示了路由器 R1 和 R2 上 BFD 会话时间参数的配置及协商结果，最后确定路由器 R1 在异步模式下的BFD 实际检测时间为800ms（4×200ms），在查询模式下的实际BFD 检测时间为600ms（3×200ms）。

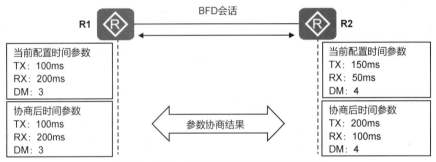

图 3-4　BFD 会话时间参数的配置及协商结果

3.1.3　NAT 简介

随着网络迅速发展，IPv4 地址短缺已成为一个十分突出的问题，NAT 技术就是解决 IP 地址短缺的重要手段之一。NAT 技术使得私有网络可以通过 Internet 注册的 IP 地址连接到外网，位于 Inside 网络（私有 IP 地址）和 Outside 网络（公有 IP 地址）之间的 NAT 路由器在发送数据包之前，将内网的 IP 地址转换成一个合法的 IP 地址，反之亦然。

NAT 技术的工作过程如图 3-5 所示，内网主机 PC1（IP 地址为 10.1.1.1）希望与外网 Web 服务器（IP 地址为 200.1.1.1）通信。它发送报文给配置 NAT 功能的边界路由器 R1，R1 读取数据包的目的 IP 地址，并检查报文是否符合 NAT 条件。路由器 R1 上通常会配置访问控制列表（Access Control List，ACL）来确定内网中可进行 NAT 的有效主机范围。路由器 R1 将内部私有 IP 地址转换成公有 IP 地址 202.1.1.1，并将转换条目存储在 NAT 表中，接下来又将报文发送到 Web 服务器。Web 服务器返回报文的目的地址是公有网络地址 202.1.1.1，路由器 R1 收到报文后后，根据 NAT 表中的条目，将公有 IP 地址 202.1.1.1 转换成私有 IP 地址 10.1.1.1，然后将报文转发给内网主机 PC1。NAT 设备维护一个状态表（NAT 表），如果 NAT 表中没有相应转换条目，则数据包将被丢弃。

NAT 具有很多优点。NAT 允许对内网实行私有编址，提供网络编址方案的一致性，从而维护合法注册的公有编址方案，并节省公网 IP 地址。NAT 可增强与公网连接的灵活性，同时提供了基本的网络安全性。由于私有网络在实施 NAT 时不会通告其地址或内部拓扑，因此能够有效确保内网的安全。

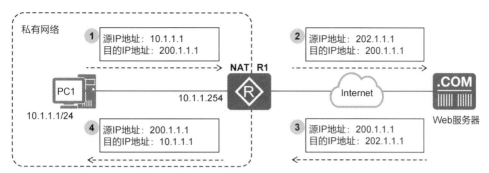

图 3-5 NAT 技术的工作过程

应该看到，NAT 也会存在一些缺点。首先，参与 NAT 功能的设备性能被降低，NAT 会增加数据传输的延迟；NAT 会更改端到端地址，所以端到端功能会减弱。其次，经过多个 NAT 后，报文地址已改变很多次，因此跟踪报文将更加困难，排除故障也更具挑战性。另外，使用 NAT 会使隧道协议（如 IPSec VPN）更加复杂，因为 NAT 会修改报头，从而干扰 IPSec VPN 和其他隧道协议执行的完整性检查。

NAT 的类型主要包括静态 NAT、动态 NAT、NAPT、Easy-IP 和 NAT Server 等。

1. 静态 NAT

静态 NAT 是指在进行 NAT 时，内网主机的私有 IP 地址同公有 IP 地址是一对一静态绑定的，静态 NAT 中的公有 IP 地址只会给唯一且固定的内网主机转换使用，通常应用在允许外网用户访问内网服务器的场景中。

2. 动态 NAT

动态 NAT 是指将一个内网主机的私有 IP 地址转换为一组外部 IP 地址池中的一个 IP 地址（公有 IP 地址）。动态 NAT 和静态 NAT 在地址转换上很相似，只是内部多个主机通过动态分配的办法，共享很少的几个公网 IP 地址，该公网 IP 地址不能被某个私有网络的主机永久独自占有。

3. NAPT

NAPT 是指以 IP 地址和端口号为转换条件，将内部私有 IP 地址及端口号转换成外部公有 IP 地址及端口号。NAPT 把内网主机的私有 IP 地址映射到公有 IP 地址的不同端口上，从而实现多对一的映射。NAPT 对于节省 IP 地址是最为有效的，这种转换极为有用。

4. Easy-IP

Easy-IP 是 NAPT 的一种，直接借用路由器出接口 IP 地址作为公有网络地址，将不同的内部地址映射到同一公有网络地址的不同端口号上，实现多对一地址转换。因为其转换方式非常简单，所以被称为 Easy-IP。Easy-IP 方式特别适用于小型局域网访问 Internet 的场景。

5. NAT Server

NAT 具有屏蔽内网主机的作用，但有时内网需要向外网提供服务，如提供 Web 服务或者 FTP 服务。这种情况下需要内网的服务器不被屏蔽，外网用户可以随时访问内网服务器。NAT Server 可以很好地解决这个问题，当外网用户访问内网服务器时，它通过事先配置好的公有 IP 地址+端口号与私有 IP 地址+端口号间的映射关系，将服务器的公有 IP 地址+端口号根据映射关系替换为对应的私有 IP 地址+端口号。

3.1.4 静态路由和 NAT 基本配置命令

1. 静态路由配置命令

```
[Huawei]ip route-static ip-address { mask | mask-length } nexthop-address
preference preference //以关联下一跳地址的方式配置静态路由
    [Huawei]ip route-static ip-address { mask | mask-length } interface-type
interface-number preference preference //以关联出接口的方式配置静态路由
```

107

```
[Huawei]ip route-static ip-address { mask | mask-length } interface-type
interface-number [ nexthop-address ] preference preference
```
//以关联出接口和下一跳地址的方式配置静态路由

2. BFD 配置命令

```
[Huawei]bfd  //启用全局 BFD 功能
[Huawei]bfd session-name bind peer-ip ip-address interface interface-type
interface-number [ source-ip ip-address ]  //创建 BFD 会话绑定信息
[Huawei]bfd session-name bind peer-ip ip-address interface interface-type
interface-number [ source-ip ip-address ] auto  //创建静态标识符自协商 BFD 会话
[Huawei]bfd session-name bind peer-ip ip-address interface interface-type
interface-number [ source-ip ip-address ] one-arm-echo
```
//创建单臂回声功能的 BFD 会话
```
[Huawei-bfd-session-test]discriminator local discr-value
```
//配置 BFD 会话的本地标识符
```
[Huawei-bfd-session-test]discriminator remote discr-value
```
//配置 BFD 会话的远端标识符

3. NAT 配置命令

```
[Huawei-GigabitEthernet0/0/0]nat static global { global-address} inside
{host-address }  //在接口视图下配置静态 NAT
[Huawei]nat static global { global-address} inside {host-address }
```
//在系统视图下配置静态 NAT
```
[Huawei-GigabitEthernet0/0/0]nat static enable//在接口下启用静态 NAT 功能
[Huawei]nat address-group group-index start-address end-address
```
//创建 NAT 地址池
```
[Huawei-GigabitEthernet0/0/0]nat outbound acl-number address-group group-index
[ no-pat ]  //在接口视图下配置带地址池的 NAT Outbound（出站）
```

任务实施

在 A 公司的网络设计方案中，路由器 SZ2 通过主备两条线路与 ISP 相连，以确保 A 公司的用户能够可靠接入 Internet。其中，通过 G0/0/2 连接的线路为主线路，通过 G0/0/1 连接的线路为备份线路，所以需要配置浮动静态路由使备份线路作为主线路的备份。广州分公司没有直接接入 Internet 的原因主要是整个公司网络安全的部署需要，深圳总部和广州分公司的 Internet 出口在深圳总部统一部署。工程师负责在总部路由器 SZ2 上配置静态路由，网络拓扑如图 3-1 所示。工程师需要完成的主要任务如下。

（1）配置和验证路由器接口 IP 地址。
（2）配置和验证 BFD。
（3）配置和验证静态路由。
（4）配置和验证 NAT。

1. 配置和验证路由器接口 IP 地址

（1）配置路由器接口 IP 地址
根据从 ISP 申请的 IP 地址，在路由器 SZ2 上配置 G0/0/2 和 G0/0/1 的 IP 地址。
```
[SZ2]interface GigabitEthernet 0/0/2
[SZ2-GigabitEthernet0/0/1]ip address 218.1.1.2 29
[SZ2-GigabitEthernet0/0/1]description Main
[SZ2-GigabitEthernet0/0/1]quit
[SZ2]interface GigabitEthernet 0/0/1
[SZ2-GigabitEthernet0/0/2]ip address 61.1.1.2 30
```

```
[SZ2-GigabitEthernet0/0/2]description Backup
[SZ2-GigabitEthernet0/0/2]quit
```

（2）查看路由器接口信息

① 查看路由器接口详细信息

```
[SZ2]display ip interface GigabitEthernet 0/0/2
GigabitEthernet0/0/1 current state : UP          //接口当前的物理状态
Line protocol current state : UP                 //接口当前的线路协议状态
The Maximum Transmit Unit : 1500 bytes
//接口的最大传输单元，以太网接口的默认值是 1500 字节
input packets : 0, bytes : 0, multicasts : 0
//接口接收的总报文数、总字节数和组播数
output packets : 177, bytes : 11328, multicasts : 177
//接口发送的总报文数、总字节数和组播数
Directed-broadcast packets:                      //接口直接广播的报文数
 received packets:                0, sent packets:          0
 forwarded packets:              0, dropped packets:        0
//以上两行表示接收到的报文总数、发送的报文总数、转发的报文总数和丢弃的报文总数
ARP packet input number:         0               //接收到的 ARP 报文数
 Request packet:                 0               //ARP 请求的报文数
 Reply packet:                   0               //ARP 应答的报文数
 Unknown packet:                 0               //未知的报文数
Internet Address is 218.1.1.1/29                 //在接口上配置的 IP 地址和掩码长度
Broadcast address : 218.1.1.7                    //接口的广播地址
（此处省略部分输出）
```

② 查看路由器接口信息摘要

```
[SZ2]display ip interface brief | exclude unassigned
//查看接口的信息摘要，此处排除没有配置地址的接口
*down: administratively down      //表示网络管理员在该接口执行了 shutdown 命令
^down: standby                    //表示该接口是备份接口
(l): loopback                     //表示该接口启用了环回功能
(s): spoofing                     //表示该接口启用了 spoofing 功能
The number of interface that is UP in Physical is 5
The number of interface that is DOWN in Physical is 1
The number of interface that is UP in Protocol is 5
The number of interface that is DOWN in Protocol is 1
//以上 4 行表示路由器接口处于物理状态 Up 和 Down 以及线路协议状态 Up 和 Down 的数量
Interface                   IP Address/Mask       Physical    Protocol
GigabitEthernet0/0/0        10.2.12.2/24          up          up
GigabitEthernet0/0/1        61.1.1.2/30           up          up
GigabitEthernet0/0/2        218.1.1.2/29          up          up
GigabitEthernet1/0/0        10.2.16.2/24          up          up
//以上 5 行显示了接口的名称、IP 地址/掩码长度、物理状态和线路协议状态
```

（3）使用 ping 命令测试连通性

```
[SZ2]ping 218.1.1.1
  PING 218.1.1.1: 56  data bytes, press CTRL_C to break
    Reply from 218.1.1.1: bytes=56 Sequence=1 ttl=255 time=170 ms
    Reply from 218.1.1.1: bytes=56 Sequence=2 ttl=255 time=80 ms
    Reply from 218.1.1.1: bytes=56 Sequence=3 ttl=255 time=80 ms
    Reply from 218.1.1.1: bytes=56 Sequence=4 ttl=255 time=90 ms
```

```
    Reply from 218.1.1.1: bytes=56 Sequence=5 ttl=255 time=90 ms
  --- 218.1.1.1 ping statistics ---
    5 packet(s) transmitted
    5 packet(s) received
    0.00% packet loss
    round-trip min/avg/max = 80/102/170 ms
[SZ2]ping 61.1.1.1
  PING 61.1.1.1: 56  data bytes, press CTRL_C to break
    Reply from 61.1.1.1: bytes=56 Sequence=1 ttl=255 time=160 ms
    Reply from 61.1.1.1: bytes=56 Sequence=2 ttl=255 time=60 ms
    Reply from 61.1.1.1: bytes=56 Sequence=3 ttl=255 time=60 ms
    Reply from 61.1.1.1: bytes=56 Sequence=4 ttl=255 time=30 ms
    Reply from 61.1.1.1: bytes=56 Sequence=5 ttl=255 time=40 ms
  --- 61.1.1.1 ping statistics ---
    5 packet(s) transmitted
    5 packet(s) received
    0.00% packet loss
    round-trip min/avg/max = 30/70/160 ms
//以上输出表明到 ISP 的两条直连链路的网络连通性没有问题
```

2. 配置和验证 BFD

（1）配置 BFD

```
[SZ2]bfd        //启用全局 BFD 功能并进入 BFD 全局视图
[SZ2-bfd]quit
[SZ2]bfd toISP bind peer-ip 218.1.1.1 interface Gi 0/0/1 one-arm-echo
//创建单臂回声功能的 BFD 会话
[SZ2-bfd-session-toisp]discriminator local 1
//配置单臂回声功能的 BFD 会话的本地标识符
[SZ2-bfd-session-toisp]min-echo-rx-interval 100
//配置单臂回声功能的 BFD 会话的最小接收时间间隔，默认为 10ms
[SZ2-bfd-session-toisp]commit
//提交配置，配置完必要的参数后，必须执行 commit 命令才能成功创建会话
[SZ2-bfd-session-toisp]quit
```

（2）验证 BFD

```
[SZ2]display bfd session all verbose
--------------------------------------------------------------------------------
Session MIndex : 256       (One Hop) State : Up       Name : toisp
//会话表项的索引、会话的当前状态和配置的名称
--------------------------------------------------------------------------------
  Local Discriminator      : 1           Remote Discriminator   : -
  //本地标识符和远端标识符，因为是单臂回声功能的 BFD 会话，所以远端标识符为空
  Session Detect Mode    : Asynchronous One-arm-echo Mode
  //会话的检测模式为异步单臂回声模式
  BFD Bind Type          : Interface(GigabitEthernet0/0/2)   //会话的绑定类型
  Bind Session Type      : Static        //BFD 会话的类型
  Bind Peer IP Address   : 218.1.1.1     //会话对端的 IP 地址
  NextHop Ip Address     : 218.1.1.1                 //会话的下一跳 IP 地址
  Bind Interface         : GigabitEthernet0/0/2      //会话对端的接口
  FSM Board Id           : 0             TOS-EXP               : 7
  //状态机的主处理板号和 BFD 报文的优先级
```

```
Echo Rx Interval (ms)        : 100                    //配置的最小接收时间间隔
Actual Tx Interval (ms)      : 100          Actual Rx Interval (ms): 100
//实际发送报文的时间间隔和实际接收报文的时间间隔
Local Detect Multi           : 3            Detect Interval (ms)   : 300
//配置的本地检测倍数和检测时间
Echo Passive                 : Disable      Acl Number             : -
//回声功能的状态和 ACL 规则
Destination Port             : 3784         TTL                    : 255
//会话报文的目的端口号和 BFD 会话报文的生存时间
Proc Interface Status        : Disable      Process PST            : Disable
//BFD 与接口状态联动标识和处理端口状态表标识
WTR Interval (ms)            : -
Active Multi                 : 3                      //当前生效的检测倍数
Last Local Diagnostic        : No Diagnostic          //最近一次会话为 Down 状态的本地诊断原因
Bind Application             : No Application Bind    //绑定的应用
Session TX TmrID             : -           Session Detect TmrID  : -
Session Init TmrID           : -           Session WTR TmrID     : -
Session Echo Tx TmrID        : -
/*以上 3 行显示了会话发送报文定时器、会话检测定时器、会话状态机初始化超时定时器、会话等待恢复定
时器、会话发送回声报文定时器的状态信息*/
PDT Index                    : FSM-0 | RCV-0 | IF-0 | TOKEN-0
Session Description          : -          //BFD 会话的描述信息
------------------------------------------------------------------------------
Total UP/DOWN Session Number : 1/0      //Up/Down 状态的 BFD 会话的数量
```

3. 配置和验证静态路由

（1）配置静态路由

① 在 A 公司的边界路由器 SZ2 上配置主静态路由

```
[SZ2]ip route-static 0.0.0.0 0 Gi0/0/2 218.1.1.1 track bfd-session  toisp
```

/*静态路由与 BFD 会话的绑定，利用 BFD 会话为公网静态路由提供链路检测机制，可以提高路由的收敛速度，
增强网络可靠性，一条静态路由可以绑定一条 BFD 会话*/

② 在 A 公司的边界路由器 SZ2 上配置备份静态路由

```
[SZ2]ip route-static 0.0.0.0 0 Gi0/0/1 61.1.1.1 preference 70
```

/*对于不同的静态路由，可以为它们配置不同的优先级，从而更灵活地应用路由管理策略。配置到达相同目的
地址的多条路由时，如果指定不同优先级，则可实现路由备份，这些路由称为浮动静态路由。配置到达相同目的地址
的多条路由时，如果指定相同优先级，则可实现负载均衡，这些路由称为等价路由*/

（2）验证静态路由

① 查看路由表

```
[SZ2]display ip routing-table
Route Flags: R - relay, D - download to fib
```

/*路由标记，其中 R 表示路由是迭代路由，D 表示路由下发到转发信息库（Forward Information Base,
FIB）表*/

```
------------------------------------------------------------------------------
Routing Tables: Public     //公网路由表
      Destinations : 17      Routes : 17      //目的网络/主机的总数和路由的总数
Destination/Mask    Proto  Pre  Cost       Flags NextHop         Interface
      0.0.0.0/0     Static 60   0          D     218.1.1.1       GigabitEthernet0/0/2
       //华为设备上静态路由的默认优先级为 60
      10.2.12.0/24  Direct 0    0          D     10.2.12.2       GigabitEthernet0/0/0
```

111

```
     10.2.12.2/32      Direct  0   0       D  127.0.0.1     GigabitEthernet0/0/0
     10.2.12.255/32    Direct  0   0       D  127.0.0.1     GigabitEthernet0/0/0
```
/*路由器接口配置 IP 地址且状态为 Up，此时会在路由表中生成 3 条记录，分别是网络地址、接口地址和广播地址，其中掩码长度为 32 的路由称为主路由*/
```
     10.2.16.0/24      Direct  0   0       D  10.2.16.2     GigabitEthernet1/0/0
     10.2.16.2/32      Direct  0   0       D  127.0.0.1     GigabitEthernet1/0/0
     10.2.16.255/32    Direct  0   0       D  127.0.0.1     GigabitEthernet1/0/0
     61.1.1.0/30       Direct  0   0       D  61.1.1.2      GigabitEtherne0/0/1
     61.1.1.2/32       Direct  0   0       D  127.0.0.1     GigabitEthernet0/0/1
     61.1.1.3/32       Direct  0   0       D  127.0.0.1     GigabitEthernet0/0/1
     127.0.0.0/8       Direct  0   0       D  127.0.0.1     InLoopBack0
     127.0.0.1/32      Direct  0   0       D  127.0.0.1     InLoopBack0
   127.255.255.255/32  Direct  0   0       D  127.0.0.1     InLoopBack0
     218.1.1.0/29      Direct  0   0       D  218.1.1.2     GigabitEthernet0/0/2
     218.1.1.2/32      Direct  0   0       D  127.0.0.1     GigabitEthernet0/0/2
     218.1.1.7/32      Direct  0   0       D  127.0.0.1     GigabitEthernet0/0/2
  255.255.255.255/32   Direct  0   0       D  127.0.0.1     InLoopBack0
```
路由表中各个字段的含义如下。

- Destination/Mask：目的网络/主机的 IP 地址和掩码长度。
- Proto：学习该路由的路由协议，也就是路由来源。
- Pre：路由的优先级，表示路由信息来源的可信度，值越小表示可信度越高。
- Cost：路由开销。
- Flags：路由标记，路由表头部的 Route Flags 中有明确的含义表述。
- NextHop：下一跳 IP 地址。
- Interface：下一跳可达的出接口。

② 查看路由表中的静态路由信息
```
[SZ2]display ip routing-table protocol static
Route Flags: R - relay, D - download to fib
------------------------------------------------------------------------
Public routing table : Static    //公网路由表中的静态路由
        Destinations : 1        Routes : 2      Configured Routes : 2
//目的网络的总数、静态路由的总数和配置的静态路由的总数
Static routing table status : <Active>    //激活的静态路由信息
        Destinations : 1        Routes : 1    //激活的目的网络的总数、静态路由的总数
Destination/Mask   Proto  Pre  Cost     Flags NextHop      Interface
     0.0.0.0/0     Static 60   0        D     218.1.1.1     GigabitEthernet0/0/2
Static routing table status : <Inactive>    //未激活的静态路由信息
        Destinations : 1        Routes : 1    //未激活的目的网络的总数、静态路由的总数
Destination/Mask   Proto  Pre  Cost     Flags NextHop      Interface
     0.0.0.0/0     Static 70   0              61.1.1.1      GigabitEthernet0/0/1
```
/*以上输出表明，静态路由表中有两条静态路由，一条处于激活状态（优先级为 60）；另一条处于未激活状态（优先级为 70），未激活的原因在于优先级较高，从而形成浮动静态路由，处于备份的地位*/

③ 模拟网络故障，查看浮动静态路由切换情况

在 ISP 路由器上，将 G0/0/2 的 IP 地址改为 218.1.1.3/29，此时 BFD 单臂回声检测失败，备份静态路由会被激活，成为主路由。
```
<SZ2>display bfd session all
------------------------------------------------------------------------
Local  Remote   PeerIpAddr      State   Type      InterfaceName
```

```
1      -        218.1.1.1      Down    S_IP_IF   GigabitEthernet0/0/2
----------------------------------------------------------------------
//以上输出表明 BFD 会话处于 Down 状态
<SZ2>display ip routing-table protocol static
Route Flags: R - relay, D - download to fib
----------------------------------------------------------------------
Public routing table : Static
         Destinations : 1      Routes : 2      Configured Routes : 2
Static routing table status : <Active>
         Destinations : 1      Routes : 1
Destination/Mask    Proto   Pre  Cost      Flags NextHop        Interface
      0.0.0.0/0     Static  70   0          D    61.1.1.1       GigabitEthernet0/0/1
Static routing table status : <Inactive>
         Destinations : 1      Routes : 1
Destination/Mask    Proto   Pre  Cost      Flags NextHop        Interface
      0.0.0.0/0     Static  60   0                218.1.1.1      GigabitEthernet0/0/2
```
/*由于配置 BFD 和主静态路由联动，以上输出表明 BFD 检测失败后，优先级为 60 的路由未被激活，而优先级为 70 的路由会被激活*/

4. 配置和验证 NAT

（1）配置 Easy-IP

在路由器 SZ2 上配置 Easy-IP，使内部员工的主机能够通过路由器 SZ2 出接口的公网 IP 地址接入 Internet。

```
[SZ2]acl 2000   //配置 ACL，相关知识请参考项目 4
[SZ2-acl-basic-2000]rule 5 permit source 10.1.4.0 0.0.3.255
//允许深圳总部业务网段执行 NAT
[SZ2-acl-basic-2000]rule 10 permit source 192.168.4.0 0.0.3.255
//允许广州分公司业务网段执行 NAT
[SZ2-acl-basic-2000]quit
[SZ2]interface GigabitEthernet 0/0/1
[SZ2-GigabitEthernet0/0/1]nat outbound 2000
//在备份链路出接口上配置 Easy-IP
[SZ2-GigabitEthernet0/0/1]quit
[SZ2]interface GigabitEthernet 0/0/2
[SZ2-GigabitEthernet0/0/2]nat outbound 2000
//在主链路出接口上配置 Easy-IP
[SZ2-GigabitEthernet0/0/2]quit
```

（2）验证 Easy-IP （注意，此部分验证请在项目 3 的所有任务完成后再进行）

① 查看配置的 NAT Outbound 信息

```
<SZ2>display nat outbound
NAT Outbound Information:       // NAT Outbound 信息
----------------------------------------------------------------------
Interface            Acl    Address-group/IP/Interface    Type
----------------------------------------------------------------------
GigabitEthernet0/0/1 2000                   61.1.1.2       easyip
GigabitEthernet0/0/2 2000                   218.1.1.2      easyip
----------------------------------------------------------------------
 Total : 2
```
/*以上输出显示了 NAT Outbound 的信息，包括接口名称、匹配 ACL、地址池和 NAT 类型等信息。结果表明接口和 ACL 2000 允许的业务网段已经成功关联，并分别使用路由器出接口 G0/0/1 和 G0/0/2 进行转换，NAT 类型为 Easy-IP*/

② 连通性测试

在市场部主机 PC1 上执行 ping 命令，测试内网主机与 Internet 的连通性。

```
PC>ping 218.1.1.1
Ping 218.1.1.2: 32 data bytes, Press Ctrl_C to break
From 218.1.1.2: bytes=32 seq=1 ttl=253 time=62 ms
From 218.1.1.2: bytes=32 seq=2 ttl=253 time=63 ms
From 218.1.1.2: bytes=32 seq=3 ttl=253 time=47 ms
From 218.1.1.2: bytes=32 seq=4 ttl=253 time=46 ms
From 218.1.1.2: bytes=32 seq=5 ttl=253 time=63 ms
--- 218.1.1.2 ping statistics ---
  5 packet(s) transmitted
  5 packet(s) received
  0.00% packet loss
  round-trip min/avg/max = 46/56/63 ms
//以上输出结果表明内网主机可以正常访问外网
```

③ 查看 NAT 会话表信息

```
<SZ2>display nat session all
  NAT Session Table Information:              //NAT 会话表信息

       Protocol        : ICMP(1)              //协议类型
       SrcAddr   Vpn   : 10.1.4.251           //源 IP 地址和 VPN 实例名称
       DestAddr  Vpn   : 218.1.1.1            //目的 IP 地址和 VPN 实例名称
       Type Code IcmpId: 0    8   19240       //ICMP 类型代码和 ID
       NAT-Info                               //NAT 信息
         New SrcAddr   : 218.1.1.2            //转换后的源 IP 地址
         New DestAddr  : ----
         New IcmpId    : 10242                //转换后的 ICMP ID

       Protocol        : ICMP(1)
       SrcAddr   Vpn   : 10.1.4.251
       DestAddr  Vpn   : 218.1.1.1
       Type Code IcmpId: 0    8   19241
       NAT-Info
         New SrcAddr   : 218.1.1.2
         New DestAddr  : ----
         New IcmpId    : 10243

       Protocol        : ICMP(1)
       SrcAddr   Vpn   : 10.1.4.251
       DestAddr  Vpn   : 218.1.1.1
       Type Code IcmpId: 0    8   19242
       NAT-Info
         New SrcAddr   : 218.1.1.2
         New DestAddr  : ----
         New IcmpId    : 10244

  Total : 3
/*以上输出显示了内网 IP 地址 10.1.4.251 访问公网时，映射为出口路由器主链路接口 IP 地址 218.1.1.2
的公有网络地址*/
```

（3）配置 NAT Server

在路由器 SZ2 上配置 NAT Server，使得外网主机可以访问 A 公司服务器区的 Web 和 FTP 服务器。此处仅在主链路接口上配置 NAT Server。

```
[SZ2]interface GigabitEthernet 0/0/2
[SZ2-GigabitEthernet0/0/2]nat server protocol tcp global 218.1.1.3 ftp inside
10.3.1.100 ftp
[SZ2-GigabitEthernet0/0/2]nat server protocol tcp global 218.1.1.4 ftp inside
10.3.1.101 ftp
[SZ2-GigabitEthernet0/0/2]nat server protocol tcp global 218.1.1.5 www inside
10.3.1.102 www
```

（4）查看 NAT Server 配置信息

```
<SZ2>display nat server
 Nat Server Information:                      //NAT Server 信息
 Interface : GigabitEthernet0/0/2            //接口名称
   Global IP/Port       : 218.1.1.3/21(ftp)   //公有网络地址和服务端口号
   Inside IP/Port       : 10.3.1.100/21(ftp)  //私有网络地址和服务端口号
   Protocol : 6(tcp)                           //协议类型
   VPN instance-name    : ----
   Acl number           : ----                //NAT Server 中的 ACL 编号
   Description          : ----                //NAT 的描述信息

   Global IP/Port       : 218.1.1.4/21(ftp)
   Inside IP/Port       : 10.3.1.101/21(ftp)
   Protocol : 6(tcp)
   VPN instance-name    : ----
   Acl number           : ----
   Description          : ----

   Global IP/Port       : 218.1.1.5/80(www)
   Inside IP/Port       : 10.3.1.102/80(www)
   Protocol : 6(tcp)
   VPN instance-name    : ----
   Acl number           : ----
   Description          : ----

 Total :   3
```
/*以上输出显示了在接口 G0/0/2 下使用 NAT Server 方式将 FTP 服务器和 Web 服务器的私有网络地址分别映射为公有网络地址 218.1.1.3、218.1.1.4 和 218.1.1.5，对公网用户提供服务*/

任务评价

评价指标	评价观测点	评价结果
理论知识	1. 静态路由特征、适用场景和路由聚合的理解 2. BFD 工作原理、检测模式和检测时间的理解 3. NAT 工作原理和类型的理解 4. 静态路由和 NAT 基本配置命令的理解	自我测评 □ A □ B □ C 教师测评 □ A □ B □ C

续表

评价指标	评价观测点	评价结果
职业能力	1. 掌握 IP 地址规划和设计 2. 掌握 IP 地址配置和验证 3. 掌握 BFD 配置和验证 4. 掌握静态默认路由配置和验证 5. 掌握 NAT 配置和验证	自我测评 □ A □ B □ C 教师测评 □ A □ B □ C
职业素养	1. 设备操作规范 2. 故障排除思路 3. 报告书写能力 4. 查阅文献能力 5. 语言表达能力 6. 团队协作能力	自我测评 □ A □ B □ C 教师测评 □ A □ B □ C
综合评价	1. 理论知识（40%） 2. 职业能力（40%） 3. 职业素养（20%）	自我测评 □ A □ B □ C 教师测评 □ A □ B □ C

学生签字：　　　　　教师签字：　　　　年　　月　　日

任务总结

　　路由器构建路由表的方式包括静态路由和动态路由。静态路由由网络管理员手动配置，具有占用 CPU 和 RAM 资源少、可控性强、安全和配置简单等优点。NAT 技术可以节省公网 IP 地址以及有效保护内网主机。通过将 BFD 技术和静态路由联用，可以实现主备路径的快速切换。本任务详细介绍了静态路由的优缺点和适用场景、路由聚合概念、BFD 工作原理和检测机制、NAT 工作原理和类型以及静态路由、BFD 和 NAT 配置命令等基础知识。同时，本任务以真实的工作任务为载体，介绍了 IP 地址规划和设计、IP 地址配置和验证、BFD 配置和验证、静态默认路由配置和验证以及 NAT 配置和验证等网络技能。静态路由虽然配置简单，但是在企业中应用非常广泛，应该熟练掌握。

知识巩固

1. 华为设备静态路由的优先级默认为（　　　）。
　　A. 0　　　　　　　　B. 1　　　　　　　　C. 60　　　　　　　　D. 100
2. BFD 会话默认检测倍数为（　　　）。
　　A. 2　　　　　　　　B. 3　　　　　　　　C. 4　　　　　　　　D. 6
3. BFD 报文采用 UDP 封装，目的端口号为（　　　）。
　　A. 3784　　　　　　B. 3785　　　　　　C. 3786　　　　　　D. 3787
4. NAT 主要包括（　　　）。
　　A. 静态 NAT　　　　B. 动态 NAT　　　　C. NAT Server　　　　D. Easy-IP
5. NAT 的主要优点包括（　　　）。
　　A. 节省 IP 地址　　　　　　　　　　　　B. 保护内网主机
　　C. 增强边界设备转发能力　　　　　　　　D. 增强端到端功能

任务 3-2　部署和实施 OSPF 协议实现总部及分公司网络互联

任务描述

动态路由协议因其灵活性高、可靠性好、易于扩展等特点被广泛应用于企业网络。OSPF 协议是使用场景非常广泛的动态路由协议之一。OSPF 协议由 IETF 的内部网关协议（Interior Gateway Protocol，IGP）工作小组提出，是一种基于最短路径优先算法的路由协议。本任务主要要求读者夯实和理解 OSPF 协议原理和术语、OSPF 协议报文、OSPF 协议工作过程、OSPF 协议网络类型、OSPF 协议多区域、OSPF 协议 LSA 类型、OSPF 协议区域类型和 OSPF 协议基本配置命令等基础知识，通过在企业总部园区网络以及企业总部和分公司连接的网络中部署及实施 OSPF 协议，掌握 IP 地址规划和配置、多区域 OSPF 协议基本配置、OSPF 协议网络类型和静态默认接口配置、OSPF 协议区域验证和链路验证配置、OSPF 协议路由聚合配置、OSPF 协议网络注入默认路由配置和验证 OSPF 协议配置等职业技能，为 A 公司的总部和分公司网络全部互联做好准备。

知识准备

3.2.1　OSPF 协议简介

OSPF 协议作为一种典型的链路状态路由协议，用于在同一个自治系统中的路由器之间交换路由信息，运行 OSPF 协议的路由器彼此交换并保存整个网络的链路状态信息，从而掌握整个网络的拓扑结构，并独立计算路由。目前针对 IPv4 协议使用 OSPF Version 2 协议（RFC 2328），针对 IPv6 协议使用 OSPF Version 3 协议（RFC 2740）。如无特殊说明，本书后续所指的 OSPF 协议均为 OSPF Version 2 协议。掌握 OSPF 协议的术语对于理解 OSPF 协议的工作原理和工作工程非常重要。

（1）链路（Link）：路由器上的一个接口。

（2）链路状态（Link State）：有关各条链路的状态信息，用来描述路由器接口及其与邻居路由器的关系，包括接口的 IP 地址和子网掩码、网络类型、链路的开销以及链路上的所有相邻路由器。

（3）区域（Area）：从逻辑上将设备划分为不同的组，每个组用区域号（Area ID）来标识。在同一个区域内的路由器共享链路状态信息的一组路由器，具有相同的链路状态数据库。

（4）自治系统（Autonomous System）：采用同一种路由协议交换路由信息的路由器及其网络构成的一个系统。

（5）OSPF 协议路由器 ID：运行 OSPF 协议路由器的唯一标识，长度为 32 位，格式和 IP 地址相同。OSPF 协议路由器 ID 可以由手动配置，也可以由系统自动配置。OSPF 协议确定路由器 ID 时遵循如下顺序：最优先的是在 OSPF 协议进程中直接指定 OSPF 协议路由器 ID，如果没有在 OSPF 协议进程中指定路由器 ID，则选择 IP 地址最大的环回接口 IP 地址作为路由器 ID，如果没有配置环回接口，则选择最大的活动物理接口的 IP 地址作为路由器 ID。建议在 OSPF 协议进程中直接指定 OSPF 协议路由器 ID，这样可控性比较好，同时建议采用环回接口的 IP 地址作为路由器 ID，因为环回接口是软件接口，接口状态比较稳定。

（6）链路状态通告（Link State Advertisement，LSA）：LSA 用来描述路由器和链路的状态，OSPF 协议中对链路状态信息的描述都是通过 LSA 发布出去的。在自治系统内每台运行 OSPF 协议的路由器上，根据路由器的类型不同，可能会产生一种或者多种 LSA，路由器自身产生的和收到的 LSA 的集合就形成了链路状态数据库（Link State Database，LSDB）。

（7）开销值：每一个激活了 OSPF 协议的接口都会维护一个接口开销值，默认接口开销值为 100

Mbit/s /接口带宽。其中，100 Mbit/s 为计算接口开销值的默认参考值，该值是可配置的。

（8）最短路径优先（Shortest Path First，SPF）算法：它是 OSPF 协议的基础。SPF 算法也被称为 Dijkstra（迪杰斯特拉）算法，这是因为它是 Dijkstra 提出的。OSPF 协议路由器利用 SPF 算法独立地计算出到达目的网络的最佳路由。

（9）邻居关系：如果两台路由器共享一条公共数据链路，并且能够协商 Hello 报文中所指定的某些参数，它们就形成邻居关系。

（10）邻接关系：相互交换 LSA 的 OSPF 协议的邻居建立的关系。

3.2.2 OSPF 协议报文

OSPF 协议报文采用 IP 封装。在 IP 报文中，协议字段值为 89，目的 IP 地址为 224.0.0.5、224.0.0.6、组播地址或单播地址。如果 OSPF 协议组播报文被封装在以太网帧内，则目的 MAC 地址是 0100-5E00-0005 或 0100-5E00-0006，每个 OSPF 协议报文都具有 OSPF 协议报头，如图 3-6 所示。OSPF 协议报头包含 8 个字段，各字段的含义如下。

（1）版本：OSPF 协议的版本号，对于 IPv4 协议，此字段为 2。

（2）类型：OSPF 协议报文的类型，Hello 报文的类型为 1。

（3）报文长度：OSPF 协议报文的长度，包括报头的长度，单位为字节。

（4）路由器 ID：始发路由器的 ID。

（5）区域号：始发报文的路由器所在区域。

（6）校验和：对整个报文的校验和。

（7）身份验证类型：验证类型包括 3 种，其中 0 表示不验证，1 表示简单口令验证，2 表示 MD5 验证。

（8）身份验证：报文验证的必要信息，如果验证类型为 0，则不检查该字段；如果验证类型为 1，则该字段包含的是一个最长为 64 位的口令；如果验证类型为 2，则该字段包含一个 Key ID、验证数据的长度和一个不会减小的加密序列号（用来防止重放攻击）。这个摘要消息附加在 OSPF 协议报文的尾部，不作为 OSPF 协议报文本身的一部分。

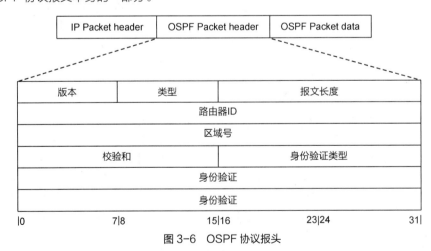

图 3-6 OSPF 协议报头

OSPF 协议报文包括 5 种类型，每种报文在 OSPF 协议路由过程中发挥各自的作用。

（1）Hello：用于 OSPF 协议路由器建立和维持邻居关系。Hello 报文的发送周期与 OSPF 协议的网络类型有关。OSPF 协议 Hello 报文中包含路由器的 ID、邻居列表等信息，只有报文中的多个参数协商成功，才能形成 OSPF 协议的邻居关系。OSPF 协议邻居关系的建立非常复杂，不能建立邻居关系的常见原因如下。

① Hello 间隔和 Dead 时间不同。同一链路上的 Hello 间隔和 Dead 时间必须相同才能建立邻居关系。在接口视图下执行 OSPF timer hello interval 命令可设置接口发送 Hello 报文的时间间隔，单位是秒。值越小，网络拓扑改变的速度越快，路由开销也就越大。在接口视图下执行 OSPF timer dead interval 命令可设置 OSPF 协议的邻居失效时间间隔，单位是秒，其值默认是 Hello 报文发送时间间隔的 4 倍。修改 Hello 报文发送间隔时，邻居失效时间间隔自动随之乘以 4，反之不可以。

② 建立 OSPF 协议邻居关系的两个接口所在区域 ID 不同。

③ 特殊区域（如 Stub、次末节（Not-So-Stubby，NSSA）等）的区域类型不匹配。

④ 身份验证类型或验证信息不一致。

⑤ 建立 OSPF 协议邻居关系的路由器 ID 相同。

⑥ 接口下应用了拒绝 OSPF 协议报文的 ACL。

⑦ 链路上的最大传输单元（Maximum Transmission Unit，MTU）不匹配，可以通过执行 undo OSPF mtu-enable 命令忽略 MTU 检测。

⑧ 在多路访问网络中，各接口的子网掩码不同。

（2）数据库描述（Database Description，DD）：两台路由器进行数据库同步时，使用 DD 报文来描述自己的 LSDB，内容包括 LSDB 中每一条 LSA 的头部（LSA 的头部可以唯一标识一条 LSA）。LSA 头部只占一条 LSA 的整个数据量的一小部分，这样可以减少路由器之间的协议报文流量，对端路由器根据 LSA 头部就可以判断出是否已有这条 LSA。在同一区域内的所有路由器的 LSDB 必须保持一致，以构建准确的 SPF 树。

（3）链路状态请求（Link State Request，LSR）：在 LSDB 同步过程中，路由器收到 DD 报文后，会查看自己的 LSDB 中不包括哪些 LSA，或者哪些 LSA 比自己的更新，并把这些 LSA 记录在 LSR 列表中，接着通过发送 LSR 报文来请求 LSDB 中相应 LSA 条目的详细信息。需要注意的是，LSR 报文的内容仅是所需要的 LSA 的摘要信息。

（4）链路状态更新（Link State Update，LSU）：用于回复 LSR 和通告新的路由更新。LSU 可以包含一个或多个 LSA。

（5）链路状态确认（Link State Acknowledgement，LSAck）：路由器收到 LSU 后，会发送 LSAck 报文来确认接收到了 LSU，内容是需要确认的 LSA 的头部。一个 LSAck 报文可对多个 LSA 进行确认。

3.2.3　OSPF 协议工作过程

在 OSPF 协议工作过程中，邻居设备之间首先要建立邻接关系，在 OSPF 协议邻接关系建立的过程中，共有 7 种状态。

（1）Down（关闭）：路由器没有检测到 OSPF 协议邻居发送的 Hello 报文。

（2）Init（初始）：路由器从运行 OSPF 协议的接口收到一个 Hello 报文，但是邻居列表中没有自己的路由器 ID。

（3）Two-Way（双向）：路由器收到的 Hello 报文中的邻居列表中包含自己的路由器 ID。如果需要的参数都匹配，则形成邻居关系。Init 和 Two-Way 的工作过程如图 3-7 所示。

（4）Exstart（准启动）：确定路由器主（Master）、从（Slave）角色和 DD 的序列号。路由器 ID 大的路由器成为主路由器。Exstart 的工作过程如图 3-8 所示。邻居状态变为 Exstart 后，R1 向 R2 发送第一个 DD 报文，DD 序列号被设置为 x，I、M 和 MS 位都置 1，I（Initial）位为 1 表示这是第一个 DD 报文，M（More）位为 1 表示后续还有 DD 报文要发送，MS（Master）位为 1 表示 R1 宣告自己为主路由器。R2 也会向 R1 发送第一个 DD 报文，该报文中 DD 序列号被设置为 y。由于 R2 的路由器 ID 比 R1 的大，所以 R2 为主路由器，R1 为从路由器。路由器 ID 比较结束后，R1 状态将从 Exstart 改变为 Exchange。

图 3-7　Init 和 Two-Way 的工作过程

（5）Exchange（交换）：路由器之间交换 DD 报文。Exchange 的工作过程如图 3-8 所示。邻居状态变为 Exchange 后，R1 发送一个新的 DD 报文，该报文中包含 LSDB 的摘要信息，序列号设置为 y，More 位为 1 表示还有其他的 DD 报文描述 LSDB，Master 位为 0 表示 R1 宣告自己为从路由器。R2 收到报文以后，将邻居状态改变为 Exchange。邻居状态变为 Exchange 后，R2 发送一个新的 DD 报文，Master 位为 1 表示 R1 宣告自己为主路由器，该报文中包含 LSDB 的描述信息，DD 序列号设为 $y+1$。继续重复这样的过程，直到彼此的 More 位为 0，表示没有后续的 DD 报文要发送。最后，当 R1 收到 More 位为 0 的 DD 报文时，即使 R1 不需要新的 DD 报文描述自己的 LSDB，但是作为从路由器，R1 也需要对主路由器 R2 发送的 DD 报文进行确认。

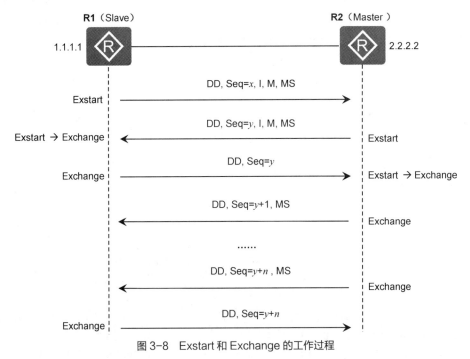

图 3-8　Exstart 和 Exchange 的工作过程

（6）Loading（装载）：每台路由器将收到的 DD 与自己的 LSDB 进行比对，并为缺少、丢失或者过期的 LSA 发出 LSR。每台路由器使用 LSU 对邻居的 LSR 进行应答，LSUpdate 报文包含那些被请求的链路状态的详细信息。路由器收到 LSU 后，发送 LSAck 进行确认。确认可以通过显式确认或者隐式确认完成。收到确认信息后，路由器将从重传列表中删除相应的 LSA 条目。Loading 的工作过程如图 3-9 所示。

（7）Full（邻接）：LSDB 得到同步，建立了完全的邻接关系。Full 的工作过程如图 3-9 所示。

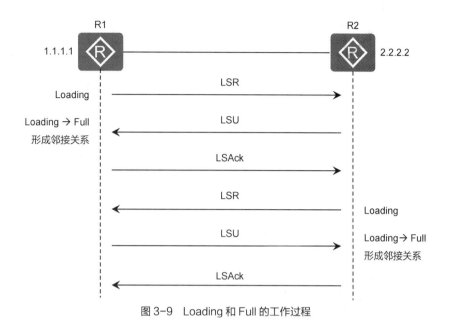

图 3-9　Loading 和 Full 的工作过程

3.2.4　OSPF 协议网络类型

启动 OSPF 协议的设备会通过 OSPF 协议接口向外发送 Hello 报文，收到 Hello 报文的 OSPF 协议设备会检查报文中所定义的参数，如果相关参数一致，则会形成邻居关系。如果双方成功交换 DD 报文和 LSA 信息，并达到 LSDB 的同步，则形成邻接关系。形成邻居关系的双方不一定都能形成邻接关系，这要根据网络类型而定。为了能够适应二层网络环境，OSPF 协议根据路由器所连接的物理网络而将网络划分为 4 种类型：广播多路访问（Broadcast Multiple Access，BMA）、非广播多路访问（Non-Broadcast Multiple Access，NBMA）、点到点（Point-to-Point，P2P）、点到多点（Point-to-MultiPoint，P2MP）。在每种网络类型中，OSPF 协议的运行方式不同。

（1）广播多路访问：当二层链路是以太网时，默认情况下，OSPF 协议认为网络类型是 BMA。在该类型的网络中，通常以单播形式发送 DD 报文和 LSR 报文，以组播形式发送 Hello 报文、LSU 报文和 LSAck 报文。

（2）非广播多路访问：当二层链路是帧中继时，默认情况下，OSPF 协议认为网络类型是 NBMA。在该类型的网络中，以单播形式发送 OSPF 协议的所有报文。

（3）点到点：当二层链路协议是 PPP 和 HDLC 时，默认情况下，OSPF 协议认为网络类型是点到点。在该类型的网络中，以组播形式（224.0.0.5）发送 OSPF 协议的所有报文。

（4）点对多点：点对多点必须是由其他的网络类型强制更改的。在该类型的网络中，以组播形式（224.0.0.5）发送 Hello 报文，以单播形式发送 OSPF 协议 DD、LSR、LSU 和 LSAck 报文。

在 BMA 和 NBMA 网络中，任意两台路由器之间都要交换路由信息。如果网络中有 n 台路由器，则需要建立 $n(n-1)/2$ 个邻接关系。这使得任何一台路由器的路由变化都会导致多次传递，浪费带宽资源。为解决这一问题，OSPF 协议定义了指定路由器（Designated Router，DR），即所有路由器都只将信息发送给 DR，只与 DR 建立邻接关系，由 DR 将链路状态信息发送出去。如果 DR 由于某种故障而失效，则网络中的路由器必须重新选举 DR，再与新的 DR 同步，这需要较长的时间。为了能够缩短这个过程，OSPF 协议提出了备份指定路由器（Backup Designated Router，BDR）的概念。在选举 DR 的同时选举出 BDR，BDR 也和本网段内的所有路由器建立邻接关系并交换路由信息。当 DR 失效后，BDR 会立即成为 DR。因为不需要重新选举，并且邻接关系事先已经建立，所以这个过程是非常短暂的。当然，此时需要再重新选举出一个新的 BDR，虽然一样需要较长的时间，但是并不会影响路由的计算。DR 和 BDR 之外的路由器称为 DR Other，DR Other 之间将不再建立邻接关系，也不再交换任何链路状态信息。这样就能减少 BMA 和 NBMA 网络上各路由器之间邻接关系的数量，如图 3-10 所示。需要注意的是，OSPF 协议 DR 是针对路由器接口而言的，只有 OSPF 协议接口网络类型为 BMA 或 NBMA 时才会选举 DR，而 OSPF 协议接口网络类型为点到点或点对多点时是不需要选举 DR 的。

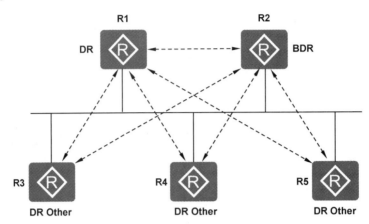

图 3-10　OSPF 协议的 DR 和 BDR

DR 和 BDR 有自己的组播地址 224.0.0.6。参与 DR 和 BDR 选举的路由器在等待时间（通常为 40s）后进行，首先比较处于该网段的各路由器的 OSPF 协议接口优先级（值为 0～255，优先级为 0 时不参与 DR 或 BDR 选举），优先级最高的被选举为 DR，次高的被选为 BDR。如果优先级相同，则比较 OSPF 协议的路由器 ID，路由器 ID 大的被选举为 DR，次大的被选为 BDR。DR 和 BDR 选举不具有抢占性。DR 和 BDR 已经选取完毕后，即使具有更高接口优先级的路由器加入网络，也不会替换该网段中已经选取的 DR 和 BDR，除非重新选举。

3.2.5　OSPF 协议多区域

随着网络规模的日益扩大，当一个大型网络中的路由器都运行 OSPF 协议时，路由器数量的增多会导致 LSDB 非常庞大，占用大量的存储空间，并使得运行 SPF 算法的复杂度增加，导致 CPU 负担很重，而且每一次变化都会导致网络中所有的路由器重新进行路由计算。OSPF 协议通过将自治系统划分成不同的区域来解决上述问题，如图 3-11 所示。OSPF 协议区域边界是路由器，因此一个网段或者链路只能属于一个区域。划分区域后，可以在区域边界路由器上进行路由聚合，以减少通告到其他区域的 LSA 数量和路由表大小，进而提高路由查找效率，还可以将网络拓扑变化带来的影响最小化。

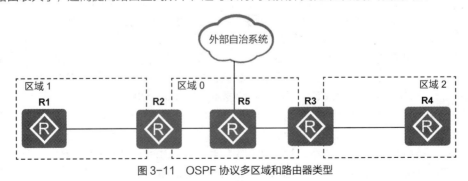

图 3-11　OSPF 协议多区域和路由器类型

当将一个自治系统划分为几个 OSPF 协议区域时，根据一个路由器在相应区域的作用，可以对 OSPF

协议路由器进行如下分类。

（1）内部路由器（Internal Router，IR）：OSPF 协议路由器上所有接口都处于同一个区域。图 3-11 中的 R1 和 R4 是内部路由器。

（2）骨干路由器（Backbone Router，BR）：OSPF 协议路由器至少有一个接口属于骨干区域（区域 0）。图 3-11 中的 R2、R3 和 R5 都是骨干路由器。

（3）区域边界路由器（Area Border Router，ABR）：路由器可以同时连接两个以上的区域，但其中一个必须是骨干区域。ABR 拥有每个区域的 LSDB。骨干区域负责在非骨干区域之间发布由 ABR 汇总的路由信息，为了避免区域间路由环路，非骨干区域之间不允许直接相互发布区域间路由信息。因此，所有 ABR 都至少有一个接口属于骨干区域。图 3-11 中的 R2 和 R3 就是 ABR。

（4）自治系统边界路由器（Autonomous System Border Router，ASBR）：与其他自治系统交换路由信息的路由器称为 ASBR。ASBR 并不一定位于自治系统的边界，它有可能是区域内路由器，也有可能是 ABR。只要一台 OSPF 协议路由器引入了外部路由的信息，它就成为 ASBR。图 3-11 中的 R5 就是 ASBR。同一台路由器可能是多种类型 OSPF 协议路由器，例如，图 3-11 中的 R2 既是骨干路由器又是 ABR。

3.2.6 OSPF 协议 LSA 类型

OSPF 协议路由器之间交换 LSA 信息。OSPF 协议的 LSA 中包含连接的接口网络类型、IP 地址和子网掩码、开销值等信息。一台路由器中所有有效的 LSA 都被存放在它的 LSDB 中，并使用 SPF 算法来计算到各节点的最佳路径。OSPF 协议中常见的 LSA 有 5 种类型，每种 LSA 类型的名称及相应的描述如表 3-2 所示。

表 3-2　LSA 类型的名称及相应的描述

类型	名称	描述
1	路由器 LSA	所有的 OSPF 协议路由器都会产生这种 LSA，可用于描述路由器上连接到某一个区域的链路或者某一接口的状态信息。该 LSA 只会在区域内扩散，而不会扩散至其他的区域。链路状态 ID 为本路由器 ID
2	网络 LSA	由 DR 产生，用来描述一个多路访问网络和与之相连的所有路由器，只会在包含 DR 所属的多路访问网络的区域中扩散，不会扩散至其他的 OSPF 协议区域。链路状态 ID 为 DR 接口的 IP 地址
3	网络汇总 LSA	由 ABR 产生，它将一个区域内的网络通告给 OSPF 协议自治系统中的其他区域。这些条目通过骨干区域被扩散到其他的 ABR。链路状态 ID 为目的网络的地址
4	ASBR 汇总 LSA	由 ABR 产生，描述到 ASBR 的可达性，由骨干区域发送到其他 ABR。链路状态 ID 为 ASBR 路由器 ID
5	外部 LSA	由 ASBR 产生，含有自治系统外的链路信息。链路状态 ID 为外部网络的地址

3.2.7 OSPF 协议区域类型

OSPF 协议区域采用两级结构，一个区域所设置的特性控制着它所能接收到的链路状态信息的类型。区分不同 OSPF 协议区域类型的关键在于它们对区域外部路由的处理方式。

1. 标准区域

可以接收链路更新信息、相同区域的路由、区域间路由以及外部自治系统的路由。标准区域通常与骨干区域（区域 0）连接。在图 3-11 中，区域 1 和区域 2 都是标准区域。

2. 骨干区域

骨干区域也称 Area 0，负责区域之间的路由，非骨干区域之间的路由信息必须通过骨干区域来转发。

在图 3-11 中，区域 0 是骨干区域。

3. 末节区域

末节区域（Stub 区域）的 ABR 不发布它们接收到的外部自治系统路由，只允许发布区域内路由和区域间路由，因此，在这些区域中，路由器的路由表规模以及路由信息传递的数量都会大大减少。为保证到自治系统外的路由可达，该区域的 ABR 将生成一条默认路由，以类型 3 LSA 发布给 Stub 区域中的其他非 ABR 路由器。如图 3-12 所示，区域 1 配置为 Stub 区域后，路由器 R3 的 LSDB 中仅包含类型 1、类型 2、类型 3 的 LSA 和一条默认类型 3 的 LSA，没有类型 5 的 LSA。

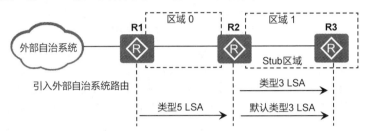

图 3-12　OSPF 协议 Stub 区域 LSA 传递

4. 完全末节区域

完全末节区域（Totally Stub 区域）的 ABR 不允许发布外部自治系统路由和区域间路由，只允许发布区域内路由。同样，在 Totally Stub 区域中，路由器的路由表规模和路由信息传递的数量都会大大减少。为保证到自治系统外的路由可达，该区域的 ABR 将生成一条默认路由，以类型 3 LSA 发布给 Totally Stub 区域中的其他非 ABR 路由器。如图 3-13 所示，区域 1 配置为 Totally Stub 区域后，路由器 R3 的 LSDB 中仅包含类型 1、类型 2 的 LSA 和一条默认类型 3 的 LSA，没有类型 5 的 LSA。

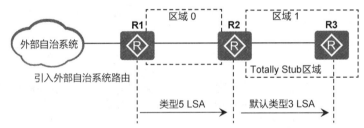

图 3-13　OSPF 协议 Totally Stub 区域 LSA 传递

路由聚合是指 ABR 或 ASBR 将具有相近前缀的路由信息聚合，只发布一条路由到其他区域。自治系统被划分成不同的区域后，可以通过路由聚合来减少路由信息的通告，减小路由表的规模，提高路由器的运算速度，降低系统的消耗。需要注意的是，至少有一条明细路由存在时，路由器才会通告聚合路由，且聚合路由范围内的明细路由变化不影响通告的聚合路由。聚合行为只能在 ABR 和 ASBR 上执行，因此 OSPF 协议路由聚合包括 ABR 聚合和 ASBR 聚合两类。

（1）ABR 聚合：ABR 向其他区域发送路由信息时，以网段为单位生成类型 3 的 LSA。如果该区域中存在一些连续的网段，则可以将这些连续的网段聚合成一个网段。这样 ABR 只发送一条聚合后的 LSA，所有属于聚合网段范围的 LSA 将不再会被单独发送出去，这样可减少其他区域中 LSDB 的规模。

（2）ASBR 聚合：配置引入路由后，如果本地路由器是 ASBR，则将对引入的地址范围内的类型 5 的 LSA 进行聚合。

需要注意的是，华为设备在执行路由聚合时，不会自动在路由表中添加一条避免路由环路的指向 NULL0 接口的静态路由。如果有必要，需要网络管理员手动配置以聚合路由为目的且出接口指向 NULL0 接口的静态路由。

3.2.8 OSPF 协议基本配置命令

1. OSPF 协议基本配置命令

[Huawei]**OSPF [*process-id* | router-id *router-id*]**

/*启动 OSPF 协议进程，配置 OSPF 协议路由器 ID，进入 OSPF 协议视图。OSPF 协议进程 ID 的值为 1~65535，且只有本地含义。不同路由器的 OSPF 协议路由进程 ID 可以不同，默认值为 1。执行 **reset ospf processs** 命令可以使配置的新路由器 ID 生效。每个 OSPF 协议进程的路由器 ID 要保证在 OSPF 协议网络中唯一，否则会导致邻居不能正常建立、路由信息不正确等问题出现*/

[Huawei-OSPF-1]**bandwidth-reference *value*** /*设置通过公式计算接口开销所依据的带宽参考值。取值为 1~2147483648，单位是 Mbit/s，默认值是 100Mbit/s。建议所有设备的 OSPF 协议参考带宽一致*/

[Huawei-OSPF-1]**silent-interface { all | *interface-type interface-number* }**

/*禁止接口接收和发送 OSPF 协议报文。禁止接口收发 OSPF 协议报文后，该接口的直连路由仍可以发送出去，但接口的 Hello 报文将被阻塞，在接口上无法建立 OSPF 协议邻居关系，这样可以增强 OSPF 协议的组网适应能力，减少系统资源的消耗*/

[Huawei-OSPF-1]**area *area-id*** /*创建并进入 OSPF 协议区域视图，区域 ID 为 0~4294967295 的十进制数*/

[Huawei-OSPF-1-area-0.0.0.0]**network *ip-address wildcard-mask***

//配置启用 OSPF 协议的接口范围，匹配到该网络范围的路由器的所有接口将激活 OSPF 协议

[Huawei-GigabitEthernet0/0/0]**OSPF enable [*process-id*] area *area-id***

//在接口上启用 OSPF 协议

[Huawei-GigabitEthernet0/0/0]**OSPF cost *cost***

//配置接口上运行 OSPF 协议所需的开销。取值为 1~65535，默认值是 1

[Huawei-GigabitEthernet0/0/0]**OSPF network-type { broadcast | nbma | p2mp | p2p }**

//设置 OSPF 协议接口的网络类型

[Huawei-GigabitEthernet0/0/0]**OSPF dr-priority *priority***

//设置接口在选举 DR 时的优先级，取值为 0~255，默认值是 1

[Huawei-GigabitEthernet0/0/0]**OSPF timer hello *interval***

//设置接口发送 Hello 报文的时间间隔，单位是秒

[Huawei-GigabitEthernet0/0/0]**OSPF timer dead *interval***

//设置 OSPF 协议的邻居失效时间间隔，单位是秒，默认是 Hello 报文发送时间间隔的 4 倍

2. OSPF 协议安全性配置命令

（1）OSPF 协议接口的验证配置

接口验证方式用于在相邻的路由器之间设置验证方式和口令，其优先级高于区域验证方式。

[Huawei-GigabitEthernet0/0/0]**OSPF authentication-mode simple [plain *plain-text* | [cipher] *cipher-text*]** //配置 OSPF 协议接口的简单验证方式

[Huawei-GigabitEthernet0/0/0]**OSPF authentication-mode { md5 | hmac-md5 | hmac-sha256 } [*key-id* { plain *plain-text* | [cipher] *cipher-text* }]**

//配置 OSPF 协议接口的 MD5、HMAC-MD5 或者 HMAC-SHA256 验证方式

（2）OSPF 协议区域验证配置

[Huawei-OSPF-1-area-0.0.0.0]**authentication-mode simple [plain *plain-text* | [cipher] *cipher-text*]** //配置 OSPF 协议区域的简单验证方式

[Huawei-OSPF-1-area-0.0.0.0]**authentication-mode { md5 | hmac-md5 | hmac-sha256 } [*key-id* { plain *plain-text* | [cipher] *cipher-text* }]**

//配置 OSPF 协议区域的 MD5、HMAC-MD5 或者 HMAC-SHA256 验证方式

3. OSPF 协议默认路由注入

[Huawei-OSPF-1]**default-route-advertise [always | cost *cost* | type *type* | route-policy *route-policy-name*]** /*将默认路由通告到 OSPF 协议路由区域。该命令主要参数包括 always、cost 和 type。

125

其中，`always` 参数表示无论路由表中是否存在默认路由，路由器都会向 OSPF 协议网络内注入一条默认路由；`cost` 参数指定了初始开销值，默认为 1；`type` 参数用于指定 OSPF 协议外部路由的类型是类型 1 或类型 2，默认为类型 2*/

4. OSPF 协议路由聚合配置

```
[Huawei-OSPF-1-area-0.0.0.0]abr-summary ip-address mask [ [ cost cost | [ advertise
[ generate-null0-route ] | not-advertise | generate-null0-route [ advertise ] ] ] ]
```
//配置 OSPF 协议的 ABR 路由聚合
```
[Huawei-OSPF-1]asbr-summary ip-address mask [ not-advertise | tag tag | cost cost ]
```
//配置 OSPF 协议的 ASBR 路由聚合

5. OSPF 协议 Stub 区域配置

```
[Huawei-OSPF-1-area-0.0.0.0]stub [ no-summary ]
```
/*配置当前区域为 Stub 区域。no-summary 参数用来禁止 ABR 向 Stub 区域内发送类型 3 的 LSA，ABR 仅生成一条默认路由并发送给 Stub 区域中的其他路由器*/
```
[Huawei-OSPF-1-area-0.0.0.0]default-cost cost
```
//配置发送到 Stub 区域的默认路由的开销，默认值为 1

任务实施

A 公司的深圳总部以及广州分公司之间运行多区域 OSPF 协议，深圳总部园区网属于区域 0，服务器区属于区域 1，深圳总部和广州分公司之间的网络属于区域 2，网络拓扑如图 3-1 所示。工程师需要完成的配置任务如下。

（1）配置路由器接口 IP 地址和三层交换机 VLANIF 接口 IP 地址。

（2）配置基本 OSPF 协议。

（3）配置 OSPF 协议网络类型和静态默认接口。

（4）配置 OSPF 协议区域验证和链路验证。

（5）配置 OSPF 协议路由聚合。

（6）向 OSPF 协议网络注入默认路由。

（7）验证 OSPF 协议配置。

1. 配置路由器接口 IP 地址和三层交换机 VLANIF 接口 IP 地址

这里只给出路由器 SZ1 和交换机 S1 的接口 IP 地址配置，其他设备接口的 IP 地址请读者自行完成配置。

（1）配置路由器 SZ1 接口 IP 地址

```
[SZ1]interface GigabitEthernet0/0/0
[SZ1-GigabitEthernet0/0/0]ip address 10.2.12.1 24
[SZ1-GigabitEthernet0/0/0]quit
[SZ1]interface GigabitEthernet0/0/1
[SZ1-GigabitEthernet0/0/1]ip address 10.2.24.1 24
[SZ1-GigabitEthernet0/0/1]quit
[SZ1]interface GigabitEthernet0/0/2
[SZ1-GigabitEthernet0/0/2]ip address 10.2.25.1 24
[SZ1-GigabitEthernet0/0/2]quit
[SZ1]interface GigabitEthernet1/0/0
[SZ1-GigabitEthernet1/0/0]ip address 10.2.26.1 24
[SZ1-GigabitEthernet1/0/0]quit
[SZ1]interface GigabitEthernet2/0/0
[SZ1-GigabitEthernet2/0/0]ip address 10.2.23.1 24
```
（2）配置交换机 S1 VLANIF 接口 IP 地址
```
[S1]interface Vlanif4
```

```
[S1-Vlanif4]ip address 10.1.4.252 24
[S1-Vlanif4]quit
[S1]interface Vlanif5
[S1-Vlanif5]ip address 10.1.5.252 24
[S1-Vlanif5]quit
[S1]interface Vlanif6
[S1-Vlanif6]ip address 10.1.6.252 24
[S1-Vlanif6]quit
[S1]interface Vlanif7
[S1-Vlanif7]ip address 10.1.7.252 24
[S1-Vlanif7]quit
[S1]interface Vlanif24
[S1-Vlanif24]ip address 10.2.24.4 24
```

2. 配置基本 OSPF 协议

（1）配置路由器 SZ1

```
[SZ1]OSPF 1 router-id 1.1.1.1
```
//启动 OSPF 协议进程，配置 OSPF 协议路由器 ID，进入 OSPF 协议视图
```
[SZ-OSPF-1]bandwidth-reference 1000    //修改计算 OSPF 协议开销值的参考带宽
[SZ1-OSPF-1]area 0    //创建并进入 OSPF 协议区域视图
[SZ1-OSPF-1-area-0.0.0.0]network 10.2.24.1 0.0.0.0
[SZ1-OSPF-1-area-0.0.0.0]network 10.2.25.1 0.0.0.0
[SZ1-OSPF-1-area-0.0.0.0]quit
[SZ1-OSPF-1]area 1
[SZ1-OSPF-1-area-0.0.0.1]network 10.2.12.1 0.0.0.0
[SZ1-OSPF-1-area-0.0.0.1]network 10.2.26.1 0.0.0.0
[SZ1-OSPF-1-area-0.0.0.1]quit
[SZ1-OSPF-1]area 2
[SZ1-OSPF-1-area-0.0.0.2]network 10.2.23.1 0.0.0.0
```
/*配置参与 OSPF 协议的接口范围，匹配到该网络范围的路由器所有接口将激活 OSPF 协议，通配符掩码越精确，激活接口的范围就越小。在实际应用中，network 命令一般通过使用接口地址后加通配符掩码 0.0.0.0 的方式来精确匹配某一个接口的 IP 地址*/

（2）配置路由器 SZ2

```
[SZ2]OSPF 1 router-id 2.2.2.2
[SZ2-OSPF-1]bandwidth-reference 1000
```
/*修改计算 OSPF 协议开销值的参考带宽。如果以太网接口的带宽为吉兆位/秒，而采用默认的百兆位/秒参考带宽，则计算出来的 Cost 是 0.1，这显然是不合理的。修改参考带宽要在所有的 OSPF 协议路由器上配置，目的是确保计算开销值的参考标准一致。另外，当执行 bandwidth-reference 命令的时候，系统也会提示如下信息*/
```
Info: Reference bandwidth is changed. Please ensure that the reference bandwidth that
is configured for all the routers are the same.
[SZ2-OSPF-1]area 1
[SZ2-OSPF-1-area-0.0.0.1]network 10.2.16.2 0.0.0.0
[SZ2-OSPF-1-area-0.0.0.1]network 10.2.12.2 0.0.0.0
```

（3）配置交换机 S1

```
[S1]OSPF 1 router-id 11.11.11.11
[S1-OSPF-1]bandwidth-reference 1000
[S1-OSPF-1]area 0
[S1-OSPF-1-area-0.0.0.0]network 10.1.4.252 0.0.0.0
[S1-OSPF-1-area-0.0.0.0]network 10.1.5.252 0.0.0.0
[S1-OSPF-1-area-0.0.0.0]network 10.1.6.252 0.0.0.0
```

```
[S1-OSPF-1-area-0.0.0.0]network 10.1.7.252 0.0.0.0
[S1-OSPF-1-area-0.0.0.0]network 10.2.24.4 0.0.0.0
```

（4）配置交换机 S2

```
[S2]OSPF 1 router-id 22.22.22.22
[S2-OSPF-1]bandwidth-reference 1000
[S2-OSPF-1]area 0
[S2-OSPF-1-area-0.0.0.0]network 10.1.4.253 0.0.0.0
[S2-OSPF-1-area-0.0.0.0]network 10.1.5.253 0.0.0.0
[S2-OSPF-1-area-0.0.0.0]network 10.1.6.253 0.0.0.0
[S2-OSPF-1-area-0.0.0.0]network 10.1.7.253 0.0.0.0
[S2-OSPF-1-area-0.0.0.0]network 10.2.25.5 0.0.0.0
```

（5）配置交换机 S4

```
[S4]OSPF 1 router-id 44.44.44.44
[S4-OSPF-1]bandwidth-reference 1000
[S4-OSPF-1]area 1
[S4-OSPF-1-area-0.0.0.1]network 10.2.16.6 0.0.0.0
[S4-OSPF-1-area-0.0.0.1]network 10.2.26.6 0.0.0.0
[S4-OSPF-1-area-0.0.0.1]network 10.3.1.254 0.0.0.0
```

（6）配置路由器 GZ

```
[GZ]OSPF 1 router-id 3.3.3.3
[GZ-OSPF-1]bandwidth-reference 1000
[GZ-OSPF-1]area 2
[GZ-OSPF-1-area-0.0.0.2]network 10.2.23.2 0.0.0.0
```

3. 配置 OSPF 协议网络类型和静态默认接口

（1）将区域 1 设备之间链路所有接口的 OSPF 协议网络类型配置为点到点

```
[SZ1]interface GigabitEthernet0/0/0
[SZ1-GigabitEthernet0/0/0]OSPF network-type p2p  //配置 OSPF 协议接口网络类型
[SZ1-GigabitEthernet0/0/0]quit
[SZ1]interface GigabitEthernet1/0/0
[SZ1-GigabitEthernet1/0/0]OSPF network-type p2p

[SZ2]interface GigabitEthernet0/0/0
[SZ2-GigabitEthernet0/0/0]OSPF network-type p2p
[SZ2-GigabitEthernet0/0/0]quit
[SZ2]interface GigabitEthernet1/0/0
[SZ2-GigabitEthernet1/0/0]OSPF network-type p2p

[S4]interface Vlanif16
[S4-Vlanif16]OSPF network-type p2p
[S4-Vlanif16]quit
[S4]interface Vlanif26
[S4-Vlanif26]OSPF network-type p2p
```

/*以太网接口 OSPF 协议默认的网络类型是广播类型，需要进行 DR 选举，修改为点到点类型可以加快 OSPF 协议的收敛速度。一般情况下，链路两端的 OSPF 协议接口的网络类型必须一致，否则双方不能建立邻居关系。例如，当链路两端的 OSPF 协议接口的网络类型一端是广播类型而另一端是点到点类型时，双方仍可以正常地建立起邻居关系，但互相学习不到 OSPF 协议路由信息，即无法建立邻接关系*/

（2）配置 OSPF 协议静态默认接口

如果要使 OSPF 协议路由信息不被某一网络中的设备获得且使本地路由器不接收网络中其他路由器

发布的路由更新信息，可使用 silent-interface 命令抑制此接口收发 OSPF 协议报文。

```
[S1]OSPF 1
[S1-OSPF-1]silent-interface Vlanif 4
[S1-OSPF-1]silent-interface Vlanif 5
[S1-OSPF-1]silent-interface Vlanif 6
[S1-OSPF-1]silent-interface Vlanif 7

[S2]OSPF 1
[S2-OSPF-1]silent-interface Vlanif 4
[S2-OSPF-1]silent-interface Vlanif 5
[S2-OSPF-1]silent-interface Vlanif 6
[S2-OSPF-1]silent-interface Vlanif 7

[S4]OSPF 1
[S4-OSPF-1]silent-interface Vlanif 3
```

4. 配置 OSPF 协议区域验证和链路验证

（1）配置 OSPF 协议区域 0 MD5 验证

```
[SZ1]OSPF 1
[SZ1-OSPF-1]area 0
[SZ1-OSPF-1-area-0.0.0.0]authentication-mode md5 1 cipher huawei@123

[S1]OSPF 1
[S1-OSPF-1]area 0
[S1-OSPF-1-area-0.0.0.0]authentication-mode md5 1 cipher huawei@123

[S2]OSPF 1
[S2-OSPF-1]area 0
[S2-OSPF-1-area-0.0.0.0]authentication-mode md5 1 cipher huawei@123
```

（2）配置总部和分公司之间链路上的 OSPF 协议使用 MD5 验证

```
[SZ1]interface GigabitEthernet 2/0/0
[SZ1-GigabitEthernet2/0/0]OSPF authentication-mode md5 1 cipher huawei@123

[GZ]interface GigabitEthernet 0/0/2
[GZ-GigabitEthernet0/0/2]OSPF authentication-mode md5 1 cipher huawei@123
```

5. 配置 OSPF 协议路由聚合

在路由器 SZ1 上配置 OSPF 协议区域 0 的 ABR 路由聚合。

```
[SZ1]OSPF 1
[SZ1-OSPF-1]area 0
[SZ1-OSPF-1-area-0.0.0.0]abr-summary 10.1.4.0 255.255.252.0
```

6. 向 OSPF 协议网络注入默认路由

任务 3-1 已经在路由器 SZ2 上完成了静态默认路由的配置，接下来向 OSPF 协议网络注入默认路由。

```
[SZ2]OSPF 1
[SZ2-OSPF-1]default-route-advertise   //向 OSPF 协议网络注入默认路由
```

7. 验证 OSPF 协议配置

（1）查看 OSPF 协议邻居信息

```
[SZ2]display OSPF peer
    OSPF Process 1 with Router ID 2.2.2.2  //OSPF 协议路由进程 ID 及路由器 ID
```

```
        Neighbors //邻居
    Area 0.0.0.1 interface 10.2.12.2(GigabitEthernet0/0/0)'s neighbors
    //接口所属区域及与邻居相连的接口和接口 IP 地址
    Router ID: 1.1.1.1          Address: 10.2.12.1              //邻居路由器 ID 及邻居接口 IP 地址
     State: Full  Mode:Nbr is  Master  Priority: 1          /*邻居状态、DD 交换进程中的角色
以及邻居接口的优先级，可以通过执行 dr-priority priority 命令来调整接口优先级*/
     DR: None  BDR: None  MTU: 0
     //DR、BDR 接口 IP 地址及 MTU，因为接口的网络类型修改为点到点类型，所以没有 DR 和 BDR
     Dead timer due in 32  sec              //Dead 定时器在 32s 后超时
     Retrans timer interval: 5              //重传 LSA 的时间间隔，单位为秒
     Neighbor is up for 07:54:22            //邻居建立的时长
     Authentication Sequence: [ 0 ]         //验证序列号，接口启用 MD5 验证后为非零的值
        Neighbors
    Area 0.0.0.1 interface 10.2.16.2(GigabitEthernet1/0/0)'s neighbors
    Router ID: 44.44.44.44    Address: 10.2.16.6
     State: Full  Mode:Nbr is  Master  Priority: 1
     DR: None  BDR: None  MTU: 0
     Dead timer due in 39  sec
     Retrans timer interval: 5
     Neighbor is up for 07:52:22
     Authentication Sequence: [ 0 ]
```

（2）查看 OSPF 协议邻居的摘要信息

```
[SZ1]display OSPF peer brief
  OSPF Process 1 with Router ID 1.1.1.1      //OSPF 协议路由进程 ID 及路由器 ID
       Peer Statistic Information            //邻居状态信息
  ----------------------------------------------------------------------
  Area Id          Interface                   Neighbor id      State
  0.0.0.0          GigabitEthernet0/0/1        11.11.11.11      Full
  0.0.0.0          GigabitEthernet0/0/2        22.22.22.22      Full
  0.0.0.1          GigabitEthernet0/0/0        2.2.2.2          Full
  0.0.0.1          GigabitEthernet1/0/0        44.44.44.44      Full
  0.0.0.2          GigabitEthernet2/0/0        3.3.3.3          Full
  ----------------------------------------------------------------------
```

以上输出信息表明路由器 SZ1 有 5 个 OSPF 协议邻居，具体信息包括邻居所在区域、与邻居连接的本路由器接口、邻居路由器 ID 和邻居状态。

（3）查看运行 OSPF 协议的接口信息

```
[SZ1]display OSPF interface
  OSPF Process 1 with Router ID 1.1.1.1          //OSPF 协议路由进程 ID 及路由器 ID
      Interfaces
  Area: 0.0.0.0          (MPLS TE not enabled)  //属于区域 0 的接口
  IP Address    Type        State    Cost   Pri   DR            BDR
  10.2.24.1     Broadcast   BDR      1      1     10.2.24.2     10.2.24.1
  10.2.25.1     Broadcast   BDR      1      1     10.2.25.2     10.2.25.1
   Area: 0.0.0.1          (MPLS TE not enabled)  //属于区域 1 的接口
  IP Address    Type        State    Cost   Pri   DR            BDR
  10.2.12.1     P2P         P-2-P    1      1     0.0.0.0       0.0.0.0
  10.2.26.1     P2P         P-2-P    1      1     0.0.0.0       0.0.0.0
```

```
 Area: 0.0.0.2           (MPLS TE not enabled)     //属于区域 2 的接口
 IP Address      Type       State    Cost   Pri   DR            BDR
 10.2.23.1    Broadcast    BDR      1      1    10.2.23.2      10.2.23.1
```

以上输出显示了路由器 SZ1 上属于 OSPF 协议区域 0、1 和 2 的各个接口的信息，包括接口 IP 地址、接口网络类型、接口状态、接口开销、接口优先级以及 DR 和 BDR 的接口 IP 地址。可以通过下面的命令查看 OSPF 协议接口更为详细的信息，包括接口 MTU 值及计时器相关信息。

```
[SZ1]display OSPF interface GigabitEthernet 0/0/1
 OSPF Process 1 with Router ID 1.1.1.1
       Interfaces
 Interface: 10.2.24.1 (GigabitEthernet0/0/1)
 Cost: 1       State: BDR       Type: Broadcast      MTU: 1500
 //接口开销值、接口状态、接口网络类型和接口 MTU 值
 Priority: 1                            //接口优先级
 Designated Router: 10.2.24.2           //接口所在网段 DR 的接口 IP 地址
 Backup Designated Router: 10.2.24.1    //接口所在网段 BDR 的接口 IP 地址
 Timers: Hello 10 , Dead 40 , Poll  120 , Retransmit 5 , Transmit Delay 1
 //OSPF 协议计时器，包括 Hello 时间间隔、Dead 时间、轮询时间间隔、LSA 重传间隔和接口传输延迟
```

（4）查看 OSPF 协议的 LSDB 信息

```
[SZ1]display OSPF lsdb
 OSPF Process 1 with Router ID 1.1.1.1
       Link State Database
            Area: 0.0.0.0     //Area 0 的 LSDB 信息
 Type      LinkState ID      AdvRouter       Age    Len   Sequence    Metric
 Router    1.1.1.1           1.1.1.1         175    48    8000002B    1
 Router    11.11.11.11       11.11.11.11     1568   84    8000002B    1
 Router    22.22.22.22       22.22.22.22     167    84    8000002A    1
 //以上 3 行为区域 0 的类型 1 的 LSA 信息
 Network   10.2.24.4         11.11.11.11     1568   32    80000006    0
 Network   10.2.25.5         22.22.22.22     167    32    80000008    0
 //以上两行为区域 0 的类型 2 的 LSA 信息
 Sum-Net   10.3.1.0          2.2.2.2         1213   28    80000011    2
 Sum-Net   10.2.16.0         2.2.2.2         1485   28    80000014    2
 Sum-Net   10.2.23.0         2.2.2.2         1003   28    80000013    1
 Sum-Net   10.2.26.0         2.2.2.2         1021   28    80000013    1
 Sum-Net   10.2.12.0         2.2.2.2         1047   28    80000013    1
 //以上 5 行为区域 0 的类型 3 的 LSA 信息
 Sum-Asbr  2.2.2.2           1.1.1.1         149    28    80000004    1
 //区域 0 的类型 4 的 LSA 信息
            Area: 0.0.0.1     //区域 1 的 LSDB 信息
 Type      LinkState ID      AdvRouter       Age    Len   Sequence    Metric
 Router    44.44.44.44       44.44.44.44     168    84    80000029    1
 Router    2.2.2.2           2.2.2.2         1214   72    80000025    1
 Router    1.1.1.1           1.1.1.1         150    72    80000027    1
 Sum-Net   10.2.23.0         2.2.2.2         1003   28    80000013    1
 Sum-Net   10.2.25.0         2.2.2.2         1047   28    80000013    1
 Sum-Net   10.2.24.0         2.2.2.2         1047   28    80000013    1
 Sum-Net   10.1.4.0          2.2.2.2         1248   28    80000006    2
```

```
                Area: 0.0.0.2    //区域 2 的 LSDB 信息
  Type       LinkState ID    AdvRouter        Age  Len   Sequence    Metric
  Router     1.1.1.1         1.1.1.1          1437 48    80000020    1
  Router     3.3.3.3         3.3.3.3          1427 48    8000001E    1
  Network    10.2.23.2       3.3.3.3          1441 32    80000007    0
  Sum-Net    10.3.1.0        2.2.2.2          1213 28    80000011    2
  Sum-Net    10.2.16.0       2.2.2.2          1487 28    80000011    2
  Sum-Net    10.2.26.0       2.2.2.2          1005 28    80000013    1
  Sum-Net    10.2.25.0       2.2.2.2          1005 28    80000013    1
  Sum-Net    10.2.24.0       2.2.2.2          1005 28    80000013    1
  Sum-Net    10.2.12.0       2.2.2.2          1005 28    80000013    1
  Sum-Net    10.1.4.0        2.2.2.2          1250 28    80000006    2
  Sum-Asbr   2.2.2.2         1.1.1.1          151  28    80000004    1
        AS External Database   //OSPF 协议外部 LSA 的 LSDB 信息
  Type       LinkState ID    AdvRouter        Age  Len   Sequence    Metric
  External   0.0.0.0         2.2.2.2          152  36    80000004    1
```

以上输出结果显示了路由器 SZ1 的 OSPF 协议区域 0 的类型 1、2、3 和 4 的 LSA 信息，区域 1 的类型 1 和 3 的 LSA 信息，区域 2 的类型 1、2、3 和 4 的 LSA 信息，以及类型 5 的 LSA 的 LSDB 信息，各个字段的含义如下。

① Type：表示 LSA 类型。

② LinkState ID：表示 LSA 报头中的链路状态 ID。

③ AdvRouter：发布或产生 LSA 的 OSPF 协议路由器 ID。

④ Age：LSA 的老化时间，取值为 0～60min，老化时间达到 60min 的 LSA 条目将从 LSDB 中被删除。

⑤ Len：LSA 的大小。

⑥ Sequence：LSA 序列号，取值为 0x80000001～0x7fffffff，序列号越大，LSA 越新。为了确保 LSDB 的同步，OSPF 协议每隔 30min 进行链路状态刷新，序列号会自动加 1。

⑦ Metric：OSPF 协议接口开销值。

如果在其他设备上执行相同的命令，则会发现相同区域的 LSDB 信息是相同的。如果想要查看每种类型 LSA 的详细信息，则需要在 display OSPF lsdb 命令后面加上相应的参数。例如，通过参数 router、network、summary、asbr 和 ase 可以分别查看对应 LSA 类型 1～5 的详细信息。以下是用来查看类型 5 的 LSA 详细信息的例子。

```
[SZ1]display OSPF lsdb ase
 OSPF Process 1 with Router ID 1.1.1.1
     Link State Database
  Type      : External         //LSA 类型
  Ls id     : 0.0.0.0          //链路状态 ID
  Adv rtr   : 2.2.2.2          //通告路由器
  Ls age    : 1695             //老化时间
  Len       : 36               //报文长度
  Options   : E                //允许泛洪 AS 外部 LSA
  seq#      : 8000000c         //LSA 序列号
  chksum    : 0xcaf6           //LSA 校验和
  Net mask  : 0.0.0.0          //ASE LSA 中的网络掩码
  TOS 0  Metric: 1             //服务类型和开销值
  E type    : 2                //ASE 路由类型
  Forwarding Address : 0.0.0.0
```

/*转发地址，如果 Forwarding Address 为 0.0.0.0，则根据 ASBR 来计算此外部路由的下一跳和开销值；如果 Forwarding Address 不为 0.0.0.0，则根据到 Forwarding Address 的路由来计算此外部路由的下一跳和开销值*/

```
  Tag       : 1                    //外部路由标记，可用来防止路由环路
  Priority  : Low                  //OSPF 协议收敛的优先级
```

（5）查看 OSPF 协议的摘要信息

```
[SZ2]display OSPF brief
 OSPF Process 1 with Router ID 2.2.2.2
       OSPF Protocol Information   //OSPF 协议信息
 RouterID: 2.2.2.2              Border Router:  AS      //该路由器是 ASBR
（此处省略部分输出）
 Default ASE parameters: Metric: 1 Tag: 1 Type: 2
//默认 ASE 路由参数：开销为 1，标记为 1，类型为 2
 Route Preference: 10           //默认 OSPF 协议路由优先级
 ASE Route Preference: 150      //默认 OSPF 协议 ASE 路由优先级
 SPF Computation Count: 40      //SPF 算法执行的次数
 （此处省略部分输出）
 Area: 0.0.0.1           (MPLS TE not enabled)   //OSPF 协议区域 1 摘要信息
 Authtype: None   Area flag: Normal      //区域验证类型和区域类型
 SPF scheduled Count: 40                 //SPF 算法调用的次数
 ExChange/Loading Neighbors: 0
 Router ID conflict state: Normal
//路由器 ID 冲突自动恢复状态机，其状态包含 Normal、Wait select 和 Selecting 等
 Area interface up count: 2  //当前区域中 Up 的接口数量
 Interface: 10.2.12.2 (GigabitEthernet0/0/0) --> 10.2.12.1 //运行 OSPF 协议接口的信息
 Cost: 1     State: P-2-P    Type: P2P       MTU: 1500
//接口开销、状态、网络类型和 MTU
 Timers: Hello 10 , Dead 40 , Poll  120 , Retransmit 5 , Transmit Delay 1
 //接口相关计时器的值
 Interface: 10.2.16.2 (GigabitEthernet1/0/0) --> 10.2.16.6
 Cost: 1      State: P-2-P    Type: P2P      MTU: 1500
 Timers: Hello 10 , Dead 40 , Poll  120 , Retransmit 5 , Transmit Delay 1
```

（6）查看 OSPF 协议路由表的信息

```
[S1]display OSPF routing
 OSPF Process 1 with Router ID 11.11.11.11
       Routing Tables
 Routing for Network
 Destination        Cost  Type       NextHop        AdvRouter         Area
 10.1.4.0/24        1     Stub       10.1.4.1       11.11.11.11       0.0.0.0
 10.1.5.0/24        1     Stub       10.1.5.1       11.11.11.11       0.0.0.0
 10.1.6.0/24        1     Stub       10.1.6.1       11.11.11.11       0.0.0.0
 10.1.7.0/24        1     Stub       10.1.7.1       11.11.11.11       0.0.0.0
 10.2.24.0/24       1     Transit    10.2.24.2      11.11.11.11       0.0.0.0
 10.2.12.0/24       2     Inter-area 10.2.24.1      2.2.2.2           0.0.0.0
 10.2.16.0/24       3     Inter-area 10.2.24.1      2.2.2.2           0.0.0.0
 10.2.23.0/24       2     Inter-area 10.2.24.1      2.2.2.2           0.0.0.0
 10.2.25.0/24       2     Transit    10.2.24.1      22.22.22.22       0.0.0.0
 10.2.26.0/24       2     Inter-area 10.2.24.1      2.2.2.2           0.0.0.0
 10.3.1.0/24        3     Inter-area 10.2.24.1      2.2.2.2           0.0.0.0
```

```
Routing for ASEs
Destination        Cost       Type       Tag       NextHop       AdvRouter
0.0.0.0/0          1          Type2      1         10.2.24.1     2.2.2.2
Total Nets: 12  //区域内部、区域间、ASE 和 NSSA 区域的网络总数
Intra Area: 6  Inter Area: 5  ASE: 1  NSSA: 0    //各区域 OSPF 协议路由的数量
```

以上输出信息显示了交换机 S1 的 OSPF 协议路由表信息，包括目的网络/掩码长度、到达目的网络的开销、到达目的网络的路由类型（Inter-area 表示区域间路由，Intra-area 表示区域内路由，Stub 表示通过类型 1 的 LSA 发布的路由，Transit 表示通过类型 2 的 LSA 发布的路由）、到达目的网络的下一跳 IP 地址、LSA 通告设备路由器 ID 及区域号。

（7）查看 IP 路由表中 OSPF 协议路由

以下各设备的路由表输出均省略路由标记和未激活路由的部分。

① 查看路由器 SZ1 的 IP 路由表中的 OSPF 协议路由

```
<SZ1>display ip routing-table protocol OSPF
Public routing table : OSPF
        Destinations : 7      Routes : 12
OSPF routing table status : <Active>
        Destinations : 7      Routes : 12
Destination/Mask    Proto    Pre  Cost      Flags NextHop       Interface
       0.0.0.0/0    O_ASE    150  1         D     10.2.12.2     GigabitEthernet0/0/0
        //此默认路由是在路由器 SZ2 上向 OSPF 协议网络注入默认路由后，路由器 SZ1 学习到的
       10.1.4.0/24  OSPF     10   2         D     10.2.24.4     GigabitEthernet0/0/1
                    OSPF     10   2         D     10.2.25.5     GigabitEthernet0/0/2
       10.1.5.0/24  OSPF     10   2         D     10.2.24.4     GigabitEthernet0/0/1
                    OSPF     10   2         D     10.2.25.5     GigabitEthernet0/0/2
       10.1.6.0/24  OSPF     10   2         D     10.2.24.4     GigabitEthernet0/0/1
                    OSPF     10   2         D     10.2.25.5     GigabitEthernet0/0/2
       10.1.7.0/24  OSPF     10   2         D     10.2.24.4     GigabitEthernet0/0/1
                    OSPF     10   2         D     10.2.25.5     GigabitEthernet0/0/2
       10.2.16.0/24 OSPF     10   2         D     10.2.12.2     GigabitEthernet0/0/0
                    OSPF     10   2         D     10.2.26.6     GigabitEthernet1/0/0
        //以上 5 条路由条目均为 OSPF 协议等价路径
       10.3.1.0/24  OSPF     10   2         D     10.2.26.2     GigabitEthernet1/0/0
```

② 查看路由器 SZ2 的 IP 路由表中的 OSPF 协议路由

```
[SZ2]display ip routing-table protocol OSPF
Public routing table : OSPF                     //OSPF 协议公网路由表
        Destinations : 6        Routes : 7      //目的网络数量和路由数量
OSPF routing table status : <Active>            //OSPF 协议路由表的状态：激活的路由
        Destinations : 6        Routes : 7      //激活的目的网络数量和路由数量
Destination/Mask    Proto    Pre  Cost      Flags NextHop       Interface
       10.1.4.0/22  OSPF     10   3         D     10.2.12.1     GigabitEthernet0/0/0
        //此路由是在路由器 SZ1 上执行 ABR 聚合操作后，路由器 SZ2 学习到的汇总路由
       10.2.23.0/24 OSPF     10   2         D     10.2.12.1     GigabitEthernet0/0/0
       10.2.24.0/24 OSPF     10   2         D     10.2.12.1     GigabitEthernet0/0/0
       10.2.25.0/24 OSPF     10   2         D     10.2.12.1     GigabitEthernet0/0/0
       10.2.26.0/24 OSPF     10   2         D     10.2.12.1     GigabitEthernet0/0/0
                    OSPF     10   2         D     10.2.16.6     GigabitEthernet1/0/0
       10.3.1.0/24  OSPF     10   2         D     10.2.16.6     GigabitEthernet1/0/0
```

③ 查看交换机 S1 的 IP 路由表中的 OSPF 协议路由

```
[S1]display ip routing-table protocol OSPF
```

```
Public routing table : OSPF
         Destinations : 8        Routes : 8
OSPF routing table status : <Active>
         Destinations : 8        Routes : 8
Destination/Mask    Proto   Pre  Cost      Flags  NextHop      Interface
      0.0.0.0/0     O_ASE   150  1         D      10.2.24.1    Vlanif24
     10.2.12.0/24   OSPF    10   2         D      10.2.24.1    Vlanif24
     10.2.16.0/24   OSPF    10   3         D      10.2.24.1    Vlanif24
     10.2.23.0/24   OSPF    10   2         D      10.2.24.1    Vlanif24
     10.2.25.0/24   OSPF    10   2         D      10.2.24.1    Vlanif24
     10.2.26.0/24   OSPF    10   2         D      10.2.24.1    Vlanif24
     10.2.32.0/24   OSPF    10   2         D      10.2.24.1    Vlanif24
     10.3.1.0/24    OSPF    10   3         D      10.2.24.1    Vlanif24
```

④ 查看交换机 S2 的 IP 路由表中的 OSPF 协议路由

```
[S2]display ip routing-table protocol OSPF
Public routing table : OSPF
         Destinations : 7        Routes : 7
OSPF routing table status : <Active>
         Destinations : 7        Routes : 7
Destination/Mask    Proto   Pre  Cost      Flags  NextHop      Interface
      0.0.0.0/0     O_ASE   150  1         D      10.2.25.1    Vlanif25
     10.2.12.0/24   OSPF    10   2         D      10.2.25.1    Vlanif25
     10.2.16.0/24   OSPF    10   3         D      10.2.25.1    Vlanif25
     10.2.23.0/24   OSPF    10   2         D      10.2.25.1    Vlanif25
     10.2.24.0/24   OSPF    10   2         D      10.2.25.1    Vlanif25
     10.2.26.0/24   OSPF    10   2         D      10.2.25.1    Vlanif25
     10.3.1.0/24    OSPF    10   3         D      10.2.25.1    Vlanif25
```

⑤ 查看交换机 S4 的 IP 路由表中的 OSPF 协议路由

```
[S4]display ip routing-table protocol OSPF
Public routing table : OSPF
         Destinations : 6        Routes : 7
OSPF routing table status : <Active>
         Destinations : 6        Routes : 7
Destination/Mask    Proto   Pre  Cost      Flags  NextHop      Interface
      0.0.0.0/0     O_ASE   150  1         D      10.2.16.2    Vlanif16
     10.1.4.0/22    OSPF    10   3         D      10.2.26.1    Vlanif26
     10.2.12.0/24   OSPF    10   2         D      10.2.26.1    Vlanif26
                    OSPF    10   2         D      10.2.16.2    Vlanif16
     10.2.23.0/24   OSPF    10   2         D      10.2.26.1    Vlanif26
     10.2.24.0/24   OSPF    10   2         D      10.2.26.1    Vlanif26
     10.2.25.0/24   OSPF    10   2         D      10.2.26.1    Vlanif26
```

⑥ 查看路由器 GZ 的 IP 路由表中的 OSPF 协议路由

```
[GZ]display ip routing-table protocol OSPF
Public routing table : OSPF
         Destinations : 8        Routes : 8
OSPF routing table status : <Active>
         Destinations : 8        Routes : 8
Destination/Mask    Proto   Pre  Cost      Flags  NextHop      Interface
      0.0.0.0/0     O_ASE   150  1         D      10.2.23.1    GigabitEthernet0/0/2
```

```
            10.1.4.0/22    OSPF    10    3      D    10.2.23.1    GigabitEthernet0/0/2
            10.2.12.0/24   OSPF    10    2      D    10.2.23.1    GigabitEthernet0/0/2
            10.2.16.0/24   OSPF    10    3      D    10.2.23.1    GigabitEthernet0/0/2
            10.2.24.0/24   OSPF    10    2      D    10.2.23.1    GigabitEthernet0/0/2
            10.2.25.0/24   OSPF    10    2      D    10.2.23.1    GigabitEthernet0/0/2
            10.2.26.0/24   OSPF    10    2      D    10.2.23.1    GigabitEthernet0/0/2
            10.3.1.0/24    OSPF    10    3      D    10.2.23.1    GigabitEthernet0/0/2
```

以上①~⑥的输出结果表明 OSPF 协议路由的优先级是 10，OSPF 协议外部路由的优先级是 150。在路由器 SZ1 上配置区域 0 的 ABR 路由聚合后，其他设备的路由表均出现业务网段的 VLAN 4~VLAN 7 的聚合路由（10.1.4.0/22）。除了路由器 SZ2 外，其他路由器的路由表的输出表明，在路由器 SZ1 上通过执行 default-route-advertise 命令确实可以向 OSPF 协议网络注入 1 条默认路由，默认初始开销值为 1。

任务评价

评价指标	评价观测点	评价结果
理论知识	1. OSPF 协议原理和术语的理解 2. OSPF 协议报文的理解	自我测评 □ A □ B □ C
	3. OSPF 协议工作过程的理解 4. OSPF 协议网络类型的理解 5. OSPF 协议多区域的理解 6. OSPF 协议 LSA 类型的理解 7. OSPF 协议区域类型的理解 8. OSPF 协议基本配置命令的理解	教师测评 □ A □ B □ C
职业能力	1. 掌握 IP 地址配置 2. 掌握多区域 OSPF 协议基本配置	自我测评 □ A □ B □ C
	3. 掌握 OSPF 协议网络类型和静态默认接口配置 4. 掌握 OSPF 协议区域验证和链路验证配置 5. 掌握 OSPF 协议路由聚合配置 6. 掌握向 OSPF 协议网络注入默认路由的配置 7. 掌握 OSPF 协议配置验证	教师测评 □ A □ B □ C
职业素养	1. 设备操作规范 2. 故障排除思路	自我测评 □ A □ B □ C
	3. 报告书写能力 4. 查阅文献能力 5. 语言表达能力 6. 团队协作能力	教师测评 □ A □ B □ C
综合评价	1. 理论知识（40%） 2. 职业能力（40%） 3. 职业素养（20%）	自我测评 □ A □ B □ C 教师测评 □ A □ B □ C

学生签字：　　　　　　教师签字：　　　　年　　月　　日

任务总结

OSPF 协议是目前应用最为广泛的链路状态路由协议之一，通过区域划分很好地实现了路由的分级管理。在大规模网络中，OSPF 协议可以通过划分区域来规划和限制网络规模。本任务详细介绍了 OSPF 协议原理和术语、OSPF 协议报文、OSPF 协议工作过程、OSPF 协议网络类型、OSPF 协议多区域、OSPF 协议 LSA 类型、OSPF 协议区域类型和 OSPF 协议基本配置命令等基础知识。同时，本任务以真实的工作任务为载体，介绍了路由器接口 IP 地址和三层交换机 VLANIF 接口 IP 地址配置、多区域 OSPF 协议基本配置、OSPF 协议网络类型和静态默认接口配置、OSPF 协议区域验证和链路验证配置、OSPF 协议路由聚合配置和向 OSPF 协议网络注入默认路由配置等网络技能，并详细介绍了 OSPF 协议配置的验证和调试过程。熟练掌握这些网络基础知识和基本技能，将为网络实施奠定坚实的基础。

知识巩固

1. OSPF 协议是典型的（　　　）路由协议。
   A. 距离矢量　　　　B. 链路状态　　　　　C. 路径矢量　　　　　D. 面向对象
2. OSPF 协议报文采用 IP 封装，在 IP 报文报头中，协议字段值为（　　　）。
   A. 10　　　　　　B. 88　　　　　　　　C. 89　　　　　　　　D. 150
3. OSPF 协议的（　　　）报文用于路由器建立和维持邻居关系。
   A. Hello　　　　 B. DD　　　　　　　C. LSP　　　　　　　D. LSA
4. OSPF 协议的网络类型包括（　　　）。
   A. BMA　　　　　B. NBMA　　　　　　C. P2P　　　　　　　D. P2MP
5. OSPF 协议接口的链路状态包括（　　　）。
   A. 网络类型　　　　　　　　　　　　　B. 链路开销
   C. IP 地址和掩码长度　　　　　　　　　D. 路由器类型

任务 3-3　部署和实施 IS-IS 协议实现分公司网络互联

任务描述

IS-IS 协议最初是国际标准化组织（International Organization for Standardization，ISO）为无连接网络协议设计的一种链路状态路由协议。为了提供对 IP 路由的支持，通过对 IS-IS 协议进行扩充和修改，使 IS-IS 协议能够同时应用在 TCP/IP 和 OSI 环境中，形成了集成化 IS-IS 协议（Integrated IS-IS 协议或 Dual IS-IS 协议）。IS-IS 协议在大型网络中应用广泛。本任务主要要求读者夯实和理解 IS-IS 协议原理和术语、网络服务访问点、IS-IS 协议区域、IS-IS 协议报文、IS-IS 协议邻接关系、IS-IS 协议 LSDB 同步、IS-IS 协议 LSP 处理机制和 IS-IS 协议基本配置命令等基础知识，通过在企业分公司连接的网络中部署和实施 IS-IS 协议，掌握路由器接口 IP 地址和三层交换机 VLANIF 接口 IP 地址配置、基本 IS-IS 协议配置、修改 IS-IS 协议度量类型和电路类型及路由器类型、IS-IS 协议区域 MD5 验证配置、IS-IS 协议路由聚合配置、IS-IS 协议接口计时器和控制 DIS 选举配置修改、BFD 与 IS-IS 协议联动配置和 IS-IS 协议配置验证等职业技能，为总部和分公司全部网络互联做好准备。

知识准备

3.3.1　IS-IS 协议概述

IS-IS 协议是 ISO 定义的 OSI 协议栈中的无连接网络服务的一部分，是典型的链路状态路由协议，具有收敛快速和可扩展性好等优点。与 TCP/IP 网络中的 OSPF 协议非常相似，运行 IS-IS 协议的直连设备之间通过发送 Hello 报文发现彼此，然后建立邻接关系，交换链路状态信息构建 LSDB，并使用 SPF 算法进行路由计算。掌握 IS-IS 协议的术语对于理解 IS-IS 协议的工作原理和工作工程非常重要。

（1）无连接网络服务（Connectionless Network Service，CLNS）：提供数据的无连接传送，在数据传输之前不需要建立连接。

（2）无连接网络协议（Connectionless Network Protocol，CLNP）：OSI 七层模型中网络层的一种无连接的网络协议，和 IP 有相同的特质。

（3）终端系统（End System，ES）：相当于 TCP/IP 中的主机系统。ES 不参与 IS-IS 协议的处理，ISO 使用专门的 ES-IS 协议定义终端系统与中间系统间的通信。

（4）中间系统（Intermediate System，IS）：有数据包转发能力的网络节点，相当于 TCP/IP 中的路由器，是 IS-IS 协议中生成路由和传播路由信息的基本单元。

（5）路由域（Routing Domain，RD）：在一个路由域中，多个 IS 通过相同的路由协议来交换路由信息。

（6）区域：路由域的细分单元，IS-IS 协议基于路由器划分区域，IS-IS 协议允许将整个路由域分为多个区域。

（7）度量：支持宽度量（Wide Metric）和窄度量（Narrow Metric）。IS-IS 协议路由度量的类型包括默认度量、延迟度量、开销度量和差错度量。默认情况下，IS-IS 协议采用默认度量，接口的链路开销度量为 10。

（8）子网连接点（Subnetwork Point of Attachment，SNPA）：和三层地址对应的二层地址，在以太网接口中，SNPA 通常被设置为接口 MAC 地址。NSAP 和 NET 相当于一个设备或节点，因此 SNPA 相当于用来区分该设备上的不同接口。

3.3.2　网络服务访问点

网络服务访问点（Network Service Access Point，NSAP）是 OSI 协议栈中用于定位资源的地址，主要用于提供网络层和上层应用之间的接口。NSAP 类似于 IP 报文中的 IP 地址。与 IP 地址不同，CLNS 的地址不是代表接口而是代表节点设备，IS-IS 协议的链路状态分组（Link State Packet，LSP）通过 NSAP 地址来标识路由器并建立拓扑表和底层的 IS-IS 协议路由选择树，因此即使纯粹的 IP 环境也必须有 NSAP 地址。NSAP 地址长度为 8～20 字节，其结构如图 3-14 所示。NSAP 由初始域部分（Initial Domain Part，IDP）和特定域部分（Domain Specific Part，DSP）组成。IDP 相当于 IP 地址中的主网络号，DSP 相当于 IP 地址中的子网号和主机地址。图 3-14 中各部分的含义如下。

图 3-14　NSAP 地址结构

（1）IDP 部分是 ISO 规定的，它由权限和格式标识符（Authority and Format Identifier，AFI）和初始域标识符（Initial Domain Identifier，IDI）构成。其中，AFI 表示地址分配机构和地址格式，如 39 代表 ISO 数据国别编码，45 代表 E.164，49 表示本地管理，相当于 RFC 1918 的私有网络地址；IDI 用来标识域。

（2）DSP 由高位 DSP（High Order DSP，HODSP）、系统 ID（System ID）和 NSAP 选择器（NSAP Selector，NSEL）这 3 个部分组成。其中，高位 DSP 用来将域划分为不同的区域；系统 ID 用来标识 OSI 设备，长度为 6 字节；NSEL 类似于 TCP 或 UDP 端口号，不同的传输协议对应不同的 NSEL，如在 IP 中其值为 0。IDP 和 DSP 中的高位 DSP 一起，既能够标识路由域，又能够标识路由域中的区域，因此，它们一起被称为区域地址（Area Address），相当于 OSPF 协议中的区域号。

（3）网络实体名称（Network Entity Titles，NET）可以看作特殊的 NSAP（NSEL 为 00 的 NSAP）。例如，NET 地址为 49.0001.2222.2222.2222.00 时，表示区域地址为 49.0001，系统 ID 为 2222.2222.2222，NSEL 为 00。一般情况下，一台路由器只需要配置一个区域地址，且同一区域中所有节点的区域地址都要相同。为了支持区域的平滑合并、分割及转换，默认情况下，一个 IS-IS 协议进程下最多可配置 3 个区域地址。

3.3.3　IS-IS 协议区域

为了支持大规模的网络，IS-IS 协议在自治系统内采用了骨干区域与非骨干区域两级分层结构，如图 3-15 所示。IS-IS 协议定义了 Level-1、Level-2 和 Level-1-2（本书各图中简写为 L1、L2 和 L1-2）这 3 种类型的路由器。

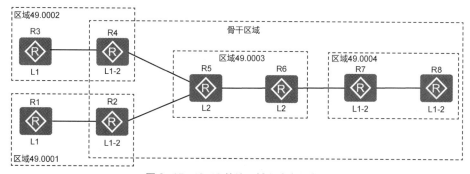

图 3-15　IS-IS 协议区域和路由器类型

（1）Level-1 路由器：负责区域内路由，它只与属于同一区域的 Level-1 或 Level-1-2 路由器形成邻接关系，与属于不同区域的 Level-1 路由器不能形成邻接关系。图 3-15 中的路由器 R1 和 R2、R3 和 R4、R7 和 R8 形成 Level-1 的邻接关系。Level-1 路由器只负责维护 Level-1 的 LSDB，该 LSDB 包含本区域的路由信息。到本区域外的报文转发给最近的 Level-1-2 路由器。

（2）Level-2 路由器：负责区域间路由，它可以与本区域或其他区域的 Level-2 路由器或 Level-1-2 路由器形成邻接关系。图 3-15 中的路由器 R4 和 R5、R2 和 R5、R5 和 R6、R6 和 R7 只形成 Level-2 的邻接关系。Level-2 路由器维护 Level-2 的 LSDB，该 LSDB 包含区域间路由信息。路由域中 Level-2 级别的路由器必须是物理连续的，以保证骨干区域的连续性。Level-2 级别的路由器能直接与区域外的路由器交换数据报文或路由信息。

（3）Level-1-2 路由器：同时属于 Level-1 和 Level-2 的路由器称为 Level-1-2 路由器，它可以与同一区域的 Level-1 和 Level-1-2 路由器形成 Level-1 邻接关系，也可以与其他区域的 Level-2 和 Level-1-2 路由器形成 Level-2 的邻接关系。图 3-15 中的路由器 R7 和 R8 分别形成 Level-1 和 Level-2 的邻接关系。Level-1 路由器必须通过 Level-1-2 路由器才能连接至其他区域。Level-1-2 路由器维护两个 LSDB，Level-1 的 LSDB 用于区域内路由，Level-2 的 LSDB 用于区域间路由。

一般来说，将 Level-1 路由器部署在非骨干区域，Level-2 路由器和 Level-1-2 路由器部署在骨干区域。每一个非骨干区域都通过 Level-1-2 路由器与骨干区域相连。所有物理连续的 Level-1-2 和 Level-2 路由器构成了 IS-IS 协议的骨干区域。在图 3-15 中，路由器 R2、R4、R5、R6、R7 和 R8 所连接的网络构成了 IS-IS 协议的骨干区域。

3.3.4　IS-IS 协议报文

IS-IS 协议报文直接封装在数据链路层的帧中，每种报文都有一个特定的类型号，在 IS-IS 协议的报头 PDU 类型字段中所包含的信息就是 IS-IS 协议报文的类型号，路由器通过类型号来识别所收到报文的类型。IS-IS 协议报头字段是相同的，长度为 8 字节，如图 3-16 所示，各字段的含义如下。

域内路由选择协议标识符			
长度标识符			
版本/协议ID扩展			
ID长度			
保留	保留	保留	PDU类型
版本			
保留			
最大区域地址数			

图 3-16　IS-IS 协议报头

（1）域内路由选择协议标识符（Intradomain Routing Protocol Discriminator）：它是 ISO 9577 分配给 IS-IS 协议的一个固定的值，用于标识网络层协议数据单元的类型。对于 IS-IS 协议报文，该字段的值为 0x83。

（2）长度标识符（Length Indicator）：标识报头字段的长度，单位为字节。

（3）版本/协议 ID 扩展（Version/Protocol ID Extension）：该字段设置的固定值为 1。

（4）ID 长度（ID Length）：表示系统 ID 的长度，单位为字节。值为 0 时，表示系统 ID 区域的长度为 6 字节。

（5）保留（Reserved，R）：没有使用的位，始终为 0。

（6）PDU 类型（PDU Type）：5 位字段，标识 IS-IS 协议报文的类型。

（7）版本（Version）：该字段设置的固定值为 1。

（8）保留：当前设置为全 0。

（9）最大区域地址数（Maximum Area Address）：IS 区域所允许的最大区域地址数量，值为 0 时表示最多支持的区域地址数为 3。

IS-IS 协议报文类型包括 IIH 报文、LSP 报文、序列号报文（Sequence Number PDUs，SNP）。

（1）IIH（IS-IS 协议 Hello）报文：用于建立和维持邻接关系，广播网络中的 Level-1 IS-IS 协议路由器使用 Level-1 LAN IIH；广播网络中的 Level-2 IS-IS 协议路由器使用 Level-2 LAN IIH；点到点网络中则使用 P2P IIH。

（2）LSP（链路状态分组）报文：类似于 OSPF 协议中的 LSA，用于描述本路由器中所有的链路状态信息。LSP 分为 Level-1 LSP 和 Level-2 LSP 两种。LSP ID 用来标识不同的 LSP 和生成 LSP 的源路由器。LSP ID 包括系统 ID（6 字节）、伪节点标识符（1 字节）和 LSP 分片号（1 字节）这 3 个部分。LSP 报文中包含区域修复、区域关联和过载 3 个重要字段，各字段的含义如下。

① 区域修复（Partition Repair，PR）：仅与 Leve1-2 LSP 有关，表示路由器是否支持自动修复区域分割。当 P 位被设置为 1 时，表明始发路由器支持自动修复区域的分段情况。

② 区域关联（Attachment，ATT）：Level-1-2 路由器在其生成的 Level-1 LSP 中设置该字段以通知同一区域中的 Level-1 路由器自己与其他区域相连。当 Level-1 区域中的路由器收到 Level-1-2 路由器发送的 ATT 位被置位的 Level-1 的 LSP 后，它将创建一条指向 Level-1-2 路由器的默认路由，以便数据可以被路由到其他区域。虽然 ATT 位同时在 Level-1 和 Level-2 的 LSP 中进行了定义，但是它只会在 Level-1 的 LSP 中被置位，且只有 Level-1-2 路由器会设置这个字段。

③ 过载（Overload，OL）：表示本路由器因内存不足而导致 LSDB 不完整。如果 OL 位被置位，则表示路由器发生了过载。被设置了 OL 位的 LSP 不会在网络中进行泛洪，且当其他路由器收到设置了

OL 位的 LSP 后，在计算路径信息时不会考虑此 LSP，因此最终计算出来的到达目的地的路径将绕过过载的路由器。

（3）SNP：确保 IS-IS 协议的 LSDB 同步以及使用最新的 LSP 计算路由。

① 完整 SNP（Complete SNP，CSNP）：包含网络中每一个 LSP 的总结性信息，确保 IS-IS 协议的 LSDB 同步以及使用最新的 LSP 计算路由。当路由器收到一个 CSNP 时，它会将该 CSNP 与其 LSDB 进行比较，当该路由器丢失了一个在 CSNP 中存在的 LSP 时，它会发送一个组播 PSNP，向网络中其他路由器请求其需要的 LSP。其在功能上类似于 OSPF 协议中的 DD 报文。

② 部分 SNP（Partial SNP，PSNP）：用于确认和请求丢失的链路状态信息。其在点到点链路中用于确认接收的 LSP，在点到点链路和广播链路中用于请求最新版本或者丢失的 LSP。PSNP 类似于 OSPF 协议中的 LSR 或者 LSAck 报文。

3.3.5 IS-IS 协议邻接关系

两台运行 IS-IS 协议的路由器在交换协议报文实现路由功能之前必须先建立邻接关系。在不同类型的网络上，IS-IS 协议的邻接建立方式并不相同。需要注意的是，IS-IS 协议建立邻居关系就能形成邻接关系。也就是说，在 IS-IS 协议中，邻居关系等价于邻接关系，这一点和 OSPF 协议不同。

IS-IS 协议建立邻接关系时需要遵循如下原则。

① 只有同一层次的相邻路由器才有可能成为邻接。

② 对 Level-1 路由器来说，区域号必须一致。

③ 链路两端 IS-IS 协议接口的网络类型必须一致。

④ 链路两端 IS-IS 协议接口的地址必须处于同一网段。

⑤ 如果配置了认证，则认证参数必须匹配。

⑥ 最大区域地址数字段的值必须一致，默认值为 0，表示支持 3 个区域地址。

理解 IS-IS 协议建立邻接关系的原则后，继续了解 IS-IS 协议邻接关系的建立过程。

1. 广播链路 IS-IS 协议邻接关系的建立过程

Level-1 路由器之间建立邻接关系的过程和 Level-2 路由器之间建立邻接关系的过程相同。本节以 Level-2 路由器为例描述广播链路中 IS-IS 协议建立邻接关系的过程，如图 3-17 所示。

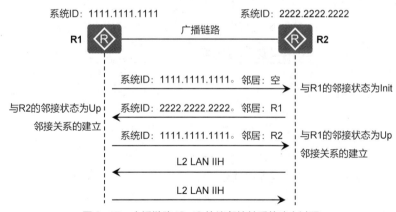

图 3-17　广播链路 IS-IS 协议邻接关系的建立过程

（1）R1 通过组播（组播 MAC 地址：0180-C200-0015）发送 Level-2 LAN IIH（IS-IS 协议 Hello）报文，此报文中无邻居标识。注意：在 IS-IS 的 LAN IIH 报文中，使用 TLV 6 来携带邻居标识。

（2）R2 收到此报文后，将自己和 R1 的邻接状态标识为 Init，然后 R2 向 R1 回复 Level-2 LAN IIH，此报文中标识 R1 为 R2 的邻居。

（3）R1 收到此报文后，将自己与 R2 的邻接状态标识为 Up，然后 R1 向 R2 发送一个标识 R2 为 R1 邻居的 Level-2 LAN IIH。

（4）R2 收到此报文后，将自己与 R1 的邻接状态标识为 Up。这样，两台路由器成功建立了邻接关系。

由于物理链路的不同，IS-IS 协议只支持广播和点到点两种类型的网络。

在广播类型的网络中，IS-IS 协议需要在所有的路由器中选举一个路由器作为指定中间系统（Designated Intermediate System，DIS）。如图 3-18 所示，DIS 用来创建和更新伪节点（Pseudonode），负责生成伪节点的 LSP，并用来描述该网络上有哪些网络设备。伪节点是用来模拟广播网络的一个虚拟节点，并非真实的路由器。在 IS-IS 协议中，伪节点用 DIS 的系统 ID 和 1 字节的非 0 值的电路 ID（Circuit ID）标识。

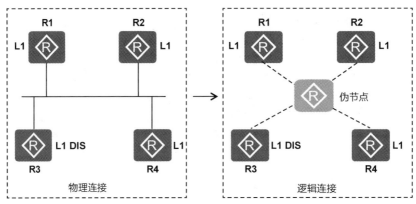

图 3-18　DIS 和伪节点

使用伪节点可以简化网络拓扑，当网络发生变化时，需要产生的 LSP 数量也会较少，减少了 SPF 算法计算的资源消耗。在邻接关系建立后，路由器会等待两个 Hello 报文间隔，再进行 DIS 的选举。Level-1 和 Level-2 的 DIS 是分别选举的，用户可以为不同级别的 DIS 选举设置不同的优先级。在图 3-18 中，R3 被选举为 Level-1 的 DIS。

IS-IS 协议的 DIS 选举与 OSPF 协议的 DR 选举比较如表 3-3 所示。

表 3-3　IS-IS 协议的 DIS 选举与 OSPF 协议的 DR 选举比较

比较点	IS-IS 协议的 DIS 选举	OSPF 协议的 DR 选举
接口优先级为 0	参与选举	不参与选举
选举抢占性	具有抢占性	不具有抢占性
邻居或邻接关系形成	同一网段上同一级别所有的非 DIS 路由器之间都会形成邻接关系，但 LSDB 的同步仍然依靠 DIS 来保证	同一网段上的 DR Other 只与 DR 和 BDR 形成邻接关系，DR Other 之间不形成邻接关系（只形成邻居关系）

2. 点到点链路 IS-IS 协议邻接关系的建立过程

在 P2P 链路上，IS-IS 协议邻接关系的建立过程中包括两次握手机制和三次握手机制两种机制。

（1）两次握手机制

在两次握手机制中，只要路由器收到对端发送来的 Hello 报文，就单方面宣布邻接状态为 Up，建立邻接关系的过程如图 3-19 所示。

两次握手机制存在明显的缺陷。当路由器间存在两条及以上的链路时，如果某条链路上到达对端的单向状态为 Down，而另一条链路同方向的状态为 Up，则路由器之间仍能建立起邻接关系。SPF 算法在计算时会使用状态为 Up 的链路上的参数，这就导致没有检测到故障的路由器在转发报文时仍然试图通过状态为 Down 的链路。三次握手机制能解决上述不可靠 P2P 链路中存在的问题。在这种机制中，路由器只有在知道邻接路由器也接收到它的报文时，才宣布邻接路由器处于 Up 状态，从而建立邻接关系。

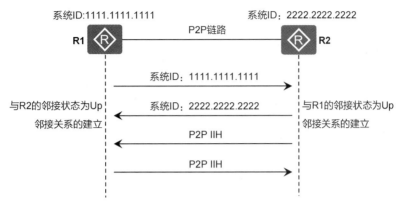

图 3-19　P2P 链路采用两次握手机制建立 IS-IS 协议邻接关系的过程

（2）三次握手机制

在三次握手机制中，通过 3 次发送 P2P 的 IS-IS 协议 Hello 报文最终建立起邻接关系，类似广播邻接关系的建立，如图 3-20 所示。在 P2P 的 IS-IS 协议 Hello 报文中携带一个新的 TLV（类型为 240）来记录对端的系统 ID，该 TLV 的名称为点到点邻接状态（Point-to-Point Adjacency State）。

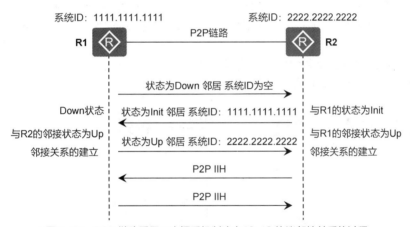

图 3-20　P2P 链路采用三次握手机制建立 IS-IS 协议邻接关系的过程

3.3.6　IS-IS 协议 LSDB 同步

IS-IS 协议邻接关系建立后，邻接设备之间将进行 LSDB 的同步，同步过程主要由邻接设备之间交换 LSP 报文和 SNP 来完成。广播链路和 P2P 链路同步 LSDB 的过程有所不同，下面分别进行介绍。

1. 广播链路上 IS-IS 协议 LSDB 的同步过程

以图 3-21 为例介绍广播链路中新加入路由器与 DIS 同步 LSDB 的过程，具体过程如下。

（1）新加入的路由器 R3 首先发送 IIH 报文，与该广播网络中的路由器建立邻接关系。

（2）建立邻接关系之后，R3 等待 LSP 刷新定时器超时，然后将自己的 LSP 报文发往组播地址（Level-1 的 MAC 地址为 0180-C200-0014；Level-2 的 MAC 地址为 0180-C200-0015）。这样网络上所有的邻居都将收到该 LSP 报文。

（3）该网段中的 DIS 会把收到 R3 的 LSP 报文加入 LSDB 中，等待 CSNP 定时器超时并发送 CSNP，进行该网络内的 LSDB 同步。

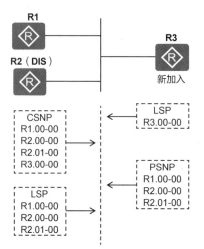

图 3-21　广播链路上 IS-IS 协议 LSDB 的同步过程

（4）R3 收到 DIS 发送来的 CSNP，对比自己的 LSDB，然后向 DIS 发送 PSNP 请求自己没有的 LSP 报文。

（5）DIS 收到该 PSNP 请求后向 R3 发送对应的 LSP 报文进行 LSDB 的同步。

> **注意**　在广播网络中，DIS 以组播方式周期性（默认为 10s）地发送 CSNP。因此，广播网络中没有确认重传机制，LSDB 的完整性是靠 DIS 周期性发送 CSNP 来保证的。

2. P2P 链路上 IS-IS 协议 LSDB 的同步过程

P2P 链路上 LSDB 的同步过程如图 3-22 所示。

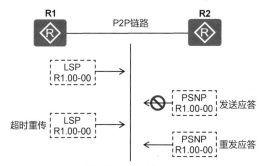

图 3-22　P2P 链路上 IS-IS 协议 LSDB 的同步过程

（1）R1 与 R2 建立 IS-IS 协议邻接关系。

（2）建立邻接关系之后，R1 与 R2 会先发送 CSNP 给对端设备。如果对端的 LSDB 报文与 CSNP 没有同步，则发送 PSNP 请求相应的 LSP 报文。

（3）如图 3-22 所示，假定 R2 向 R1 请求相应的 LSP 报文。R1 发送给 R2 LSP 报文的同时启动 LSP 重传定时器，并等待 R2 发送的 PSNP 作为收到 LSP 报文的确认。

（4）如果在 LSP 重传定时器超时后，R1 还没有收到 R2 发送的 PSNP 作为应答，则重新发送该 LSP 报文直至收到 PSNP。

> **注意**　从上面的描述可知，P2P 链路上的 PSNP 有两种作用：一是作为应答以确认收到的 LSP 报文，二是用来请求所需的 LSP 报文。

3.3.7 IS-IS 协议 LSP 报文处理机制

IS-IS 协议通过交换 LSP 报文实现 LSDB 同步，路由器收到 LSP 报文后，按照图 3-23 所示的 LSP 报文处理机制进行处理。当收到的 LSP 报文比本地 LSP 报文的更优，或者本地没有收到 LSP 报文时，广播网络和 P2P 处理方式略有不同。在广播网络中会将其加入数据库，并组播发送新的 LSP 报文。在 P2P 网络中会将其加入数据库，并发送 PSNP 来确认收到此 LSP 报文，之后将新的 LSP 报文发送给除了发送该 LSP 报文的邻居以外的邻居。若收到的 LSP 报文和本地 LSP 报文无法比较出优劣，则不处理该 LSP 报文。

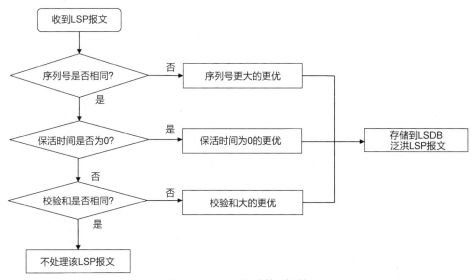

图 3-23　LSP 报文处理机制

通过 LSP 泛洪，整个层次内的每一台路由器都可以拥有相同的 LSP 报文信息，并保持 LSDB 的同步。每一个 LSP 报文都拥有一个标识自己的 4 字节的序列号。路由器启动时所发送的第一个 LSP 报文中的序列号为 1，以后当需要生成新的 LSP 报文时，新 LSP 报文的序列号在前一个 LSP 报文序列号的基础上加 1，更大的序列号意味着更新的 LSP 报文。IS-IS 协议路由域内的所有路由器都会产生 LSP 报文，以下事件会触发产生一个新的 LSP 报文。

（1）邻接为 Up 或 Down 状态。

（2）IS-IS 协议相关接口为 Up 或 Down 状态。

（3）引入的 IP 路由发生变化。

（4）区域间的 IP 路由发生变化。

（5）接口被赋新的度量值。

（6）周期性更新（刷新间隔为 15min）。

3.3.8 IS-IS 协议基本配置命令

1. 配置 IS-IS 协议的基本功能

```
[Huawei]isis process-id
/*创建 IS-IS 协议进程并进入 IS-IS 协议视图。IS-IS 协议进程 ID 的值为 1～65535，且只有本地含义，
不同路由器的路由进程 ID 可以不同。一台路由器可以启动多个 IS-IS 协议进程，系统默认的进程 ID 为 1*/
[Huawei-isis-1]network-entity net
//设置网络实体名称。在整个区域和骨干区域中，要求保持系统 ID 唯一
```

```
[Huawei-isis-1]is-level { level-1 | level-1-2 | level-2 }
```
//设置设备的级别。默认设备的级别为 Level-1-2

```
[Huawei-isis-1]cost-style { narrow | wide | wide-compatible }
```
/*设置 IS-IS 协议设备接收和发送路由的开销类型。默认情况下开销类型为 narrow，只能发送和接收路由开销为 1～63 的路由。在实际应用中，为了方便 IS-IS 协议实现其扩展功能，通常将 IS-IS 协议的路由开销类型设置为 wide，wide 模式下路由的开销值为 1～16777215 */

```
[Huawei-isis-1]is-name symbolic-name
```
/*启用识别 LSP 报文中主机名称的功能，同时为本地路由器上 IS-IS 协议系统配置动态主机名，并以 LSP 报文（TLV 类型为 137）的方式发布出去。在运行 IS-IS 协议的设备上，查看 IS-IS 协议邻居和 LSDB 等信息时，IS-IS 协议域中的各设备都是用由 12 位十六进制数组成的系统 ID 来表示的。这种表示方法比较烦琐，且不易使用和记忆。为方便对 IS-IS 协议网络的维护和管理，IS-IS 协议引入了动态主机名映射机制*/

```
[Huawei-GigabitEthernet0/0/0]isis circuit-level [ level-1 | level-1-2 | level-2 ]
```
/*设置接口的电路级别。只有在 IS-IS 协议路由器类型为 Level-1-2 时，该命令才起作用。默认情况下，级别为 Level-1-2 的 IS-IS 协议路由器上接口的电路级别为 Level-1-2 */

```
[Huawei-GigabitEthernet0/0/0]isis enable [ process-id ]
```
//启用 IS-IS 协议接口。配置后，IS-IS 协议将通过该接口建立邻居和扩散 LSP 报文

```
[Huawei-GigabitEthernet0/0/0]isis dis-priority priority [ level-1 | level-2 ]
```
/*指定选举对应级别 DIS 时 IS-IS 协议接口的优先级，取值为 0～127，默认值为 64。如果命令中没有指定 Level-1 或 Level-2，则给 Level-1 和 Level-2 配置同样的优先级*/

```
[Huawei-GigabitEthernet0/0/0]isis timer hello hello-interval [ level-1 | level-2 ]
```
/*指定 IS-IS 协议接口发送 Hello 报文的时间间隔。默认情况下，IS-IS 协议接口发送 Hello 报文的时间间隔是 10s。如果没有指定级别，则默认级别为 Level-1 和 Level-2 */

```
[Huawei-GigabitEthernet0/0/0]isis timer holding-multiplier number [ level-1 | level-2 ]
```
/*配置 Hello 报文的发送间隔时间的倍数，以达到修改 IS-IS 协议的邻居保持时间的目的。其值为 3～1000，默认取值为 3 */

2. 配置 IS-IS 协议安全性

（1）配置 IS-IS 协议接口的验证

为 IS-IS 协议的 Hello 报文中添加 TLV 类型 10 携带验证信息，默认情况下，IS-IS 协议的 Hello 报文中不添加验证信息，对接收到的 Hello 报文也不做验证。

```
[Huawei-GigabitEthernet0/0/0]isis authentication-mode simple { plain plain-text |
[ cipher ] plain-cipher-text } [ level-1 | level-2 ]
```
//配置 IS-IS 协议接口的明文验证

```
[Huawei-GigabitEthernet0/0/0]isis authentication-mode md5 { plain plain-text |
[ cipher ] plain-cipher-text } [ level-1 | level-2 ]
```
//配置 IS-IS 协议接口的 MD5 验证

```
[Huawei-GigabitEthernet0/0/0]isis authentication-mode hmac-sha256 key-id key-id
{ plain plain-text | [ cipher ] plain-cipher-text } [ level-1 | level-2 ]
```
//配置 IS-IS 协议接口的 HMAC-SHA256 验证

（2）配置 IS-IS 协议区域和路由域验证

```
[Huawei-isis-1]area-authentication-mode { { simple | md5 } { plain plain-text | [ cipher ]
plain-cipher-text } | keychain keychain-name | hmac-sha256 key-id key-id }
```
/*配置区域验证，默认系统不对产生的 Level-1 路由信息报文封装验证信息，也不会验证收到的 Level-1 路由信息报文*/

```
[Huawei-isis-1]domain-authentication-mode { { simple | md5 } { plain plain-text | [ cipher ]
plain-cipher-text } | keychain keychain-name | hmac-sha256 key-id key-id } ]
```
/*配置路由域验证，默认系统不对产生的 Level-2 路由信息报文封装验证信息，也不会验证收到的 Level-2 路由信息报文*/

3. 配置 IS-IS 协议默认路由注入

```
[Huawei-isis-1]default-route-advertise [ always | route-policy route-policy-name ]
[ cost cost | tag tag | [ level-1 | level-1-2 | level-2 ]]
```

/*配置运行 IS-IS 协议的设备生成默认路由。该命令的主要参数包括 always、cost 和 tag。其中，always 参数用于指定设备无条件的发布默认路由，且发布的默认路由中将自己作为下一跳；cost 参数用于指定默认路由的开销值；tag 参数用于指定发布的默认路由的标记值*/

4. 配置 IS-IS 协议路由聚合

```
[Huawei-isis-1]summary ip-address mask [ avoid-feedback | generate_null0_route | tag
tag | [ level-1 | level-1-2 | level-2 ] ]
```

/*配置 IS-IS 协议生成聚合路由。如果没有指定级别，则默认为 Level-2。该命令的主要参数包括 avoid-feedback、generate_null0_route 和 tag。其中，avoid-feedback 参数表示避免通过路由计算学习到聚合路由；generate_null0_route 参数表示为防止路由环路而生成 NULL0 路由；tag 参数表示为发布的聚合路由分配管理标记*/

任务实施

A 公司的广州分公司运行 IS-IS 协议，工程师负责在分公司部署和实施 IS-IS 协议，网络拓扑如图 3-24 所示。工程师需要完成的主要任务如下。

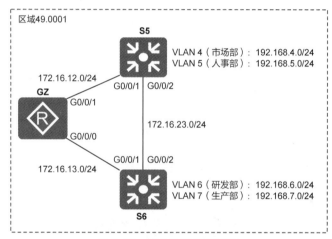

图 3-24　广州分公司网络拓扑

（1）配置路由器接口 IP 地址和三层交换机 VLANIF 接口 IP 地址。

（2）配置基本 IS-IS 协议。

（3）修改 IS-IS 协议度量类型、电路类型和路由器类型。

（4）配置 IS-IS 协议区域 MD5 验证。

（5）配置 IS-IS 协议路由聚合。

（6）修改 IS-IS 协议接口计时器和控制 DIS 选举。

（7）配置 BFD 与 IS-IS 协议联动。

（8）验证 IS-IS 协议配置。

1. 配置路由器接口 IP 地址和三层交换机 VLANIF 接口 IP 地址

（1）配置路由器 GZ 接口 IP 地址

```
[GZ]interface GigabitEthernet0/0/0
[GZ-GigabitEthernet0/0/0]ip address 172.16.13.1 24
[GZ-GigabitEthernet0/0/0]quit
[GZ]interface GigabitEthernet0/0/1
[GZ-GigabitEthernet0/0/1]ip address 172.16.12.1 24
```

（2）配置交换机 S5 VLANIF 接口 IP 地址

```
[S5]interface Vlanif4
```

```
[S5-Vlanif4]ip address 192.168.4.254 24
[S5-Vlanif4]quit
[S5]interface Vlanif5
[S5-Vlanif5]ip address 192.168.5.254 24
[S5-Vlanif5]quit
[S5]interface Vlanif12
[S5-Vlanif12]ip address 172.16.12.2 24
[S5-Vlanif12]quit
[S5]interface Vlanif23
[S5-Vlanif23]ip address 172.16.23.1 24
```

（3）配置交换机 S6 VLANIF 接口 IP 地址

```
[S6]interface Vlanif6
[S6-Vlanif6]ip address 192.168.6.254 24
[S6-Vlanif6]quit
[S6]interface Vlanif7
[S6-Vlanif7]ip address 192.168.7.254 24
[S6-Vlanif7]quit
[S6]interface Vlanif13
[S6-Vlanif13]ip address 172.16.13.2 24
[S6-Vlanif13]quit
[S6]interface Vlanif23
[S6-Vlanif23]ip address 172.16.23.2 24
```

2. 配置基本 IS-IS 协议

（1）配置路由器 GZ

```
[GZ]isis 1 //创建 IS-IS 协议进程并进入 IS-IS 协议视图
[GZ-isis-1]network-entity 49.0001.1111.1111.1111.00
//设置 IS-IS 协议网络实体名称
[GZ-isis-1]is-name GZ   //为本地路由器上的 IS-IS 协议系统配置动态主机名称
[GZ-isis-1]quit
[GZ]interface GigabitEthernet 0/0/0
[GZ-GigabitEthernet0/0/0]isis enable 1
//在接口上启用 IS-IS 协议功能并指定要关联的 IS-IS 协议进程号
[GZ-GigabitEthernet0/0/0]quit
[GZ]interface GigabitEthernet 0/0/1
[GZ-GigabitEthernet0/0/1]isis enable 1
```

（2）配置交换机 S5

```
[S5]isis 1
[S5-isis-1]network-entity 49.0001.5555.5555.5555.00
[S5-isis-1]is-name S5
[S5-isis-1]quit
[S5]interface Vlanif 4
[S5-Vlanif4]isis enable 1
[S5-Vlanif4]isis silent
[S5-Vlanif5]quit
[S5]interface Vlanif 5
[S5-Vlanif5]isis enable 1
[S5-Vlanif5]isis silent
[S5-Vlanif5]quit
```

```
[S5]interface Vlanif 12
[S5-Vlanif12]isis enable 1
[S5-Vlanif12]quit
[S5]interface Vlanif 23
[S5-Vlanif23]isis enable 1
```

（3）配置交换机 S6

```
[S6]isis 1
[S6-isis-1]network-entity 49.0001.6666.6666.6666.00
[S6-isis-1]is-name S6
[S6-isis-1]quit
[S6]interface Vlanif 6
[S6-Vlanif6]isis enable 1
[S6-Vlanif6]isis silent
[S6-Vlanif6]quit
[S6]interface Vlanif 7
[S6-Vlanif7]isis enable 1
[S6-Vlanif7]isis silent  //配置 IS-IS 协议静态默认接口
[S6-Vlanif7]quit
[S6]interface Vlanif 13
[S6-Vlanif13]isis enable 1
[S6-Vlanif13]quit
[S6]interface Vlanif 23
[S6-Vlanif23]isis enable 1
```

3. 修改 IS-IS 协议度量类型、电路类型和路由器类型

（1）配置路由器 GZ

```
[GZ]isis 1
[GZ-isis-1]is-level level-2
//设置设备的级别，默认设备的级别为 Level-1-2
[GZ-isis-1]cost-style wide //设置 IS-IS 协议设备接收和发送路由的度量类型
[GZ-isis-1]quit
[GZ]interface GigabitEthernet 0/0/0
[GZ-GigabitEthernet0/0/0]isis circuit-level level-2
//设置接口的电路级别
[GZ-GigabitEthernet0/0/0]quit
[GZ]interface GigabitEthernet 0/0/1
[GZ-GigabitEthernet0/0/1]isis circuit-level level-2
```

（2）配置交换机 S5

```
[S5]isis 1
[S5-isis-1]is-level level-2
[S5-isis-1]cost-style wide
[S5-isis-1]quit
[S5]interface Vlanif 12
[S5-Vlanif12]isis circuit-level level-2
[S5-Vlanif12]quit
[S5]interface Vlanif 23
[S5-Vlanif23]isis circuit-level level-2
```

（3）配置交换机 S6

```
[S6]isis 1
[S6-isis-1]is-level level-2
```

```
[S6-isis-1]cost-style wide
[S6-isis-1]quit
[S6]interface Vlanif 13
[S6-Vlanif13]isis circuit-level level-2
[S6-Vlanif13]quit
[S6]interface Vlanif 23
[S6-Vlanif23]isis circuit-level level-2
```

4. 配置 IS-IS 协议区域 MD5 验证

IS-IS 协议验证是基于网络安全性的要求而实现的一种验证手段，通过在 IS-IS 协议报文中增加验证字段对报文进行验证。本地路由器接收到远端路由器发送过来的 IS-IS 协议报文后，如果发现验证密码不匹配，则将收到的报文丢弃，达到自我保护的目的。根据报文的种类，验证可以分为以下 3 类。

（1）接口验证：启用 IS-IS 协议的接口以指定方式和密码对 Level-1 及 Level-2 的 Hello 报文进行验证。

（2）区域验证：运行 IS-IS 协议的区域以指定方式和密码对 Level-1 的 SNP 及 LSP 报文进行验证。

（3）路由域验证：运行 IS-IS 协议的路由域以指定方式和密码对 Level-2 的 SNP 及 LSP 报文进行验证。

根据报文的验证方式，验证可以分为以下 3 类。

（1）明文验证：一种简单的验证方式，将配置的密码直接加入报文中，这种验证方式的安全性不够高。

（2）MD5 验证：将配置的密码使用 MD5 算法运算之后再加入报文中，这样能提高密码的安全性。

（3）Keychian 验证：通过配置随时间变化的密码链表来进一步提高网络的安全性。

以下开始具体配置。

（1）配置路由器 GZ

```
[GZ]isis 1
[GZ-isis-1]area-authentication-mode md5 cipher huawei@123
/*配置区域 MD5 验证，系统默认不对产生的 IS-IS 路由信息报文封装进行信息验证，也不会验证收到的
Level-1 路由信息报文*/
```

（2）配置交换机 S5

```
[S5]isis 1
[S5-isis-1]area-authentication-mode md5 huawei@123
```

（3）配置交换机 S6

```
[S6]isis 1
[S6-isis-1]area-authentication-mode md5 huawei@123
```

5. 配置 IS-IS 协议路由聚合

在交换机 S5 和 S6 上分别配置业务网段的路由聚合。

（1）配置交换机 S5

```
[S5]isis 1
[S5-isis-1]summary 192.168.4.0 255.255.254.0 avoid-feedback generate_null0_route
//配置 IS-IS 协议生成聚合路由
```

（2）配置交换机 S6

```
[S6]isis 1
[S6-isis-1]summary 192.168.6.0 255.255.254.0 avoid-feedback generate_null0_route
```

6. 修改 IS-IS 协议接口计时器和控制 DIS 选举

（1）配置交换机 S5

```
[S5]interface Vlanif 23
```

```
[S5-Vlanif23]isis timer hello 5 level-2
//指定 IS-IS 协议接口发送 Hello 报文的间隔时间
[S5-Vlanif23]isis timer holding-multiplier 4 level-2
//配置发送 Hello 报文的间隔时间的倍数
[S5-Vlanif23]isis dis-priority 64 level-2
//指定选举对应级别 DIS 时 IS-IS 协议接口的优先级
```

（2）配置交换机 S6

```
[S6]interface Vlanif 23
[S6-Vlanif23]isis timer hello 5 level-2
[S6-Vlanif23]isis timer holding-multiplier 4 level-2
[S6-Vlanif23]isis dis-priority 96 level-2
```

7. 配置 BFD 与 IS-IS 协议联动

BFD 能够提供轻负荷、快速（毫秒级）的链路故障检测。动态 BFD 的特点是路由协议可以动态触发 BFD 会话的建立。如果对数据传输有较高要求，则需要提高链路状态变化时 IS-IS 协议的收敛速度，可以在运行 IS-IS 协议的链路上配置 BFD 特性。

（1）配置路由器 GZ

```
[GZ]bfd    //全局启用 BFD 功能，并进入 BFD 全局视图
[GZ-bfd]quit
[GZ]isis 1
[GZ-isis-1]bfd all-interfaces enable  //启用 IS-IS 协议的 BFD 功能
[GZ-isis-1]quit
[GZ]interface GigabitEthernet 0/0/0
[GZ-GigabitEthernet0/0/0]isis bfd enable /*在 IS-IS 协议的特定接口下配置 BFD 特性，接口下
配置的 BFD 特性的优先级高于进程中配置的 BFD 特性的优先级*/
[GZ-GigabitEthernet0/0/0]quit
[GZ]interface GigabitEthernet 0/0/1
[GZ-GigabitEthernet0/0/1]isis bfd enable
```

（2）配置交换机 S5

```
[S5]bfd
[S5-bfd]quit
[S5]isis 1
[S5-isis-1]bfd all-interfaces enable
[S5-isis-1]quit
[S5]interface Vlanif 23
[S5-Vlanif12]isis bfd enable
[S5-Vlanif12]quit
[S5]interface Vlanif 12
[S5-Vlanif12]isis bfd enable
```

（3）配置交换机 S6

```
[S6]bfd
[S6-bfd]quit
[S6]isis 1
[S6-isis-1]bfd all-interfaces enable
[S6-isis-1]quit
[S6]interface Vlanif 13
[S6-Vlanif13]isis bfd enable
[S6-Vlanif13]quit
[S6]interface Vlanif 23
[S6-Vlanif23]isis bfd enable
```

8. 验证 IS-IS 协议配置

（1）查看 IS-IS 协议邻居信息

```
[GZ]display isis peer
                Peer information for ISIS(1)

System Id    Interface    Circuit Id     State    HoldTime    Type    PRI
---------------------------------------------------------------------------
S6           GE0/0/0      S6.03          Up       8s          L2      64
S5           GE0/0/1      S5.03          Up       8s          L2      64
Total Peer(s): 2
```

以上输出表明路由器 GZ 有 2 个 IS-IS 协议邻居，显示的 IS-IS 协议邻居的信息具体包括系统 ID、与邻居相连的接口、电路 ID、邻居状态、保持时间、邻居类型和邻居的接口优先级。因为每台路由器都配置 IS-IS 协议动态主机名映射，所以系统 ID 显示的是各设备的主机名称。可以通过执行 display isis name-table 命令查看系统 ID 和主机名的映射关系，显示信息如下。

```
[GZ]display isis name-table
                Name table information for ISIS(1)

System ID        Hostname              Type
---------------------------------------------------------------------------
1111.1111.1111   GZ                    DYNAMIC
5555.5555.5555   S5                    DYNAMIC
6666.6666.6666   S6                    DYNAMIC
```

（2）查看 IS-IS 协议邻居的详细信息

```
[GZ]display isis peer interface GigabitEthernet 0/0/1 verbose
                Peer information for ISIS(1)

System Id    Interface     Circuit Id      State HoldTime Type      PRI
---------------------------------------------------------------------------
S5           GE0/0/1       S5.03           Up    5s       L2        64
  MT IDs supported       : 0(UP)                //对端接口支持的拓扑实例 ID
  Local MT IDs           : 0                     //本端接口支持的拓扑实例 ID
  Area Address(es)       : 49.0001               //邻居的区域地址
  Peer IP Address(es)    : 172.16.12.1           //对端接口的 IP 地址
  Uptime                 : 00:26:24              //邻接处于 Up 状态的时长
  Adj Protocol           : IPv4                  //建立邻接关系的协议
  Restart Capable        : YES                   //平滑启动（GR）能力
  Suppressed Adj         : NO                    //抑制邻居
  Peer System Id         : 5555.5555.5555        //对端系统 ID
Total Peer(s): 1                                 //对端的总数量
```

（3）查看启用 IS-IS 协议的接口的摘要信息

```
[GZ]display isis interface
                Interface information for ISIS(1)
                --------------------------------

Interface    Id     IPv4.State    IPv6.State    MTU     Type    DIS
GE0/0/0      001    Up            Down          1497    L2      No
GE0/0/1      002    Up            Down          1497    L2      No
```

以上输出显示了启用 IS-IS 协议的接口的摘要信息，包括接口名称、接口链路 ID、IPv4 和 IPv6 链路状态、接口 MTU（链路两端 MTU 值相等时才可以建立 IS-IS 协议邻居）、接口类型和是否为 DIS。

（4）查看启用 IS-IS 协议的接口的详细信息

```
[GZ]display isis interface GigabitEthernet0/0/0 verbose
```

```
                    Interface information for ISIS(1)
              ----------------------------------
Interface        Id        IPv4.State        IPv6.State        MTU  Type  DIS
GE0/0/0          001       Up                Down              1497 L2    No
  Circuit MT State          : Standard
```
//可以在 IS-IS 协议进程下，通过执行 **ip enable topology** 命令配置接口的拓扑状态
```
  Description               : HUAWEI, AR Series, GigabitEthernet0/0/0 Interface
```
//接口描述信息
```
  SNPA Address              : 00e0-fc77-25c6        //SNPA 地址，也就是接口的 MAC 地址
  IP Address                : 172.16.13.1           //接口 IP 地址
  IPv6 Link Local Address   :
  IPv6 Global Address(es)   :
  Csnp Timer Value          : L1    10   L2    10 //发送 CSNP 的间隔时间
  Hello Timer Value         : L1    10   L2    10 //发送 Hello 报文的间隔时间
  DIS Hello Timer Value     : L1    3    L2    3 //DIS 发送 Hello 报文的时间间隔
  Hello Multiplier Value    : L1    3    L2    3 //Hello 报文的发送间隔时间的倍数
  LSP-Throttle Timer        : L12   50
```
//发送 LSP 报文或 CSNP 的间隔时间和每次发送的报文数量
```
  Cost                      : L1    10   L2    10 //IPv4 接口的开销值
  Ipv6 Cost                 : L1    10   L2    10 //IPv6 接口的开销值
  Priority                  : L1    64   L2    64 //参与 DIS 选举的优先级
  Retransmit Timer Value    : L12   5            //LSP 报文的重传间隔时间
  Bandwidth-Value           : Low 1000000000 High       0
  Static Bfd                : NO             //未启用静态 BFD
  Dynamic Bfd               : YES            //启用动态 BFD
  Fast-Sense Rpr            : NO             //未启用 RPR 快速感知
```

（5）查看 IS-IS 协议的概要信息

```
[GZ]display isis brief
               ISIS Protocol Information for ISIS(1)
              -------------------------------------
SystemId: 1111.1111.1111      System Level: L2 //系统 ID 和路由器的级别
Area-Authentication-mode: MD5                   //IS-IS 协议区域验证方式
Domain-Authentication-mode: NULL                //IS-IS 协议域验证方式
Ipv6 is not enabled
ISIS is in invalid restart status
ISIS is in protocol hot standby state: Real-Time Backup
```
//IS-IS 协议热备份状态是实时备份状态
```
Interface: 172.16.13.1(GE0/0/0)         //启用 IS-IS 协议的接口的信息
Cost: L1 10       L2 10                   IPv6 Cost: L1 10   L2 10
State: IPv4 Up                           IPv6 Down
Type: BROADCAST                          MTU: 1497
Priority: L1 64   L2 64
```
//以上 4 行显示了启用 IS-IS 协议的接口的开销值、状态、网络类型、MTU 值、优先级
```
Timers:    Csnp: L1 10    L2 10    ,Retransmit: L12 5   , Hello: L1 10 L2 10 ,
Hello Multiplier:    L1 3    L2 3    , LSP-Throttle Timer: L12 50
```
/*以上两行是 IS-IS 协议定时器的信息，包括 CSNP 定时器的时间间隔、LSP 报文重传间隔时间、Hello 定时器的间隔时间、用于判断邻居是否失效的 Hello 报文的数目、发送 LSP 报文的最小间隔时间 */
```
Interface: 172.16.12.1(GE0/0/1)
Cost: L1 10       L2 10                   IPv6 Cost: L1 10   L2 10
```

```
State: IPv4 Up                        IPv6 Down
Type: BROADCAST                       MTU: 1497
Priority: L1 64        L2 64
Timers:  Csnp:        L1 10    L2 10   ,Retransmit: L12 5  , Hello: L1 10 L2 10 ,
Hello Multiplier:     L1 3     L2 3        , LSP-Throttle Timer: L12 50
```

（6）查看 IS-IS 协议 LSDB 摘要信息

```
[GZ]display isis lsdb
                    Database information for ISIS(1)
                 ---------------------------------

                 Level-2 Link State Database
LSPID               Seq Num      Checksum      Holdtime      Length  ATT/P/OL
---------------------------------------------------------------------------
GZ.00-00*           0x00000021   0x5467        573           92      0/0/0
S5.00-00            0x00000023   0xd5c5        771           108     0/0/0
S5.03-00            0x00000012   0x29dc        771           54      0/0/0
S6.00-00            0x00000024   0x774c        815           108     0/0/0
S6.03-00            0x00000011   0xc475        815           54      0/0/0
S6.04-00            0x00000011   0x8a15        815           54      0/0/0
Total LSP(s): 6
     *(In TLV)-Leaking Route, *(By LSPID)-Self LSP, +-Self LSP(Extended),
     /**(In TLV)表示渗透路由, *(By LSPID)表示本地生成的 LSP 报文, +-Self LSP(Extended)表
示本地生成的扩展 LSP*/
           ATT-Attached, P-Partition, OL-Overload*/
           //ATT-区域关联位, P-区域修复位, OL-过载位
```

以上输出是路由器 GZ 的 LSDB，因为路由器 GZ 类型为 Level-2，所以 IS-IS 协议只为 Level-2
路由维护 LSDB。每条 LSP 信息包括 LSPID、序列号、校验和、保持时间、长度、连接位、分区位
和过载位。其中，LSPID 后带星号的表示本地生成的 LSP 报文，IS-IS 协议的 LSP 报文老化时间为
20min，采用倒计时，路由器每隔 15min 刷新一次链路状态，序列号会加 1。交换机 S5 是一条链路的
DIS，交换机 S6 是两条链路的 DIS。

（7）查看 IS-IS 协议 LSDB LSP 详细信息

```
<GZ>display isis lsdb 1111.1111.1111.00-00 verbose
                    Database information for ISIS(1)
                 ---------------------------------

                 Level-2 Link State Database
LSPID               Seq Num      Checksum      Holdtime      Length  ATT/P/OL
---------------------------------------------------------------------------
1111.1111.1111.00-00* 0x00000022  0x2357        953           92      0/0/0
 SOURCE             GZ.00                //源节点的系统 ID
 HOST NAME          GZ                   //动态主机名
 NLPID             IPv4                  //支持的网络协议
 AREA ADDR          49.0001              //区域地址
 INTF ADDR          172.16.13.1          //接口 IP 地址
 INTF ADDR          172.16.12.1
 +NBR  ID           S5.03          COST: 10          //可以携带 TE 信息的邻居系统 ID 和开销值
 +NBR  ID           S6.03          COST: 10
 +IP-Extended       172.16.13.0    255.255.255.0   COST: 10
 //扩展的 IP 路由信息，可以携带与 TE 相关的信息
 +IP-Extended       172.16.12.1    255.255.255.0   COST: 10
```

```
Total LSP(s): 1   //LSP 报文的数量
   *(In TLV)-Leaking Route, *(By LSPID)-Self LSP, +-Self LSP(Extended),
      ATT-Attached, P-Partition, OL-Overload
```

（8）查看 IS-IS 协议路由信息

① 查看路由器 GZ IS-IS 协议路由信息

```
[GZ]display isis route
               Route information for ISIS(1)
             ------------------------------

            ISIS(1) Level-2 Forwarding Table  //转发表
             ------------------------------

IPv4 Destination    IntCost    ExtCost    ExitInterface    NextHop        Flags
--------------------------------------------------------------------------------
172.16.23.0/24      20         NULL       GE0/0/1          172.16.12.2    A/-/-/-
                                          GE0/0/0          172.16.13.2
172.16.13.0/24      10         NULL       GE0/0/0          Direct         D/-/L/-
192.168.6.0/23      20         NULL       GE0/0/0          172.16.13.2    A/-/-/-
172.16.12.0/24      10         NULL       GE0/0/1          Direct         D/-/L/-
192.168.4.0/23      20         NULL       GE0/0/1          172.16.12.2    A/-/-/-
```

② 查看交换机 S5 IS-IS 协议路由信息

```
[S5]display isis route
               Route information for ISIS(1)
             ------------------------------

            ISIS(1) Level-2 Forwarding Table
             ------------------------------

IPv4 Destination    IntCost    ExtCost    ExitInterface    NextHop        Flags
--------------------------------------------------------------------------------
172.16.23.0/24      10         NULL       Vlanif23         Direct         D/-/L/-
172.16.13.0/24      20         NULL       Vlanif12         172.16.12.1    A/-/-/-
                                          Vlanif23         172.16.23.2
192.168.6.0/23      20         NULL       Vlanif23         172.16.23.2    A/-/-/-
172.16.12.0/24      10         NULL       Vlanif12         Direct         D/-/L/-
192.168.5.0/24      10         NULL       Vlanif5          Direct         D/-/L/-
192.168.4.0/24      10         NULL       Vlanif4          Direct         D/-/L/-
```

③ 查看交换机 S6 IS-IS 协议路由信息

```
[S6]display isis route
               Route information for ISIS(1)
             ------------------------------

            ISIS(1) Level-2 Forwarding Table
             ------------------------------

IPv4 Destination    IntCost    ExtCost    ExitInterface    NextHop        Flags
--------------------------------------------------------------------------------
172.16.23.0/24      10         NULL       Vlanif23         Direct         D/-/L/-
172.16.13.0/24      10         NULL       Vlanif13         Direct         D/-/L/-
192.168.6.0/24      10         NULL       Vlanif6          Direct         D/-/L/-
172.16.12.0/24      20         NULL       Vlanif23         172.16.23.1    A/-/-/-
                                          Vlanif13         172.16.13.1
192.168.4.0/23      20         NULL       Vlanif23         172.16.23.1    A/-/-/-
192.168.7.0/24      10         NULL       Vlanif7          Direct         D/-/L/-
```

　　因为路由器 GZ、交换机 S5 和 S6 的 IS-IS 协议路由器类型均为 Level-2 类型，所以以上①～③的输出仅包含 IS-IS 协议 Level-2 路由信息，各字段的含义如下。

① IPv4 Destination：IPv4 目的地址/掩码长度。

② IntCost：IPv4 内部开销值，即 IS-IS 协议路由的开销值。

③ ExtCost：IPv4 外部开销值，即由外部引入的其他协议路由的开销值。

④ ExitInterface：出接口。

⑤ NextHop：路由的下一跳 IP 地址。

⑥ Flags：路由信息标记，其中 D 表示直连路由、A 表示路由被加入单播路由表、L 表示路由通过 LSP 报文发布出去、S 表示到达该前缀的路径上存在 IGP-Shortcut、U 表示 Up/Down 位。

（9）查看 IP 路由表中的 IS-IS 协议路由

以下各设备路由表输出均省略路由标记和非激活路由的部分。

① 查看路由器 GZ 的 IP 路由表中的 IS-IS 协议路由

```
[GZ]display ip routing-table protocol isis
Public routing table    : ISIS                    //IS-IS 协议公网路由表
        Destinations    : 3      Routes : 4        //目的网络数量和路由数量
ISIS routing table status : <Active>               //ISIS 协议路由表的状态：激活的路由
        Destinations    : 3      Routes : 4        //激活的目的网络数量和路由数量
Destination/Mask    Proto   Pre  Cost     Flags NextHop        Interface
     172.16.23.0/24  ISIS-L2 15   20       D    172.16.12.1    GigabitEthernet0/0/1
                     ISIS-L2 15   20       D    172.16.13.1    GigabitEthernet0/0/0
     //以上两条路由条目为 IS-IS 协议等价路径
     192.168.4.0/23  ISIS-L2 15   20       D    172.16.12.2    GigabitEthernet0/0/1
     192.168.6.0/23  ISIS-L2 15   20       D    172.16.13.2    GigabitEthernet0/0/0
     //以上两条路由分别是交换机 S5 和 S6 上的聚合路由，掩码长度均为 23 位
```

② 查看交换机 S5 的 IP 路由表中的 IS-IS 协议路由

```
[S5]display ip routing-table protocol isis
Public routing table : ISIS                   //公网路由表
        Destinations : 3      Routes : 4
ISIS routing table status : <Active>
        Destinations : 3      Routes : 4
Destination/Mask    Proto   Pre  Cost     Flags NextHop        Interface
     172.16.13.0/24  ISIS-L2 15   20       D    172.16.12.1    Vlanif12
                     ISIS-L2 15   20       D    172.16.23.2    Vlanif23
     192.168.4.0/23  ISIS-L2 255  0        D    0.0.0.0        NULL0
     192.168.6.0/23  ISIS-L2 15   20       D    172.16.23.2    Vlanif23
```

③ 查看交换机 S6 的 IP 路由表中的 IS-IS 协议路由

```
[S6]display ip routing-table protocol isis
Public routing table : ISIS
        Destinations : 3      Routes : 4
ISIS routing table status : <Active>
        Destinations : 3      Routes : 4
Destination/Mask    Proto   Pre  Cost     Flags NextHop        Interface
     172.16.12.0/24  ISIS-L2 15   20       D    172.16.23.1    Vlanif23
                     ISIS-L2 15   20       D    172.16.13.1    Vlanif13
     192.168.4.0/23  ISIS-L2 15   20       D    172.16.23.1    Vlanif23
     192.168.6.0/23  ISIS-L2 255  0        D    0.0.0.0        NULL0
```

以上①～③的输出结果表明 IS-IS 协议路由的优先级是 15 。由于配置路由聚合时，配置了 generate_null0_route 参数，所以在交换机 S5 和 S6 本地（下一跳 IP 地址为 0.0.0.0）路由表中均产生一条指向 NULL0 接口的优先级为 255 的路由，主要是为了防止路由环路。因为所有设备的 IS-IS 协议路由类型都为 Level-2，所以以上路由表的 IS-IS 协议路由类型均为 ISIS-L2。

（10）查看 IS-IS 协议与 BFD 联动的会话信息

```
[GZ]display isis bfd session all
            BFD session information for ISIS(1)
            -----------------------------------
Peer System ID : S6              Interface : GE0/0/0
//邻居设备的系统 ID 和与邻居相连的本端的 IS-IS 协议接口
TX : 1000        BFD State : up    Peer IP Address : 172.16.13.2
RX : 1000        LocDis : 8192     Local IP Address: 172.16.13.1
Multiplier : 3   RemDis : 8193     Type : L2
Diag : No diagnostic information
/*以上 4 行显示了 BFD 报文发送和接收的时间间隔、BFD 会话的状态、本端和对端 IS-IS 协议接口 IP 地址、
BFD 报文检测倍数、BFD 动态分配的本地标识符和对端标识符、对端设备的级别*/
Peer System ID : S5              Interface : GE0/0/1
TX : 1000        BFD State : up    Peer IP Address : 172.16.12.2
RX : 1000        LocDis : 8193     Local IP Address: 172.16.12.1
Multiplier : 3   RemDis : 8193     Type : L2
Diag : No diagnostic information
Total BFD session(s): 2    //BFD 会话的数量
```

任务评价

评价指标	评价观测点	评价结果
理论知识	1. IS-IS 协议原理和术语的理解 2. 网络服务访问点的理解	自我测评 □ A □ B □ C
	3. IS-IS 协议区域的理解 4. IS-IS 协议报文的理解 5. IS-IS 协议邻接关系的理解 6. IS-IS 协议 LSDB 同步的理解 7. IS-IS 协议 LSP 报文处理机制的理解 8. IS-IS 协议基本配置命令的理解	教师测评 □ A □ B □ C
职业能力	1. 掌握 IP 地址配置 2. 掌握基本 IS-IS 协议配置	自我测评 □ A □ B □ C
	3. 掌握 IS-IS 协议度量类型、电路类型和路由器类型的修改方法 4. 掌握 IS-IS 协议区域 MD5 验证配置 5. 掌握 IS-IS 协议路由聚合配置 6. 掌握 IS-IS 协议接口计时器修改和控制 DIS 选举配置 7. 掌握 BFD 与 IS-IS 协议联动配置 8. 掌握 IS-IS 协议配置验证	教师测评 □ A □ B □ C
职业素养	1. 设备操作规范 2. 故障排除思路	自我测评 □ A □ B □ C
	3. 报告书写能力 4. 查阅文献能力 5. 语言表达能力 6. 团队协作能力	教师测评 □ A □ B □ C

续表

评价指标	评价观测点	评价结果
综合评价	1. 理论知识（40%） 2. 职业能力（40%） 3. 职业素养（20%）	自我测评 □ A □ B □ C 教师测评 □ A □ B □ C
	学生签字： 教师签字： 年 月 日	

任务总结

IS-IS 协议是一种非常灵活的路由协议，具有很好的扩展性。为了支持大规模的网络，IS-IS 协议在路由域内采用了两级的分层结构。一个大的路由域可以被分成一个或多个区域，并定义了路由器的 3 种类型：Level-1、Level-2 和 Level-1-2。区域内路由通过 Level-1 路由器管理，区域间路由通过 Level-2 路由器管理。本任务介绍了 IS-IS 协议原理和术语、网络服务访问点、IS-IS 协议区域、IS-IS 协议报文、IS-IS 协议邻接关系、IS-IS 协议 LSDB 同步、IS-IS 协议 LSP 报文处理机制和 IS-IS 协议基本配置命令等基础知识。同时，本任务以真实的工作任务为载体，介绍了路由器接口 IP 地址和三层交换机 VLANIF 接口 IP 地址配置、基本 IS-IS 协议配置、修改 IS-IS 协议度量类型和电路类型及路由器类型、IS-IS 协议区域 MD5 验证配置、IS-IS 协议路由聚合配置、IS-IS 协议接口计时器修改和控制 DIS 选举配置、BFD 与 IS-IS 协议联动配置等网络技能，并详细介绍了 IS-IS 协议配置的验证和调试过程。熟练掌握这些网络基础知识和基本技能，将为网络实施奠定坚实的基础。

知识巩固

1. IS-IS 协议中，（   ）路由器负责区域间路由。
    A. Level-0   B. Level-1   C. Level-2   D. Level-2-1
2. IS-IS 协议的 LSP 刷新时间默认是（   ）。
    A. 60min   B. 30min   C. 20min   D. 15min
3. IS-IS 协议的（   ）在功能上类似于 OSPF 协议中的 LSR 或者 LSAck 报文。
    A. IIH 报文   B. LSP 报文   C. CSNP   D. PSNP
4. IS-IS 协议 LSP ID 包括（   ）这 3 个部分。
    A. 系统 ID   B. 伪节点标识符   C. 系统名称   D. LSP 分片号
5. 网络服务访问点的 DSP 由（   ）这 3 个部分组成。
    A. 高位 DSP   B. 系统 ID   C. NSEL   D. IDI

任务 3-4　部署和实施网络路由引入及路由优化

任务描述

当网络中运行多种路由协议时，必须在这些不同的路由选择协议之间共享路由信息才能保证网络连通性。同时，为了保证网络的伸缩性、稳定性、安全性和快速收敛，必须对路由信息的更新进行控制和优化。本任务主要要求读者夯实和理解路由引入概念和常见问题、前缀列表、路由策略和相关配置命令等基础知识，通过在广州分公司路由器上部署和实施路由引入及路由优化，来掌握前缀列表配置、路由策略配置、IS-IS 协议及 OSPF 协议路由双向引入配置和验证相关配置等职业技能，为后续网络安全实施和自动化运维做好准备。

知识准备

3.4.1 路由引入

当网络规模比较大且使用多种路由协议时，不同的路由协议间通常需要发布其他路由协议发现的路由，这种在路由协议之间交换路由信息的过程被称为路由引入（Route Import）。路由引入为在同一个互联的网络中高效地支持多种路由协议提供了可能，执行路由引入的路由器位于两个或多个自治系统的边界上，因此被称为边界路由器。路由引入时路由开销必须要考虑，因为每一种路由协议都有自己的度量标准，所以在进行引入时必须指定外部引入进来的路由的初始开销。在华为的网络设备上，OSPF 协议引入外部路由的默认初始开销为 1，路由类型为 E2，优先级为 150，而 IS-IS 协议引入外部路由的默认初始开销为 0，路由类型为 Level-2，优先级为 15。需要注意的是，一种路由协议在引入其他路由协议时，只引入路由协议在路由表中存在的路由，不出现在路由表中的路由是不会被引入的。

每种路由协议都有自己的防环机制，但是在路由协议之间相互引入的时候仍然可能会存在路由反馈、次优路由和路由环路等问题。

（1）路由反馈：指路由器有可能将从一个自治系统学到的路由信息发送回该自治系统，特别是在做双向引入的时候，一定要注意这一点。

（2）次优路由：指路由器通过路由引入所选择的路径可能并非最佳路径。

（3）路由环路：指数据包不断在网络中传输，无法到达目的网络，最终可能导致网络瘫痪。

一般可通过路由过滤、修改优先级和调整外部路由开销值等方式来解决路由引入的路由反馈、次优路由和路由环路问题。另外，在路由引入的时候要考虑不同路由协议收敛时间的不一致问题。

路由引入过程中对路由反馈、次优路由和路由环路现象的分析过程如图 3-25 所示。

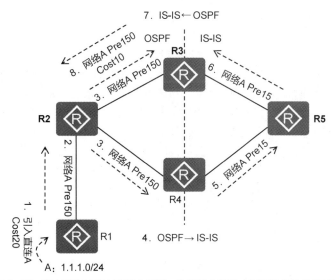

图 3-25　路由引入过程中对路由反馈、次优路由和路由环路现象的分析过程

（1）路由器 R1 通过引入直连网络把网络 A（1.1.1.0/24）引入 OSPF 协议进程中，开销值设置为 20。

（2）OSPF 协议将采用 ASE 路由（优先级为 150）的方式把路由 1.1.1.0/24 通告给路由器 R2。

（3）路由器 R2 将 OSPF 协议 ASE 路由 1.1.1.0/24 传递给路由器 R3 和 R4，路由器 R3 和 R4 将该路由添加到自己的路由表中。

（4）在路由器 R4 上执行路由引入，把 OSPF 协议路由引入 IS-IS 协议进程中，即把 1.1.1.0/24 引入 IS-IS 协议路由表中。

（5）路由器 R4 把 IS-IS 协议路由 1.1.1.0/24（优先级为 15）通告给路由器 R5，路由器 R5 将该路由添加到自己的路由表中。

（6）路由器 R5 把 IS-IS 协议路由 1.1.1.0/24（优先级为 15）通告给路由器 R3，此时路由器 R3 分别从路由器 R5 和 R2 两个来源学到 1.1.1.0/24 的路由。通过比较路由优先级，从路由器 R2 学到路由的优先级为 150，从路由器 R5 学到的路由的优先级为 15，因此会把从路由器 R5 学到的路由安装到路由表中，下一跳指向路由器 R5。此时次优路由出现，从路由器 R3 到达网络 1.1.1.0/24 的路径为 R3→R5→R4→R2→R1，而最优路径是 R3→R2→R1。

（7）在路由器 R3 上执行路由引入，把 IS-IS 协议路由引入 OSPF 协议进程中，因此会把 1.1.1.0/24 路由引入 OSPF 协议路由表中，开销值设置为 10。

（8）OSPF 协议将采用 ASE 路由（优先级为 150）的方式把路由 1.1.1.0/24 通告给路由器 R2。此时出现路由反馈，OSPF 协议路由 1.1.1.0/24 通过路由引入首先进入 IS-IS 协议区域，再经过路由引入，重新回到 OSPF 协议区域。

（9）路由器 R2 分别从路由器 R1 和 R3 两个来源学到 1.1.1.0/24 的路由，因为都是 OSPF 协议 ASE 路由，所以路由优先级相同（均为 150）。接下来比较两条路由的开销值，从路由器 R1 学到路由的开销值为 20，从路由器 R3 学到的路由的开销值为 10，因此路由器 R2 会把从路由器 R3 学到的路由安装到路由表中，下一跳指向路由器 R3。此时路由环路出现，从路由器 R2 到达网络 1.1.1.0/24 的路径为 R2→R3→R5→R4→R2，从路由器 R2 出发，最后又回到路由器 R2，形成路由环路。

通过以上分析可知，在双点双向路由引入过程中，一定要通过技术手段避免路由反馈、次优路由和路由环路这些情况的出现。例如，在步骤（6）中，可以将路由器 R5 发送给路由器 R3 的 1.1.1.0/24 路由的优先级设置为大于 150 的值，就可以很容易地避免次优路由。

3.4.2　前缀列表

IP 前缀列表（IP-Prefix List）是将路由条目的网络地址、掩码长度作为匹配条件的过滤器，可在路由协议发布和接收路由时使用。不同于 ACL，IP 前缀列表能够同时匹配 IP 地址前缀长度以及掩码长度范围，增强了匹配的精确度，比 ACL 更为灵活，且更易于理解。前缀列表的特点如下。

（1）方便性。配置前缀列表时，可以指定序号，只要序号不是连续的，以后就可以方便地插入条目，或者删除针对某个序号的条目，而不是整个前缀列表。

（2）高效性。在大型列表的加载和路由查找方面，前缀列表比 ACL 有显著的性能改进。

（3）灵活性。可以在前缀列表中指定掩码的长度，也可以指明掩码长度的范围。

前缀列表中定义的每个表项称为一条过滤规则，前缀列表根据匹配模式（permit 或 deny）来判断路由能否通过前缀列表的过滤。前缀列表的匹配规则和匹配机制如图 3-26 所示。

（1）顺序匹配：前缀列表的各个表项按索引号从小到大的顺序参与匹配。合理设计匹配顺序有助于提高前缀列表的执行效率。

（2）唯一匹配：路由条目一旦与某一个表项匹配，就不会再去匹配其他表项。

（3）默认拒绝：与所有表项都不匹配的路由默认被拒绝。

配置前缀列表的命令如下。

```
ip ip-prefix ip-prefix-name [ index index-number] { permit | deny } ipv4-address mask-length
[match-network] [ greater-equal greater-equal-value ] [ less-equal less-equal-value ]
```

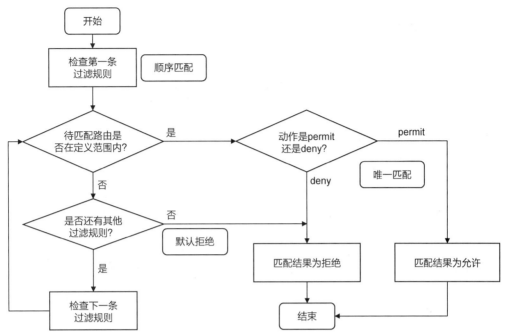

图 3-26　前缀列表的匹配规则和匹配机制

命令中各参数的含义如下。

（1）ip-prefix *ip-prefix-name*：前缀列表名，区分字母大小写。

（2）index *index-number*：32 位序号，用于确定语句被处理的次序。默认情况下，该序号值按照配置先后顺序依次递增，每次加 10，且第一个序号值为 10。

（3）permit|deny：匹配条目时所要采取的行为，如果路由前缀不与前缀列表中的条目匹配，则按照序号顺序执行下一条过滤规则。

（4）*ipv4-address mask-length：*前缀和前缀长度。

（5）match-network：该参数只有在 ipv4-address 为 0.0.0.0 时才可以配置，主要用来匹配指定网络地址的路由。例如，ip ip-prefix p1 permit 0.0.0.0 8 可以匹配掩码长度为 8 位的所有路由；而 ip ip-prefix p1 permit 0.0.0.0 8 match-network 可以匹配 0.0.0.1～0.255.255.255 范围内的所有路由。

（6）greater-equal *greater-equal-value*：匹配的前缀长度的下限。greater-equal 和 less-equal 均为可选参数。对于前缀长度，其匹配范围要满足下列条件：length<greater-equal-value ≤ less-equal-value ≤32。如果只指定了 greater-equal-value 参数，则前缀长度的匹配范围为 greater-equal-value ≤前缀长度≤32。

（7）less-equal *less-equal-value*：匹配的前缀长度的上限。如果只指定了 less-equal 参数，则前缀长度的匹配范围为 mask-length ≤前缀长度≤ less-equal-value；如果同时定义了 greater-equal 和 less-equal，则前缀长度的匹配范围为 greater-equal-value ≤前缀长度≤ less-equal-value；如果既没有指定 greater-equal 又没有指定 less-equal，则前缀长度的匹配范围只能是 mask-length/prefix-length，也就是精确匹配。

下面是前缀列表配置及匹配结果的实例，便于读者对前缀列表语法进行理解。

`[R1]ip ip-prefix SZ1 index 5 permit 172.16.0.0 16 less-equal 24`

该表项的含义是匹配以 172.16 开头的、前缀长度为 16～24（包括 16 和 24）位的所有路由。

`[R1]ip ip-prefix SZ2 index 10 permit 192.168.0.0 16 greater-equal 26`

该表项的含义是匹配以 192.168 开头的、前缀长度为 16～26（包括 16 和 26）位的所有路由。例如，192.168.0.0/16、192.168.96.0/18 能匹配，但 192.168.64.0/28 的路由不能匹配。

3.4.3 路由策略

路由策略（Route Policy）用于过滤路由信息以及为过滤后的路由信息设置路由属性。路由策略可以用来控制路由的发布、控制路由的接收、管理引入的路由和设置路由的属性等。路由策略是一种比较复杂的过滤器，它不仅可以匹配路由信息的某些属性，还可以在条件满足时改变路由信息的属性。路由策略可以使用 ACL 和前缀列表等定义自己的匹配规则。路由策略的实现主要包括两个步骤：首先，定义将要实施路由策略的路由信息的特征，即定义一组匹配规则，可以灵活地定义各种匹配规则；其次，将匹配规则应用于路由的发布、接收和引入等过程的路由策略中。

路由策略的工作原理如图 3-27 所示。一个路由策略可以由多个节点构成，每个节点是匹配检查的一个单元。在匹配过程中，系统按节点序号升序依次检查各个节点。不同节点间是"或"的关系，即如果通过了其中一个节点的检查，就意味着通过该路由策略，不再对其他节点进行匹配。每个节点对路由信息的处理方式由匹配模式决定。匹配模式分为 permit 和 deny 两种，permit 模式表示路由将被允许通过，并且执行该节点的 apply 子句来对路由信息的一些属性进行设置；deny 模式表示路由将被拒绝通过。当路由与该节点内的任意一个 if-match 子句匹配失败后，就会进入下一节点匹配。如果和所有节点都匹配失败，则路由信息将被拒绝通过。

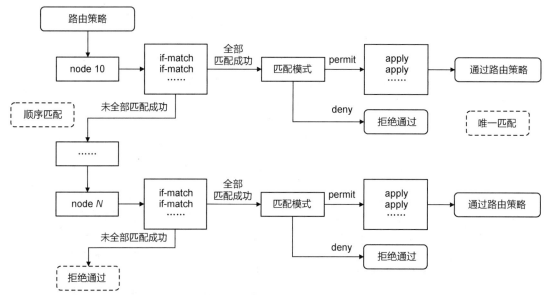

图 3-27　路由策略的工作原理

每个节点可以由一组 if-match 和 apply 子句组成。if-match 子句用于定义匹配规则，匹配对象是路由信息的一些属性。同一节点中的不同 if-match 子句是"与"的关系，只有满足节点内所有 if-match 子句指定的匹配条件，才能通过该节点的匹配。apply 子句用于指定动作，也就是在通过节点的匹配后，对路由信息的一些属性进行的设置。if-match 和 apply 子句可以根据应用进行设置，它们都是可选的。如果某个 permit 节点未配置任何 if-match 子句，则该节点匹配所有的路由。路由策略中至少要配置一个节点的匹配模式是 permit，否则所有路由都将被过滤。通常在多个 deny 节点后设置一个不含 if-match 子句和 apply 子句的 permit 节点，用于允许其他路由通过。

定义路由策略的命令如下。

```
route-policy route-policy-name { permit | deny } node node
if-match
apply
```

其中，if-match 命令用来定义路由策略，即匹配规则，常用的匹配条件包括 ACL、前缀列表、路由标记、路由类型及接口等；apply 命令用来为路由策略指定动作。在一个节点中，如果没有配置 apply 子句，则该节点仅起过滤路由的作用。如果配置一个或多个 apply 子句，则通过节点匹配的路由将执行所有 apply 子句。常用的动作包括设置路由的开销值、设置路由的开销类型、设置路由的下一跳地址、设置路由协议的优先级、设置路由的标记和设置 BGP 路由的属性等。

以下是定义路由策略的一个实例，目的是为前缀列表 A 定义的路由信息设置路由标记 1010。

```
[R1]ip ip-prefix A index 10 permit 10.1.1.0 24
[R1]route-policy tag permit node 10
[R1-route-policy]if-match ip-prefix A
[R1-route-policy]apply tag 1010
```

3.4.4　路由引入和路由过滤基本配置命令

1. 配置前缀列表

```
[Huawei]ip ip-prefix ip-prefix-name [ index index-number ] { permit | deny }
ipv4-address mask-length [ match-network ] [ greater-equal greater-equal-value ]
[ less-equal less-equal-value ] //创建前缀列表
```

2. 配置路由策略

```
[Huawei]route-policy route-policy-name { permit | deny } node node
//创建路由策略
[Huawei-route-policy]if-match ?        //配置 if-match 子句
    acl                                //匹配基本 ACL
    cost                               //匹配路由信息的开销
    interface                          //匹配路由信息的出接口
    ip-prefix                          //匹配前缀列表
......
[Huawei-route-policy]apply ?           //配置 apply 子句
cost                                   //设置路由的开销
cost-type {type-1 | type-2}            //设置 OSPF 协议的开销类型
ip-address next-hop                    //设置 IPv4 路由信息的下一跳地址
preference                             //设置路由协议的优先级
tag                                    //设置路由信息的标记域
    ......
```

3. 配置路由引入

```
[Huawei]import-route { limit limit-number | { bgp [ permit-ibgp ] | direct | unr |
rip [ process-id-rip ] | static | isis [ process-id-isis ] | OSPF [ process-id-OSPF ] }
[ cost cost | type type | tag tag | route-policy route-policy-name ] }
```

该命令用于在 OSPF 协议中引入其他路由协议学习到的路由信息。默认情况下，OSPF 协议引入外部路由的默认开销值为 1，引入的外部路由类型为 Type 2，设置默认标记值为 1。Type 1 外部路由开销＝本设备到相应的 ASBR 的开销＋ASBR 到该路由目的地址的开销。 Type 2 外部路由开销＝ASBR 到该路由目的地址的开销。

OSPF 协议使用了 4 种路由，按优先级顺序列举如下。

（1）区域内路由：指一个自治系统区域内部的路由。

（2）区域间路由：指自治系统内不同区域之间的路由。区域内路由和区域间路由都属于自治系统的内部路由。

（3）Type 1 外部路由：当外部路由的开销与自治系统内部的路由开销相当，并且和 OSPF 协议自身路由的开销具有可比性时，可以认为这类路由的可信程度较高，将其配置为 Type 1 External。

（4）Type 2 外部路由：当 ASBR 到自治系统之外的开销远远大于在自治系统之内到达 ASBR 的开销时，可以认为这类路由的可信程度较低，将其配置为 Type 2 External。

```
[Huawei]import-route { { rip | isis | OSPF } [ process-id ] | static | direct | unr
| bgp [ permit-ibgp ] } [ cost-type { external | internal } | cost cost | tag tag | route-policy
route-policy-name | [ level-1 | level-2 | level-1-2 ] ]
//IS-IS 协议中引入其他路由协议学习到的路由信息
```

任务实施

A 公司的网络部署了 OSPF 协议和 IS-IS 协议两种路由协议，按照项目规划部署，需要在广州分公司路由器上配置路由双向引入，以便实现总部和分公司路由信息的共享，并做相应的路由优化和路径控制，确保企业网络高效运行，网络拓扑如图 3-1 所示。工程师需要完成的主要任务如下。

（1）配置前缀列表。

（2）配置路由策略。

（3）配置 IS-IS 协议和 OSPF 协议路由双向引入。

（4）验证相关配置。

1. 配置前缀列表

广州分公司路由器配置了两条前缀列表，分别匹配深圳总部业务网段和服务器区的路由信息以及广州分公司的业务网段的路由信息。

```
[GZ]ip ip-prefix SZ index 5 permit 10.1.4.0 22
//匹配深圳总部业务网段的路由信息
[GZ]ip ip-prefix SZ index 10 permit 10.3.1.0 24
//匹配深圳总部服务器区的路由信息
[GZ]ip ip-prefix GZ index 5 permit 192.168.4.0 23
[GZ]ip ip-prefix GZ index 10 permit 192.168.6.0 23
//以上两行用于匹配广州分公司业务网段的路由信息
```

2. 配置路由策略

（1）配置深圳总部业务网段和服务器区的路由策略

```
[GZ]route-policy SZ permit node 10
//创建路由策略并进入路由策略视图
[GZ-route-policy]if-match ip-prefix SZ
//配置基于 IP 地址前缀列表的匹配规则
[GZ-route-policy]apply cost 20              //设置路由的开销
[GZ-route-policy]apply tag 111              //设置路由信息的标记
```

（2）配置广州分公司业务网段的路由策略

```
[GZ]route-policy GZ permit node 10
[GZ-route-policy]if-match ip-prefix GZ
[GZ-route-policy]apply cost 20
[GZ-route-policy]apply cost-type type-1     //设置路由的开销类型
```

3. 配置 IS-IS 协议和 OSPF 协议路由双向引入

（1）配置 IS-IS 协议引入 OSPF 协议路由

```
[GZ]OSPF 1
[GZ-OSPF-1]import-route isis 1 route-policy GZ
//OSPF 路由进程中引入符合路由策略 GZ 的 IS-IS 协议路由
```

（2）配置 OSPF 协议引入 IS-IS 协议路由

```
[GZ]isis 1
[GZ-isis-1]import-route OSPF 1 route-policy SZ
```

//IS-IS 协议路由进程中引入符合路由策略 SZ 的 OSPF 路由

`[GZ-isis-1]default-route-advertise route-policy SZ`

/*指定如果有外部路由匹配路由策略 SZ,则在 LSP 报文中发布默认路由,该命令引用的路由策略不影响 IS-IS 协议引入外部路由*/

4. 验证相关配置

（1）查看前缀列表信息

```
[GZ]display ip ip-prefix
Prefix-list SZ            //前缀列表的名称
Permitted 3              //匹配的路由数
Denied 7                 //未匹配的路由数
      index: 5                 permit 10.1.4.0/22   //匹配项在前缀列表中的序号和匹配规则
      index: 10                permit 10.3.1.0/24
Prefix-list GZ
Permitted 2
Denied 8
      index: 5                 permit 192.168.4.0/23
      index: 10                permit 192.168.6.0/23
```

（2）查看路由策略信息

```
[GZ]display route-policy
Route-policy : SZ                        //路由策略的名称
  permit : 10 (matched counts: 3)        //匹配路由策略的路由条目的数量
    Match clauses :
      if-match ip-prefix SZ              //匹配的规则
    Apply clauses :
      apply cost 20                      //执行的动作
      apply tag 111
Route-policy : GZ
  permit : 10 (matched counts: 2)
    Match clauses :
      if-match ip-prefix GZ
    Apply clauses :
      apply cost 20
      apply cost-type type-1
```

（3）查看路由信息

由于深圳总部和广州分公司都有多台设备，这里不一一列出每台设备的路由信息，只在总部的路由器 SZ1、交换机 S1 以及分公司的交换机 S5 上查看路由信息。了解在路由器 GZ 上执行双向引入后，总部和分公司路由信息共享的情况，其他设备的路由信息请读者自己进行查看。

以下各设备的路由表输出均省略路由标记和未激活路由的部分。

① 查看路由器 SZ1 的路由信息

```
[SZ1]display ip routing-table protocol OSPF
Public routing table : OSPF
        Destinations : 9      Routes : 14
OSPF routing table status : <Active>
        Destinations : 9      Routes : 14
Destination/Mask    Proto   Pre  Cost       Flags NextHop         Interface
      0.0.0.0/0     O_ASE   150  1          D     10.2.12.2       GigabitEthernet0/0/0
      10.1.4.0/24   OSPF    10   2          D     10.2.24.4       GigabitEthernet0/0/1
                    OSPF    10   2          D     10.2.25.5       GigabitEthernet0/0/2
```

```
      10.1.5.0/24   OSPF   10   2           D   10.2.24.4   GigabitEthernet0/0/1
                    OSPF   10   2           D   10.2.25.5   GigabitEthernet0/0/2
      10.1.6.0/24   OSPF   10   2           D   10.2.24.4   GigabitEthernet0/0/1
                    OSPF   10   2           D   10.2.25.5   GigabitEthernet0/0/2
      10.1.7.0/24   OSPF   10   2           D   10.2.24.4   GigabitEthernet0/0/1
                    OSPF   10   2           D   10.2.25.5   GigabitEthernet0/0/2
     10.2.16.0/24   OSPF   10   2           D   10.2.12.2   GigabitEthernet0/0/0
                    OSPF   10   2           D   10.2.26.6   GigabitEthernet1/0/0
      10.3.1.0/24   OSPF   10   2           D   10.2.26.6   GigabitEthernet1/0/0
   192.168.4.0/23   O_ASE  150  21          D   10.2.23.2   GigabitEthernet2/0/0
   192.168.6.0/23   O_ASE  150  21          D   10.2.23.2   GigabitEthernet2/0/0
```

//以上信息显示了路由器 SZ1 只学习到广州分公司业务网段的路由，且是等价路由

```
[SZ1]display OSPF routing | include 192.168
OSPF Process 1 with Router ID 1.1.1.1
        Routing Tables
Routing for Network
Destination         Cost  Type       NextHop        AdvRouter      Area
Routing for ASEs
Destination         Cost       Type       Tag      NextHop      AdvRouter
 192.168.4.0/23     21         Type1      1        10.2.23.2    3.3.3.3
 192.168.6.0/23     21         Type1      1        10.2.23.2    3.3.3.3
```

//以上两行显示了广州分公司业务网段的 OSPF 协议路由类型为 Type1

```
Total Nets: 19
Intra Area: 16  Inter Area: 0  ASE: 3  NSSA: 0
```

以上输出说明在路由器 GZ 的 OSPF 协议进程中执行基于策略的 IS-IS 协议路由引入后，深圳总部路由器只学习到广州分公司的业务网段的路由，路由代码为 O_ASE，优先级为 150，开销值=初始值（20）+路由器 GZ 到路由器 SZ1 的链路开销（1）=21，OSPF 协议路由类型为 Type1，与定义的 OSPF 协议路由引入路由策略 GZ 的要求完全一致。

② 查看交换机 S1 上的路由表

```
[S1]display IP routing-table protocol OSPF
Public routing table : OSPF
        Destinations : 9       Routes : 9
OSPF routing table status : <Active>
        Destinations : 9       Routes : 9
Destination/Mask    Proto   Pre   Cost       Flags NextHop      Interface
    0.0.0.0/0       O_ASE   150   1          D   10.2.24.1    Vlanif24
   10.2.12.0/24     OSPF    10    2          D   10.2.24.1    Vlanif24
   10.2.16.0/24     OSPF    10    3          D   10.2.24.1    Vlanif24
   10.2.23.0/24     OSPF    10    2          D   10.2.24.1    Vlanif24
   10.2.25.0/24     OSPF    10    2          D   10.2.24.1    Vlanif24
   10.2.26.0/24     OSPF    10    2          D   10.2.24.1    Vlanif24
    10.3.1.0/24     OSPF    10    3          D   10.2.24.1    Vlanif24
  192.168.4.0/23    O_ASE   150   22         D   10.2.24.1    Vlanif24
  192.168.6.0/23    O_ASE   150   22         D   10.2.24.1    Vlanif24
```

//以上两行表明交换机 S1 收到广州分公司业务网段的路由

③ 查看交换机 S5 上的路由表

```
[S5]display ip routing-table protocol isis
Public routing table : ISIS
        Destinations : 6       Routes : 7
```

```
ISIS routing table status : <Active>
         Destinations : 6      Routes : 7
Destination/Mask       Proto    Pre Cost     Flags   NextHop        Interface
    0.0.0.0/0          ISIS-L2  15   30       D       172.16.12.1    Vlanif12
    10.1.4.0/22        ISIS-L2  15   30       D       172.16.12.1    Vlanif12
    10.3.1.0/24        ISIS-L2  15   30       D       172.16.12.1    Vlanif12
```
/*以上 3 条路由是在路由器 GZ 的 IS-IS 协议进程引入路由 OSPF 协议后，分公司交换机学习到的深圳总部的业务网段和服务器区的路由及默认路由
```
    172.16.13.0/24     ISIS-L2  15   20       D       172.16.23.2    Vlanif23
                       ISIS-L2  15   20       D       172.16.12.1    Vlanif12
    192.168.4.0/23     ISIS-L2  255  0        D       0.0.0.0        NULL0
    192.168.6.0/23     ISIS-L2  15   20       D       172.16.23.2    Vlanif23

    [GZ]display isis route
                     Route information for ISIS(1)
                     -----------------------------

                     ISIS(1) Level-2 Forwarding Table
                     --------------------------------

IPv4 Destination      IntCost   ExtCost ExitInterface   NextHop      Flags
--------------------------------------------------------------------------
172.16.23.0/24        20        NULL    GE0/0/0         172.16.13.2  A/-/-/-
                                        GE0/0/1         172.16.12.2
172.16.13.0/24        10        NULL    GE0/0/0         Direct       D/-/L/-
192.168.6.0/23        20        NULL    GE0/0/0         172.16.13.2  A/-/-/-
172.16.12.0/24        10        NULL    GE0/0/1         Direct       D/-/L/-
192.168.4.0/23        20        NULL    GE0/0/1         172.16.12.2  A/-/-/-
Flags: D-Direct, A-Added to URT, L-Advertised in LSPs, S-IGP Shortcut,
                U-Up/Down Bit Set
                ISIS(1) Level-2 Redistribute Table //IS-IS 协议引入的 Level-2 的路由
                     --------------------------------

Type IPv4 Destination   IntCost   ExtCost Tag
--------------------------------------------------------------------------
O    10.1.4.0/22        20        NULL    111
O    10.3.1.0/24        20        NULL    111
```
/*以上两行是 IS-IS 协议进程引入的深圳总部业务网段和服务器区网段的 OSPF 协议路由，包括设置的初始开销值及路由标记*/

以上输出说明在路由器 GZ 的 IS-IS 协议进程中执行基于策略的 OSPF 协议路由引入后，广州分公司的交换机只学习到深圳总部的业务网段和服务器区网段的路由及一条默认路由，路由类型为 Level-2，优先级为 15，开销值=初始值（20）+路由器 GZ 到交换机 S5 的链路开销（10）=30，路由标记为 111，与定义的 IS-IS 协议路由引入路由策略 SZ 的要求完全一致。

任务评价

评价指标	评价观测点	评价结果
理论知识	1. 路由引入的理解 2. 前缀列表的理解 3. 路由策略的理解 4. 路由引入基本配置命令的理解	自我测评 □ A □ B □ C 教师测评 □ A □ B □ C

续表

评价指标	评价观测点	评价结果
职业能力	1. 掌握前缀列表配置 2. 掌握路由策略配置 3. 掌握 IS-IS 协议和 OSPF 协议双向引入配置 4. 掌握前缀列表、路由策略和路由引入配置的验证	自我测评 □ A □ B □ C 教师测评 □ A □ B □ C
职业素养	1. 设备操作规范 2. 故障排除思路 3. 报告书写能力 4. 查阅文献能力 5. 语言表达能力 6. 团队协作能力	自我测评 □ A □ B □ C 教师测评 □ A □ B □ C
综合评价	1. 理论知识（40%） 2. 职业能力（40%） 3. 职业素养（20%）	自我测评 □ A □ B □ C 教师测评 □ A □ B □ C
学生签字：	教师签字：	年　　月　　日

任务总结

　　路由引入实现了不同路由协议之间的路由信息的共享，而前缀列表和路由策略等工具的有效使用可以实现路由优化和路径控制。路径优化对提高网络的稳定性、安全性和收敛速度等意义重大。本任务详细介绍了路由引入概念和常见问题、前缀列表、路由策略和相关配置命令等基础知识。同时，本任务以真实的工作任务为载体，介绍了前缀列表配置和验证、路由策略配置和验证、IS-IS 及 OSPF 路由双向引入配置和验证等职业技能，为后续网络安全实施和自动化运维做好准备。

知识巩固

1. IS-IS 协议引入外部路由的默认路由类型为（　　　）。
   　A. Level-1　　　　B. Level-1-2　　　　C. Level-2　　　　D. Level-0
2. OSPF 协议引入外部路由时默认的开销值是（　　　）。
   　A. 5　　　　　　　B. 10　　　　　　　C. 15　　　　　　　D. 150
3. 为华为设备配置前缀列表时，如果不指定索引号，则默认情况下索引号每次增加（　　　）。
   　A. 5　　　　　　　B. 10　　　　　　　C. 15　　　　　　　D. 100
4. 路由策略的匹配模式分为（　　　）。
   　A. permit　　　　B. deny　　　　　　C. drop　　　　　　D. forward
5. 路由引入过程中出现的常见问题包括（　　　）。
   　A. 次优路由　　　B. 路由反馈　　　　C. 路由偏移　　　　D. 路由环路

任务 3-5　部署和实施总部 IPv6 网络

任务描述

　　随着网络新应用的不断涌现以及接入 Internet 用户的增加，传统的第 4 版互联网协议（Internet Protocol Version 4，IPv4）已经难以支持 Internet 的进一步扩张和新业务的特性，如端到端的应用、实时应用和 QoS 保证等。无论是 NAT，还是 CIDR 等，都是缓解 IP 地址短缺的手段，而第 6 版互联网协议（Internet Protocol Version 6，IPv6）才是解决 IP 地址短缺的最终方法，它是 IETF 设计的一套规范，是 IPv4 的升级版本。本任务主要要求读者夯实和理解 IPv6 的优势、IPv6 地址格式、IPv6 地址类型、ICMPv6、OSPFv3 协议和 IPv6 基本配置命令等基础知识，通过在深圳总部部署和实施 IPv6，掌握 IPv6 地址配置、浮动静态默认路由配置、基本 OSPFv3 协议配置、OSPFv3 协议网络类型和静态默认接口配置、OSPFv3 协议路由聚合配置、向 OSPFv3 网络注入默认路由配置和 OSPFv3 协议配置验证等职业技能，为后续企业全部升级 IPv6 网络做好准备。

知识准备

3.5.1　IPv6 简介

2011 年 2 月 3 日，因特网编号分配机构（Internet Assigned Numbers Authority，IANA）宣布将其最后的 468 万个 IPv4 地址平均分配到全球 5 个区域互联网注册机构（Regional Internet Registry，RIR），此后 IANA 再没有可分配的 IPv4 地址。面对 IPv4 地址的枯竭、越来越庞大的 Internet 路由表和缺乏端到端 QoS 保证等缺点，IPv6 的实施是必然的趋势。IPv6 对 IPv4 做了大量的改进，其主要优势如下。

（1）近乎无限的地址空间：IPv6 地址由 128 位构成，单从数量级来说，IPv6 所拥有的地址数量是 IPv4 的约 8×10^{28} 倍，号称可以为全世界的每一粒沙分配一个网络地址。这使得海量终端同时在线、统一编址管理变为可能，也为万物互联提供了强有力的支撑。

（2）层次化的地址结构：正因为有了近乎无限的地址空间，IPv6 在地址规划时就根据使用场景划分了各种地址段。同时，严格要求单播 IPv6 地址段的连续性，便于 IPv6 路由聚合，缩小 IPv6 地址表规模。

（3）即插即用：任何主机或者终端要获取网络资源和传输数据，都必须有明确的 IP 地址。传统的分配 IP 地址的方式是手动或者由 DHCP 服务器分配的，除了上述两种方式外，IPv6 还支持无状态地址自动配置（Stateless Address Autoconfiguration，SLAAC）。

（4）端到端网络的完整性：大面积使用 NAT 技术的 IPv4 网络，从根本上破坏了端到端连接的完整性。使用 IPv6 之后，将不再需要 NAT，上网行为管理和网络监管等将变得简单。与此同时，应用程序也不需要开发复杂的 NAT 适配代码。

（5）增强的安全性：互联网安全协议（Internet Protocol Security，IPSec）最初是为 IPv6 设计的，所以基于 IPv6 的各种协议报文（路由协议、邻居发现等）都可以采用端到端加密，但该功能目前的应用并不多。

（6）较强的扩展性：IPv6 的扩展报头会插在 IPv6 基本头部和有效载荷之间，能够协助 IPv6 完成加密功能、移动功能、最优路径选路和 QoS 保证等，并可提高报文转发效率。

（7）较好的移动性：当一个用户从一个网段移动到另外一个网段时，传统的网络会产生经典式"三角式路由"；而在 IPv6 网络中，这种移动设备的通信可不再经过原"三角式路由"，而直接进行路由转发，这能降低流量转发的成本、提升网络性能和可靠性。

（8）进一步增强的 QoS：IPv6 保留了 IPv4 所有的 QoS 属性，额外定义了 20 字节的流标签字段，可为应用程序或者终端所用，并针对特殊的服务和数据流分配特定的资源。目前该机制并没有得到充分的开发和应用。

3.5.2　IPv6 地址格式

IPv4 地址表示为点分十进制格式，而 IPv6 采用冒号分十六进制格式。例如，2001:0DB8:6101:0000:0000:98FF:FECA:A298 是一个完整的 IPv6 地址。从上面的例子可看出手动管理 IPv6 地址的难度，也可看出自动配置和 DNS 的必要性。但是如下规则可以简化 IPv6 地址的表示形式。

（1）IPv6 地址中每个 16 位分组中的前导零位可以去除以简化表示。

（2）可以将冒号分十六进制格式中相邻的连续零位合并，用双冒号"::"表示，但是"::"在一个 IPv6 地址中只能出现一次。通过上述两条规则，前例中的 IPv6 地址可以简化为 2001:DB8:6101::98FF:FECA:A298。

IPv6 地址由网络前缀和接口标识两部分组成。其中，网络前缀相当于 IPv4 地址中的网络 ID，接口标识相当于 IPv4 地址中的主机 ID。

IPv6 地址接口 ID 可以通过手动配置、系统自动生成或基于 IEEE EUI-64 规范自动生成这 3 种方式生成。其中，基于 IEEE EUI-64 规范自动生成接口 ID 的方式最为常用，该方式将接口的 MAC 地址转换为 IPv6 接口标识。

（1）手动配置接口 ID：通过人为指定接口 ID 来实现。

（2）系统自动生成接口 ID：设备采用随机生成的方法产生一个接口 ID，目前 Windows 操作系统使用该方式。

（3）基于 IEEE EUI-64 规范自动生成接口 ID：将接口的 MAC 地址转换为 IPv6 接口标识，这种方式最为常用，其工作过程如下。

① 在 48 位的 MAC 地址的组织唯一标识符（Organizationally Unique Identifier，OUI）（前 24 位）和序列号（后 24 位）之间插入一个固定数值"FFFE"，例如，MAC 地址为"0050:3EE4:4C89"，那么插入固定数值后的结果是"0050:3EFF:FEE4:4C89"。

② 将第 7 位反转。在 MAC 地址中，第 7 位为 1 表示本地唯一，为 0 表示全球唯一；而在 IEEE EUI-64 规范中，第 7 位为 1 表示全球唯一，为 0 表示本地唯一。前例中第 7 位反转后的结果为"0250:3EFF:FEE4:4C89"。

③ 加上前缀构成一个完整的 IPv6 地址，如 2022:1212::0250:3EFF:FEE4:4C89。

IPv6 报文一般由基本报头、扩展报头和上层协议数据单元这 3 个部分组成。IPv6 报文基本报头长度固定为 40 字节，其格式如图 3-28 所示，各字段的含义如下。

版本	流量类型	流标签	
有效载荷长度		下一报头	跳数限制
源IPv6地址			
目的IPv6地址			

图 3-28　IPv6 报文基本报头

（1）版本（4 位）：在 IPv6 中，该字段的值为 6。

（2）流量类型（8 位）：该字段以区分服务码点（Differentiated Services Code Point，DSCP）标记一个 IPv6 数据包，以此指明数据包应当如何处理，提供 QoS 服务。

（3）流标签（20 位）：在 IPv6 中，该字段是新增加的，用来标记 IPv6 数据的一个流，让路由器或者交换机基于流而不是数据包来处理数据，该字段也可用于 QoS。

（4）有效载荷长度（16 位）：该字段标识有效载荷的长度，有效载荷指的是紧跟 IPv6 报头的数据包的其他部分。

（5）下一报头（8 位）：该字段定义紧跟 IPv6 基本报头的信息类型，信息类型可能是高层协议，如 TCP 或 UDP，也可能是一个新增的可扩展报头。

（6）跳数限制（8 位）：该字段定义了 IPv6 数据包所经过的最大跳数。

（7）源 IPv6 地址（128 位）：该字段标识发送方的 IPv6 源地址。

（8）目的 IPv6 地址（128 位）：该字段标识 IPv6 数据包的目的地址。

IPv6 扩展报头实现了 IPv4 报头中选项字段的功能，并进行了扩展，每一个扩展报头都有一个下一报头字段，用于指明下一个扩展报头的类型，如图 3-29 所示。

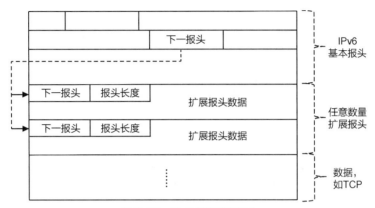

图 3-29　IPv6 报文扩展报头

目前 IPv6 定义的扩展报头有逐跳选项报头、目的地选项报头、路由选择报头、分段报头、鉴别头、封装安全负载报头和上层报头，具体描述如下。

（1）逐跳（Hop-by-Hop）选项报头：对应的下一报头值为 0，指数据包传输过程中，每台路由器都必须检查和处理，如组播接收方发现（Multicast Listener Discovery，MLD）协议和资源预留协议（Resource Reservation Protocol，RSVP）等。其中，MLD 协议用于支持组播的 IPv6 路由器和网络上的组播组成员之间交换成员状态信息。

（2）目的地选项报头：对应的下一报头值为 60，指最终的目的节点和路由选择报头指定的节点都对其进行处理。如果存在路由选择扩展报头，则每一个指定的中间节点都要处理这些选项；如果没有路由选择扩展报头，则只有最终目的节点需要处理这些选项。

（3）路由选择报头：对应的下一报头值为 43，IPv6 的源节点可以利用路由选择扩展报头指定数据包从源地址到目的地址需要经过的中间节点的列表。

（4）分段报头：对应的下一报头值为 44，当 IPv6 数据包长度大于链路 MTU 时，源节点负责对数据包进行分段，并在分段扩展报头中提供数据包重组信息。高层应该尽量避免发送需要分段的数据包。

（5）鉴别头（Authentication Header，AH）：对应的下一报头值为 51，提供身份验证、数据完整性检查和防重放保护。

（6）封装安全负载（Encapsulating Security Payload，ESP）报头：对应的下一报头值为 50，提供身份验证、数据机密性、数据完整性检查和防重放保护。

（7）上层报头：通常用于传输数据，如 TCP 对应的下一报头值为 6，UDP 对应的下一报头值为 17，OSPF 协议对应的下一报头值为 89，ICMPv6 对应的下一报头值为 58。

3.5.3　IPv6 地址类型

IPv6 地址有单播、组播和任播 3 种类型，在每种类型中又有一种或者多种类型的地址，如单播有链路本地地址、可聚合全球地址、环回地址和未指定地址；任播有链路本地地址和可聚合全球地址。下面主要介绍几种常用的地址类型。

（1）链路本地（Link Local）地址：在一个节点或者接口上启用 IPv6 协议栈后，节点的接口自动配置一个链路本地地址，该地址前缀为 FE80::/10，并通过 IEEE EUI-64 扩展来构成。链路本地地址主要用于自动地址配置、邻居发现、路由器发现及路由更新等。

（2）可聚合全球地址：IANA 分配 IPv6 地址空间中的一个 IPv6 地址前缀作为可聚合全球单播地址，通常由 48 位的全局前缀、16 位的子网 ID 和 64 位的接口 ID 组成。当前 IANA 分配的可聚合全球单播地址是以二进制"001"开头的，地址范围为 2000～3FFF，即 2000::/3，占整个 IPv6 地址空间的 1/8。

（3）环回地址：单播地址 0:0:0:0:0:0:0:1 称为环回地址。节点用它来向自身发送 IPv6 包，它不能分配给任何物理接口。

（4）未指定地址：单播地址 0:0:0:0:0:0:0:0 称为不确定地址。它不能分配给任何节点，用于特殊用途，如默认路由。

（5）组播地址：组播地址用来标识一组接口，发送给组播地址的数据流同时传输到多个组成员。一个接口可以加入多个组播组。IPv6 组播地址由前缀 FF::/8 定义，其结构如图 3-30 所示。IPv6 的组播地址都是以"FF"开头的。

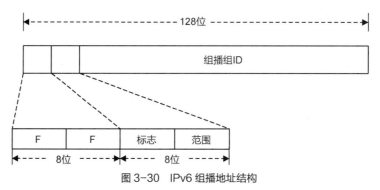

图 3-30　IPv6 组播地址结构

① 标志：表示在组播地址上设置的标志，该字段长度为 4 位。从 RFC 2373 起，定义的唯一标志是 Transient（T）标志。T 标志使用"标志"字段的低位。当设置为 0 时，表示该组播地址是由 IANA 永久分配的；当设置为 1 时，表示该组播地址是临时的。

② 范围：表示组播准备在 IPv6 网络中发送的范围，该字段长度为 4 位。以下是 RFC 2373 中定义该字段的值及对应的作用范围：1 表示节点本地，2 表示链路本地，5 表示站点本地，8 表示组织本地，E 表示全局范围。当 IPv6 数据包在以太网链路上传输时，帧中的协议字段值为 0x86DD。在以太网中，IPv6 组播地址和对应的链路层地址映射通过如下方式构造：前 16 位固定为 0x33:33，再加上 IPv6 组播地址的后 32 位。例如，表示本地所有节点的组播地址 FF02::1 在以太网中对应的链路层地址为 33:33:00:00:00::01。

（6）请求节点（Solicited-Node）地址：对于节点或路由器的接口上配置的每个单播和任播地址，都自动启动一个对应的请求节点地址。请求节点地址受限于本地链路。请求节点组播地址由前缀为 FF02::1:FF00:0/104 加上单播 IPv6 地址的最后 24 位构成。请求节点地址可用于重复地址检测和邻居地址解析等。

（7）任播（AnyCast）地址：任播地址是分配给多个接口的全球单播地址，发到该接口的数据包被路由到路径最优的目标接口上。目前，任播地址不能用作源地址，只能作为目的地址，且仅分配给路由器使用。任播的出现不仅缩短了服务响应的时间，还减轻了网络承载流量的负担。

3.5.4　ICMPv6

第 6 版互联网控制报文协议（Internet Control Message Protocol Version 6，ICMPv6）是 IPv6 的基础协议之一，用于通告相关信息或错误，ICMPv6 控制着 IPv6 中的地址自动配置、地址解析、重复地址检测（Duplicate Address Detection，DAD）、路由选择以及差错控制等关键环节。在 IPv6 报头中，下一报头字段值为 58 时对应为 ICMPv6 报文。ICMPv6 报文广泛应用于路径 MTU 发现（Path MTU Discovery，PMTUD）和邻居发现协议（Neighbor Discovery Protocol，NDP）。

1. PMTUD

PMTU 指的是路径上的最小接口 MTU。在 IPv6 中，中间转发设备不对 IPv6 报文进行分片，报文的分片将在源节点进行。依赖 PMTUD，数据的发送方可以使用所发现到的最优 PMTU 与目的地节点进行通信，这样可以避免数据包在从源地址传输到目的地址的过程之中，被中途的路由器分片而导致性能的下降。如图 3-31 所示，PMTUD 具体工作过程如下。

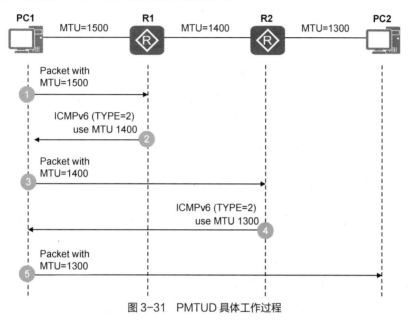

图 3-31　PMTUD 具体工作过程

（1）PC1 用 1500 字节作为 MTU 向 R1 发送 IPv6 报文。

（2）R1 意识到报文过大，出站接口 MTU 为 1400 字节，于是回复一个 ICMPv6（TYPE=2）报文给 PC1，指定 MTU 值为 1400 字节。

（3）PC1 开始使用 1400 作为 MTU 向 R2 发送 IPv6 报文。

（4）报文到达 R2 后，R2 意识到出站接口 MTU 为 1300 字节，于是发送一个 ICMPv6（TYPE=2）报文给 PC1，指定 MTU 值为 1300 字节。

（5）PC1 开始使用 1300 作为 MTU 向 PC2 发送 IPv6 报文。

2. NDP

RFC 2461 定义了 IPv6 的 NDP，NDP 是 IPv6 中非常核心的组件，可以实现 IPv6 的即插即用的重要特性，其主要功能如下。

（1）路由器发现：发现链路上的路由器，获得路由器通告的信息。

（2）无状态自动配置：通过路由器通告的地址前缀，终端自动生成 IPv6 地址。

（3）重复地址检测：获得地址后，进行重复地址检测，确保地址不存在冲突。

（4）地址解析：请求目的网络地址对应的数据链路层地址，类似 IPv4 的 ARP。

（5）邻居状态跟踪：通过 NDP 发现链路上的邻居并跟踪邻居状态。

（6）前缀重编址：路由器对所通告的地址前缀进行灵活设置，实现网络重编址。

（7）重定向：告知其他设备到达目的网络更优的下一跳地址。

NDP 通常使用以下 5 种 ICMPv6 报文进行工作。

（1）路由器请求（Router Solicitation，RS）：节点（包括主机或者路由器）启动后，通过 RS 消息向路由器发出请求，期望路由器立即发送 RA 消息响应，ICMPv6 类型为 133。

（2）路由器通告（Router Advertisement，RA）：路由器周期性的通告 RA 消息，或者以 RA 消息响应 RS，发送的 RA 消息包括链路前缀、链路 MTU、跳数限制及一些标志符的信息，ICMPv6 类型为 134。

（3）邻居请求（Neighbor Solicitation，NS）：通过 NS 消息可以确定邻居的链路层地址、邻居是否可达、重复地址检测等，ICMPv6 类型为 135。

（4）邻居通告（Neighbor Advertisement，NA）：NA 对 NS 进行响应，同时节点在链路层地址变化时也可以主动发送 NA 消息，以通知相邻节点自己的链路层地址发生了改变，ICMPv6 类型为 136。IPv6 节点需要维护一张邻居表，每个邻居都有相应的状态，状态之间可以迁移。5 种邻居状态分别是未完成（Incomplete）、可达（Reachable）、陈旧（Stale）、延迟（Delay）、探查（Probe），各个状态的描述如表 3-4 所示。

表 3-4　IPv6 邻居状态及其描述

状态	描述
Incomplete	邻居不可达。正在进行地址解析，邻居的链路层地址未探测到，如果解析成功，则进入 Reachable 状态
Reachable	邻居可达。表示在规定时间（邻居可达时间在默认情况下是 30s）内邻居可达。如果超过规定时间，该表项仍没有被使用，则表项进入 Stale 状态
Stale	邻居是否可达未知。表明该表项在规定时间（邻居可达时间在默认情况下是 30s）内没有被使用。此时除非有发送到邻居的报文，否则不对邻居是否可达进行探测
Delay	邻居是否可达未知。已向邻居发送报文，如果在指定时间内没有收到响应，则进入 Probe 状态
Probe	邻居是否可达未知。已向邻居发送 NS 报文，探测邻居是否可达。若在规定时间内收到 NA 报文回复，则进入 Reachable 状态；否则进入 Incomplete 状态

（5）重定向（Redirect）：路由器通过重定向消息通知到目的地有更好的下一跳路由器，ICMPv6 类型为 137。

3.5.5　OSPFv3 协议

与 IPv4 相同，IPv6 路由协议也分为 IGP 与外部网关协议（Exterior Gateway Protocol，EGP），其中 IGP 包括由 RIP 变化而来的下一代路由信息协议（RIP next generation，RIPng）、由 OSPF 协议变化而来的 OSPFv3 协议，以及由 IS-IS 协议变化而来的 IS-IS 协议版本 6。EGP 主要包括由 BGP 变化而来的 BGP4+。OSPFv3 协议是企业网络中应用非常广泛的路由协议。

OSPFv3 协议是 OSPF 协议版本 3 的简称，IETF 在保留了 OSPFv2 协议优点的基础上针对 IPv6 网络修改形成了 OSPFv3 协议。OSPFv3 协议主要用于在 IPv6 网络中提供路由功能，是 IPv6 网络中路由技术的主流协议，遵循的标准为 RFC 2740。OSPFv3 协议在工作机制上与 OSPFv2 协议基本相同，但为了支持 IPv6 地址格式，OSPFv3 协议对 OSPFv2 协议做了如下改动。

（1）修改了 LSA 的种类和格式，使其支持发布 IPv6 路由信息。OSPFv3 协议的路由器 LSA 和网络 LSA 不携带 IPv6 地址，而是将该功能放入区域内前缀 LSA（Intra-Area Prefix LSA），即类型 9 的 LSA，因此路由器 LSA 和网络 LSA 只代表路由器的节点信息。OSPFv3 协议加入了类型 8 的 LSA，即链路 LSA（Link LSA），其提供了路由器链路本地地址，并列出了链路所有 IPv6 的前缀。OSPFv3 协议通过引入新的类型 8 和类型 9 的 LSA 并结合原有的 LSA 来发布路由前缀信息。

（2）OSPFv3 协议报头新加入实例 ID（Instance ID）字段，如果需要在同一链路上隔离通信，则可以在同一条链路上运行多个实例。实例 ID 相同才能彼此通信。默认情况下，实例 ID 为 0。

（3）用路由器 ID 来标识邻居，使用链路本地地址来发现邻居等，使得拓扑本身独立于网络协议，以便于未来扩展。

（4）OSPFv3 协议去掉了 OSPFv2 协议数据报头中验证的字段，所以 OSPFv3 协议本身不提供验证功能，而是依赖于 IPv6 扩展报头的验证功能来保证数据包的完整性和安全性，可以基于接口和区域对 OSPFv3 协议数据包进行验证和加密，需要注意的是接口验证优先于区域验证。

OSPFv2 协议工作在 IPv4 网络中，用于通告 IPv4 路由；OSPFv3 协议工作在 IPv6 网络中，用于通告 IPv6 前缀。两者在路由器上独立运行，OSPFv2 协议和 OSPFv3 协议都独立维护自己的邻居表、LSDB 和路由表。OSPFv2 协议和 OSPFv3 协议有很多的相似点，也有一些差异，二者的相似点和差异点如下。

1. OSPFv2 协议和 OSPFv3 协议之间的相似点

OSPFv3 协议在工作机制上与 OSPFv2 协议基本相同，两者的相似点如下。

（1）都是无类链路状态路由协议。

（2）都使用 SPF 算法进行路由转发决定。

（3）开销值的计算方法相同，接口下的开销计算公式都是参考带宽/接口带宽。

（4）都支持区域分级管理，支持的区域类型也相同，包括骨干区域、标准区域、末节区域、完全末节区域和 NSSA 区域。

（5）基本报文类型相同，包括 Hello、DBD、LSR、LSU 和 LSAck。

（6）邻居发现和邻居关系的建立机制相同。

（7）DR 和 BDR 的选举过程相同。

（8）路由器 ID 和 IPv4 地址格式相同。

（9）路由器类型相同，包括内部路由器、骨干路由器、ABR 和 ASBR。

（10）接口网络类型相同，包括点到点、点到多点、BMA、NBMA 和虚链路。

（11）LSA 的泛洪机制和老化机制相同。

2. OSPFv2 和 OSPFv3 协议之间的差异点

OSPFv3 协议报头如图 3-32 所示。OSPFv3 协议报头新加入了实例 ID 字段，如果需要在同一链路上隔离通信，可以在同一条链路上运行多个实例。实例 ID 相同才能彼此通信。默认情况下，实例 ID 为 0。同时，OSPFv3 协议去掉了 OSPFv2 数据报头中的验证字段，所以 OSPFv3 协议本身不提供验证功能，而是依赖于 IPv6 扩展报头的验证功能来保证报文的完整性和安全性。

版本=3	类型	数据包长度	
路由器ID			
区域ID			
校验和		实例ID	0

图 3-32　OSPFv3 协议报头

OSPFv2 协议和 OSPFv3 协议的主要差异如表 3-5 所示。

表 3-5　OSPFv2 协议和 OSPFv3 协议的主要差异

比较项	OSPFv2 协议	OSPFv3 协议
通告	IPv4 网络	IPv6 前缀
运行	基于网络	基于链路
源地址	接口 IPv4 地址	接口 IPv6 链路本地地址
目的地址	邻居接口单播 IPv4 地址 组播 224.0.0.5 或 224.0.0.6 地址	邻居 IPv6 链路本地地址 组播 FF02::5 或 FF02::6 地址
通告网络	路由模式下使用 network 命令或在接口下使用 OSPF enable [*process-id*] area *area-id* 命令	在接口下使用 OSPFv3 *process-id* area *area-id* [instance *instance-id*]

续表

比较项	OSPFv2 协议	OSPFv3 协议
单播路由	IPv4 单播路由，路由器默认启用	IPv6 单播路由，使用 ipv6 命令启用
同一链路上多实例	不支持	支持，通过实例 ID 字段来实现
验证	简单口令或 MD5 等	使用 IPv6 提供的安全机制来保证自身报文的安全性
报头	版本为 2 报头长度为 24 字节 含有验证字段	版本为 3 报头长度为 16 字节 去掉验证字段，增加了实例 ID 字段
LSA	有 Options 字段	取消了 Options 字段，新增加了链路 LSA（类型 8）和区域内前缀 LSA（类型 9）

3.5.6　IPv6 基本配置命令

```
[Huawei]ipv6    //启用设备的 IPv6 报文转发功能
[Huawei-GigabitEthernet0/0/0]ipv6 enable  //启用接口的 IPv6 功能
[Huawei-GigabitEthernet0/0/0]ipv6 address { ipv6-address prefix-length | ipv6-
address/prefix-length }
  //配置 IPv6 全球单播地址
[Huawei-GigabitEthernet0/0/0]ipv6 address ipv6-address  link-local
  //手动配置接口的链路本地地址
[Huawei-GigabitEthernet0/0/0]ipv6 address auto link-local
  //自动配置接口的链路本地地址
[Huawei-GigabitEthernet0/0/0]ipv6 address auto { global | dhcp }
  //自动配置接口的全球单播地址
[Huawei]OSPFv3 [ process-id ]  //启用设备的 OSPFv3 协议功能
[Huawei-OSPFv3-1]router-id router-id  /*配置 OSPFv3 协议的路由器 ID，OSPFv3 协议的路由器
ID 必须手动配置。如果没有配置 ID，则 OSPFv3 协议无法正常运行*/
[Huawei-GigabitEthernet0/0/0]OSPFv3 process-id area area-id
  //在接口上启用 OSPFv3 协议进程，并指定所属区域
```

任务实施

在 A 公司的网络设计方案中，深圳总部园区网络和服务器区运行 OSPFv3 协议试验网络，为将来公司全面部署 IPv6 网络做好技术准备。运维部工程师负责部署和实施 OSPFv3 协议，深圳总部园区网属于区域 0，服务器区属于区域 1，网络拓扑如图 3-33 所示，IPv6 地址规划如表 3-6 所示。工程师需要完成的主要任务如下。

表 3-6　公司 A 总部园区网络和服务器区 IPv6 地址规划

VLAN 或者设备	接口	IP 网络	描述
总部 VLAN 4		2001:4444::/64	深圳总部园区网络市场部主机
总部 VLAN 5		2001:5555::/64	深圳总部园区网络人事部主机
总部 VLAN 6		2001:6666::/64	深圳总部园区网络运维部主机
总部 VLAN 7		2001:7777::/64	深圳总部园区网络生产部主机

续表

VLAN 或者设备	接口	IP 网络	描述
总部 VLAN 24		2022:2424::/64	S1 和 SZ1 连接
总部 VLAN 25		2022:2525::/64	S2 和 SZ1 连接
服务器区 VLAN 3		2024:3333::/64	深圳总部服务器区主机
服务器区 VLAN 16		2022:1616::/64	SZ2 和 S4 连接
服务器区 VLAN 26		2022:2626::/64	SZ1 和 S4 连接
总部交换机 S1	VLANIF 4	2001:4444::252	VLANIF 接口
	VLANIF 5	2001:5555::252	VLANIF 接口
	VLANIF 6	2001:6666::252	VLANIF 接口
	VLANIF 7	2001:7777::252	VLANIF 接口
	VLANIF 24	2022:2424::4	与 SZ1 G0/0/1 所在网络直连
总部交换机 S2	VLANIF 4	2001:4444::253	VLANIF 接口
	VLANIF 5	2001:5555::253	VLANIF 接口
	VLANIF 6	2001:6666::253	VLANIF 接口
	VLANIF 7	2001:7777::253	VLANIF 接口
	VLANIF 25	2022:2525::5	与 SZ1 G0/0/2 所在网络直连
总部路由器 SZ2	G0/0/0	2022:1212::2	连接 SZ1 G0/0/0
	G0/0/1	2023:2::2	连接 ISP G0/0/1
	G0/0/2	2023:1::2	连接 ISP G0/0/2
	G1/0/0	2022:1616::2	连接 S4 G0/0/1
总部路由器 SZ1	G0/0/0	2022:1212::1	连接 SZ2 G0/0/0
	G0/0/1	2022:2424::1	连接 S1 G0/0/1
	G0/0/2	2022:2525::1	连接 S2 G0/0/1
	G1/0/0	2022:2626::1	连接 S4 G0/0/2
服务器区交换机 S4	VLANIF 3	2024:3333::254	服务器区 VLAN 3 主机网关
	VLANIF 16	2022:1616::6	与 SZ2 G1/0/0 所在网络直连
	VLANIF 26	2022:2626::6	与 SZ1 G1/0/0 所在网络直连
ISP 路由器	G0/0/1	2023:2::1	连接 SZ2 G0/0/1
	G0/0/2	2023:1::1	连接 SZ2 G0/0/2

（1）配置路由器接口 IPv6 地址和交换机 VLANIF 接口 IPv6 地址。

（2）配置 IPv6 浮动静态默认路由。

（3）配置基本 OSPFv3 协议。

（4）配置 OSPFv3 协议网络类型和静态默认接口。

（5）配置 OSPFv3 协议路由聚合。

（6）向 OSPFv3 协议网络注入默认路由。

（7）验证 OSPFv3 协议配置。

1. 配置路由器接口 IPv6 地址和交换机 VLANIF 接口 IPv6 地址

本步骤只给出路由器 SZ1 和交换机 S1 的 VLANIF 接口 IPv6 地址配置，其他设备接口的 IP 地址配置请读者自行完成。

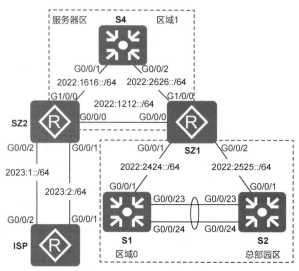

图 3-33　IPv6 网络拓扑

（1）配置路由器 SZ1 接口 IPv6 地址

```
[SZ1]ipv6    //启用设备的 IPv6 报文转发功能
[SZ1]interface GigabitEthernet0/0/0
[SZ1-GigabitEthernet0/0/0]ipv6 enable //启用接口的 IPv6 功能
[SZ1-GigabitEthernet0/0/0]ipv6 address 2022:1212::1/64 //配置 IPv6 单播地址
[SZ1-GigabitEthernet0/0/0]quit
[SZ1]interface GigabitEthernet0/0/1
[SZ1-GigabitEthernet0/0/1]ipv6 enable
[SZ1-GigabitEthernet0/0/1]ipv6 address 2022:2424::1/64
[SZ1-GigabitEthernet0/0/1]quit
[SZ1]interface GigabitEthernet0/0/2
[SZ1-GigabitEthernet0/0/2]ipv6 enable
[SZ1-GigabitEthernet0/0/2]ipv6 address 2022:2525::1/64
[SZ1-GigabitEthernet0/0/2]quit
[SZ1]interface GigabitEthernet1/0/0
[SZ1-GigabitEthernet1/0/0]ipv6 enable
[SZ1-GigabitEthernet1/0/0]ipv6 address 2022:2626::1/64
```

（2）配置交换机 S1 VLANIF 接口 IPv6 地址

```
[S1]ipv6
[S1]interface Vlanif4
[S1-Vlanif4]ipv6 enable
[S1-Vlanif4]ipv6 address 2001:4444::252/64
[S1-Vlanif4]quit
[S1]interface Vlanif5
[S1-Vlanif5]ipv6 enable
[S1-Vlanif5]ipv6 address 2001:5555::252/64
[S1-Vlanif5]quit
[S1]interface Vlanif6
[S1-Vlanif6]ipv6 enable
[S1-Vlanif6]ipv6 address 2001:6666::252/64
[S1-Vlanif6]quit
[S1]interface Vlanif7
```

```
[S1-Vlanif7]ipv6 enable
[S1-Vlanif7]ipv6 address 2001:7777::252/64
[S1-Vlanif7]quit
[S1]interface Vlanif24
[S1-Vlanif24]ipv6 enable
[S1-Vlanif24]ipv6 address 2022:2424::4/64
```

2. 配置 IPv6 浮动静态默认路由

```
[SZ2]ipv6 route-static :: 0 2023:1::1   //配置主静态默认路由
[SZ2]ipv6 route-static :: 0 2023:2::1 preference 70  //配置备份静态默认路由
```

3. 配置基本 OSPFv3 协议

（1）配置路由器 SZ1

```
[SZ1]OSPFv3 1    //启动 OSPFv3 协议进程，进入 OSPFv3 协议视图
[SZ1-OSPFv3-1]router-id 1.1.1.1
//配置 OSPFv3 协议路由器 ID，执行 reset OSPFv3 all 命令可以使新配置的路由器 ID 生效
[SZ1-OSPFv3-1]bandwidth-reference 1000
//修改 OSPFv3 协议的计算开销值参考带宽，单位为 Mbit/s，默认为 100Mbit/s
[SZ1-OSPFv3-1]quit
[SZ1]interface GigabitEthernet0/0/0
[SZ1-GigabitEthernet0/0/0]OSPFv3 1 area 1
//在接口上启用 OSPFv3 协议的进程，并指定所属区域
[SZ1-GigabitEthernet0/0/0]quit
[SZ1]interface GigabitEthernet0/0/1
[SZ1-GigabitEthernet0/0/1]OSPFv3 1 area 0
[SZ1-GigabitEthernet0/0/1]quit
[SZ1]interface GigabitEthernet0/0/2
[SZ1-GigabitEthernet0/0/2]OSPFv3 1 area 0
[SZ1-GigabitEthernet0/0/2]quit
[SZ1]interface GigabitEthernet1/0/0
[SZ1-GigabitEthernet1/0/0]OSPFv3 1 area 1
```

（2）配置路由器 SZ2

```
[SZ2]OSPFv3 1
[SZ2-OSPFv3-1]router-id 2.2.2.2
[SZ2-OSPFv3-1]bandwidth-reference 1000
[SZ2-OSPFv3-1]quit
[SZ2]interface GigabitEthernet0/0/0
[SZ2-GigabitEthernet0/0/0]OSPFv3 1 area 1
[SZ2-GigabitEthernet0/0/0]quit
[SZ2]interface GigabitEthernet1/0/0
[SZ2-GigabitEthernet1/0/0]OSPFv3 1 area 1
```

（3）配置交换机 S1

```
[S1]OSPFv3 1
[S1-OSPFv3-1]router-id 11.11.11.11
[S1-OSPFv3-1]bandwidth-reference 1000
[S1-OSPFv3-1]quit
[S1]interface Vlanif4
[S1-Vlanif4]OSPFv3 1 area 0
[S1-Vlanif4]quit
[S1]interface Vlanif5
```

```
[S1-Vlanif5]OSPFv3 1 area 0
[S1-Vlanif5]quit
[S1]interface Vlanif6
[S1-Vlanif6]OSPFv3 1 area 0
[S1-Vlanif6]quit
[S1]interface Vlanif7
[S1-Vlanif7]OSPFv3 1 area 0
[S1-Vlanif7]quit
[S1]interface Vlanif24
[S1-Vlanif24]OSPFv3 1 area 0
```

（4）配置交换机 S2

```
[S2]OSPFv3 1
[S2-OSPFv3-1]router-id 22.22.22.22
[S2-OSPFv3-1]bandwidth-reference 1000
[S2-OSPFv3-1]quit
[S2]interface Vlanif4
[S2-Vlanif4]OSPFv3 1 area 0
[S2-Vlanif4]quit
[S2]interface Vlanif5
[S2-Vlanif5]OSPFv3 1 area 0
[S2-Vlanif5]quit
[S2]interface Vlanif6
[S2-Vlanif6]OSPFv3 1 area 0
[S2-Vlanif6]quit
[S2]interface Vlanif7
[S2-Vlanif7]OSPFv3 1 area 0
[S2-Vlanif7]quit
[S2]interface Vlanif25
[S2-Vlanif25]OSPFv3 1 area 0
```

（5）配置交换机 S4

```
[S4]OSPFv3 1
[S4-OSPFv3-1]router-id 44.44.44.44
[S4-OSPFv3-1]bandwidth-reference 1000
[S4-OSPFv3-1]quit
[S4]interface Vlanif3
[S4-Vlanif3]OSPFv3 1 area 1
[S4-Vlanif3]quit
[S4]interface Vlanif16
[S4-Vlanif16]OSPFv3 1 area 1
[S4-Vlanif16]quit
[S4]interface Vlanif26
[S4-Vlanif26]OSPFv3 1 area 1
```

4. 配置 OSPFv3 协议网络类型和静态默认接口

（1）将区域 1 设备之间链路所有接口 OSPFv3 协议网络类型配置为点到点类型

```
[SZ1]interface GigabitEthernet0/0/0
[SZ1-GigabitEthernet0/0/0]OSPFv3 network-type p2p
//配置 OSPFv3 协议接口网络类型
[SZ1-GigabitEthernet0/0/0]quit
```

```
[SZ1]interface GigabitEthernet1/0/0
[SZ1-GigabitEthernet1/0/0]OSPFv3 network-type p2p

[SZ2]interface GigabitEthernet0/0/0
[SZ2-GigabitEthernet0/0/0]OSPFv3 network-type p2p
[SZ2-GigabitEthernet0/0/0]quit
[SZ2]interface GigabitEthernet1/0/0
[SZ2-GigabitEthernet1/0/0]OSPFv3 network-type p2p

[S4]interface  Vlanif16
[S4-Vlanif16]OSPFv3 network-type p2p
[S4-Vlanif16]quit
[S4]interface Vlanif26
[S4-Vlanif26]OSPFv3 network-type p2p
```
/*以太网接口 OSPFv3 协议默认的网络类型是广播类型,需要进行 DR 选举,修改为点到点类型可以加快 OSPFv3 协议的收敛速度*/

（2）配置 OSPFv3 协议静态默认接口

如果要使 OSPFv3 协议路由信息不被某一网络中的设备获得，且使本地路由器不接收网络中其他路由器发布的路由更新信息，则可使用 silent-interface 命令抑制此接口收发 OSPFv3 协议报文。

```
[S1]OSPFv3 1
[S1-OSPFv3-1]silent-interface Vlanif 4
[S1-OSPFv3-1]silent-interface Vlanif 5
[S1-OSPFv3-1]silent-interface Vlanif 6
[S1-OSPFv3-1]silent-interface Vlanif 7

[S2]OSPFv3 1
[S2-OSPFv3-1]silent-interface Vlanif 4
[S2-OSPFv3-1]silent-interface Vlanif 5
[S2-OSPFv3-1]silent-interface Vlanif 6
[S2-OSPFv3-1]silent-interface Vlanif 7

[S4]OSPFv3 1
[S4-OSPFv3-1]silent-interface Vlanif 3
```

5. 配置 OSPFv3 协议路由聚合

在路由器 SZ1 上配置 OSPFv3 协议区域 0 的 ABR 路由聚合。

```
[SZ1]OSPFv3 1
[SZ1-OSPFv3-1]area 0
[SZ1-OSPFv3-1-area-0.0.0.0]abr-summary 2001:: 16
```

6. 向 OSPFv3 协议网络注入默认路由

```
[SZ2]OSPF 1
[SZ2-OSPFv3-1]default-route-advertise type 1 tag 2222
```
//向 OSPFv3 协议网络注入默认路由，路由类型为 1，标签为 2222

7. 验证 OSPFv3 协议配置

（1）查看接口 IPv6 信息

```
[SZ1]display ipv6 interface GigabitEthernet 0/0/0
GigabitEthernet0/0/0 current state : UP
IPv6 protocol current state : UP
IPv6 is enabled, link-local address is FE80::2E0:FCFF:FEE0:51AA
```

```
    //接口启用 IPv6 功能以及在接口上通过 IEEE EUI-64 规范自动生成的链路本地地址
    Global unicast address(es):
      2022:1212::1, subnet is 2022:1212::/64
      //接口上配置的 IPv6 全球单播地址和网络前缀
    Joined group address(es):
      FF02::5
      FF02::1:FF00:1
      FF02::2
      FF02::1
      FF02::1:FFE0:51AA
      //以上 6 行表示接口加入的所有组播地址，包括 IPv6 地址的请求节点组播地址
    MTU is 1500 bytes  //接口的最大传输单元
    ND DAD is enabled, number of DAD attempts: 1
    //系统进行重复地址检测时发送邻居请求报文功能已启用以及重复地址探测的次数
    ND reachable time is 30000 milliseconds         //邻居可达时间
    ND retransmit interval is 1000 milliseconds       //重传时间间隔
    Hosts use stateless autoconfig for addresses      //主机使用无状态自动配置获取 IPv6 地址
```

（2）查看 IPv6 邻居表项信息

```
[SZ1]display ipv6 neighbors
------------------------------------------------------------------------
IPv6 Address : FE80::2E0:FCFF:FE5E:2D6    //邻居的 IPv6 链路本地地址
Link-layer   : 00e0-fc5e-02d6             State       : REACH
//邻居的链路层地址和邻居表项的状态
Interface    : GE0/0/0                    Age         : 52
//邻居表项所属的接口名称和邻居表项的建立时间
VLAN         : -                          CEVLAN      : -
//邻居所属的 VLAN 编号和内层 VLAN 编号
VPN name     :                            Is Router   : TRUE
/*邻居发送的 NA 报文中是否携带 R 标记: 显示 TRUE 时表示邻居是路由设备，显示 FALSE 时表示邻居可能是
PC 或者是发送的 NA 报文中没有携带 R 标记的路由设备*/
Secure FLAG  : UN-SECURE                        //邻居表项是否安全
IPv6 Address : FE80::4E1F:CCFF:FE32:6569
Link-layer   : 4c1f-cc32-6569              State       : REACH
Interface    : GE0/0/1                     Age         : 25
VLAN         : -                           CEVLAN      : -
VPN name     :                             Is Router   : TRUE
Secure FLAG  : UN-SECURE


IPv6 Address : FE80::4E1F:CCFF:FEC4:1CDD
Link-layer   : 4c1f-ccc4-1cdd              State       : REACH
Interface    : GE0/0/2                     Age         : 1
VLAN         : -                           CEVLAN      : -
VPN name     :                             Is Router   : TRUE
Secure FLAG  : UN-SECURE


IPv6 Address : FE80::4E1F:CCFF:FE1A:80DD
Link-layer   : 4c1f-cc1a-80dd              State       : REACH
Interface    : GE1/0/0                     Age         : 37
VLAN         : -                           CEVLAN      : -
```

```
VPN name      :                               Is Router: TRUE
Secure FLAG : UN-SECURE

-----------------------------------------------------------------------
Total: 4      Dynamic: 4     Static: 0
```
//路由器 SZ1 有 4 个 IPv6 邻居，动态邻居表项数目为 4，静态邻居表项数目为 0

（3）查看 OSPFv3 协议邻居的简要信息

```
[SZ2]display OSPFv3 peer
OSPFv3 Process (1)              // OSPFv3 协议进程号
OSPFv3 Area (0.0.0.1)           //OSPFv3 协议区域号

Neighbor ID      Pri      State        Dead Time  Interface          Instance ID
1.1.1.1          1        Full/-       00:00:35   GE0/0/0            0
44.44.44.44      1        Full/-       00:00:34   GE1/0/0            0
```

以上输出表明路由器 SZ2 在区域 1 中有 2 个 OSPFv3 协议邻居，包括邻居路由器 ID、接口优先级、邻居状态、邻居的死亡时间、与邻居连接的本路由器接口和接口的实例 ID。

（4）查看 OSPFv3 协议邻居的详细信息

```
[SZ1]display OSPFv3 peer GigabitEthernet 0/0/0 verbose
OSPFv3 Process (1)   // OSPFv3 进程号
 Neighbor 2.2.2.2 is Full, interface address FE80::2E0:FCFF:FE5E:2D6
    //邻居状态和邻居接口的链路本地地址
    In the area 0.0.0.1 via interface GE0/0/0  //接口所属区域
    DR Priority is 1 DR is 0.0.0.0 BDR is 0.0.0.0
    //DR 的优先级、DR 和 BDR，0.0.0.0 表示此链路没有 DR 和 BDR 选举
    Options is 0x000013 (-|R|-|-|E|V6)     //邻居的选项
    Dead timer due in 00:00:37             //邻居的死亡时间
    Neighbour is up for 00:37:24           //邻居的建立时间
    Database Summary Packets List 0        //邻居 Database Summary 列表中的报文个数
    Link State Request List 0              //邻居请求列表中 LSA 的个数
    Link State Retransmission List 0       //邻居重传列表中 LSA 的个数
    Neighbour Event: 10                    //邻居状态变化的次数
    Neighbour If Id : 0x3                  //邻居接口号
```

（5）查看运行 OSPFv3 协议的接口信息

```
[SZ1]display OSPFv3 interface GigabitEthernet 0/0/0
GigabitEthernet0/0/0 is up, line protocol is up
  Interface ID 0x3         //接口 ID
  Interface MTU 1500       //接口 MTU
  IPv6 Prefixes            //IPv6 前缀
   FE80::2E0:FCFF:FEE0:51AA (Link-Local Address)        //链路本地地址
   2022:1212::1/64                                      //全球单播地址
  OSPFv3 Process (1), Area 0.0.0.1, Instance ID 0
  //OSPFv3 协议进程号、接口所属区域和接口所属的实例 ID
    Router ID 1.1.1.1, Network Type POINT-TO-POINT, Cost: 1
    //路由器 ID、接口所属的网络类型和接口开销
    Transmit Delay is 1 sec, State Point-To-Point, Priority 1
    //传输延迟时间、接口状态和接口优先级
    No designated router on this link        //链路上没有 DR
    No backup designated router on this link  //链路上没有 BDR
    Timer interval configured, Hello 10, Dead 40, Wait 40, Retransmit 5
```

/*已配置的时间间隔，包括 Hello 报文的时间间隔、Dead 定时器时间间隔、Wait 定时器时间间隔、重传时间间隔*/

```
        Hello due in 00:00:08  //发送 Hello 报文的时间
    Neighbor Count is 1, Adjacent neighbor count is 1  //邻居数量和邻接数量
    Interface Event 4, Lsa Count 2, Lsa Checksum 0x7da2
    //接口上事件的数量、接口上 LSA 的数量和接口上 LSA 的校验和
    Interface Physical BandwidthHigh 0, BandwidthLow 1000000000
    //物理带宽最大值和物理带宽最小值
```

（6）查看 OSPFv3 协议的 LSDB 信息

```
[SZ1]display OSPFv3 lsdb
* indicates STALE LSA
         OSPFv3 Router with ID (1.1.1.1) (Process 1) //路由器 ID 和进程号
             Link-LSA (Interface GigabitEthernet0/0/0)
 Link State ID   Origin Router      Age      Seq#          CkSum     Prefix
 0.0.0.3         1.1.1.1            0048     0x80000003    0x3ffe       1
 0.0.0.3         2.2.2.2           1721     0x80000002    0x3ba5       1
             Link-LSA (Interface GigabitEthernet0/0/1)
 Link State ID   Origin Router      Age      Seq#          CkSum     Prefix
 0.0.0.4         1.1.1.1           1072     0x80000003    0x0612       1
 0.0.0.10        11.11.11.11       0290     0x80000003    0x1458       1
             Link-LSA (Interface GigabitEthernet0/0/2)
 Link State ID   Origin Router      Age      Seq#          CkSum     Prefix
 0.0.0.5         1.1.1.1           1069     0x80000003    0x55be       1
 0.0.0.10        22.22.22.22       0226     0x80000003    0x1b68       1
             Link-LSA (Interface GigabitEthernet1/0/0)
 Link State ID   Origin Router      Age      Seq#          CkSum     Prefix
 0.0.0.8         1.1.1.1           0043     0x80000003    0x62ad       1
 0.0.0.8         44.44.44.44       1664     0x80000002    0x2847       1
```

/*以上 16 行是链路 LSA（类型 8 LSA），路由器为每一条链路生成一个链路 LSA，在本地链路范围内传播，以描述该链路上所连接的 IPv6 地址前缀及路由器的链路本地地址*/

```
             Router-LSA (Area 0.0.0.0) //区域 0 的路由器 LSA
 Link State ID   Origin Router      Age      Seq#          CkSum     Link
 0.0.0.0         1.1.1.1           0238     0x8000000b    0x469c       2
 0.0.0.0         11.11.11.11       1476     0x8000000f    0x26ac       1
 0.0.0.0         22.22.22.22       1496     0x80000007    0xfcb0       1
             Network-LSA (Area 0.0.0.0) //区域 0 的网络 LSA
 Link State ID   Origin Router      Age      Seq#          CkSum
 0.0.0.4         1.1.1.1           0303     0x80000003    0x30be
 0.0.0.5         1.1.1.1           0238     0x80000003    0x4e73
             Inter-Area-Prefix-LSA (Area 0.0.0.0) //区域 0 的区域间前缀 LSA
 Link State ID   Origin Router      Age      Seq#          CkSum
 0.0.0.1         1.1.1.1           1665     0x80000003    0xd270
 0.0.0.2         1.1.1.1           1049     0x80000003    0x2c5b
 0.0.0.3         1.1.1.1           1698     0x80000002    0x96e7
 0.0.0.4         1.1.1.1           0121     0x80000003    0x3627
             Inter-Area-Router-LSA (Area 0.0.0.0) //区域 0 的区域间路由器 LSA
 Link State ID   Origin Router      Age      Seq#          CkSum
 2.2.2.2         1.1.1.1           1004     0x80000002    0x060b
             Intra-Area-Prefix-LSA (Area 0.0.0.0) //区域 0 的区域内前缀 LSA
```

```
Link State ID    Origin Router     Age       Seq#         CkSum   Prefix  Reference
0.0.0.1          1.1.1.1           0237      0x8000000b   0xba8f  2       Network-LSA
0.0.0.2          1.1.1.1           0237      0x80000005   0x2702  1       Network-LSA
0.0.0.2          11.11.11.11       1470      0x80000008   0xe71e  4       Router-LSA
0.0.0.1          22.22.22.22       1490      0x80000005   0xd4dc  4       Router-LSA
            Router-LSA (Area 0.0.0.1) //区域 1 的路由器 LSA
Link State ID    Origin Router     Age       Seq#         CkSum   Link
0.0.0.0          1.1.1.1           1672      0x80000014   0x7caa  2
0.0.0.0          2.2.2.2           1006      0x80000014   0x180f  2
0.0.0.0          44.44.44.44       1665      0x8000000b   0x9b8c  2
            Inter-Area-Prefix-LSA (Area 0.0.0.1) //区域 1 的区域间前缀 LSA
Link State ID    Origin Router     Age       Seq#         CkSum
0.0.0.1          1.1.1.1           0303      0x80000004   0x1c47
0.0.0.2          1.1.1.1           0239      0x80000004   0x2d33
0.0.0.7          1.1.1.1           0237      0x80000003   0xd589
0.0.0.8          1.1.1.1           1310      0x80000002   0x29d1
            Intra-Area-Prefix-LSA (Area 0.0.0.1) //区域 2 的区域内前缀 LSA
Link State ID    Origin Router     Age       Seq#         CkSum   Prefix  Reference
0.0.0.2          1.1.1.1           1667      0x8000000b   0x1b53  2       Router-LSA
0.0.0.2          2.2.2.2           1001      0x8000000d   0xf68d  2       Router-LSA
0.0.0.1          44.44.44.44       1659      0x8000000f   0xe32d  3       Router-LSA
            AS-External-LSA //AS 外部 LSA
Link State ID    Origin Router     Age       Seq#         CkSum   Type
0.0.0.1          2.2.2.2           1007      0x80000002   0x68ed  E1
```

如果想查看 OSPFv3 协议每种类型 LSA 的详细信息，则需要在该命令后面加上相应的参数，例如，通过参数 router、network、inter-router、inter-prefix、intra-prefix、link 和 external 可以分别查看对应 LSA 类型的详细信息。下面的例子用来查看外部 LSA 的详细信息。

```
[SZ1]display OSPFv3 lsdb external
        OSPFv3 Router with ID (1.1.1.1) (Process 1)
            AS-External-LSA          //AS 外部 LSA
  LS Age: 65                         //老化时间
  LS Type: AS-External-LSA           //LSA 类型
  Link State ID: 0.0.0.1             //LSA 报头中的链路状态 ID
  Originating Router: 1.1.1.1        //产生 LSA 的路由器的 ID
  LS Seq Number: 0x80000005          //LSA 序列号
  Retransmit Count: 0                //LSA 重传计数
  Checksum: 0x852D                   //LSA 的校验和
  Length: 32                         //LSA 的长度
  Flags: (-|-|T)   //标志，T 位置 1，T 表示外部路由标记（External Route Tag）
  Metric Type: 1 (Comparable directly to link state metric) //OSPFv3 协议外部路由类型
    Metric: 1                        //开销值
  Prefix: ::/0                       //外部路由前缀
   Prefix Options: 0 (-|-|-|-|-)     //前缀选项
  Tag: 2222 //外部路由标记
```

（7）查看 OSPFv3 协议的区域信息

```
[SZ1]display OSPFv3 1 area 0
OSPFv3 Process (1)   //OSPFv3 协议进程 ID
  Area 0.0.0.0(BACKBONE)  Active //区域 0 为活动状态
     Number of interfaces in this area is 2        //属于区域 0 的接口个数
```

```
        SPF algorithm executed 5 times              //区域 0 中 SPF 算法执行次数
        Number of LSA 14.  Checksum Sum 0x 0x644A2  //区域 0 中 LSA 数量和区域的检验和
        Number of Unknown LSA 0
        Area Bdr Router count: 1                     //区域中 ABR 的数量
        Area ASBdr Router count: 1                   //区域中 ASBR 的数量
        Next SPF Trigger Time 500 millisecs          //触发下一次 SPF 计算的时间,单位是毫秒
```

（8）查看 OSPFv3 协议 ABR 的引入路由聚合信息

```
[SZ1]display OSPFv3 abr-summary-list
OSPFv3 Process (1)
Area ID : 0.0.0.0
Prefix                          Prefix-Len   Matched        Status
2001::                          16           4[Active]      Advertise
```

以上输出信息表明 OSPFv3 协议进程中 ABR 在区域 0 中引入的汇聚路由的信息，包括汇聚路由前缀、前缀长度、匹配的明细路由数量和聚合后路由的状态、聚合路由的发布状态。

（9）查看 OSPFv3 协议路由表的信息

```
[SZ2]display OSPFv3 routing
Codes : E2 - Type 2 External, E1 - Type 1 External, IA - Inter-Area,
        N - NSSA, U - Uninstalled
/*路由代码, E2 表示第二类外部路由, E1 表示第一类外部路由, IA 表示区域间路由, N 表示 NSSA 路由, U
表示不下发 OSPFv3 协议路由到 IPv6 路由表中*/
OSPFv3 Process (1)
    Destination    Metric   Next-hop
 IA 2001::/16       3       via FE80::2E0:FCFF:FEE0:51AA, GigabitEthernet0/0/0
    2022:1212::/64  1       directly connected, GigabitEthernet0/0/0
    2022:1616::/64  1       directly connected, GigabitEthernet1/0/0
 IA 2022:2225::/64  2       via FE80::2E0:FCFF:FEE0:51AA, GigabitEthernet0/0/0
 IA 2022:2424::/64  2       via FE80::2E0:FCFF:FEE0:51AA, GigabitEthernet0/0/0
 IA 2022:2525::/64  2       via FE80::2E0:FCFF:FEE0:51AA, GigabitEthernet0/0/0
    2022:2626::/64  2       via FE80::4E1F:CCFF:FE1A:80DD, GigabitEthernet1/0/0
                            via FE80::2E0:FCFF:FEE0:51AA, GigabitEthernet0/0/0
    2024:3333::/64  2       via FE80::4E1F:CCFF:FE1A:80DD, GigabitEthernet1/0/0
```

以上输出信息显示路由器 SZ2 的 OSPFv3 协议路由表信息，包括路由类型、目的前缀/前缀长度、到达目的网络的开销、到达目的网络的下一跳地址和出接口。

（10）查看 IPv6 路由表中的 OSPFv3 协议的路由信息

```
 [SZ1]display ipv6 routing-table protocol OSPFv3
Public Routing Table : OSPFv3
Summary Count     : 17
OSPFv3 Routing Table's Status : < Active >
Summary Count     : 13
 Destination      : ::                        PrefixLength : 0
 NextHop          : FE80::2E0:FCFF:FE5E:2D6   Preference   : 150
 Cost             : 2                         Protocol     : OSPFv3ASE
 RelayNextHop     : ::                        TunnelID     : 0x0
 Interface        : GigabitEthernet0/0/0      Flags        : D

 Destination      : 2001:4444::               PrefixLength : 64
 NextHop          : FE80::4E1F:CCFF:FE32:6569 Preference   : 10
 Cost             : 2                         Protocol     : OSPFv3
```

```
RelayNextHop    : ::                           TunnelID       : 0x0
Interface       : GigabitEthernet0/0/1         Flags          : D


Destination     : 2001:4444::                  PrefixLength : 64
NextHop         : FE80::4E1F:CCFF:FEC4:1CDD    Preference   : 10
Cost            : 2                            Protocol     : OSPFv3
RelayNextHop    : ::                           TunnelID     : 0x0
Interface       : GigabitEthernet0/0/2         Flags        : D


Destination     : 2001:5555::                  PrefixLength : 64
NextHop         : FE80::4E1F:CCFF:FEC4:1CDD    Preference   : 10
Cost            : 2                            Protocol     : OSPFv3
RelayNextHop    : ::                           TunnelID     : 0x0
Interface       : GigabitEthernet0/0/2         Flags        : D


Destination     : 2001:5555::                  PrefixLength : 64
NextHop         : FE80::4E1F:CCFF:FE32:6569    Preference   : 10
Cost            : 2                            Protocol     : OSPFv3
RelayNextHop    : ::                           TunnelID     : 0x0
Interface       : GigabitEthernet0/0/1         Flags        : D


Destination     : 2001:6666::                  PrefixLength : 64
NextHop         : FE80::4E1F:CCFF:FEC4:1CDD    Preference   : 10
Cost            : 2                            Protocol     : OSPFv3
RelayNextHop    : ::                           TunnelID     : 0x0
Interface       : GigabitEthernet0/0/2         Flags        : D


Destination     : 2001:6666::                  PrefixLength : 64
NextHop         : FE80::4E1F:CCFF:FE32:6569    Preference   : 10
Cost            : 2                            Protocol     : OSPFv3
RelayNextHop    : ::                           TunnelID     : 0x0
Interface       : GigabitEthernet0/0/1         Flags        : D


Destination     : 2001:7777::                  PrefixLength : 64
NextHop         : FE80::4E1F:CCFF:FEC4:1CDD    Preference   : 10
Cost            : 2                            Protocol     : OSPFv3
RelayNextHop    : ::                           TunnelID     : 0x0
Interface       : GigabitEthernet0/0/2         Flags        : D


Destination     : 2001:7777::                  PrefixLength : 64
NextHop         : FE80::4E1F:CCFF:FE32:6569    Preference   : 10
Cost            : 2                            Protocol     : OSPFv3
RelayNextHop    : ::                           TunnelID     : 0x0
Interface       : GigabitEthernet0/0/1         Flags        : D


Destination     : 2022:1616::                  PrefixLength : 64
NextHop         : FE80::2E0:FCFF:FE5E:2D6      Preference   : 10
Cost            : 2                            Protocol     : OSPFv3
RelayNextHop    : ::                           TunnelID     : 0x0
```

```
Interface   : GigabitEthernet0/0/0           Flags       : D

Destination : 2022:1616::                     PrefixLength: 64
NextHop     : FE80::4E1F:CCFF:FE1A:80DD       Preference  : 10
Cost        : 2                               Protocol    : OSPFv3
RelayNextHop: ::                              TunnelID    : 0x0
Interface   : GigabitEthernet1/0/0           Flags       : D

Destination : 2022:2225::                     PrefixLength: 64
NextHop     : FE80::4E1F:CCFF:FEC4:1CDD       Preference  : 10
Cost        : 1                               Protocol    : OSPFv3
RelayNextHop: ::                              TunnelID    : 0x0
Interface   : GigabitEthernet0/0/2           Flags       : D

Destination : 2024:3333::                     PrefixLength: 64
NextHop     : FE80::4E1F:CCFF:FE1A:80DD       Preference  : 10
Cost        : 2                               Protocol    : OSPFv3
RelayNextHop: ::                              TunnelID    : 0x0
Interface   : GigabitEthernet1/0/0           Flags       : D

OSPFv3 Routing Table's Status : < Inactive >
Summary Count : 4

Destination : 2022:1212::                     PrefixLength: 64
NextHop     : ::                              Preference  : 10
Cost        : 1                               Protocol    : OSPFv3
RelayNextHop: ::                              TunnelID    : 0x0
Interface   : GigabitEthernet0/0/0           Flags       :

Destination : 2022:2424::                     PrefixLength: 64
NextHop     : ::                              Preference  : 10
Cost        : 1                               Protocol    : OSPFv3
RelayNextHop: ::                              TunnelID    : 0x0
Interface   : GigabitEthernet0/0/1           Flags       :

Destination : 2022:2525::                     PrefixLength: 64
NextHop     : ::                              Preference  : 10
Cost        : 1                               Protocol    : OSPFv3
RelayNextHop: ::                              TunnelID    : 0x0
Interface   : GigabitEthernet0/0/2           Flags       :

Destination : 2022:2626::                     PrefixLength: 64
NextHop     : ::                              Preference  : 10
Cost        : 1                               Protocol    : OSPFv3
RelayNextHop: ::                              TunnelID    : 0x0
Interface   : GigabitEthernet1/0/0           Flags       :
```

以上输出信息显示了路由器 SZ1 的 IPv6 路由表中的 OSPFv3 协议的路由信息，路由前缀的总数是 17，其中活动的有 13 个，非活动的有 4 个。对于每条路由前缀，都包含目的前缀、前缀长度、路由的下一跳地址、路由优先级、路由开销值、学习到此路由的路由协议、迭代的下一跳地址、隧道 ID、出接口和标志（D 表示该路由下发到 FIB 表）。OSPFv3 协议路由内部优先级为 10，外部路由优先级为 150。在路由器 SZ1 上通过使用 default-route-advertise 命令可以向 OSPFv3 协议网络注入 1 条默认路由。

任务评价

评价指标	评价观测点	评价结果
理论知识	1. IPv6 优势的理解 2. IPv6 地址格式的理解 3. IPv6 地址类型的理解 4. ICMPv6 工作原理的理解 5. OSPFv3 协议工作原理的理解 6. IPv6 基本配置命令的理解	自我测评 □ A　□ B　□ C 教师测评 □ A　□ B　□ C
职业能力	1. 掌握 IPv6 地址配置 2. 掌握浮动静态默认路由配置 3. 掌握基本 OSPFv3 协议配置 4. 掌握 OSPFv3 协议网络类型和静态默认接口配置 5. 掌握 OSPFv3 协议路由聚合配置 6. 掌握向 OSPFv3 协议网络注入默认路由配置 7. 掌握 OSPFv3 协议配置验证	自我测评 □ A　□ B　□ C 教师测评 □ A　□ B　□ C
职业素养	1. 设备操作规范 2. 故障排除思路 3. 报告书写能力 4. 查阅文献能力 5. 语言表达能力 6. 团队协作能力	自我测评 □ A　□ B　□ C 教师测评 □ A　□ B　□ C
综合评价	1. 理论知识（40%） 2. 职业能力（40%） 3. 职业素养（20%）	自我测评 □ A　□ B　□ C 教师测评 □ A　□ B　□ C

学生签字：　　　　　教师签字：　　　　　年　　月　　日

任务总结

随着 IPv4 地址耗尽，IPv6 取代 IPv4 已成为网络技术发展的必然趋势。IPv6 庞大的地址空间以及对移动性和安全性的支持也必将加速 IPv6 网络的广泛部署。本任务详细介绍了 IPv6 的优势、IPv6 地址格式、IPv6 地址类型、ICMPv6、OSPFv3 协议和 IPv6 基本配置命令等基础知识。同时，本任务以真实的工作任务为载体，介绍了 IPv6 地址配置、浮动静态默认路由配置、基本 OSPFv3 协议配置、OSPFv3 协议网络类型和静态默认接口配置、OSPFv3 协议路由聚合配置、向 OSPFv3 网络注入默认路由配置等网络技能，并详细介绍了 OSPFv3 协议配置验证过程。熟练掌握这些网络基础知识和基本技能，可为 IPv6 大面积部署和实施做好准备。

知识巩固

1. IPv6 地址长度为（　　　）位。
　　A. 32　　　　　　　B. 64　　　　　　　C. 128　　　　　　D. 256
2. IPv6 基本报头长度为（　　　）字节。
　　A. 32　　　　　　　B. 40　　　　　　　C. 48　　　　　　　D. 64

3. IEEE EUI-64 规范中，在 MAC 地址的 OUI 和序列号之间插入的一个固定数值是（　　）。

    A. FFFE   B. EFFF   C. EEEE   D. FFFF

4. 地址前缀为 FE80::/10 的是（　　）类型的 IPv6 地址。

    A. 链路本地   B. 全球单播   C. 组播   D. 任播

5. NDP 的作用包括（　　）。

    A. 路由器发现   B. 无状态自动配置   C. 地址解析   D. 重定向

项目实战

1. 项目目的

通过本项目训练可以掌握以下内容。

（1）IP 地址规划和设计。

（2）静态路由与 BFD 联动配置和验证。

（3）NAT 配置和验证。

（4）多区域 OSPF 协议配置和验证。

（5）多区域 IS-IS 协议配置和验证。

（6）基于路由策略的 IS-IS 协议及 OSPF 协议双向引入配置和验证。

（7）IPv6 地址规划和设计。

（8）多区域 OSPFv3 协议配置和验证。

（9）网络连通性测试。

2. 项目拓扑

项目网络拓扑如图 3-34 所示。

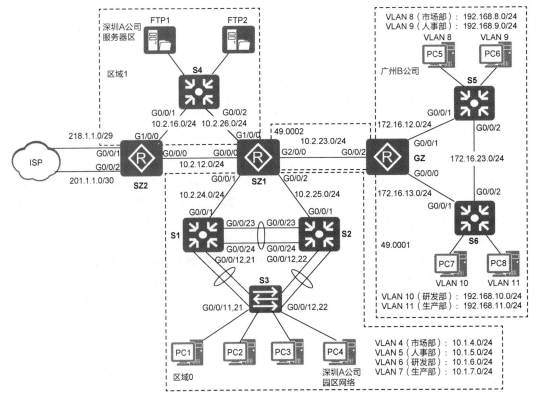

图 3-34　项目网络拓扑

3. 项目实施

深圳 A 公司因业务发展需要，兼并了广州 B 公司，为了确保资源共享、办公自动化和节省人力成本，需要将 A 公司和 B 公司原有的网络连接起来，实现公司整体信息化部署。深圳公司运维部向运营商申请一条专线将 A 公司和 B 公司的网络连接起来。出于对公司整体网络安全的考虑，两个公司的 Internet 出口统一部署在深圳公司，通过主备两条线路接入运营商的网络。A 公司园区网络和服务器区运行多区域 OSPF 协议，B 公司运行 IS-IS 协议，两个公司网络的边界路由器之间运行 IS-IS 协议。为了提高实际工作的准确性和工作效率，运维部工程师需要在实验室环境下通过 eNSP 模拟器完成网络搭建、配置、验证和测试，为网络上线运行奠定坚实的基础。工程师用 3 台路由器模拟 A 公司和 B 公司的边界设备。A 公司和 B 公司的内网通过交换机和边界路由器连接。工程师需要完成的任务如下。

（1）按照图 3-34 所示的 IP 地址规划，完成所有路由器接口 IP 地址和三层交换机 VLANIF 接口 IP 地址配置。

（2）在 A 公司边界设备上配置浮动静态默认路由，通过 BFD 与主链路静态路由联动，在网络发生故障时实现主备链路快速切换，提升网络可靠性。

（3）在 A 公司边界设备上配置 NAT，使得 A 公司和 B 公司的主机可以访问 Internet，同时确保外网主机可以访问服务器区的服务器。

（4）在 A 公司内网配置多区域 OSPF 协议，总部园区网络属于区域 0，服务器区属于区域 1，确保 A 公司内网互通。

（5）在 B 公司内网配置多区域 IS-IS 协议，B 公司内网属于区域 49.0001，B 公司和 A 公司之间的网络属于区域 49.0002，确保 B 公司内网互通，并能连通到 A 公司的边界设备。

（6）在 A 公司和 B 公司的边界设备上配置 IS-IS 协议及 OSPF 协议双向引入，并通过路由策略进行路由优化，使得 A 公司和 B 公司内部设备仅能学习到彼此业务网段的路由。

（7）在 A 公司上搭建 IPv6 试验网络，统一使用 2022::/16 前缀进行 IPv6 地址规划。在相应接口上配置 IPv6 地址，并且运行 OSPFv3 协议，确保 A 公司内部 IPv6 网络可达。

（8）进行网络连通性测试，如果需要，请进行网络故障排除。

（9）保存配置文件，完成项目报告。

项目4
部署和实施企业网络安全

04

【项目描述】

　　网络无边、安全有界，网络空间安全已经上升为国家安全战略。网络安全为人民，网络安全靠人民，网络安全已成为世界各国共同关注的焦点。为了实现网络安全，我国已经先后颁布了《中华人民共和国网络安全法》《中华人民共和国数据安全法》和《中华人民共和国个人信息保护法》等法律法规。网络安全是防范计算机网络硬件、软件、数据偶然或蓄意破坏、篡改、窃听、假冒、泄露、非法访问和保护网络系统持续有效工作的措施总和。有效的安全措施可以保证网络和业务的安全性，加速数字化转型，优化客户体验，降低威胁风险，创造数字化竞争优势。网络安全应该从整体上考虑，全面覆盖网络系统的各个方面，包括网络、系统、应用和数据等。随着网络互联部署和实施的完成，A公司接下来要重点部署和实施网络安全。网络拓扑如图4-1所示。本项目忽略广州分公司的网络拓扑，运维部工程师需要完成的任务如下。

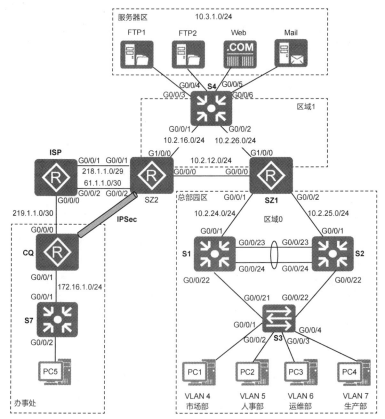

图 4-1　项目 4 网络拓扑

（1）按照IP地址规划配置各台设备的IP地址。

（2）在深圳总部园区网络中部署端口安全、DHCP Snooping和DAI技术，防止总部园区网络设备和主机遭受MAC地址泛洪攻击、DHCP攻击和ARP欺骗攻击，实现员工主机安全接入总部园区网络。

（3）在深圳总部部署ACL，实现数据访问控制和网络设备安全管理。

（4）在深圳总部与重庆办事处边界路由器之间部署IPSec VPN，使办事处员工能通过Internet安全访问公司总部服务器区的数据。

本项目涉及的知识和能力图谱如图4-2所示。

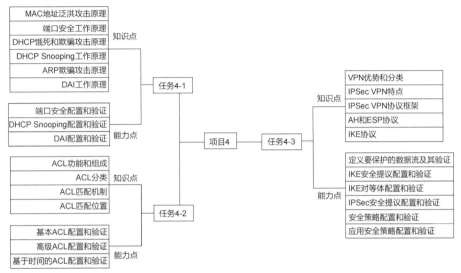

图4-2 项目4涉及的知识和能力图谱

任务 4-1 部署和实施总部园区网络主机安全接入

任务描述

交换机作为局域网中常见的设备，在安全上面临着重大威胁。这些威胁有的针对交换机或者路由器管理上的漏洞，攻击者试图控制这些设备；有的针对交换机的功能，攻击者试图扰乱交换机的正常工作，从而达到破坏甚至窃取数据的目的。交换机是距离用户接入网络最近的设备，为了防止交换机被攻击者探测或者控制，必须采取基本的安全措施。这些措施包含配置强密码、禁用不需要的服务和应用、禁用未使用的端口以及部署端口安全、DHCP Snooping 和 DAI 等。本任务主要要求读者夯实和理解 MAC 地址泛洪攻击原理、端口安全工作原理、DHCP 饿死和欺骗攻击原理、DHCP Snooping 工作原理、ARP 欺骗攻击原理和 DAI 工作原理以及端口安全、DHCP Snooping 和 DAI 基本配置命令等网络知识，通过在企业交换设备上部署和实施接入层安全技术，来掌握端口安全配置和验证、DHCP Snooping 配置和验证以及 DAI 配置和验证等职业技能，全面提升企业网络安全水平。

知识准备

4.1.1 端口安全

交换机基于数据帧源 MAC 地址构建 MAC 地址表，基于 MAC 地址表转发数据帧。当数据帧到达交换机端口时，交换机可以获得其源 MAC 地址并将其记录在 MAC 地址表中。转发数据帧时，如果 MAC 地址表中存在目的 MAC 地址条目，则交换机将把数据帧转发到 MAC 地址表中与目的 MAC 地址所对应的端口上。如果目的 MAC 地址在 MAC 地址表中不存在，则交换机将数据帧转发到除了收到该帧端口外的每一个端口上（即未知单播帧泛洪）。然而，MAC 地址表的大小是有限的，MAC 泛洪攻击正是利用这一限制，攻击者使用攻击工具将大量无效的源 MAC 地址发送给交换机，直到交换机 MAC 地址表被填满，这种使得交换机 MAC 地址表溢出的攻击称为 MAC 地址泛洪攻击。当 MAC 地址表被填满时，交换机将接收到流量泛洪到所有端口。如图 4-3 所示,攻击者在 PC2 上不停地发送大量虚假源 MAC 地址的数据帧以填满 S1 的 MAC 地址表。此时,PC1 发送数据帧给 PC3,S1 将收到的数据帧从除了 G0/0/1 端口外的全部端口泛洪出去，这样攻击者就会捕获这些数据帧。

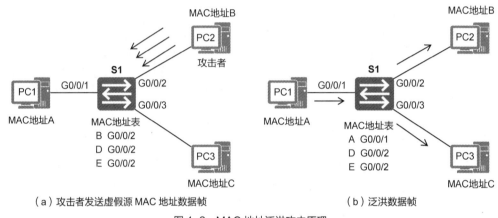

图 4-3　MAC 地址泛洪攻击原理

要防止 MAC 地址泛洪攻击，可以在交换机上配置端口安全（Port Security）特性，限制端口上所允许学习的 MAC 地址的数量，并定义攻击发生时端口的动作。端口安全功能将设备端口学习到的 MAC 地址变为安全 MAC 地址，可以阻止除安全 MAC 地址和静态 MAC 地址之外的主机通过本端口的通信，从而增强设备安全性。

端口学习到的安全 MAC 地址包括安全动态 MAC 地址、安全静态 MAC 地址与 Sticky(粘性)MAC 地址。

（1）安全动态 MAC 地址：启用端口安全而未启用 Sticky MAC 地址功能时学习到的 MAC 地址。默认情况下，安全动态 MAC 地址不会被老化，设备重启后安全动态 MAC 地址会丢失，需要重新学习。

（2）安全静态 MAC 地址：启用端口安全而未启用 Sticky MAC 地址功能时手动配置的静态 MAC 地址，安全静态 MAC 地址不会被老化。

（3）Sticky MAC 地址：启用端口安全后又启用 Sticky MAC 地址功能后学习到的 MAC 地址。Sticky MAC 地址不会被老化，保存配置并重启设备后，Sticky MAC 地址不会丢失，无须重新学习。

无论采用以上哪种方式配置端口安全，当尝试访问该端口的终端设备违规时，都可以通过如下 3 种模式之一进行惩罚。

（1）protect（保护）：当学习到的 MAC 地址数达到端口限制时，端口丢弃源地址在 MAC 地址表以外的报文。

（2）restrict（限制）：当学习到的 MAC 地址数超过端口限制时，端口丢弃源地址在 MAC 地址表以外的报文，并同时发出告警。

（3）shutdown（关闭）：当学习到的 MAC 地址数超过端口限制时，将端口关闭（为 error down 状态），同时发出告警。默认情况下，端口关闭后不会自动恢复，只能由网络管理员执行 undo shutdown 命令进行手动恢复，也可以在端口视图下执行 restart 命令重启端口。如果用户希望被关闭的端口可以自动恢复，则可在系统视图下执行 error-down auto-recovery cause port-security interval

interval-value 命令使端口状态自动恢复为 Up，并设置端口自动恢复为 Up 的延迟时间，使被关闭的端口经过延迟时间后能够自动恢复。

4.1.2 DHCP Snooping

企业园区网络经常使用 DHCP 服务为用户分配 IP 地址，DHCP 服务是一种没有验证的服务，即客户端和服务器无法互相进行合法性验证。在 DHCP 工作原理中，客户端以广播的方法来寻找服务器，并且只采用第一台响应的服务器提供的网络配置参数。如果在网络中存在多台 DHCP 服务器（其中有一台或更多台是非授权的），假如非授权的 DHCP 服务器先应答，则客户端最后获得的网络参数是非授权的或者是恶意的。客户端可能获取不正确的 IP 地址、网关和 DNS 等信息，使得黑客可以顺利地实施中间人（Man-in-the-Middle）攻击。另外，攻击者很可能恶意从授权的 DHCP 服务器上反复申请 IP 地址，导致授权的 DHCP 服务器消耗了地址池中的全部 IP 地址，而合法的主机无法申请 IP 地址，这就是 DHCP 饿死攻击。以上两种攻击通常一起使用，首先耗尽授权 DHCP 服务器地址池中的 IP 地址，然后让客户端从非授权的 DHCP 服务器申请到 IP 地址，实施 DHCP 欺骗攻击。

DHCP Snooping（监听）是一种 DHCP 的安全特性，可以防止 DHCP 饿死攻击和 DHCP 欺骗攻击。DHCP Snooping 可以截获交换机端口的 DHCP 响应报文，建立一张包含客户端主机 MAC 地址、IP 地址、租期、VLAN ID 和交换机端口等信息的表。DHCP Snooping 将交换机的端口分为可信任端口和不可信任端口。当交换机从不可信任端口收到 DHCP 服务器响应的报文（如 DHCP OFFER、DHCP ACK 或者 DHCP NAK）时，交换机会直接将该报文丢弃；而对可信任端口收到的 DHCP 服务器响应的报文，交换机会直接转发。一般将与客户端计算机相连的交换机端口定义为不可信任端口，而将与 DHCP 服务器或者其他交换机相连的端口定义为可信任端口。也就是说，当一个不可信任端口连接有 DHCP 服务器时，该服务器发出的 DHCP 响应报文将不能通过交换机的端口，如图 4-4 所示。因此，只要将连接用户的端口设置为不可信任端口，就可以有效地防止非授权用户私自设置 DHCP 服务而引起的 DHCP 欺骗攻击。

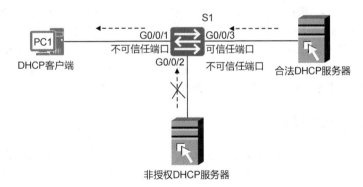

图 4-4 DHCP Snooping 工作原理

启用了 DHCP Snooping 功能后，默认情况下，交换机将对从不可信任端口接收到的 DHCP 请求报文插入 Option 82 信息。DHCP Option 82 是为了增强 DHCP 服务器的安全性，改善 IP 地址配置策略而提出的一种 DHCP 选项。Option 82 的工作流程如图 4-5 所示。

（1）客户端发送 DHCP DISCOVER 报文在网络上寻找 DHCP 服务器。

（2）交换机收到客户端发送的 DHCP DISCOVER 报文后，DHCP 中继代理（Relay Agent）给用户的 DHCP 报文加上 Option 82 信息（其中包含客户端的接入物理端口和接入设备标识等信息），并将其发送给 DHCP 服务器。

（3）支持 Option 82 功能的 DHCP 服务器接收到 DHCP DISCOVER 报文后，根据预先配置策略和报文中的 Option 82 信息分配 IP 地址及其他配置信息给客户端响应，同时 DHCP 服务器可以依据

Option 82 中的信息识别可能的 DHCP 攻击报文并做出防范。此时响应的 DHCP OFFER 报文带有先前的 Option 82 信息。

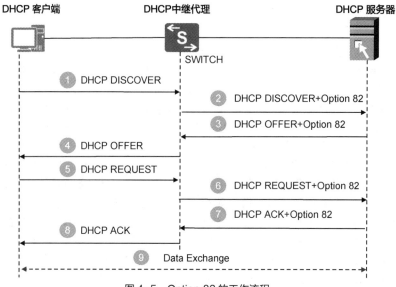

图 4-5　Option 82 的工作流程

（4）交换机收到 DHCP 服务器的响应信息后，DHCP 中继代理去掉 Option 82 信息，并把此 DHCP OFFER 报文发送给客户端。

（5）客户已经发现了 DHCP 服务器，开始发送 DHCP REQUEST 报文进行 IP 地址请求。

（6）交换机收到客户的 DHCP REQUEST 报文后，DHCP 中继代理给报文加上 Option 82 信息，并将其发送给 DHCP 服务器。

（7）DHCP 服务器收到带有 Option 82 信息的 DHCP REQUEST 报文后，开始给客户分配 IP 地址，发送给客户端 DHCP ACK 响应。此时的 DHCP ACK 报文带有 Option 82 信息。

（8）交换机收到 DHCP 服务器带有 Option 82 信息的 DHCP ACK 响应报文后，DHCP 中继代理去掉 Option 82 信息，并根据选项中的物理端口信息将 DHCP ACK 信息发送给客户端。

（9）当地址申请结束后，用户就可以进行数据交换了。

4.1.3　动态 ARP 检测

地址解析协议（Address Resolution Protocol，ARP）的作用是根据主机的 IP 地址获取其 MAC 地址。ARP 是建立在网络中各个主机互相信任的基础上的，但其本身没有安全验证机制，因此存在缺陷。保存在主机缓存中的 ARP 表项是动态更新的，缓存中只保存最新的 IP 地址和 MAC 地址映射关系的表项，这使得攻击者有了可乘之机，其可以通过修改 ARP 表项实现攻击。ARP 请求以广播形式发送，网络上的主机可以自主发送 ARP 应答消息，当其他主机收到应答报文时不会检测该报文的真实性就将其记录在本地的 ARP 表中，这样攻击者就可以向目的主机发送伪 ARP 应答报文，从而篡改 ARP 表项。ARP 欺骗可以导致目的主机与网关通信失败，更会导致通信重定向，让所有的数据都通过攻击者的主机，因此存在极大的安全隐患。

网络中针对 ARP 的攻击层出不穷，中间人攻击是常见的 ARP 欺骗攻击方式之一。中间人攻击是指攻击者与通信的两端分别创建独立的联系，并交换其所收到的数据，使通信的两端认为与对方直接对话，但事实上整个会话都被攻击者完全控制。在中间人攻击中，攻击者可以拦截通信双方的会话并插入新的内容。中间人攻击的原理如图 4-6 所示。

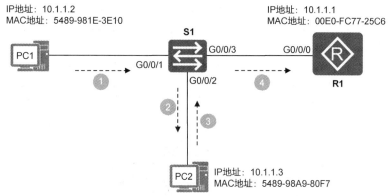

图 4-6　中间人攻击的原理

（1）主机 PC1（IP 地址为 10.1.1.2，MAC 地址为 5489-981E-3E10）向路由器 R1 发送 ARP 请求，请求获取网关（IP 地址为 10.1.1.1）的 MAC 地址，以便访问外网。

（2）路由器 R1 收到 ARP 请求后，更新自己的 ARP 缓存表，即增加 IP 地址 10.1.1.2 和 MAC 地址 5489-981E-3E10 映射关系的表项，接着会发送 ARP 响应，包含 IP 地址为 10.1.1.1 和 MAC 地址为 00E0-FC77-25C6 的映射关系。

（3）主机 PC1 收到路由器 R1 发送的 ARP 响应后，更新自己的 ARP 缓存表，即增加 IP 地址为 10.1.1.1 和 MAC 地址为 00E0-FC77-25C6 的映射关系的表项。这样主机 PC1 和路由器 R1 就相互获得了对方的 MAC 地址。

（4）黑客主机 PC2（IP 地址为 10.1.1.3，MAC 地址为 5489-98A9-80F7）通过监听等手段捕获主机 PC1 和路由器 R1 之间发送的 ARP 报文，因此会获取通信双方的 IP 地址和 MAC 地址，并且主机 PC2 在自己 ARP 缓存表中增加了两条 ARP 缓存表项，分别对应的是主机 PC1 和路由器 R1 的 G0/0/0 端口的 IP 地址及 MAC 地址的映射关系，主机 PC2 主动发送 10.1.1.2 和 10.1.1.1 对应 MAC 地址均为 5489-98A9-80F7 的免费（Gratuitous）ARP 应答（广播报文）。ARP 缓存表会采用最新收到的 ARP 响应，因此主机 PC1 误认为 IP 地址 10.1.1.1 的 MAC 地址为 5489-98A9-80F7，路由器 R1 也误认为 IP 地址 10.1.1.2 的 MAC 地址为 5489-98A9-80F7。

（5）后续主机 PC1 发送到路由器 R1 的数据帧，帧的目的 MAC 地址是主机 PC2 的 MAC 地址，而路由器发送给主机 PC1 的数据帧，帧的目的 MAC 地址也是主机 PC2 的 MAC 地址，结果就是主机 PC1 和路由器 R1 之间的通信报文都经过了主机 PC2，主机 PC2 就成了主机 PC1 和路由器 R1 之间的中间人。

为了防御中间人攻击，可以在交换机上部署动态 ARP 检测（Dynamic ARP Inspection，DAI）功能，DAI 基于 DHCP Snooping 绑定表来防御中间人攻击。当设备收到 ARP 报文时，将此 ARP 报文与 DHCP Snooping 绑定表（包括源 IP 地址、源 MAC 地址、VLAN 及端口信息）中的信息进行比较。如果信息匹配，则说明发送该 ARP 报文的用户是合法用户，允许此用户的 ARP 报文通过，否则认为是攻击，丢弃该 ARP 报文。DAI 功能仅适用于 DHCP Snooping 场景。设备启用 DHCP Snooping 功能后，当 DHCP 用户上线时，设备会自动生成 DHCP Snooping 绑定表；对于静态配置 IP 地址的用户，设备不会生成 DHCP Snooping 绑定表，所以需要手动添加静态 DHCP Snooping 绑定表。

4.1.4　端口安全、DHCP Snooping 和 DAI 基本配置命令

1. 端口安全配置命令

```
[Huawei-GigabitEthernet0/0/1]port-security enable  //启用端口安全功能
[Huawei-GigabitEthernet0/0/1]port-security mac-address mac-address vlan vlan-id
//手动配置安全静态 MAC 地址表项
[Huawei-GigabitEthernet0/0/1] port-security max-mac-num max-number
```

```
//配置端口安全动态 MAC 地址学习限制数量
[Huawei-GigabitEthernet0/0/1]port-security protect-action { protect | restrict |
shutdown }   //配置端口安全保护动作
[Huawei-GigabitEthernet0/0/1]port-security mac-address stick
//启用端口 Sticky MAC 地址功能
[Huawei]error-down auto-recovery cause port-security interval interval-value
//使端口状态自动恢复为 Up，并设置端口自动恢复为 Up 的延迟时间
```

2. DHCP Snooping 配置命令

```
[Huawei]dhcp snooping enable [ ipv4 | ipv6 ]   //全局启用 DHCP Snooping 功能
[Huawei]dhcp snooping enable vlan { vlan-id1 [ to vlan-id2 ] }
[Huawei]dhcp snooping user-offline remove mac-address
//启用当 DHCP Snooping 动态表项清除时移除对应用户的 MAC 地址表项功能
[Huawei-GigabitEthernet0/0/1]dhcp snooping enable
//启用端口下的 DHCP Snooping 功能
[Huawei-vlan4]dhcp snooping enable   //启用 VLAN 下的 DHCP Snooping 功能
[Huawei-GigabitEthernet0/0/1]dhcp snooping trusted   //配置端口为信任端口
```

3. DAI 配置命令

```
[Huawei-GigabitEthernet0/0/1]arp anti-attack check user-bind enable
//启用 DAI 功能
[Huawei-GigabitEthernet0/0/1]arp anti-attack check user-bind check-item { ip-address
| mac-address | vlan }
//配置对 ARP 报文进行绑定表匹配检查的检查项
[Huawei-vlan4]arp anti-attack check user-bind check-item { ip-address | mac-address
| interface }
//配置对 ARP 报文进行绑定表匹配检查的检查项
[Huawei-GigabitEthernet0/0/1]arp anti-attack check user-bind alarm enable
//启用 DAI 丢弃报文告警功能
```

任务实施

在项目 2 中，工程师已经完成了 A 公司深圳总部园区网络 DHCP 和 DHCP 中继的配置。其中，路由器 SZ1 是 DHCP 服务器，交换机 S1 和 S2 完成 DHCP 中继功能。在本任务中，工程师需要在总部园区网络交换机上部署端口安全、DHCP Snooping 和 DAI 技术，实现园区网络主机的安全接入，网络拓扑如图 4-1 所示。工程师需要完成的主要任务如下。

（1）配置和验证端口安全。

（2）配置和验证 DHCP Snooping。

（3）配置和验证 DAI。

1. 配置和验证端口安全

（1）在交换机 S3 的 G0/0/1 和 G0/0/2 端口上配置安全动态 MAC 地址，在 G0/0/3 和 G0/0/4 端口上配置 Sticky MAC 地址。

```
[S3]port-group group-member GigabitEthernet0/0/1 to GigabitEthernet0/0/2
[S3-port-group]port-security enable   //启用端口安全功能
[S3-port-group]port-security max-mac-num 1
//配置端口安全动态 MAC 地址学习限制数量
[S3-port-group]port-security protect-action restrict
//配置端口安全保护动作
[S3]port-group group-member GigabitEthernet0/0/3 to GigabitEthernet0/0/4
[S3-port-group]port-security enable
```

```
[S3-port-group]port-security max-mac-num 1
[S3-port-group]port-security protect-action protect
[S3-port-group]port-security mac-address sticky
```
//启用端口 Sticky MAC 功能

（2）验证端口安全

```
[S3]display mac-address security //查看交换机当前存在的安全动态 MAC 地址表项
MAC address table of slot 0:
--------------------------------------------------------------------------------
MAC Address   VLAN/          PEVLAN  CEVLAN  Port          Type    LSP/LSR-ID
              VSI/SI                                                MAC-Tunnel
--------------------------------------------------------------------------------
5489-984b-1e10 5              -       -       GE0/0/2       security  -
5489-98ee-3c23 4              -       -       GE0/0/1       security  -
```
//主机 MAC 地址、端口所属 VLAN、端口名称和端口安全类型
```
--------------------------------------------------------------------------------
Total matching items on slot 0 displayed = 2
```
//以上输出显示了交换机 S3 当前存在 2 条安全动态 MAC 地址表项
```
[S3]display mac-address sticky //查看交换机当前存在的 Sticky 类型的 MAC 地址表项
MAC address table of slot 0:
--------------------------------------------------------------------------------
MAC Address   VLAN/          PEVLAN  CEVLAN  Port          Type    LSP/LSR-ID
              VSI/SI                                                MAC-Tunnel
--------------------------------------------------------------------------------
5489-9876-4a81 6              -       -       GE0/0/3       sticky    -
5489-986f-4b34 7              -       -       GE0/0/4       sticky    -
--------------------------------------------------------------------------------
Total matching items on slot 0 displayed = 2
```
//以上输出显示了交换机 S3 当前存在 2 条 Sticky 类型的 MAC 地址表项

2. 配置和验证 DHCP Snooping

（1）在路由器 SZ1 以及交换机 S1、S2 和 S3 上配置 DHCP Snooping

```
[SZ1]dhcp server trust option82 //启用 DHCP 服务器信任 Option 82 功能

[S1]dhcp snooping enable ipv4
```
//启用全局 DHCP Snooping 功能并配置设备仅处理 DHCPv4 报文
```
[S1]arp dhcp-snooping-detect enable
```
//启用 ARP 与 DHCP Snooping 的联动功能，保证 DHCP 用户在异常下线时实时更新绑定表
```
[S1]interface GigabitEthernet 0/0/1
[S1-GigabitEthernet0/0/1]dhcp snooping trusted
```
//将 DHCP 服务器侧的端口配置为可信任端口
```
[S1-GigabitEthernet0/0/1]quit
[S1]interface Eth-Trunk 12
[S1-Eth-Trunk12]dhcp snooping trusted    //将 DHCP 服务器侧的端口配置为可信任端口
[S1-Eth-Trunk12]quit
[S1]interface GigabitEthernet 0/0/22
[S1-GigabitEthernet0/0/22]dhcp snooping enable
```
//启用用户侧端口的 DHCP Snooping 功能
```
[S1-GigabitEthernet0/0/22]dhcp option82 insert enable
```
//启用在 DHCP 报文中添加 Option 82 功能
```
[S1-GigabitEthernet0/0/22]quit
```

199

```
[S1]interface Vlanif 4
[S1-Vlanif4]dhcp relay information enable   //启用 DHCP 中继支持 Option 82 功能
[S1-Vlanif4]dhcp relay information strategy keep
//配置 DHCP 中继对 Option 82 信息的处理策略，默认处理策略是 replace
[S1-Vlanif4]quit
[S1]interface Vlanif 5
[S1-Vlanif5]dhcp relay information enable
[S1-Vlanif5]dhcp relay information strategy keep
[S1-Vlanif5]quit
[S1]interface Vlanif 6
[S1-Vlanif6]dhcp relay information enable
[S1-Vlanif6]dhcp relay information strategy keep
[S1-Vlanif6]quit
[S1]interface Vlanif 7
[S1-Vlanif7]dhcp relay information enable
[S1-Vlanif7]dhcp relay information strategy keep

[S2]dhcp snooping enable ipv4
[S2]arp dhcp-snooping-detect enable
[S2]interface GigabitEthernet 0/0/1
[S2-GigabitEthernet0/0/1]dhcp snooping trusted
[S2-GigabitEthernet0/0/1]quit
[S2]interface Eth-Trunk 12
[S2-Eth-Trunk12]dhcp snooping trusted
[S2-Eth-Trunk12]quit
[S2]interface GigabitEthernet 0/0/22
[S2-GigabitEthernet0/0/22]dhcp snooping enable
[S2-GigabitEthernet0/0/22]dhcp option82 insert enable
[S2-GigabitEthernet0/0/22]quit
[S2]interface Vlanif 4
[S2-Vlanif4]dhcp relay information enable
[S2-Vlanif4]dhcp relay information strategy keep
[S2-Vlanif4]quit
[S2]interface Vlanif 5
[S2-Vlanif5]dhcp relay information enable
[S2-Vlanif5]dhcp relay information strategy keep
[S2-Vlanif5]quit
[S2]interface Vlanif 6
[S2-Vlanif6]dhcp relay information enable
[S2-Vlanif6]dhcp relay information strategy keep
[S2-Vlanif6]quit
[S2]interface Vlanif 7
[S2-Vlanif7]dhcp relay information enable
[S2-Vlanif7]dhcp relay information strategy keep

[S3]dhcp enable
[S3]dhcp snooping enable ipv4
[S3]interface GigabitEthernet 0/0/21
[S3-GigabitEthernet0/0/21]dhcp snooping trusted
[S3-GigabitEthernet0/0/21]quit
```

```
[S3]interface GigabitEthernet 0/0/22
[S3-GigabitEthernet0/0/22]dhcp snooping trusted
[S3-GigabitEthernet0/0/22]quit
[S3]port-group group-member GigabitEthernet 0/0/1 to GigabitEthernet 0/0/4
[S3-port-group]dhcp snooping enable
[S3-port-group]dhcp option82 insert enable
```

（2）验证 DHCP Snooping

```
[S3]display dhcp snooping  //查看 DHCP Snooping 的运行信息
DHCP snooping global running information :  //DHCP Snooping 全局运行信息
DHCP snooping                            : Enable    //启用 DHCP Snooping 功能
Static user max number                   : 1024      //最大静态用户数
Current static user number               : 0         //当前静态用户数
Dhcp user max number                     : 1024      (default) //最大 DHCP 用户数
Current dhcp user number                 : 1         //当前 DHCP 用户数
Arp dhcp-snooping detect                 : Enable    (default)
//启用 ARP 与 DHCP Snooping 的联动功能
Alarm threshold                          : 100       (default)
//全局 DHCP Snooping 丢弃报文数量的告警阈值
Check dhcp-rate                          : Disable   (default)
//启用 DHCP 报文速率检查功能
Dhcp-rate limit(pps)                     : 100       (default)
//限制 DHCP 报文速率数，单位是报文数/秒
Alarm dhcp-rate                          : Disable   (default)
//启用 DHCP 报文上送到 DHCP 协议栈的速率检查告警功能
Alarm dhcp-rate threshold                : 100       (default)
//DHCP 报文上送到 DHCP 协议栈的速率的告警阈值，丢弃的 DHCP 报文数超过此阈值后将发送告警
Discarded dhcp packets for rate limit    : 0   //丢弃超出 DHCP 报文速率的报文数
Bind-table autosave                      : Disable   (default)
//是否启用自动保存绑定表功能
Offline remove mac-address               : Disable   (default)
//是否启用客户端离线移除 MAC 地址功能
Client position transfer allowed         : Enable    (default) //是否允许用户迁移


DHCP snooping running information for interface GigabitEthernet0/0/1 :
//DHCP Snooping 接口运行信息
DHCP snooping                            : Enable
Trusted interface                        : No        //端口是非信任端口
Dhcp user max number                     : 1024      (default)
Current dhcp user number                 : 1
Check dhcp-giaddr                        : Disable   (default)
Check dhcp-chaddr                        : Disable   (default)
Alarm dhcp-chaddr                        : Disable   (default)
Check dhcp-request                       : Disable   (default)
Alarm dhcp-request                       : Disable   (default)
Check dhcp-rate                          : Disable   (default)
Alarm dhcp-rate                          : Disable   (default)
Alarm dhcp-rate threshold                : 100
Discarded dhcp packets for rate limit    : 0
Alarm dhcp-reply                         : Disable   (default)
```

```
（此处省略 GigabitEthernet0/0/2～GigabitEthernet0/0/4 信息）

DHCP snooping running information for interface GigabitEthernet0/0/21 :
DHCP snooping                              : Disable  (default)
Trusted interface                          : Yes      //端口是信任端口
Dhcp user max number                       : 1024     (default)
Current dhcp user number                   : 0
Check dhcp-giaddr                          : Disable  (default)
Check dhcp-chaddr                          : Disable  (default)
Alarm dhcp-chaddr                          : Disable  (default)
Check dhcp-request                         : Disable  (default)
Alarm dhcp-request                         : Disable  (default)
Check dhcp-rate                            : Disable  (default)
Alarm dhcp-rate                            : Disable  (default)
Alarm dhcp-rate threshold                  : 100
Discarded dhcp packets for rate limit      : 0
Alarm dhcp-reply                           : Disable  (default)

（此处省略 GigabitEthernet0/0/22 信息）
[S3]display dhcp option82 configuration  //查看 DHCP Option 82 的配置信息
#
interface GigabitEthernet0/0/1
 dhcp option82 insert enable
#
interface GigabitEthernet0/0/2
 dhcp option82 insert enable
#
interface GigabitEthernet0/0/3
 dhcp option82 insert enable
#
interface GigabitEthernet0/0/4
 dhcp option82 insert enable
#
[S3]display dhcp snooping user-bind all  //查看 DHCP Snooping 动态绑定表信息
DHCP Dynamic Bind-table: //DHCP Snooping 动态绑定表
Flags:O - outer vlan ,I - inner vlan ,P - map vlan
IP Address      MAC Address     VSI/VLAN(O/I/P) Interface    Lease
--------------------------------------------------------------------------
10.1.4.251      5489-98ee-3c23  4   /--  /--    GE0/0/1      2106.02.06-22:28
--------------------------------------------------------------------------
print count:       1         total count:        1
//以上输出显示了 DHCP Snooping 动态绑定表的信息，包括源 IP 地址、源 MAC 地址、VLAN、端口信息和租期
```

3. 配置和验证 DAI
（1）为了防御 ARP 欺骗攻击，在交换机 S3 上部署 DAI 功能

```
[S3]port-group group-member GigabitEthernet0/0/1 to GigabitEthernet0/0/4
[S3-port-group]arp anti-attack check user-bind enable
//启用 DAI 功能
[S3-port-group]arp anti-attack check user-bind check-item ip-address mac-address
/*配置对 ARP 报文进行绑定表匹配检查的检查项。默认情况下，对 ARP 报文的 IP 地址、MAC 地址、VLAN 和
端口信息进行检查*/
```

```
[S3-port-group]arp anti-attack rate-limit enable    //启用 ARP 报文限速功能
[S3-port-group]arp anti-attack rate-limit 5 1
//配置 ARP 报文的限速值、限速时间，默认 1s 内设备最多允许 100 个 ARP 报文通过
[S3-port-group]arp anti-attack check user-bind alarm enable
//启用 DAI 丢弃报文告警功能
[S3-port-group]arp anti-attack check user-bind alarm threshold 80
//配置 DAI 丢弃报文告警阈值，默认的告警阈值为 100
```

（2）验证 DAI

```
[S3]display arp anti-attack configuration check user-bind interface GigabitEthernet
0/0/1
//查看端口下 DAI 的相关配置
 arp anti-attack check user-bind enable
 arp anti-attack check user-bind alarm enable
 arp anti-attack check user-bind alarm threshold 80
```

任务评价

评价指标	评价观测点	评价结果
理论知识	1. MAC 地址泛洪攻击原理的理解 2. 端口安全工作原理的理解 3. DHCP 饿死和欺骗攻击原理的理解 4. DHCP Snooping 工作原理的理解 5. ARP 欺骗攻击原理的理解 6. DAI 工作原理的理解	自我测评 □ A □ B □ C 教师测评 □ A □ B □ C
职业能力	1. 掌握端口安全配置和验证 2. 掌握 DHCP Snooping 配置和验证 3. 掌握 DAI 配置和验证	自我测评 □ A □ B □ C 教师测评 □ A □ B □ C
职业素养	1. 设备操作规范 2. 故障排除思路 3. 报告书写能力 4. 查阅文献能力 5. 语言表达能力 6. 团队协作能力	自我测评 □ A □ B □ C 教师测评 □ A □ B □ C
综合评价	1. 理论知识（40%） 2. 职业能力（40%） 3. 职业素养（20%）	自我测评 □ A □ B □ C 教师测评 □ A □ B □ C
学生签字：　　　　　教师签字：　　　　　年　　月　　日		

任务总结

交换机的端口安全可以限制端口绑定 MAC 地址的数量，从而防止 MAC 地址泛洪攻击。DHCP Snooping 使得交换机可以监听端口上的 DHCP 报文的情况，从而防止 DHCP 耗竭攻击和欺骗攻击。DHCP Snooping 会在交换机上产生一个绑定表，这个表记录了接口连接主机的 IP 地址、MAC 地址、VLAN 等信息，为 DAI 提供了基础。DAI 使得交换机可以监听接口上 ARP 报文的情况，进行 ARP 报文

和 DHCP Snooping 动态绑定表信息的对比，禁止主机发送非法的 ARP 报文，从而防止 ARP 欺骗。本任务详细介绍了 MAC 地址泛洪攻击原理、端口安全工作原理、DHCP 饿死和欺骗攻击原理、DHCP Snooping 工作原理、ARP 欺骗攻击原理和 DAI 工作原理以及端口安全、DHCP Snooping 和 DAI 配置命令等基础知识。同时，本任务以真实的工作任务为载体，介绍了端口安全配置和验证、DHCP Snooping 配置和验证以及 DAI 配置和验证等网络技能。合理使用以上技术可以大大提升企业园区网络的安全。

知识巩固

1. 要防止 MAC 地址泛洪攻击，可以在交换机上配置（　　）技术。
   A. 端口安全　　　　B. DHCP Snooping C. DAI　　　　　　　D. IPSG
2. 开启了 DHCPSnooping 功能后，默认情况下，交换机将对从非信任端口接收到的 DHCP 请求报文插入 Option（　　）信息。
   A. 51　　　　　　　B. 53　　　　　　　C. 81　　　　　　　D. 82
3. DHCP Snooping 绑定表包括（　　）。
   A. IP 地址　　　　B. MAC 地址　　　　C. VLAN　　　　　D. 接口
4. 端口安全的惩罚模式包括（　　）。
   A. protect　　　　B. restrict　　　　C. shutdown　　　　D. drop
5. 端口学习到的安全 MAC 地址包括（　　）。
   A. 安全动态 MAC 地址　　　　　　　B. 安全静态 MAC 地址
   C. Sticky MAC 地址　　　　　　　　D. 目的 MAC 地址

任务 4-2　部署和实施 ACL 实现网络访问控制

任务描述

随着网络的飞速发展，网络安全和网络 QoS 问题日益突出。园区重要的服务器资源被随意访问，园区数据中心机密信息容易泄露，这会造成安全隐患，而 Internet 病毒肆意侵略园区内网，内网环境的安全性堪忧。同时，网络带宽被各类业务随意挤占，对 QoS 要求较高的语音、视频业务的带宽得不到保障，这会造成用户体验差。以上问题都对正常的网络通信造成了很大的影响。因此，提高网络安全性和 QoS 迫在眉睫，人们需要一种工具帮助实现一些流量的过滤。ACL 是实现基本的网络安全访问和流量过滤的手段之一。ACL 可以通过对网络中报文流的精确识别，与其他技术结合，达到控制网络访问行为、防止网络攻击和提高网络带宽利用率的目的，从而切实保障网络环境的安全性和网络 QoS 的可靠性。本任务主要要求读者夯实和理解 ACL 功能和组成、ACL 分类、ACL 匹配机制、ACL 匹配位置、ACL 基本配置命令等基础知识，通过在企业总部园区网络部署和实施 ACL，掌握配置和验证基本 ACL、高级 ACL 和基于时间的 ACL 等职业技能，为总部园区网络流量控制提供保障。

知识准备

4.2.1　ACL 简介

访问控制列表（Access Control List，ACL）是控制网络访问的一种有利的工具。ACL 可以通过对网络中报文流的精确识别，与其他技术结合，达到控制网络访问行为、防止网络攻击和提高网络带宽利用率的目的，从而切实保障网络环境的安全性和网络 QoS 的可靠性。ACL 是由 permit 或 deny 语句组成的一系列有顺序的规则的集合，它通过匹配报文的相关字段实现对报文的分类。ACL 能够匹配一个 IP 数据包中的源 IP 地址、目的 IP 地址、协议类型、源端口、目的端口等元素，还能够用于匹配路由条目。ACL 的应用非常广泛，典型的 ACL 应用场景如下。

（1）匹配 IP 流量。

（2）在路由策略中被调用。

（3）在 NAT 中被调用。

（4）在 IPSec VPN 感兴趣流中被调用。

（5）在防火墙的策略部署中被调用。

（6）在 QoS 中被调用。

ACL 由若干条 permit 或 deny 语句组成。每条语句就是该 ACL 的一条规则，每条语句中的 permit 或 deny 就是与这条规则相对应的处理动作。一条 ACL 由 ACL 名称或 ACL 编号和若干条规则组成，如图 4-7 所示。在网络设备上配置 ACL 时，每条 ACL 都需要分配一个编号，称为 ACL 编号，用来标识 ACL。不同分类的 ACL 编号范围不同。

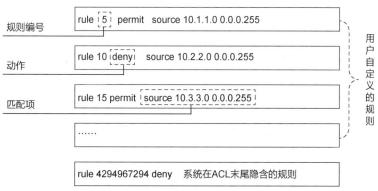

图 4-7　ACL 组成

每条 ACL 规则中包含规则编号、动作和匹配项。

（1）规则编号：用于标识 ACL 规则。可以手动配置规则编号，也可以由系统自动分配。系统自动为 ACL 规则分配编号时，每条相邻规则编号之间会有一个差值，这个差值称为"步长"，默认步长为 5。ACL 规则的编号为 0～4294967294，所有规则均按照规则编号从小到大进行排序。系统按照规则编号从小到大的顺序，将规则依次与报文匹配，一旦匹配上一条规则即停止匹配。

（2）动作：报文处理动作，包括 permit/deny 两种，表示允许/拒绝。

（3）匹配项：ACL 定义了极其丰富的匹配项。除了源地址和生效时间段外，ACL 还支持很多其他规则匹配项。当按照匹配项匹配的时候，网络地址后面会跟着 32 位掩码位，这 32 位称为通配符。通配符采用点分十进制格式，换算成二进制后，"0"表示"匹配"，"1"表示"忽略"。尽管都是 32 位的数字字符串，但 ACL 通配符掩码和 IP 地址子网掩码的工作原理是不同的。在 IP 地址子网掩码中，数字 1 和 0 用来决定网络地址和主机地址。而在 ACL 通配符掩码中，掩码 1 或者 0 用来决定相应的 IP 地址位是被忽略还是被检查。例如，图 4-7 中的 rule 15 表示允许源 IP 地址为 10.3.3.0/24 网段地址的报文通过。再如，当通配符全为 0 来匹配 IP 地址时，表示精确匹配某个 IP 地址。当通配符全为 1 来匹配 0.0.0.0 地址时，表示匹配了所有 IP 地址。

4.2.2　ACL 分类

基于 ACL 标识方法可以将 ACL 分为数字型 ACL 和命名型 ACL。根据 ACL 特性的不同，可以将

ACL 分为基本 ACL、高级 ACL、二层 ACL 和用户自定义 ACL，如表 4-1 所示。不同的 ACL 通过编号进行识别。其中，基本 ACL 和高级 ACL 应用最为广泛。

表 4-1　基于特性分类的 ACL

ACL 的类型	编号范围	规则定义描述
基本 ACL	2000～2999	使用报文的源 IP 地址等信息定义规则
高级 ACL	3000～3999	使用报文的源/目的 IP 地址、源/目的端口号、协议类型、生效时间等信息定义规则
二层 ACL	4000～4999	使用报文的源/目的 MAC 地址、二层协议类型等信息定义规则
用户自定义 ACL	5000～5999	使用报头、偏移位置、字符串掩码和用户自定义字符串等信息定义规则

1. 基本 ACL

基本 ACL 最简单，仅使用报文的源 IP 地址、分片信息和生效时间段信息来定义规则，编号范围为 2000～2999，总共 1000 个。

2. 高级 ACL

与基本 ACL 相比，高级 ACL 具有更多的匹配项，功能更加强大和细化，既可使用 IP 报文的源 IP 地址，又可使用目的 IP 地址、IP 类型、ICMP 类型、TCP 源/目的端口号、UDP 源/目的端口号、生效时间段等来定义规则，编号范围为 3000～3999，总共 1000 个。

4.2.3　ACL 匹配机制

报文到达设备时，设备从报文中提取信息，并将该信息与 ACL 中的规则进行匹配，只要有一条规则和报文匹配，就停止查找，称为命中规则。不论匹配的动作是 permit 还是 deny，都称为匹配，而不是只有匹配上 permit 规则才算匹配。查找完所有规则后，如果没有符合条件的规则，则称为未命中规则。ACL 匹配的原则是一旦命中即停止匹配。

如图 4-8 所示，ACL 的匹配机制和流程如下。

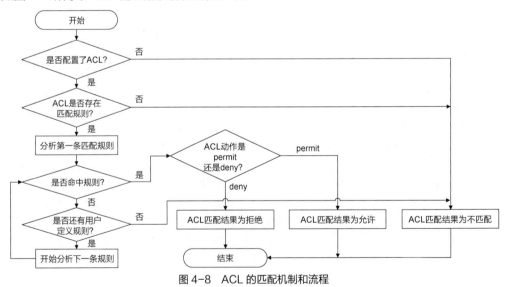

图 4-8　ACL 的匹配机制和流程

（1）报文到达网络设备后，系统会查找设备上是否配置了 ACL。

（2）如果 ACL 不存在，则返回 ACL 匹配结果为不匹配，报文按照常规流程处理。

（3）如果 ACL 存在，则查找设备是否配置了 ACL 匹配规则。

① 如果规则不存在，则返回 ACL 匹配结果为不匹配。

② 如果规则存在，则系统会从 ACL 中编号最小的规则开始查找。

a. 如果匹配 permit 规则，则停止查找规则，并返回 ACL 匹配结果为允许（匹配）。

b. 如果匹配 deny 规则，则停止查找规则，并返回 ACL 匹配结果为拒绝（匹配）。

c. 如果未匹配本条规则，则继续查找下一条规则，以此循环。

d. 如果一直查到用户定义的最后一条规则，报文仍未匹配，则返回 ACL 匹配结果为不匹配。最后按照华为 ACL 末尾隐含规则进行匹配。华为设备在各类业务模块中应用 ACL 时，ACL 的默认动作各有不同，所以各业务模块对命中/未命中 ACL 规则报文的处理机制也各不相同。

一条 ACL 可以由多条 deny 或 permit 语句组成，每一条语句描述一条规则，这些规则可能存在包含关系，也可能有重复或矛盾的地方，因此 ACL 的匹配顺序是十分重要的。华为设备支持配置顺序（config 模式）和自动排序（auto 模式）两种匹配顺序。

默认的 ACL 匹配顺序是配置顺序。

（1）配置顺序：指系统按照 ACL 规则编号从小到大的顺序进行报文匹配，规则编号越小越容易被匹配。如果配置规则时指定了规则编号，则规则编号越小，规则插入位置越靠前，该规则越先被匹配。如果配置规则时未指定规则编号，则由系统自动为其分配一个编号。该编号是一个大于当前 ACL 内最大规则编号且是步长整数倍的最小整数，因此该规则会被最后匹配。默认采用配置顺序进行匹配。

（2）自动排序：指系统使用"深度优先"的原则，将规则按照精确度从高到低进行排序，并按照精确度从高到低的顺序进行报文匹配。规则中定义的匹配项限制越严格，规则的精确度就越高，即优先级越高，系统越先匹配。

4.2.4　ACL 匹配位置

在部署 ACL 时，ACL 的放置位置很关键，在适当的位置放置 ACL 可以过滤掉不必要的流量，使网络更加高效。尽量考虑将高级 ACL 放在靠近源地址的位置上，保证被拒绝的报文尽早被过滤掉，避免浪费网络带宽。尽量考虑将基本 ACL 放在靠近目的地址的位置，基本 ACL 只使用源 IP 地址定义规则，如果将其靠近源地址，则会阻止报文流向其他端口。每种协议（Per Protocol）的每个接口（Per Interface）的每个方向（Per Direction）只能配置和应用一个 ACL。同时，应将更为具体的表项放在不太具体的表项前面，以保证前面的规则不会否定 ACL 中后面规则的作用效果。需要注意的是，ACL 网络设备对自身产生的报文不起作用。

当在网络设备接口上应用 ACL 时，用户要指明 ACL 是应用于入站（Inbound）方向还是出站（Outbound）方向。入站 ACL 在报文被允许后，网络设备才会处理路由工作。如果报文被丢弃，则能节省执行路由查找的开销。出站 ACL 在收到的报文被路由到出站接口后，才由出站 ACL 进行处理。相比之下，入站 ACL 比出站 ACL 更加高效，如图 4-9 所示。

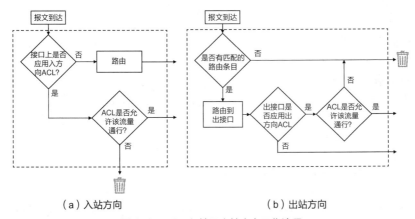

（a）入站方向　　　　　　　　　　　　（b）出站方向

图 4-9　ACL 入站及出站方向工作流程

4.2.5 ACL 基本配置命令

1. 基本 ACL 配置命令

```
[Huawei]acl [ number ] acl-number [ match-order config ]
//创建一个数字型基本 ACL，并进入基本 ACL 视图
[Huawei]acl name acl-name { basic | acl-number } [ match-order config ]
//使用名称创建一个命名型基本 ACL，并进入基本 ACL 视图
Huawei-acl-basic-2000]rule [ rule-id ] { deny | permit } [ source { source-address
source-wildcard | any } | time-range time-name ]
[Huawei]time-range time-name { start-time to end-time { days } &<1-7> | from time1
date1 [ to time2 date2 ] } //配置一个时间段
//配置基本 ACL 的规则
```

2. 高级 ACL 配置命令

```
[Huawei]acl [ number ] acl-number [ match-order config ]
//创建一个数字型高级 ACL，并进入高级 ACL 视图
[Huawei]acl name acl-name { advance | acl-number } [ match-order config ]
//创建一个命名型高级 ACL，并进入高级 ACL 视图
[Huawei-acl-adv-3000]rule [ rule-id ] { deny | permit } ip [ destination
{ destination-address destination-wildcard | any } | source { source-address
source-wildcard | any } | time-range time-name | [ dscp dscp | [ tos tos | precedence
precedence ] ] ] //配置高级 ACL 的规则
```

3. 应用 ACL

```
[Huawei-GigabitEthernet0/0/0]traffic-filter { inbound | outbound } { acl-number |
name acl-name } //在接口上配置基于 ACL 对报文进行过滤
[Huawei-ui-vty0-4]acl acl-number { inbound | outbound }
//引用 ACL 对通过用户界面的登录进行限制
[Huawei-GigabitEthernet0/0/0]nat outbound acl-number address-group group-index
//在 NAT 中调用 ACL
[Huawei-route-policy]if-match acl { acl-number | acl-name }
//在路由策略中调用 ACL
```

任务实施

A 公司的深圳总部需要部署 ACL 来实现网络流量控制，进而实现基本的网络安全，网络拓扑如图 4-1 所示。工程师需要完成的主要任务如下。

（1）配置和验证基本 ACL。

（2）配置和验证高级 ACL。

（3）配置和验证基于时间的 ACL。

1. 配置和验证基本 ACL

配置基本 ACL 实现 A 公司的深圳总部所有路由器和交换机只允许运维部的主机进行远程管理。工程师在交换机和路由器上配置数字型基本 ACL，这里只给出交换机 S1 和路由器 SZ1 的配置，其他设备只需要按照要求复制、粘贴即可。

（1）配置基本 ACL

```
[S1]telnet server enable  //启用 Telnet 服务
[S1]aaa  //进入 AAA 视图
[S1-aaa]local-user remoteadmin privilege level 3 password cipher huawei123
//创建本地用户，指定用户的级别、密码
```

```
[S1-aaa]local-user remoteadmin service-type telnet
//设置本地用户的接入类型
[S1-aaa]quit
[S1]acl 2000   //定义基本 ACL
[S1-acl-basic-2000]rule permit source 10.1.6.0 0.0.0.255   //定义 ACL 规则
[S1-acl-basic-2000]quit
[S1]user-interface vty 0 4                    //进入 VTY 用户界面
[S1-ui-vty0-4]acl 2000 inbound                //在 VTY 的入方向应用 ACL
[S1-ui-vty0-4]user privilege level 3          //配置用户级别
[S1-ui-vty0-4]authentication-mode aaa         //设置用户验证方式

[SZ1]telnet server enable
[SZ1]aaa
[SZ1-aaa]local-user remoteadmin privilege level 3 password cipher huawei123
[SZ1-aaa]local-user remoteadmin service-type telnet
[SZ1-aaa]quit
[SZ1]acl 2000
[SZ1-acl-basic-2000]rule permit source 10.1.6.0 0.0.0.255
[SZ1-acl-basic-2000]quit
[SZ1]user-interface vty 0 4
[SZ1-ui-vty0-4]acl 2000 inbound
[SZ1-ui-vty0-4]user privilege level 3
[SZ1-ui-vty0-4]authentication-mode aaa
```

（2）验证基本 ACL

```
[SZ1]display acl all  //查看已配置的 ACL 的详细信息
Total quantity of nonempty ACL number is 1  //含有规则的 ACL 的数目

Basic ACL 2000, 1 rule   //基本 ACL，序号为 2000，共 1 条规则
Acl's step is 5          //ACL 的步长为 5
 rule 5 permit source 10.1.6.0 0.0.0.255(2 matches)
//ACL 规则及匹配的报文数为 2，当没有匹配的报文时，不显示 matches 字段
```

2. 配置和验证高级 ACL

在路由器 SZ1 上配置命名型高级 ACL，使 VLAN 4 的主机不能 ping 通服务器区的 Mail 服务器；
VLAN 5 的主机不能访问服务器区的 Web 服务器。在路由器 SZ2 上配置数字型高级 ACL，使路由器 SZ1
不能 ping 通路由器 SZ2，但是路由器 SZ2 可以 ping 通路由器 SZ1，且只考虑两台路由器之间的直连链路。

（1）配置高级 ACL

```
[SZ1]acl name sz1 advance  //定义命名型高级 ACL
[SZ1-acl-adv-sz1]rule 5 deny icmp source 10.1.4.0 0.0.0.255 destination 10.3.1.103
0 //VLAN 4 的主机不能 ping 通服务器区的 MAIL 服务器
[SZ1-acl-adv-sz1]rule 10 deny tcp source 10.1.5.0 0.0.0.255 destination 10.3.1.102
0 destination-port eq www  // VLAN 5 的主机不能访问服务器区的 Web 服务器
[SZ1-acl-adv-sz1]rule 15 permit ip //允许其他 IP 报文通过
[SZ1]interface GigabitEthernet0/0/1
[SZ1-GigabitEthernet0/0/1]traffic-filter inbound acl name sz1
//在接口上调用 ACL
[SZ1-GigabitEthernet0/0/1]quit
[SZ1]interface GigabitEthernet0/0/2
[SZ1-GigabitEthernet0/0/2]traffic-filter inbound acl name sz1
[SZ1-GigabitEthernet0/0/2]quit
```

```
[SZ2]acl 3000 //定义数字型高级 ACL
    [SZ2-acl-adv-3000]rule 10 deny icmp source 10.2.12.1 0 destination 10.2.12.2 0
icmp-type echo
    [SZ2-acl-adv-3000]rule 20 permit ip
    [SZ2-acl-adv-3000]quit
    [SZ2]interface GigabitEthernet 0/0/0
    [SZ2-GigabitEthernet0/0/0]traffic-filter inbound acl 3000
```

（2）验证高级 ACL

① 查看 ACL 配置

```
[SZ1]display acl name sz1
Advanced ACL sz1 3999, 3 rules
//高级 ACL，名称为 sz1，序号自动分配为 3999，包括 3 条规则
Acl's step is 5
 rule 5 deny icmp source 10.1.4.0 0.0.0.255 destination 10.3.1.103 0 (5 matches)
//ACL 规则及匹配的报文数为 5
 rule 10 deny tcp source 10.1.5.0 0.0.0.255 destination 10.3.1.102 0 destination
-port eq www (11 matches)  //ACL 规则及匹配的报文数为 11
 rule 15 permit ip (1155 matches)  //ACL 规则及匹配的报文数为 1155

[SZ2]display acl 3000
Advanced ACL 3000, 2 rules
Acl's step is 5
 rule 10 deny icmp source 10.2.12.1 0 destination 10.2.12.2 0 icmp-type echo (5matches)
 rule 20 permit ip (7 matches)
```

② 查看基于 ACL 的报文过滤的应用信息

```
<SZ1>display traffic-filter applied-record
-----------------------------------------------------------
Interface              Direction  AppliedRecord
-----------------------------------------------------------
GigabitEthernet0/0/1      inbound    acl name sz1
GigabitEthernet0/0/2      inbound    acl name sz1
//以上输出表明在接口 G0/0/1 和 G0/0/2 的入方向上应用命名型 ACL
```

③ 查看在接口上基于 ACL 对报文流进行过滤的流量统计信息。

```
<SZ2>display traffic-filter statistics interface GigabitEthernet 0/0/0 inbound
-----------------------------------------------------------
  *interface GigabitEthernet0/0/0 inbound
  Matched: 109(Packets) Passed: 104(Packets)  Dropped: 5(Packets)
/*以上输出表明在接口 GigabitEthernet0/0/0 的入方向上匹配 ACL 规则的报文数为 109，匹配 ACL 规则
后，通过的报文数为 104，丢弃的报文数为 5 */
```

3. 配置和验证基于时间的 ACL

在路由器 SZ1 上配置基于时间的 ACL，确保每天凌晨 1:00～4:00 为系统维护更新时间，所有园区网络主机都不能访问 FTP1 和 FTP2 服务器。

（1）配置基于时间的 ACL

```
[SZ1]time-range NOACCESS 01:00 to 04:00 daily //配置时间范围为每日 1:00～4:00
    [SZ1]acl 3001
    [SZ1-acl-adv-3001]rule deny ip source any destination 10.3.1.100 0 time-range
NOACCESS   //在 ACL 规则中调用 time-range
    [SZ1-acl-adv-3001]rule deny ip source any destination 10.3.1.101 0 time-range
NOACCESS
```

```
[SZ1-acl-adv-3001]quit
[SZ1]interface GigabitEthernet 0/0/0
[SZ1-GigabitEthernet0/0/0]traffic-filter outbound acl 3001
[SZ1-GigabitEthernet0/0/0]quit
[SZ1]interface GigabitEthernet 1/0/0
[SZ1-GigabitEthernet1/0/0]traffic-filter outbound acl 3001
```

（2）验证基于时间的 ACL 配置

① 查看当前时间段的配置和状态

```
<SZ1>display time-range all
Current time is 21:35:11 22-10-2022 Saturday    //系统当前时间
Time-range : NOACCESS (Inactive)
```
/*状态为 Inactive，表明系统时间目前不在定义的时间范围内，此时所有报文都不匹配该规则。如果当前系统时间在定义的时间范围内，则状态为 Active*/
```
 01:00 to 04:00 daily   //配置的时间范围
```

② 查看 ACL 的配置信息

```
<SZ1>display acl all
 Total quantity of nonempty ACL number is 1
Advanced ACL 3000, 1 rule
Acl's step is 5
rule 5 deny ip destination 10.3.1.100 0 time-range NOACCESS (Inactive)
rule 10 deny ip destination 10.3.1.101 0 time-range NOACCESS (Inactive)
```
//引用 time-range 的 ACL 规则条目处于 Inactive

③ 通过 clock 命令修改系统时间，当系统时间在定义的时间范围内时，再次查看 ACL 配置信息

```
<SZ1>display acl all
 Advanced ACL 3001, 2 rules
Acl's step is 5
 rule 5 deny ip destination 10.3.1.100 0 time-range NOACCESS (Active)
 rule 10 deny ip destination 10.3.1.101 0 time-range NOACCESS (Active)
```
//以上输出显示，当系统在 time-range 定义的时间范围内，ACL 的规则处于 Active 状态

④ 查看接口上基于 ACL 对报文流进行过滤的流量统计信息

```
<SZ1> display traffic-filter statistics interface GigabitEthernet 1/0/0 outbound
----------------------------------------------------------------
 *interface GigabitEthernet1/0/0 outbound
 Matched: 5(Packets) Passed: 0(Packets)  Dropped: 5(Packets)
```
//以上输出显示了在接口 G1/0/0 的出方向上匹配 ACL 规则的报文数为 5，匹配 ACL 规则后，丢弃的报文数为 5

任务评价

评价指标	评价观测点	评价结果
理论知识	1. ACL 功能和组成的理解 2. ACL 分类的理解 3. ACL 匹配机制的理解 4. ACL 匹配位置的理解	自我测评 □ A □ B □ C 教师测评 □ A □ B □ C
职业能力	1. 掌握基本 ACL 配置和验证 2. 掌握高级 ACL 配置和验证 3. 掌握基于时间的 ACL 配置和验证	自我测评 □ A □ B □ C 教师测评 □ A □ B □ C

续表

评价指标	评价观测点	评价结果
职业素养	1. 设备操作规范 2. 故障排除思路 3. 报告书写能力 4. 查阅文献能力 5. 语言表达能力 6. 团队协作能力	自我测评 □ A　□ B　□ C 教师测评 □ A　□ B　□ C
综合评价	1. 理论知识（40%） 2. 职业能力（40%） 3. 职业素养（20%）	自我测评 □ A　□ B　□ C 教师测评 □ A　□ B　□ C
学生签字：　　　　　　教师签字：　　　　　年　　月　　日		

任务总结

ACL 是一种应用非常广泛的网络技术。它的基本原理是配置了 ACL 的网络设备根据事先设定好的报文匹配规则对经过该设备的报文进行匹配，并对匹配上的报文执行事先设定好的处理动作。这些匹配规则及相应的处理动作是根据具体的网络需求而设定的。处理动作的不同以及匹配规则的多样性，使得 ACL 可以发挥出各种各样的功效。本任务详细介绍了 ACL 功能和组成、ACL 分类、ACL 匹配机制、ACL 匹配位置和 ACL 基本配置命令等基础知识。同时，本任务以真实的工作任务为载体，介绍了配置和验证基本 ACL、高级 ACL、基于时间的 ACL 等网络技能。熟练掌握这些网络基础知识和基本技能，将为后续路由策略、流量过滤和数据分类等打下基础。

知识巩固

1. 基本 ACL 的编号范围为（　　　）。
   A. 0~99　　　　　B. 100~199　　　　C. 2000~2999　　　D. 3000~3999
2. 高级 ACL 的编号范围为（　　　）。
   A. 0~99　　　　　B. 100~199　　　　C. 2000~2999　　　D. 3000~3999
3. ACL 规则匹配顺序有（　　　）。
   A. 配置顺序　　　B. 自动排序　　　　C. 自然顺序　　　　D. 大小顺序
4. 高级 ACL 可以匹配（　　　）。
   A. 源/目的 IP 地址　B. 源/目的端口号　　C. 协议类型　　　　D. 源/目的 MAC 地址
5. 下列（　　　）是 ACL 规则的组成部分。
   A. 规则编号　　　B. 动作　　　　　　C. 匹配项　　　　　D. 名称

任务4-3　部署和实施IPSec VPN实现办事处及总部数据安全传输

任务描述

对规模较大的企业来说，网络访问需求不局限于公司总部网络内，分公司、办事处、出差员工、合作单位等也需要访问公司总部的网络资源。采用虚拟专用网络（Virtual Private Network，VPN）技术可以满足这一需求。VPN 可以在不改变现有网络结构的情况下，建立虚拟专用连接。因其具有廉价、专用和虚拟等多种优势，在现网中应用非常广泛。VPN 是一类技术的统称，不同的 VPN 技术拥有不同的特性和实现方式，常见的 VPN 技术包括 IPSec VPN、GRE VPN、L2TP VPN、MPLS VPN 等。本任务主要要求读者夯实和理解 VPN 优势和分类、IPSec VPN 特点和协议框架、AH 和 ESP、IKE 协议和 IPSec VPN 基本配置命令等基础知识，通过在企业总部和办事处部署网络及实施 IPSec VPN，掌握 IKE 安全提议配置、IKE 对等体配置、IPSec VPN 安全提议配置、安全策略配置，以及在接口上应用安全策略组配置和 IPSec VPN 配置验证等职业技能，为总部和办事处数据安全传输做好准备。

知识准备

4.3.1　VPN 简介

VPN 泛指在公共网络上构建的虚拟专用网络。VPN 用户在此虚拟网络中传输私有网络流量，在不改变网络现状的情况下实现安全、可靠的连接。VPN 和传统的数据专网相比具有如下优势。

（1）安全：在远端用户、驻外机构、合作伙伴、供应商与公司总部之间建立可靠的连接，保证数据传输的安全性。这对于实现电子商务或金融网络与通信网络的融合特别重要。

（2）节省成本：利用公共网络进行信息通信，企业可以用更低的成本连接远程办事机构、出差人员和业务伙伴。

（3）支持移动业务：支持驻外 VPN 用户在任何时间、任何地点的移动接入，能够满足不断增长的移动业务需求。

（4）可扩展性：由于 VPN 为逻辑上的网络，物理网络中增加或修改节点都不会影响 VPN 的部署。

VPN 的分类方式有很多种。根据组网方式不同，VPN 可分为远程访问 VPN（Remote Access VPN）和局域网到局域网 VPN（Site-to-Site VPN）。远程访问 VPN 适用于出差员工 VPN 拨号接入的场景，员工可在任何能接入 Internet 的地方，通过 VPN 接入企业内网，常见的有 L2TP VPN、SSL VPN 等。局域网到局域网 VPN 适用于两个异地机构的局域网互联，常见的有 MPLS VPN、IPSec VPN 等。根据实现的网络层次不同，VPN 可分为第二层 VPN、第三层 VPN 和应用层 VPN。第二层 VPN 包括点到点隧道协议（Point-to-Point Tunneling Protocol，PPTP）和第二层隧道协议（Layer 2 Tunneling Protocol，L2TP）等。第三层 VPN 包括多协议标记交换（Multiple Protocol Label Switching，MPLS）VPN、通用路由封装（Generic Routing Encapsulation，GRE）、IPSec VPN 等。应用层 VPN 包括安全套接字层（Secure Socket Layer，SSL）VPN。

VPN 技术的基本原理是利用隧道技术，对传输报文进行封装，再利用 VPN 骨干网建立专用数据传输通道，实现报文的安全传输。隧道协议通过在隧道的一端给数据加上隧道协议头，即进行封装，使这些被封装的数据能在某网络中传输，并在隧道的另一端去掉该数据携带的隧道协议头，即进行解封装。报文在隧道中传输前后都要通过封装和解封装，如图 4-10 所示。

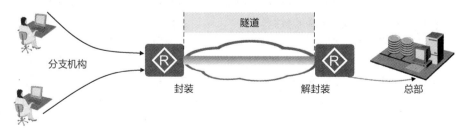

图 4-10　封装与解封装

身份验证、数据加密和数据验证是 VPN 的关键技术，可以有效保证 VPN 数据的安全性。

（1）身份验证：可用于部署了远程接入 VPN 的场景，VPN 网关对用户的身份进行验证，保证接入网络的都是合法用户而非恶意用户；也可以用于 VPN 网关之间对对方身份的验证。

（2）数据加密：将明文通过加密变成密文，使得数据即使被黑客截获，黑客也无法获取其中的信息。

（3）数据验证：通过数据验证技术对报文的完整性和真伪进行检查，丢弃被伪造和被篡改的报文。

4.3.2　IPSec VPN 简介

IPSec VPN 协议簇是 IETF 制定的一系列安全协议，它为端到端 IP 报文交互提供了基于密码学的、可互操作的、高质量的安全保护机制。IPSec VPN 是利用 IPSec VPN 隧道建立的网络层 VPN。IPSec VPN 一般部署在企业出口设备之间，通过加密与验证等方式，实现数据来源验证、数据加密、数据完整性保证和抗重放等功能。IPSec VPN 具有如下优势。

（1）机密性：对数据进行加密，确保数据在传输过程中不被其他人员查看。

（2）完整性：对接收到的数据包进行完整性验证，以确保数据在传输过程中没有被篡改。

（3）真实性：验证数据源，以保证数据来自真实的发送者（IP 报头内的源地址）。

（4）抗重放：防止恶意用户通过重复发送捕获到的数据包所进行的攻击，即接收方会拒绝旧的或重复的数据包。

IPSec VPN 不是一种单独的协议，它给出了 IP 网络上数据安全的一整套体系结构，如图 4-11 所示。IPSec 协议框架包括 AH（鉴别头）、ESP（封装安全负载）、互联网密钥交换（Internet Key Exchange，IKE）等协议，用于保护主机与主机之间、主机与网关之间、网关与网关之间的一个或多个数据流。其中，AH 和 ESP 这两种安全协议用于提供安全服务，IKE 协议用于密钥交换。

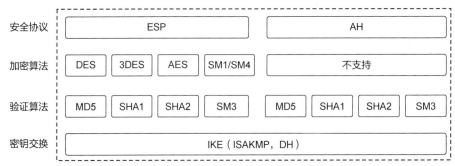

图 4-11　IPSec VPN 协议框架

为了方便读者理解 IPSec VPN 的工作原理，先介绍几个术语。

（1）IPSec VPN 对等体：IPSec VPN 用于在协商发起方和响应方这两个端点之间提供安全的 IP 通信，通信的两个端点被称为 IPSec 对等体。其中，端点可以是路由器，也可以是主机。

（2）IPSec VPN 隧道：IPSec VPN 隧道提供对数据流的安全保护，IPSec VPN 对数据的加密是以数据包为单位的。发送方对要保护的数据包进行加密封装，在 Internet 上传输，接收方采用相同的参数对报文进行验证、解封装，以得到原始数据。

（3）安全关联：用 IPSec VPN 保护数据之前，必须先建立安全关联（Security Association，SA）。SA 是出于安全考虑而创建的一个单向逻辑连接，是通信的对等体间对某些要素的约定，例如，对等体间使用何种安全协议、需要保护的数据流特征、对等体间传输的数据的封装模式、用于数据安全转换和传输的密钥以及 SA 的生存周期等。对等体间需要通过手动配置或 IKE 协议协商匹配的参数才能建立起 SA。对等体之间的双向通信需要建立一对 SA，这一对 SA 对应于一条 IPSec VPN 隧道。SA 由一个三元组来唯一标识，这个三元组包括安全参数索引（Security Parameter Index，SPI）、目的 IP 地址和使用的安全协议。建立 SA 的方式包括手动方式和 IKE 动态协商方式两种。手动方式适用于对等体设备数量较少时，或小型网络中。对于中大型网络，推荐使用 IKE 动态协商建立 SA。

4.3.3 AH 和 ESP

要深入了解 IPSec VPN 安全协议，必须先理解 IPSec VPN 的两种工作模式：隧道模式和传输模式。

（1）隧道（Tunnel）模式：原始 IP 报文被封装到新的 IP 报文中，并在两者之间插入一个 IPSec VPN 报头（AH 或 ESP），如图 4-12 所示。在两台主机端到端连接的情况下，隧道模式隐藏了内网主机的 IP 地址，保证了整个原始报文的安全。

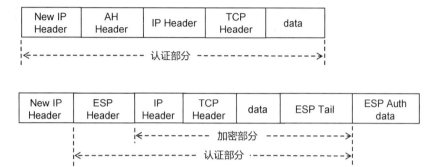

图 4-12　IPSec VPN 隧道模式封装

（2）传输（Transport）模式：在 IP 报头和高层协议报头之间插入一个 IPSec VPN 报头（AH 或 ESP）。新的 IP 报头和原始的 IP 报头相同，只是 IP 字段被改为 50（ESP）或 51（AH），如图 4-13 所示。传输模式保证了原始数据包的有效负载。

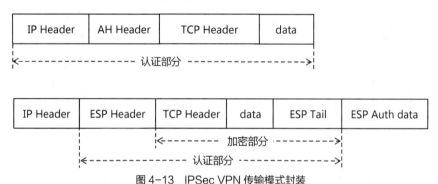

图 4-13　IPSec VPN 传输模式封装

从安全性来讲，隧道模式优于传输模式。它可以完全地对原始 IP 报文进行验证和加密，并且可以使用对等体的 IP 地址来隐藏客户机的 IP 地址。从性能来讲，因为隧道模式有一个额外的 IP 报头，所以它相比传输模式占用更多的带宽。

IPSec VPN 安全协议包括 AH 和 ESP 两种，用户可以根据实际安全需求选择使用。

（1）AH：提供数据来源验证、数据完整性校验和报文抗重放功能。AH 的工作原理是在每一个数据包的标准 IP 报头后面添加一个 AH。AH 支持的验证算法有报文摘要（Message Digest，MD）中的 MD5，安全散列算法（Secure Hash Algorithm，SHA）中的 SHA-1、SHA-2，以及 SM3。其中，这 3 种验证算法的安全性由低到高依次排列，安全性高的验证算法实现机制复杂，运算速度慢；SM3 密码杂凑算法是我国国家密码管理局规定的 IPSec VPN 协议规范。AH 能保护通信免受篡改，但不能防止报文被非法获取，适用于传输非机密数据。

（2）ESP：ESP 提供数据机密性、数据完整性、数据来源验证和报文抗重放功能。ESP 的工作原理是在每一个数据包的标准 IP 报头后面添加一个 ESP 报头（ESP Header），并在数据包后面追加一个 ESP 尾（ESP Tail 和 ESP Auth data）。与 AH 不同的是，ESP 尾部的 ESP Auth data 用于对数据提供来源验证和完整性校验，并且 ESP 对数据中的有效载荷进行加密后再封装到数据包中，以保证数据的机密性，但 ESP 没有对 IP 报头的内容进行保护。ESP 支持的验证算法与 AH 支持的验证算法相同，它支持的加密算法有数据加密标准（Data Encryption Standard，DES）、三重数据加密标准（Triple DES，3DES）、高级加密标准（Advanced Encryption Standard，AES）、SM1、SM4。其中，前 3 种加密算法的安全性由低到高依次排列，其计算速度随安全性的提高而减慢；SM1 和 SM4 分组密码算法是我国国家密码管理局规定的 IPSec 协议规范。

AH 和 ESP 报头共同包含的信息分别为 32 位的 SPI 和序列号。其中，SPI 用于在接收端识别数据流与 SA 的绑定关系；序列号用于在通信过程中维持单向递增，可以在对等体间提供数据抗重放服务。例如，当接收方收到报文的序列号与已经解封装过的报文序列号相同或序列号较小时，会将该报文丢弃掉。

4.3.4 IKE 协议

IKE 协议建立在互联网安全关联和密钥管理协议（Internet Security Association and Key Management Protocol，ISAKMP）定义的框架上，基于 UDP 的应用层协议，端口号为 500。它为 IPSec VPN 提供了自协商交换密钥、建立 SA 的服务，能够简化 IPSec VPN 的使用和管理。IKE 与 IPSec VPN 的关系如图 4-14 所示，对等体之间建立一个 IKE SA，完成身份验证和密钥信息交换后，在 IKE SA 的保护下，根据配置的 AH/ESP 安全协议等参数协商出一对 IPSec VPN SA。此后，对等体间的数据将在 IPSec VPN 隧道中加密传输。

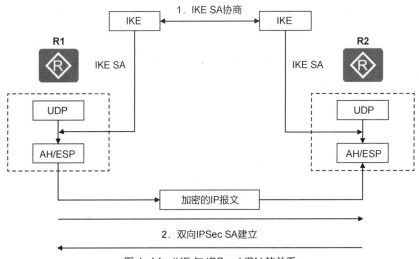

图 4-14   IKE 与 IPSec VPN 的关系

IKE 协议分为 IKEv1 和 IKEv2 两个版本。IKEv1 使用两个阶段为 IPSec VPN 进行密钥协商并建立 IPSec VPN SA。第一阶段，通信双方协商和建立 IKE 本身使用的安全通道，建立一个 IKE SA。第二阶段，利用这个已通过了验证和安全保护的安全通道，建立一对 IPSec VPN SA。

IKEv1 建立 IKE SA 的过程有主模式（Main Mode）和野蛮模式（Aggressive Mode）两种交换模式。主模式包含 3 次双向交换，用到了 6 条信息，其交换过程如图 4-15 所示。

（1）策略协商：消息①和②用于策略协商，协商发起方发送一个或多个 IKE 安全提议，协商响应方查找最先匹配的 IKE 安全提议，并将这个 IKE 安全提议发送给协商发起方。IKE 安全提议指 IKE 协商过程中用到的加密算法、验证算法、Diffie-Hellma（迪菲-赫尔曼）组及验证方法等。

（2）密钥交换：消息③和④用于密钥交换，双方交换 Diffie-Hellman 公共值和 nonce 值，IKE SA 的验证/加密密钥在这个阶段产生。nonce 是一个随机数，用于保证 IKE SA 存活和抗重放攻击。

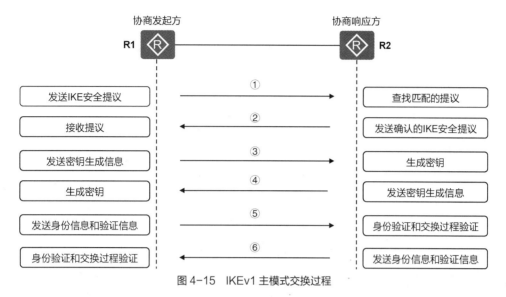

图 4-15　IKEv1 主模式交换过程

（3）身份验证：消息⑤和⑥用于身份和验证信息交换（双方使用生成的密钥发送信息），双方进行身份验证和对整个主模式交换内容的验证。注意，消息⑤和⑥是加密传输的。

IKEv1 野蛮模式交换过程如图 4-16 所示，只用到了 3 条信息，消息①和②用于协商提议，交换 Diffie-Hellma 公共值、必需的辅助信息及身份信息，消息②中还包括协商响应方发送的身份信息供协商发起方验证，消息③用于协商响应方验证协商发起方。

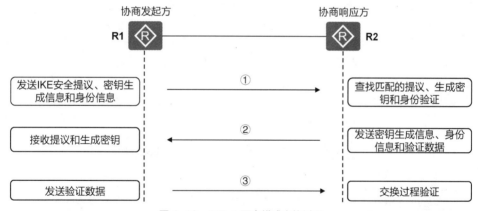

图 4-16　IKEv1 野蛮模式交换过程

与主模式相比，野蛮模式可减少交换信息的数目，提高协商的速度，但是没有对身份信息进行加密保护。虽然野蛮模式不提供身份保护，但它可以满足某些特定的网络环境需求。如果协商发起方的 IP 地址不固定或者无法预知，而双方都希望采用预共享密钥验证方法来创建 IKE SA，则推荐采用野蛮模式。例如，出差员工使用远程方法接入 VPN。如果协商发起方已知协商响应方的策略，或者对响应方的策略有全面的了解，则采用野蛮模式能够更快地创建 IKE SA。

IKEv1 建立一对 IPSec VPN SA 的过程只有快速模式（Quick Mode）一种。快速模式交换过程如图 4-17 所示，双方需要协商生成 IPSec VPN SA 各项参数（包含可选参数 PFS），并为 IPSec VPN SA 生成验证/加密密钥。这在快速模式交换的前两条消息①和②中完成，消息②中还包括验证协商响应方。消息③为确认信息，通过确认协商发送方收到该阶段的消息②，验证协商响应方是否可以通信。IPSec VPN 安全提议指 IPSec VPN 协商过程中用到的安全协议、加密算法及验证算法等。快速模式交换过程的消息都是加密的。

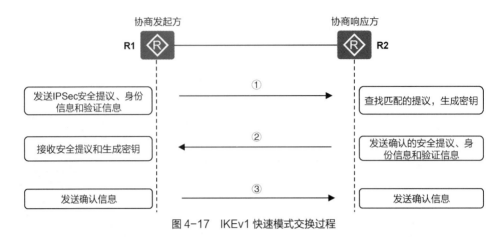

图 4-17　IKEv1 快速模式交换过程

通过建立一个 IKE SA 来建立一对 IPSec VPN SA，IKEv1 需要经历两个阶段，主模式交换 9 条消息，野蛮模式交换 6 条消息。而 IKEv2 在保证安全性的前提下，减少了传递的信息和交换的次数。与 IKEv1 不同，IKEv2 中的所有消息都以"请求-响应"的形式成对出现，协商响应方都要对协商发起方发送的消息进行确认。如果在规定的时间内没有收到确认报文，则协商发起方需要对报文进行重传处理，提高了安全性。IKEv2 还可以防御拒绝服务（Denial of Service，DoS）攻击。在 IKEv1 中，当网络中的攻击方一直重放消息时，协商响应方需要通过计算后，对其进行响应而消耗设备资源，造成对协商响应方的 DoS 攻击；而在 IKEv2 中，协商响应方收到请求后，并不急于计算，而是先向协商发起方发送一个 Cookie 类型的 Notify 载荷（即一个特定的数值），两者之后的通信必须保持 Cookie 与协商发起方之间的对应关系，有效防御了 DoS 攻击。IKEv2 定义了 3 种交换类型：初始交换（Initial Exchange）、创建子 SA 交换（Create Child SA Exchange）以及通知交换（Informational Exchange）。IKEv2 通过初始交换就可以完成一个 IKE SA 和第一对 IPSec VPN SA 的协商建立。当要求建立的 IPSec VPN SA 大于一对时，每一对 SA 值只需要额外增加一次创建子 SA 交换。IKEv2 初始交换对应 IKEv1 的第一阶段，初始交换包含两次交换 4 条消息，如图 4-18 所示。消息①和②属于第一次交换，以明文方式完成 IKE SA 的参数协商；消息③和④属于第二次交换，以加密方式完成身份验证、对前两条信息的验证和 IPSec VPN SA 的参数协商。

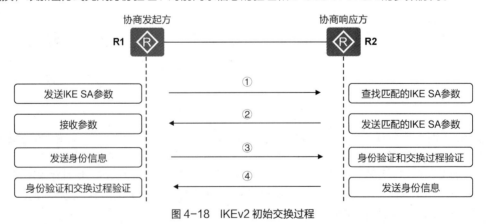

图 4-18　IKEv2 初始交换过程

创建子 SA 交换包含两条消息，用于一个 IKE SA 创建多个 IPSec VPN SA 或 IKE 的重协商，对应 IKEv1 的第二阶段。该交换必须在初始交换完成后进行，交换消息由初始交换协商的密钥进行保护。如果需要支持完善的前向安全性（Perfect Forward Secrecy，PFS），创建子 SA 交换可额外进行一次 DH 交换。该交换的协商发起方可以是初始交换的协商发起方，也可以是初始交换的协商响应方。通知交换过程如图 4-19 所示，用于对等体间传递一些控制信息，如错误信息或通知信息。通知交换只能发生在初始交换之后，其控制信息可以是 IKE SA 的（由 IKE SA 保护该交换），也可以是子 SA 的（由子 SA 保护该交换）。

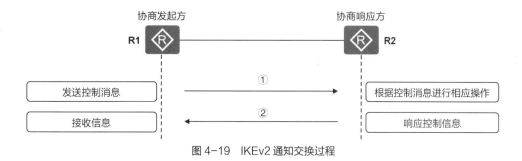

图 4-19　IKEv2 通知交换过程

4.3.5　IPSec VPN 基本配置命令

1. 使用高级 ACL 定义要保护的数据流

```
[Huawei]acl [ number ] acl-number [ match-order config ]
//创建一个数字型高级 ACL，并进入高级 ACL 视图
[Huawei-acl-adv-3000]rule [ rule-id ] { deny | permit } ip [ destination
{ destination-address destination-wildcard | any } | source { source-address
source-wildcard | any } | time-range time-name | [ dscp dscp | [ tos tos | precedence
precedence ] ] ]
/*配置高级 ACL 的规则。ACL 规则中的 permit 关键字表示与之匹配的流量需要被 IPSec VPN 保护，而 deny
关键字则表示与之匹配的流量不需要被保护*/
```

2. 配置 IKE 安全提议命令

IKE 安全提议定义了对等体进行 IKE 协商时使用的参数，包括验证方法、验证算法、加密算法、DH 密钥交换参数和生存周期。

```
[Huawei]ike proposal proposal-number
//创建一个 IKE 安全提议，并进入 IKE 安全提议视图
[Huawei-ike-proposal-10]authentication-method { pre-share | rsa-signature |
digital-envelope }   //配置验证方法。默认情况下，IKE 安全提议使用 pre-sharded key 验证方法
[Huawei-ike-proposal-10]authentication-algorithm { aes-xcbc-mac-96 | md5 | sha1 |
sha2-256 | sha2-384 | sha2-512 | sm3}
//配置 IKE 安全提议使用的验证算法。默认使用 SHA2-256 验证算法
[Huawei-ike-proposal-10]encryption-algorithm { des-cbc | 3des-cbc | aes-cbc-128 |
aes-cbc-192 | aes-cbc-256 | sm4 }
//配置 IKE 安全提议使用的加密算法。默认使用 AES-CBC-256 加密算法
[Huawei-ike-proposal-10]dh { group1 | group2 | group5 | group14 }
/*配置 IKE 密钥协商时采用的 DH 密钥交换参数。默认使用 group2，即 1024 位的 Diffie-Hellman 组。768 位
的 Diffie-Hellman 组（即 group1）存在安全隐患，建议使用 2048 位的 Diffie-Hellman 组（即 group14）*/
[Huawei-ike-proposal-10]sa duration time-value
//配置 IKE SA 的生存周期，默认值为 86400s
```

3. 配置 IKE 对等体命令

```
[Huawei]ike peer peer-name [ v1 | v2 ]
//创建 IKE 对等体并进入 IKE 对等体视图
[Huawei-ike-peer-CQ]ike-proposal proposal-number //引用 IKE 安全提议
[Huawei-ike-peer-CQ]pre-shared-key { simple | cipher } key
//配置采用预共享密钥验证时，IKE 对等体与对端共享的认证字，两个对端的认证字必须一致
[Huawei-ike-peer-CQ]exchange-mode { main | aggressive }
//配置 IKEv1 第一阶段的协商模式，默认 IKEv1 第一阶段的协商模式为主模式
[Huawei-ike-peer-CQ]local-address ip-address          //配置 IKE 协商时的本端 IP 地址
```

```
[Huawei-ike-peer-CQ]remote-address ip-address //配置 IKE 协商时的对端 IP 地址
[Huawei-ike-peer-CQ]local-id-type { dn | ip }
//配置 IKE 协商时本端 ID 类型，默认类型为 IP 地址形式
[Huawei-ike-peer-CQ]lifetime-notification-message enable
//启用发送 IKE SA 生存周期的通知消息功能
```

4. 配置 IPSec VPN 安全提议命令

IPSec VPN 安全提议是安全策略或者安全框架的一个组成部分，它包括 IPSec VPN 使用的安全协议、验证算法、加密算法以及数据的封装模式。IPSec VPN 安全提议定义了 IPSec VPN 的保护方法，为 IPSec VPN 协商 SA 提供各种安全参数。IPSec VPN 隧道两端设备需要配置相同的安全参数。

```
[Huawei]ipsec proposal proposal-name
//创建 IPSec VPN 安全提议并进入 IPSec VPN 安全提议视图
[Huawei-ipsec-proposal-CQ]transform { ah | esp | ah-esp }
//配置安全协议，默认采用 ESP
//配置安全协议的认证/加密算法
[Huawei-ipsec-proposal-CQ]ah authentication-algorithm { md5|sha1|sha2-256|sha2-
384|sha2-512|sm3 }
//配置 AH 协议采用的验证算法，默认采用 SHA2-256 验证算法
[Huawei-ipsec-proposal-CQ]esp authentication-algorithm {md5|sha1|sha2-256|sha2-
384|sha2-512|sm3 }
//配置 ESP 采用的验证算法，默认采用 SHA2-256 验证算法
[Huawei-ipsec-proposal-CQ]esp encryption-algorithm [3des | des | aes-128 | aes-192
| aes-256 | sm1 | sm4 ]
//配置 ESP 采用的加密算法，默认采用 AES-256 加密算法
[Huawei-ipsec-proposal-CQ]encapsulation-mode { transport | tunnel }
//配置安全协议对数据的封装模式，默认采用隧道模式
```

5. 配置安全策略命令

安全策略是创建 SA 的前提，它规定了对哪些数据流采用哪种保护方法。配置安全策略时，通过引用 ACL 和 IPSec VPN 安全提议，将 ACL 定义的数据流和 IPSec VPN 安全提议定义的保护方法关联起来，并可以指定 SA 的协商方式、IPSec VPN 隧道的起点和终点、所需要的密钥和 SA 的生存周期等。一个安全策略由名称和序号共同唯一确定，相同名称的安全策略为一个安全策略组。

```
[Huawei]ipsec policy policy-name seq-number isakmp
//创建 IKE 动态协商方式安全策略，并进入 IKE 动态协商方式安全策略视图
[Huawei-ipsec-policy-isakmp-CQ-10]security acl acl-number
//在安全策略中引用 ACL，一个安全策略只能引用一个 ACL
[Huawei-ipsec-policy-isakmp-CQ-10]proposal proposal-name
//在安全策略中引用 IPSec 安全提议
[Huawei-ipsec-policy-isakmp-CQ-10]ike-peer peer-name
//在安全策略中引用 IKE 对等体
```

6. 在接口上应用安全策略组命令

安全策略组是所有具有相同名称、不同序号的安全策略的集合。在同一个安全策略组中，序号越小的安全策略，其优先级越高。为使接口能对数据流进行 IPSec VPN 保护，需要在该接口上应用一个安全策略组。当从一个接口发送数据时，将按照从小到大的序号查找安全策略组中每一个安全策略。如果数据流匹配了一个安全策略引用的 ACL，则使用这个安全策略对数据流进行处理；如果没有匹配，则继续查找下一个安全策略；如果数据与所有安全策略引用的 ACL 都不匹配，则直接被发送，即 IPSec VPN 不对数据流加以保护。

```
[Huawei-GigabitEthernet0/0/0]ipsec policy policy-name
//在接口上应用安全策略组
```

任务实施

为了确保 A 公司的深圳总部服务器区和重庆办事处之间数据的安全传输，在深圳总部服务器区和重庆办事处之间的网络中部署 IPSec VPN 技术，使办事处可以通过 Internet 访问深圳总部服务器区的数据，网络拓扑如图 4-1 所示。工程师需要完成的主要任务如下。

（1）定义需要保护的数据流。

（2）配置 IKE 安全提议。

（3）配置 IKE 对等体。

（4）配置 IPSec VPN 安全提议。

（5）配置安全策略。

（6）在接口上应用安全策略组。

（7）验证 IPSec VPN 配置。

1. 定义需要被保护的数据流

在路由器 CQ 和 SZ2 上配置 ACL，定义被保护的数据流。需要注意的是，路由器 CQ 和 SZ2 都是边界路由器，在配置 NAT 功能的时候，定义的 ACL 要排除需要保护的数据流。

```
[SZ2]acl 3101
[SZ2-acl-adv-3101]rule 10 permit ip source 10.3.1.0 0.0.0.255 destination 172.16.1.0 0.0.0.255

[CQ]acl 3101
[CQ-acl-adv-3101]rule 10 permit ip source 172.16.1.0 0.0.0.255 destination 10.3.1.0 0.0.0.255
```

2. 配置 IKE 安全提议

```
[SZ2]ike proposal 10  //创建 IKE 安全提议，并进入 IKE 安全提议视图
[SZ2-ike-proposal-10]authentication-method pre-share
//配置 IKE SA 协商时使用的验证方法，默认为 pre-shared key
[SZ2-ike-proposal-10]encryption-algorithm aes-cbc-256
//配置 IKE 协商时所使用的加密算法
[SZ2-ike-proposal-10]authentication-algorithm sha1
//配置 IKEv1 协商时所使用的验证算法
[SZ2-ike-proposal-10]dh group5   //配置 DH 密钥交换参数
[SZ2-ike-proposal-10]sa duration 86400
//配置 IKE SA 的生存周期，默认值为 86400s

[CQ]ike proposal 10
[CQ-ike-proposal-10]authentication-method pre-share
[CQ-ike-proposal-10]encryption-algorithm aes-cbc-256
[CQ-ike-proposal-10]authentication-algorithm sha1
[CQ-ike-proposal-10]dh group5
[CQ-ike-proposal-10]sa duration 86400
```

3. 配置 IKE 对等体

```
[SZ2]ike peer SZ v1   //创建 IKEv1 对等体，并进入 IKE 对等体视图
[SZ2-ike-peer-SZ]ike-proposal 10
//配置 IKE 对等体使用的 IKE 安全提议
[SZ2-ike-peer-SZ]pre-shared-key cipher huawei@123
//配置对等体 IKE 协商采用预共享密钥验证时所使用的预共享密钥
[SZ2-ike-peer-SZ]exchange-mode main
```

```
//配置 IKEv1 第一阶段的协商模式，默认为主模式
[SZ2-ike-peer-SZ]remote-address 219.1.1.2
//配置 IKE 协商时对端的 IP 地址

[CQ]ike peer CQ v1
[CQ-ike-peer-CQ]ike-proposal 10
[CQ-ike-peer-CQ]pre-shared-key cipher huawei@123
[CQ-ike-peer-CQ]exchange-mode main
[CQ-ike-peer-CQ]remote-address 218.1.1.2
```

4. 创建 IPSec VPN 安全提议

```
[SZ2]ipsec proposal TR //创建 IPSec VPN 安全提议，并进入 IPSec VPN 安全提议视图
[SZ2-ipsec-proposal-TR]transform esp
//配置 IPSec 安全提议使用的安全协议，默认为 ESP
[SZ2-ipsec-proposal-TR]esp authentication-algorithm sha2-256
//配置 ESP 使用的认证算法，默认为 SHA2-256
[SZ2-ipsec-proposal-TR]esp encryption-algorithm aes-256
//配置 ESP 使用的加密算法
[SZ2-ipsec-proposal-TR]encapsulation-mode tunnel
//配置报文的 IPSec 封装模式，默认为隧道模式

[CQ]ipsec proposal TR
[CQ-ipsec-proposal-TR]transform esp
[CQ-ipsec-proposal-TR]esp authentication-algorithm sha2-256
[CQ-ipsec-proposal-TR]esp encryption-algorithm aes-128
[CQ-ipsec-proposal-TR]encapsulation-mode tunnel
```

5. 创建安全策略

```
[SZ2]ipsec policy MAP1 10 isakmp //创建 ISAKMP 方式的 IPSec VPN 安全策略
[SZ2-ipsec-policy-isakmp-use1-10]ike-peer SZ        //引用 IKE 对等体
[SZ2-ipsec-policy-isakmp-use1-10]proposal TR        //引用 IKE 安全提议
[SZ2-ipsec-policy-isakmp-use1-10]security acl 3101  //引用 ACL
[SZ2-ipsec-policy-isakmp-use1-10]sa trigger-mode auto
//配置 IPSec 隧道建立的触发方式，默认为自动触发

[CQ]ipsec policy MAP1 10 isakmp
[CQ-ipsec-policy-isakmp-map1-10]ike-peer CQ
[CQ-ipsec-policy-isakmp-map1-10]proposal TR
[CQ-ipsec-policy-isakmp-map1-10]security acl 3101
[CQ-ipsec-policy-isakmp-map1-10]sa trigger-mode auto
[CQ-ipsec-policy-isakmp-map1-10]quit
```

6. 在接口上应用安全策略组

```
[SZ2]interface gigabitethernet 0/0/2
[SZ2-GigabitEthernet0/0/1]ipsec policy MAP1
//在主链路接口上调用 IPSec VPN 安全策略组

[CQ]interface GigabitEthernet 0/0/0
[CQ-GigabitEthernet0/0/0]ipsec policy MAP1        //调用 IPSec VPN 安全策略组
```

7. 验证 IPSec VPN 配置

（1）查看 IKE 安全提议配置的参数

```
[SZ2]display ike proposal
```

```
    Number of IKE Proposals: 2              //安全提议的数量

    ------------------------------------------------
    IKE Proposal: 10     //IKE 安全提议号，表示该 IKE 安全提议的优先级
      Authentication method     : pre-shared        //IKE 安全提议使用的验证方法
      Authentication algorithm  : SHA1              //IKE 安全提议使用的验证算法
      Encryption algorithm      : AES-CBC-256       //IKE 安全提议使用的加密算法
      DH group                  : MODP-1536         //IKE 安全提议使用的 DH 密钥交换参数
      SA duration               : 86400             //IKE SA 的生存周期
      PRF                       : PRF-HMAC-SHA      //配置的伪随机数产生函数的算法
    ------------------------------------------------
    IKE Proposal: Default                           //系统默认的 IKE 安全提议
      Authentication method     : pre-shared
      Authentication algorithm  : SHA1
      Encryption algorithm      : DES-CBC
      DH group                  : MODP-768
      SA duration               : 86400
      PRF                       : PRF-HMAC-SHA
    ------------------------------------------------
```

（2）查看 IKE 对等体的配置情况

```
[SZ2]display ike peer
Number of IKE peers: 1      //IKE 对等体的数量

    Peer name          Exchange     Remote          NAT
                       mode         name            traversal
    ------------------------------------------------------------
    SZ                 Main                          Disable
```

/*以上输出显示了 IKE 对等体的名称、IKEv1 协商模式、IKE 协商时的对端名称（可通过 remote-name 命令进行配置）和是否启用 NAT 穿越功能*/

（3）查看当前由 IKE 建立的 SA

```
[SZ2]display ike sa
    Conn-ID  Peer            VPN   Flag(s)              Phase
    ------------------------------------------------------------
        9    219.1.1.2        0    RD|ST                 2
        8    219.1.1.2        0    RD|ST                 1
```

/*以上输出显示了 IKE SA 的标识符、IKE SA 的对端 IP 地址、IKE SA 的状态（RD 表示 SA 已建立成功，ST 表示本端是 SA 协商发起方）和 IKE SA 所属阶段（1 表示协商 IKE 安全通信阶段，此阶段建立 IKE SA；2 表示协商 IPSec VPN 安全通信的阶段，此阶段建立 IPSec VPN SA）*/

```
    Flag Description:    //IKE SA 的状态描述
    RD--READY   ST--STAYALIVE   RL--REPLACED   FD--FADING   TO--TIMEOUT
    HRT--HEARTBEAT   LKG--LAST KNOWN GOOD SEQ NO.   BCK--BACKED UP
```

（4）查看 IKE 处理报文的统计信息

```
[SZ2]display ike statistics v1
    ------------------------------------------------------------
    IKE V1 statistics information
    Number of total peers                  : 18      //对等体总数目
    Number of policy peers                 : 1       //安全策略对应的对等体数目
    Number of profile peers                : 17      //安全框架对应的对等体数目
```

```
   Number of proposals                          : 2          //IKE 安全提议数目
   Number of established V1 phase 1 SAs          : 1          //建立成功的第一阶段 SA 总数目
   Number of established V1 phase 2 SAs          : 1          //建立成功的第二阶段 SA 总数目
   Number of total V1 phase 1 SAs               : 1          //第一阶段 SA 总数目
   Number of total V1 phase 2 SAs               : 1          //第二阶段 SA 总数目
   Number of total SAs                          : 2          //SA 总数目
   Keep alive time                              : 0          //等待心跳报文的超时时间
   Keep alive interval                          : 0          //发送心跳报文的时间间隔
   keepalive spi list                           : Disable
//心跳报文是否启用携带 SPI 列表功能
-----------------------------------------------------------------
```

（5）查看 IPSec VPN 安全提议的信息

```
[SZ2]display ipsec proposal
Number of proposals: 1                  //IPSec VPN 安全提议的数量
IPSec proposal name: TR                 //IPSec VPN 安全提议的名称
 Encapsulation mode: Tunnel             //IPSec VPN 对数据的封装模式
 Transform        : esp-new             //使用的安全协议
 ESP protocol     : Authentication SHA2-HMAC-256    //ESP 采用的验证算法
                    Encryption    AES-256           //ESP 采用的加密算法
```

（6）显示所有的 SA 的简要信息

```
[SZ2]display ipsec sa brief
Number of SAs:2
  Src address  Dst address  SPI         VPN  Protocol  Algorithm
-----------------------------------------------------------------
  219.1.1.2    218.1.1.2    1527256637  0    ESP       E:AES-256 A:SHA2_256_128
  218.1.1.2    219.1.1.2    3769956498  0    ESP       E:AES-256 A:SHA2_256_128
//以上输出显示了 SA 的摘要信息，包括建立隧道的源地址和目的地址、SPI 值、协议以及加密和验证算法
```

（7）查看 SA 的相关信息

```
[SZ2]display ipsec sa
===============================
Interface: GigabitEthernet0/0/2                    //应用安全策略的接口
 Path MTU: 1500                                    //接口的最大传输单元值
===============================

  -----------------------------
  IPSec policy name: "MAP1"                        //安全策略的名称
  Sequence number: 10                              //安全策略的序号
  Acl Group     : 3101                             //安全策略引用的 ACL
  Acl rule      : 10                               //安全策略引用的 ACL 规则号
  Mode          : ISAKMP                           //SA 建立方式
  -----------------------------
    Connection ID    : 9                           //SA 标识符
    Encapsulation mode: Tunnel                     //IPSec VPN 采用的数据封装模式
    Tunnel local     : 218.1.1.2                   //IPSec VPN 隧道的本端地址
    Tunnel remote    : 219.1.1.2                   //IPSec VPN 隧道的对端地址
    Flow source      : 10.3.1.0/255.255.255.0 0/0      //数据流的源 IP 地址
    Flow destination : 172.16.1.0/255.255.255.0 0/0    //数据流的目的 IP 地址
    Qos pre-classify : Disable                     //是否启用原始报文信息预提取功能
```

```
  [Outbound ESP SAs]                    //出方向 SA 的信息
    SPI: 3338528777 (0xc6fde809)        //SPI 值
    Proposal: ESP-ENCRYPT-AES-256 SHA2-256-128
    //安全策略 IPSec VPN 安全提议的加密和验证算法
    SA remaining key duration (bytes/sec): 1887360000/3242
    //SA 剩余的存活时间，单位是字节或秒
    Max sent sequence-number: 5                    //发送的报文的最大序列号
    UDP encapsulation used for NAT traversal: N  //是否启用 NAT 穿越功能

  [Inbound ESP SAs]    //入方向 SA 的信息
    SPI: 2304165740 (0x8956c76c)
    Proposal: ESP-ENCRYPT-AES-256 SHA2-256-128
    SA remaining key duration (bytes/sec): 1887436500/3242
    Max received sequence-number: 5
    Anti-replay window size: 32
    UDP encapsulation used for NAT traversal: N
[CQ]display ipsec sa
===============================
Interface: GigabitEthernet0/0/0
 Path MTU: 1500
===============================
  -----------------------------
  IPSec policy name: "MAP1"
  Sequence number: 10
  Acl Group      : 3101
  Acl rule       : 10
  Mode           : ISAKMP
  -----------------------------
    Connection ID    : 8
    Encapsulation mode: Tunnel
    Tunnel local     : 219.1.1.2
    Tunnel remote    : 218.1.1.2
    Flow source      : 172.16.1.0/255.255.255.0 0/0
    Flow destination : 10.3.1.0/255.255.255.0 0/0
    Qos pre-classify : Disable

  [Outbound ESP SAs]
    SPI: 2304165740 (0x8956c76c)
    Proposal: ESP-ENCRYPT-AES-256 SHA2-256-128
    SA remaining key duration (bytes/sec): 1887436800/2609
    Max sent sequence-number: 0
    UDP encapsulation used for NAT traversal: N

  [Inbound ESP SAs]
    SPI: 3338528777 (0xc6fde809)
    Proposal: ESP-ENCRYPT-AES-256 SHA2-256-128
    SA remaining key duration (bytes/sec): 1887436800/2609
    Max received sequence-number: 0
```

```
        Anti-replay window size: 32
        UDP encapsulation used for NAT traversal: N
```
/*从以上路由器 SZ2 和 CQ 的 IPSec VPN SA 的信息中可以看出，路由器 SZ2 的入方向的 SPI 值和路由器 CQ 的出方向的 SPI 值相同，路由器 SZ2 的出方向的 SPI 值和路由器 CQ 的入方向的 SPI 值相同*/

（8）查看 IPSec VPN 安全策略的信息

```
[SZ2]display ipsec policy
===========================================
IPSec policy group: "MAP1"                  //安全策略组的名称
Using interface: GigabitEthernet0/0/2       //应用安全策略的接口
===========================================
    Sequence number: 10                     //安全策略的序号
    Security data flow: 3101                 //安全策略引用的 ACL
    Peer name   : SZ                         //安全策略引用的 IKE 对等体名称
    Perfect forward secrecy: None            //IKE 发起协商时使用的 PFS 特性
    Proposal name: TR                        //安全策略引用的 IPSec 安全提议的名称
    IPSec SA local duration(time based): 3600 seconds
    //基于时间的本地 SA 生存周期
    IPSec SA local duration(traffic based): 1843200 kilobytes
    //基于流量的本地 SA 生存周期
    Anti-replay window size: 32    // IPSec VPN 抗重放窗口的大小，在抗重放功能启用时生效
    SA trigger mode: Automatic     //SA 的触发方式
    Route inject: None             //路由注入功能状态
    Qos pre-classify: Disable      //是否启用原始报文信息预提取功能
```

（9）查看 IPSec VPN 处理报文的统计信息

```
[SZ2]display ipsec statistics esp
Inpacket count             : 5       //输入的安全报文数
Inpacket auth count        : 0       //输入的只验证不解密报文计数
Inpacket decap count       : 0       //输入的只解密不验证报文计数
Outpacket count            : 5       //输出的安全报文数
Outpacket auth count       : 0       //输出的只验证不加密报文计数
Outpacket encap count      : 0       //输出的只加密不验证报文计数
Inpacket drop count        : 0       //输入的丢弃报文数
Outpacket drop count       : 0       //输出的丢弃报文数
BadAuthLen count           : 0       //AH 验证长度失败计数
AuthFail count             : 0       //验证失败计数
InSAAclCheckFail count     : 0       //IPSec VPN 解封装报文进行 ACL 检查失败计数
PktDuplicateDrop count     : 0       //重复报文丢弃计数
PktSeqNoTooSmallDrop count: 0        //在窗口外的报文丢弃计数
PktInSAMissDrop count      : 0       //入方向 SA 报文丢弃计数
```

任务评价

评价指标	评价观测点	评价结果
理论知识	1. VPN 优势和分类的理解 2. IPSec VPN 特点和协议框架的理解 3. AH 和 ESP 的理解 4. IKE 协议的理解	自我测评 □ A □ B □ C 教师测评 □ A □ B □ C

续表

评价指标	评价观测点	评价结果
职业能力	1. 掌握如何定义要保护的数据流 2. 掌握 IKE 安全提议配置 3. 掌握 IKE 对等体配置 4. 掌握 IPSec VPN 安全提议配置 5. 掌握安全策略配置 6. 掌握在接口上应用安全策略组配置 7. 掌握 IPSec VPN 配置验证	自我测评 □ A □ B □ C 教师测评 □ A □ B □ C
职业素养	1. 设备操作规范 2. 故障排除思路 3. 报告书写能力 4. 查阅文献能力 5. 语言表达能力 6. 团队协作能力	自我测评 □ A □ B □ C 教师测评 □ A □ B □ C
综合评价	1. 理论知识（40%） 2. 职业能力（40%） 3. 职业素养（20%）	自我测评 □ A □ B □ C 教师测评 □ A □ B □ C
学生签字：	教师签字： 年 月 日	

任务总结

VPN 技术拥有安全、廉价、支持移动业务、灵活等一系列优势，已经成为现网中部署最为广泛的一类技术。IPSec VPN 是常见的三层 VPN，对等体之间建立一个 IKE SA 完成身份验证和密钥信息交换后，在 IKE SA 的保护下，根据配置的 AH/ESP 安全协议等参数协商出一对 IPSec VPN SA；对等体间的数据将在 IPSec VPN 隧道中加密传输。AH 和 ESP 是两种常见的安全协议，AH 可以防数据篡改、保证身份，ESP 可以加密数据、防数据篡改、保证身份。IPSec VPN 有隧道模式和传输模式两种封装方式。本任务介绍了 VPN 优势和分类、IPSec VPN 特点和协议框架、AH 和 ESP、IKE 协议和 IPSec VPN 基本配置命令等基础知识。同时，本任务以真实的工作任务为载体，介绍了 IKE 安全提议配置、IKE 对等体配置、IPSec VPN 安全提议配置、安全策略配置，以及在接口上应用安全策略组配置等网络技能，并详细介绍了 IPSec VPN 配置验证和调试过程。熟练掌握这些网络基础知识和基本技能，将为公网数据安全传输奠定坚实的基础。

知识巩固

1. GRE 属于第（　　）层 VPN。
   A. 2 　　　　　　　B. 3 　　　　　　　C. 4 　　　　　　　D. 7
2. IKEv1 建立一对 IPSec SA 的过程只有（　　）模式。
   A. 主 　　　　　　B. 野蛮 　　　　　　C. 快速 　　　　　　D. 手动
3. IPSec 安全协议包括（　　）。
   A. AH 　　　　　　B. DH 　　　　　　C. SA 　　　　　　D. ESP
4. IPSec VPN 通过加密与验证等方式实现了（　　）功能。
   A. 数据来源验证　　B. 数据加密　　　　C. 数据完整性保证　　D. 抗重放
5. IPSec 的工作模式包括（　　）。
   A. 隧道模式 　　　　B. 加密模式 　　　　C. 验证模式 　　　　D. 传输模式

项目实战

1. 项目目的

本项目在项目 3 的基础上继续实施。通过本项目训练可以掌握以下内容。

（1）端口安全配置和验证。

（2）DHCP Snooping 配置和验证。

（3）DAI 配置和验证。

（4）基本 ACL 配置和验证。

（5）高级 ACL 配置和验证。

（6）IKE 安全提议配置和验证。

（7）IKE 对等体配置和验证。

（8）IPSec VPN 安全提议配置和验证。

（9）安全策略配置和验证。

（10）在接口上应用安全策略组配置和验证。

（11）网络连通性测试。

2. 项目拓扑

项目网络拓扑如图 4-20 所示。

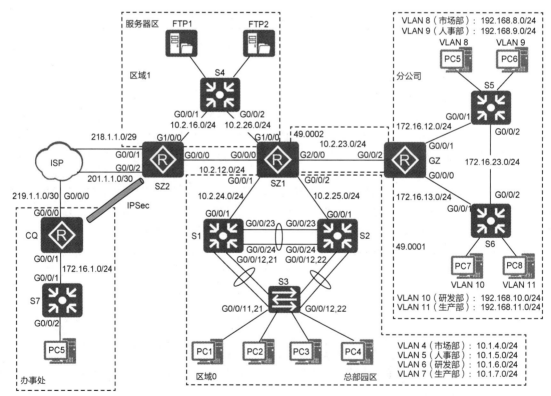

图 4-20　项目网络拓扑

3. 项目实施

深圳 A 公司因业务发展需要成立了重庆办事处，在项目 3 中已经完成了广州分公司和深圳总部网络的互联。现需要 A 公司在总体部署和保障网络安全的情况下，实现总部和分公司主机的安全接入，同时部署 ACL 实现数据访问控制。重庆办事处有访问总部服务器区数据的需求，需要部署 IPSec VPN 实现数据安全传输。为了提高实际工作的准确性和工作效率，运维部工程师需要在实验室环境下通过 eNSP 模拟器完成网络搭建、配置和测试，为网络上线、运行奠定坚实的基础。工程师需要完成的任务如下。

（1）按照图 4-20 所示的 IP 地址规划，完成重庆办事处网络设备接口的 IP 地址配置，并在边界设备上配置静态默认路由。

（2）在重庆办事处配置 NAT（Easy-IP），使得办事处的主机可以访问 Internet。

（3）在总部园区网络接入层交换机上部署端口安全，在交换机连接服务器的端口上配置安全动态 MAC 地址。在园区网络的所有交换机上配置 DHCP Snooping 技术，实现 DHCP 安全。

（4）在总部服务器区交换机上部署端口安全，在交换机连接服务器的端口上配置 Sticky MAC 地址。

（5）在 A 公司深圳总部所有路由器和交换机上配置基本 ACL，只允许运维部的主机进行远程 Telnet 管理。

（6）依据 ACL 的放置原则，在适当的设备上配置高级 ACL，使深圳总部和广州分公司的市场部的所有主机都不能访问服务器区的 FTP 服务器。广州分公司的所有部门的主机无法 ping 通服务器区主机所在的网络。

（7）配置 IPSec VPN 使重庆办事处的主机可以通过公网访问深圳总部服务器区的主机。

（8）按照以上的配置任务逐项验证配置结果。如果需要，请进行网络故障排除。

（9）保存配置文件，完成项目报告。

项目5
部署和实施企业无线网络

05

【项目描述】

随着手机、平板电脑、笔记本电脑等移动设备的大量使用，无线局域网（Wireless Local Area Network，WLAN）已经成为工作、学习、生活中不可或缺的一部分。即使是在5G已经普及的当今，WLAN也发展得很快。在公寓式办公楼（Small Office Home Office，SOHO）中，通常购买一个或几个家用级的无线路由器，就能完成WLAN组网。家用级无线路由器的配置非常简单，非专业人士按照说明书也能操作。然而，在大型企业园区网络中，使用家用级无线路由器实现无线组网是不可行的。首先，一两百元的家用级无线路由器无法满足性能上的需求；其次，分散管理几十上百的无线路由器是不现实的；最后，使用家用级无线路由器无法实现无线终端大范围网络中的漫游。因此，大型企业园区网络中WLAN的组建通常采用的是控制接入器（Access Controller，AC）+接入点（Access Point，AP）的方案。

A公司的深圳总部园区网络覆盖的地理范围比较大，为满足总部员工移动办公或者访客使用的需求，运维部工程师决定采用AC+AP方案进行WLAN组网，网络拓扑如图5-1所示。需要完成的任务如下。

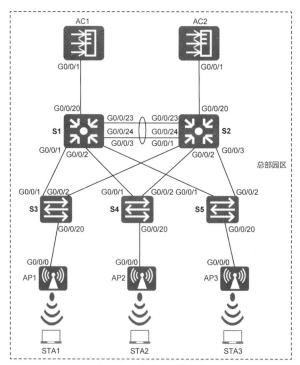

图 5-1　项目 5 网络拓扑

（1）明确表5-1所示的A公司深圳总部WLAN部分IP地址规划和网络连接，按照IP地址规划配置各台设备的IP地址。

（2）在深圳总部的各交换机（S1、S2、S3、S4和S5）上增加VLAN 100～VLAN 104，把和AC、AP相连的接口配置成Trunk接口，在Trunk链路上允许这些VLAN的数据通过。

（3）在AC1上配置WLAN功能，测试STA1、STA2和STA3能否正常使用无线网络。

（4）参考AC1的配置，在AC2上配置WLAN功能。

（5）在AC1和AC2上配置双机热备份，采取VRRP备份方式，测试AC主备切换。

表 5-1　A 公司深圳总部 WLAN 部分 IP 地址规划和网络连接

VLAN 或者设备	接口	IP 网络	描述
总部 VLAN 100		192.168.100.0/24	WLAN 的管理 VLAN、AC 所在网络
总部 VLAN 101		192.168.101.0/24	WLAN 的管理 VLAN、AP 所在网络
总部 VLAN 102		192.168.102.0/24	WLAN 的业务 VLAN
总部 VLAN 103		192.168.103.0/24	WLAN 的业务 VLAN
总部 VLAN 104		192.168.104.0/24	AC 双机热备份的心跳网络
总部无线控制器 AC1	VLANIF 100	192.168.100.252	VLANIF 接口
	VLANIF 100	192.168.100.254	VRRP 虚拟 IP 地址
	VLANIF 101	192.168.101.252	VLANIF 接口
	VLANIF 102	192.168.102.252	VLANIF 接口
	VLANIF 103	192.168.103.252	VLANIF 接口
	VLANIF 104	192.168.104.252	VLANIF 接口
	G0/0/1		连接 S1 G0/0/20
总部无线控制器 AC2	VLANIF 100	192.168.100.253	VLANIF 接口
	VLANIF 100	192.168.100.254	VRRP 虚拟 IP 地址
	VLANIF 101	192.168.101.253	VLANIF 接口
	VLANIF 102	192.168.102.253	VLANIF 接口
	VLANIF 103	192.168.103.253	VLANIF 接口
	VLANIF 104	192.168.104.253	VLANIF 接口
	G0/0/1		连接 S2 G0/0/20
总部交换机 S1	G0/0/20		连接 AC1 G0/0/1
	VLANIF 100	192.168.100.1	VLANIF 接口
	VLANIF 101	192.168.101.1	VLANIF 接口
	VLANIF 101	192.168.101.254	VRRP 虚拟 IP 地址
	VLANIF 102	192.168.102.1	VLANIF 接口
	VLANIF 102	192.168.102.254	VRRP 虚拟 IP 地址
	VLANIF 103	192.168.103.1	VLANIF 接口
	VLANIF 103	192.168.103.254	VRRP 虚拟 IP 地址
总部交换机 S2	G0/0/20		连接 AC2 G0/0/1
	VLANIF 100	192.168.100.2	VLANIF 接口
	VLANIF 101	192.168.101.2	VLANIF 接口
	VLANIF 101	192.168.101.254	VRRP 虚拟 IP 地址

续表

VLAN 或者设备	接口	IP 网络	描述
总部交换机 S2	VLANIF 102	192.168.102.2	VLANIF 接口
	VLANIF 102	192.168.102.254	VRRP 虚拟 IP 地址
	VLANIF 103	192.168.103.2	VLANIF 接口
	VLANIF 103	192.168.103.254	VRRP 虚拟 IP 地址
总部交换机 S3	G0/0/20		连接 AP1 G0/0/0
总部交换机 S4	G0/0/20		连接 AP2 G0/0/0
总部交换机 S5	G0/0/20		连接 AP3 G0/0/0
总部接入点 AP1	G0/0/0		连接 S3 G0/0/20
总部接入点 AP2	G0/0/0		连接 S4 G0/0/20
总部接入点 AP3	G0/0/0		连接 S5 G0/0/20

本项目涉及的知识和能力图谱如图5-2所示。

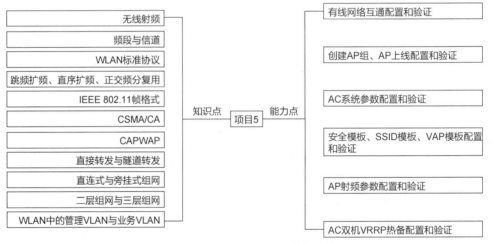

图 5-2 项目 5 涉及的知识和能力图谱

任务 5　部署旁挂式三层组网 WLAN 实现总部终端无线接入

任务描述

　　WLAN 可实现用户通过移动终端，如手机、笔记本电脑来连接网络。WLAN 是有线网络的重要补充。园区 WLAN 组网通常使用 AC+AP 方案，该方案中 AP 通常是零配置，把 AP 连接到有线网络中靠近无线用户的接入层交换加电，在 AC 上即可集中管理全部 AP。为了完成 WLAN 组网，有线网络也需要进行适当配置，保证 AC 和 AP 之间的连通性以及实现无线用户所在 VLAN 和有线用户所在 VLAN 之间的通信。无线网络和有线网络所使用的协议在物理层和数据链路层上有较大区别，无线网络使用的是 IEEE 802.11 系列协议，物理层使用的是无线信号，数据链路层的介质访问控制方式采用的是带冲突避免的载波监听多路访问（Carrier Sense Multiple Access with Collision Avoidance，CSMA/CA）。WLAN 的帧格式和以太网的帧格式也有较大区别。AC 和 AP 之间使用专门的无线接入点控制和配置协议规范（Control And Provisioning of Wireless Access Points Protocol Specification，CAPWAP）实现 AC 对 AP 的控制。

根据 AC、AP 的部署位置，组网方式分为直连式和旁挂式；根据 AC、AP 的 IP 通信方式，组网方式分为二层组网和三层组网。根据无线用户的数据转发模式，数据转发分为直接转发模式和隧道转发模式。本任务主要要求读者夯实和理解无线网络中的频段、信道、WLAN 标准协议、IEEE 802.11 物理层、帧格式、CSMA/CA、CAPWAP、直接转发和隧道转发模式、无线用户接入过程、无线验证方式、二层组网、三层组网、管理 VLAN 和业务 VLAN 以及 WLAN 基本配置命令等网络知识，通过在企业园区网络中部署和实施 WLAN，掌握 AP 上线配置、AC 系统参数配置、AC 下发 WLAN 业务给 AP 的配置、AC 双机 VRRP 热备份的配置等职业技能，实现无线终端接入企业园区网络。

知识准备

5.1.1 无线基础知识

1. 无线射频

WLAN 使用无线电波来进行数据的传输。在图 5-3 所示的无线频谱中，无线电波是处于射频频段部分的电磁波，即频率为 3Hz～300GHz 的电磁波。

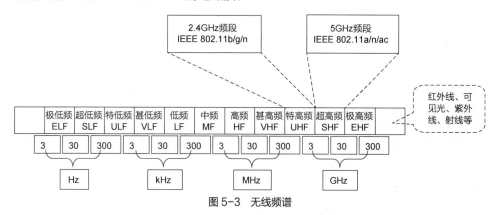

图 5-3　无线频谱

无线通信系统中，信息可以是图像、文字、声音等。信息需要先经过信源编码转换为方便于电路计算和处理的数字信号，再经过信道编码和调制，转换为无线电波发射出去。射频通信的基本过程如图 5-4 所示。

（1）射频发射机产生发射信号，AP 和 STA（Station，指手机、笔记本电脑等无线终端）都是发射机。

（2）信号以电磁波的形式从天线单元辐射出去，大多数 STA 和部分 AP 的天线是内置的。

（3）接收机分析射频信号后，可获取射频信号中携带的信息。

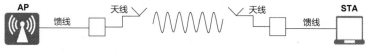

图 5-4　射频通信的基本过程

2. 频段与信道

为了促进无线通信，美国联邦通信委员会（Federal Communications Commission，FCC）定义了 ISM 频段，此频段开放给工业（Industry）、科学（Science）、医学（Medicine）这 3 个主要领域使用，无须授权即可使用。频段的频率范围如下。

（1）工业频段：902～928MHz，主要用于全球移动通信系统（Global System for Mobile Communications，GSM）。

（2）科学频段：2.4～2.4835GHz，WLAN（IEEE 802.11、IEEE 802.11b、IEEE 802.11g、IEEE 802.11n）、蓝牙、ZigBee 等无线网络使用。

（3）医疗频段：5.725～5.875GHz，与5.15～5.35GHz一起为IEEE 802.11a、IEEE 802.11n、IEEE 802.11ac使用。

在WLAN中，2.4GHz频段用于IEEE 802.11、IEEE 802.11b、IEEE 802.11g、IEEE 802.11n标准。不使用信道绑定（把相邻信道绑定为带宽更大的信道）时，IEEE 802.11b每个信道需要占用22MHz，IEEE 802.11g和IEEE 802.11n每个信道需要占用20MHz。图5-5所示为IEEE 802.11b频段带宽和信道中心点频率。每个国家/地区规定的可使用信道略有差异，我国和欧洲是1～13信道，美国是1～11信道。同一物理空间中，如果两个AP使用的信道重叠，则会发生信号干扰，降低通信速率。从图5-5中可以看出，如果两个信道的编号相差值大于或等于5，则它们不会重叠，如信道1、信道6和信道11。因此2.4GHz频段可以同时使用3个不重叠的信道，这意味着在一个密集的场所可以同时部署3个AP提高数据吞吐量，3个AP要使用不同的信道。

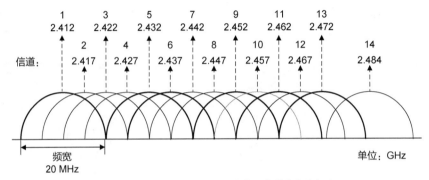

图5-5　IEEE 802.11b频段带宽和信道中心点频率

无线信号覆盖范围没有明显的边界。为了保证用户的顺利漫游，通常需要设计成信号交叉覆盖的形式，此时信道的选择要保证相邻的无线AP不使用重叠的信号，推荐使用图5-6所示的信道规划方案。

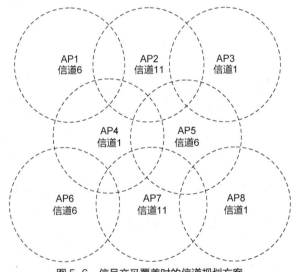

图5-6　信号交叉覆盖时的信道规划方案

5GHz频段（实际上不是严格的5.0GHz，而是5.150～5.875GHz）用于IEEE 802.11a、IEEE 802.11n、IEEE 802.11ac，IEEE 802.11a/802.11n每个信道需要占用20MHz，IEEE 802.11ac每个信道支持20MHz、40MHz、80MHz。当信道带宽为20MHz时，可使用的信道为36、40、44、48、52、56、60、64、149、153、157、161、165，这些信道不会相互重叠。我国使用的是5.8GHz频段内5个不重叠的信道，分别为149、153、157、161、165，如图5-7所示，其中UNII（Unlicensed

National Information Infrastructure）表示未经授权的国家信息基础设施。

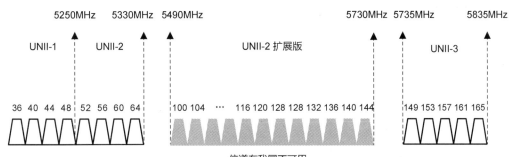

图 5-7　5.8GHz 中 5 个不重叠的信道

3. WLAN 标准协议

随着 WLAN 的发展，IEEE 陆续制定了 WLAN 的相关标准。WLAN 各标准协议的使用频段、兼容性和速率如表 5-2 所示，目前主流的手机和笔记本电脑应至少支持 IEEE 802.11ac。

表 5-2　WLAN 标准协议

协议	使用频段	兼容性	理论最高速率	实际速率
IEEE 802.11	2.4GHz	—	2Mbit/s	1Mbit/s 左右
IEEE 802.11b（Wi-Fi 1）	2.4GHz	—	11Mbit/s	5Mbit/s 左右
IEEE 802.11a（Wi-Fi 2）	5GHz	—	54Mbit/s	22Mbit/s 左右
IEEE 802.11g（Wi-Fi 3）	2.4GHz	兼容 IEEE 802.11b	54Mbit/s	22Mbit/s 左右
IEEE 802.11n（Wi-Fi 4）	2.4GHz、5GHz	兼容 IEEE 802.11a/b/g	600Mbit/s	100Mbit/s 以上
IEEE 802.11ac（Wi-Fi 5）	5GHz	兼容 IEEE 802.11a 和 IEEE 802.11n	1.3Gbit/s	800Mbit/s 左右
IEEE 802.11.ax（Wi-Fi 6）	2.4GHz、5GHz	兼容 IEEE 802.11a/b/g/n/ac	9.6Gbit/s	4.8Gbit/s 左右

4. IEEE 802.11 的物理层技术

IEEE 802.11 所采用的无线电物理层主要使用了 3 种不同的技术：跳频扩频（Frequency-Hopping Spread Spectrum，FHSS）、直接序列扩频（Direct Sequence Spread Spectrum，DSSS）及正交频分复用（Orthogonal Frequency Division Multiplexing，OFDM）。

跳频扩频以一种预定的伪随机模式快速变换传输频率。如图 5-8 所示，纵轴将可用频率划分为几个频隙，同样时间轴被划分为一系列时隙，图中所用的跳频模式为 3、8、5、7。发送端与接收端必须同步跳频，这样接收端才可以随时与发送端的频率保持一致。跳频扩频可以有效防止干扰，在早期的 IEEE 802.11 中使用。

直接序列扩频将要发送的信息用伪随机码（也称 PN 码）扩展到一个很宽的频带上去。在接收端用与发送端扩展用的相同的伪随机码对接收到的扩频信号进行相关处理，恢复发送的信息。它直接利用具有高码率的扩频码系列，采用各种调制方式在发送端扩展信号的频谱，用相同的扩展码序在接收端进行解码，把扩展宽的扩频信号还原成原始的信息。它是一种数字调制方法，具体说就是将信源与一定的 PN 码进行模二加。例如，在发送端将"1"用 11000100110 去代替，而将"0"用 00110010110 去代替，这个过程就实现了扩频，而在接收端只要收到的序列是 11000100110 就将其恢复成"1"，是 00110010110

就将其恢复成"0"，这就是解扩。这样信源速率就成为未扩频前的 11 倍，同时使处理增益达到 10dB 以上，从而有效地提高了信噪比。

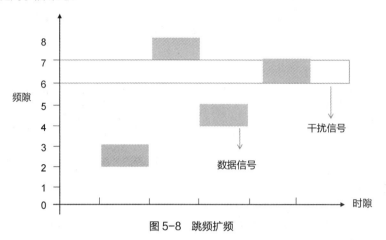

图 5-8　跳频扩频

正交频分复用是一种多载波调制技术，它将信道分成若干正交子信道，高速数据信号转换成并行的低速子数据流，调制后再到每个子信道上进行传输。正交频分复用使用的子载波相互重叠，但定义了副载波，并使用了一种称为正交性的数学算法，保证副载波能够被区分出来。如图 5-9 所示，信号分为 3 个副载波，每个副载波的波峰均作为数据编码之用，如图 5-9 中上方标示的圆点。这些副载波经过刻意设计，彼此之间保持正交关系，当某个副载波处于波峰时，此时其他两个副载波的振幅均为 0。

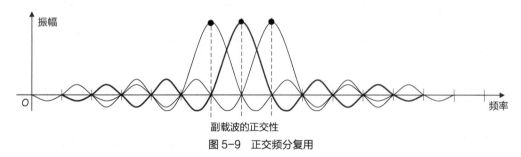

图 5-9　正交频分复用

5. IEEE 802.11 的帧格式

IEEE 802.11 系列标准定义了 WLAN 的帧结构和基本的物理层、MAC 层通信标准。由于通信介质（无线信号）和通信质量的问题，IEEE 802.11 帧格式与 IEEE 802.3 定义的以太网帧格式有较大不同。在 WLAN 中，数据链路层上的通信模式要比 IEEE 802.3 以太网中的通信模式复杂得多，因此 IEEE 802.11 的帧格式也相对复杂。IEEE 802.11 无线数据帧的最大长度为 2346 字节，其基本结构如图 5-10 所示。

字节：2	2	6	6	6	2	6	0~2312	4
帧控制	持续期	地址1	地址2	地址3	序号控制	地址4	帧主体	FCS

图 5-10　IEEE 802.11 帧的基本结构

IEEE 802.11 帧中各个字段的含义如下。

（1）帧控制字段：含有许多标识位，表示本帧的类型等信息。

（2）持续期字段：记录需要占用信道的时间，以微秒为单位，以此告知其他移动站在持续期结束之前信道会一直被占用，不能进行通信。

（3）地址字段：与 IEEE 802.3 以太网传输机制不同，IEEE 802.11 WLAN 数据帧一共可以有 4

个 MAC 地址，这些地址根据帧的不同而有不同的含义，但是基本上第 1 个地址表示接收端 MAC 地址，第 2 个地址表示发送端 MAC 地址，第 3 个地址表示过滤地址，第 4 个地址一般不使用，只有在无线分布系统（Wireless Distribution System，WDS）中才会使用。

（4）序号控制字段：用于数据帧分片时重组数据帧片段以及丢弃重复帧。

（5）帧主体字段：数据帧中所包含的数据。

（6）FCS 字段：帧校验和，主要用于检查帧的完整性。

IEEE 802.11 帧主要包括数据帧、控制帧和管理帧 3 种类型。

（1）数据帧：负责在工作站之间传输数据。数据帧可能会因为所处的网络环境不同而有所差异。

（2）控制帧：通常与数据帧搭配使用，负责区域的清空、信道的取得以及载波监听的维护，并于收到数据时予以正面的应答，借此促进工作站间数据传输的可靠性。

（3）管理帧：负责监督，主要用来加入或退出无线网络，以及处理工作站之间连接的转移事宜。

6. 介质访问控制 CSMA/CA

无线通信中不易检测信道是否存在冲突，因此 IEEE 802.11 使用的介质访问控制方式是 CSMA/CA。载波监听可查看信道是否空闲；避免冲突是当信道不空闲时，通过随机的时间等待，直到有新的空闲信道出现时再优先发送，将信号冲突发生的概率减到最小。不仅如此，为了使系统更加稳固，IEEE 802.11 还提供了带确认帧 ACK 的 CSMA/CA。在一旦遭受其他噪声干扰，或者监听失败时，信号冲突就有可能发生，而此时这种工作于 MAC 层的 ACK 能够提供快速的恢复能力。

CSMA/CA 的工作原理和工作过程如下。

（1）检测信道是否空闲，如果检测出信道空闲，则再等待一个分布式帧间间隔（Distributed Interframe Spacing，DIFS）后（如果这段时间内信道一直是空闲的）就开始发送数据帧，并等待确认。一旦检测到信道忙，站点执行 CSMA/CA 协议的退避算法冻结退避计时器。只要信道空闲，退避计时器就进行倒计时。当退避计时器时间减少到零时（此时信道只可能是空闲的），站点就发送整个帧并等待确认。

（2）若目的站正确收到此帧，则在等待一个短帧间间隔（Short Interframe Space，SIFS）后，就向源站发送确认帧 ACK。

（3）当源站收到确认帧 ACK，确定数据正确传输时，在经历一段时间间隔后，会出现一段空闲时间。如果此时要发送第二帧，就要执行 CSMA/CA 协议的退避算法，随机选定一段退避时间。若源站在规定时间内没有收到确认帧 ACK（由重传计时器控制这段时间），就必须重传此帧（再次使用 CSMA/CA 协议争用信道），直到收到确认帧为止，或者经过若干次的重传失败后放弃发送。

在实际应用场景中，存在由于站点距离太远而导致一个站点无法检测到介质竞争对手的存在的情况，也就是隐藏节点问题。为了解决无线网络中的隐藏终端问题，IEEE 802.11 协议允许站点使用一个请求发送（Request to Send，RTS）帧和一个允许发送（Clear to Send，CTS）帧来预约对信道的访问。RTS/CTS 机制的工作原理是发送站点在向接收站点发送数据包之前，即在 DIFS 之后不是立即发送数据，而是发送一个 RTS 帧，以申请对介质的占用。当接收站点收到 RTS 信号后，立即在一个短帧隙 SIFS 之后回应一个 CTS 帧，告知对方已准备好接收数据。双方在成功交换 RTS/CTS 信号对（即完成握手）后才开始真正的数据传输，保证多个互不可见的发送站点同时向同一接收站点发送信号时，实际只能是收到接收站点回应 CTS 帧的那个站点能够进行发送，避免了冲突的发生。即使有冲突发生，也只是在发送 RTS 帧时。这种情况下，由于收不到接收站点的 CTS 帧，所有站点再使用分布协调功能（Distribute Coordination Function，DCF）提供的竞争机制，分配一个随机退守定时值，等待下一次介质空闲 DIFS 后竞争发送 RTS 帧，直到成功为止。RTS 帧和 CTS 帧的使用可以提升两个重要方面的性能。一方面，隐藏终端问题被减轻了，因为长数据帧只有在信道预约后才能被发送。另一方面，因为 RTS 帧和 CTS 帧较短，涉及 RTS 帧和 CTS 帧的碰撞将仅持续很短的 RTS 帧或 CTS 帧持续期。一旦 RTS 帧和 CTS 帧被正确传输，后续的数据帧和 ACK 帧应当能无碰撞地发送。

5.1.2　AC+ Fit AP 组网架构

1.　WLAN 组网方式

WLAN 组网可以分为 Fat AP（胖 AP）组网架构和 AC+ Fit AP（瘦 AP）组网架构。Fat AP 组网架构又称为自治式网络架构，如图 5-11（a）所示。Fat AP 具备较好的独立性，不需要另外部署集中控制设备，部署起来很方便，成本较低廉。但是，在企业中，随着 WLAN 覆盖面积的增大，接入用户增多，需要部署的 Fat AP 数量也会增多。而每个 Fat AP 又是独立工作的，缺少统一的控制设备，因此管理、维护这些 Fat AP 就变得十分麻烦。所以对企业而言，不推荐选择 Fat AP 架构组网，更合适选择 AC+Fit AP 架构组网，如图 5-11（b）所示，其中 AC 被称为无线控制器，是无线网络的核心，是一种用来集中控制无线 AP 的网络设备。此处的 AP 为 Fit AP，是指无法单独运行，必须在无线控制器（AC）的控制下运行的无线接入点。Fit AP 负责移动终端报文的收发、加解密、IEEE 802.11 协议的物理层功能、射频（Radio Frequency，RF）空口的统计、接受无线控制器的管理等。AC 负责无线网络的接入控制、转发和统计、AP 的配置监控、漫游管理、AP 的网管代理、安全控制等。

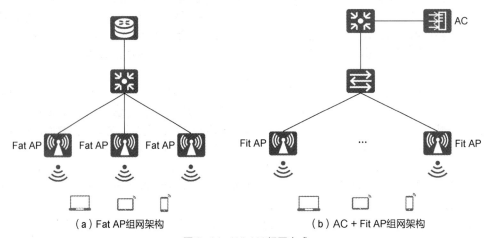

（a）Fat AP组网架构　　　　　　　　　　（b）AC + Fit AP组网架构

图 5-11　WLAN 组网方式

相比于 Fat AP 组网架构，AC+Fit AP 组网架构的优点如下。

（1）配置与部署：通过 AC 进行集中的网络配置和管理，不再需要对每个 AP 进行单独配置操作，同时对整网 AP 进行信道、功率的自动调整，免去了烦琐的人工调整过程。

（2）安全性：由于 Fat AP 无法进行统一的升级操作，无法保证所有 AP 版本都有最新的安全补丁，而 AC+Fit AP 架构主要的安全能力是建立在 AC 上的，软件更新和安全配置仅需在 AC 上进行，从而可以快速进行全局安全设置；同时，为了防止加载恶意代码，设备会对软件进行数字签名认证，增强了更新过程的安全性。AC 也实现了 Fat AP 架构无法支持的一些安全功能，包括病毒检测、统一资源定位符（Uniform Resource Locater，URL）过滤、状态检测防火墙等高级安全特性。

（3）更新与扩展：架构的集中管理模式使得同一 AC 下的 AP 有着相同的软件版本。当需要更新时，先由 AC 获取更新包或补丁，再由 AC 统一更新 AP 版本。AP 和 AC 的功能拆分也减少了对 AP 版本的频繁更新，有关用户认证、网管和安全等功能的更新只需在 AC 上进行。

2.　CAPWAP

在 AC+Fit AP 组网架构中，AC 和 AP 的通信可以使用 CAPWAP 实现。除了 CAPWAP 外，一些厂商也牵头制定了其他协议，如思科的 LWAPP、阿鲁巴的 SLAPP 等，华为则使用国际上比较通用的 CAPWAP。CAPWAP 定义了 AP 与 AC 之间的通信规则，为实现 AP 和 AC 之间的互通性提供了通用封装和传输机制。AC 和 AP 之间建立 CAPWAP 隧道后，AC 利用 CAPWAP 可以实现对其所关联的

AP 的集中管理和控制，主要功能包括 AP 对 AC 的自动发现、AP 与 AC 间的状态维护、AC 通过 CAPWAP 隧道对 AP 进行管理、业务配置下发以及移动终端的数据封装。

CAPWAP 是基于 UDP 的应用层协议，报文类型包括控制报文和数据报文两种，报文格式如图 5-12 所示。控制报文的 UDP 端口为 5246，传递的控制信息包括 AC 对 AP 进行工作参数配置的控制信息以及对 CAPWAP 会话进行维护的控制信息。控制报文中除"发现请求，发现应答"是明文传输以外，其他的强制使用数据传输层安全协议（Datagram Transport Layer Security，DTLS）加密，DTLS 是对报文进行加密时才额外增加的字段；数据报文的 UDP 端口为 5247，用于传输数据信息（移动终端产生的数据），可选择是否使用 DTLS。

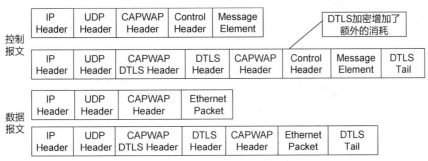

图 5-12　CAPWAP 的报文格式

3. WLAN 转发模式

在 AC+AP 组网方式中，数据报文（移动终端产生的数据）有直接转发和隧道转发两种转发模式。在直接转发模式中，数据报文从 STA 到达 AP 后，由 AP 直接发送到有线网络中的交换设备上进行转发。这种模式中 AC 和 AP 之间的 CAPWAP 隧道主要用于封装它们之间的控制流量，数据流量不采用 CAPWAP 封装，如图 5-13 所示。

在隧道转发模式中，数据报文从移动终端到达 AP 后，先由 AP 使用 CAPWAP 进行封装，并发送到 AC，再由 AC 发送到有线网络中的交换设备上进行转发，这种模式中 AC 和 AP 之间的 CAPWAP 隧道不仅用于封装管理流量，还用于封装数据流量，如图 5-14 所示。表 5-3 展示了 WLAN 两种转发模式的对比。

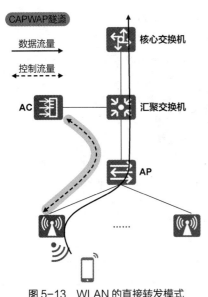

图 5-13　WLAN 的直接转发模式

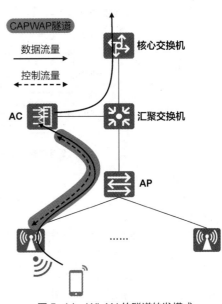

图 5-14　WLAN 的隧道转发模式

表 5-3　WLAN 两种转发模式的对比

转发模式	优点	缺点
直接转发	业务数据不需要经过 AC 封装转发，报文转发效率高，AC 所受压力小	业务数据不便于集中管理和控制，新增设备部署对现网改动大
隧道转发	AC 集中转发数据报文，安全性更高，方便集中管理和控制，新增设备部署配置方便，对现网改动小	业务数据必须经过 AC 封装转发，报文转发效率比直接转发模式低，AC 所受压力大

4. CAPWAP 的隧道建立和维护

AP 是在 AC 的控制下运行的，因此 AP 加电后需要先和 AC 建立隧道。图 5-15 所示为 CAPWAP 的隧道建立和维护过程，隧道建立使用的是图 5-12 中的控制报文。以下将分为 8 个过程进行解析。

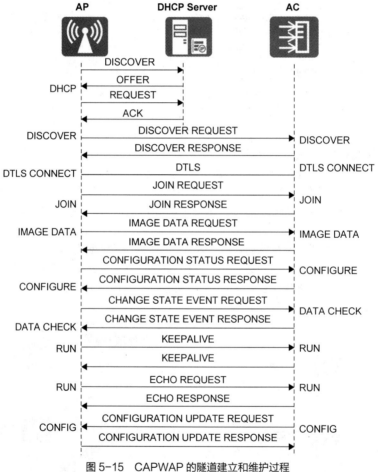

图 5-15　CAPWAP 的隧道建立和维护过程

（1）DHCP 过程

AP 通常是零配置，当 AP 加电启动后将使用 DHCP 动态发现 AC，并与发现的 AC 建立隧道，具体过程如图 5-16 所示。

① AP 发送 DISCOVERY 广播报文，请求 DHCP Server 响应。

② DHCP Server 监听到 DISCOVERY 报文后，会选择一个空闲的 IP 地址，并响应 DHCP OFFER 报文，该报文中会包含租期信息及其他的 DHCP Option 信息。当 AC 与 AP 在同一个网段（二层网络）时，AP 可以通过广播方式发现同一网段中的 AC，不需要配置 Option 43 字段。当 AP 和 AC 不在同一网段时，需要配置 DHCP 代理，还需要在 DHCP Server 上配置 DHCP Option 43 字段来指明 AC 的 IP 地址。

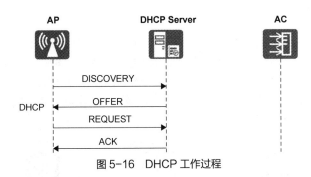

图 5-16　DHCP 工作过程

③ 当 AP 收到多台 DHCP Server 提供的 OFFER 报文时，AP 只会选中第一个到达的 OFFER 报文，然后向网络中发送一个 DHCP REQUEST 广播报文，告诉所有的 DHCP Server 其采用了哪个 OFFER。同时，AP 会向网络发送一个 ARP 报文，查询网络上有没有其他设备使用该 IP 地址。

④ 当 DHCP Server 接收到 AP 的 REQUEST 报文之后，会向 AP 发送一个 DHCP ACK 报文，该报文中携带的信息包括 AP 的 IP 地址、租期、网关信息及 DNS Server 的 IP 地址等。

（2）DISCOVER 过程

AP 获得 AC 的 IP 地址或者域名后，将使用 AC 发现机制来获知哪些 AC 是可用的，并与最佳 AC 来建立 CAPWAP 隧道，具体过程如图 5-17 所示。

① AP 启动 CAPWAP 的发现机制，以单播或广播的形式发送 DISCOVER REQUEST 报文试图关联 AC。

② AC 收到 AP 的 DISCOVER REQUEST 以后，会发送一个单播 DISCOVER RESPONSE 报文给 AP，AP 可以通过 DISCOVER RESPONSE 中所带的 AC 优先级或者 AC 上当前 AP 的个数等，确定与哪个 AC 建立会话。

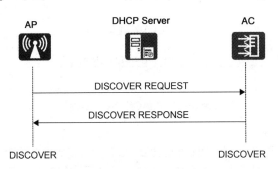

图 5-17　DISCOVER 过程

（3）DTLS CONNECT 过程（可选）

DTLS CONNECT 过程是可选的。如果 AC 上配置了 CAPWAP 采用 DTLS 加密报文，则启动该过程，如图 5-18 所示。该过程包含多个细小步骤，通过这些步骤，AP 和 AC 将协商采用 DTLS 加密传输 UDP 报文的加密方式、密钥等参数。

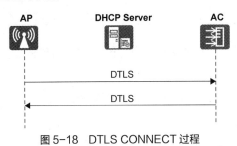

图 5-18　DTLS CONNECT 过程

（4）JOIN 过程

如图 5-19 所示，在完成 DTLS CONNECT 后，AC 与 AP 开始建立控制通道，在此过程中 AC 回应的 JOIN RESPONSE 报文中会携带用户配置的版本号、握手报文间隔、超时时间、控制报文优先级等信息。AC 也会检查 AP 的 IMAGE（即 VRP）当前版本。如果 AP 的版本无法与 AC 要求的相匹配，则 AP 和 AC 会进入 IMAGE DATA 过程并进行版本升级，以此来更新 AP 的版本。如果 AP 的版本符合要求，则进入 CONFIGURE 过程。

图 5-19　JOIN 过程

（5）IMAGE DATA 过程（可选）

AP 根据协商参数判断当前版本是否为最新版本，如果不是最新版本，则 AP 将在 CAPWAP 隧道上开始更新软件版本，如图 5-20 所示。AP 在软件版本更新完成后重新启动，重复进行 AC 发现、建立 CAPWAP 隧道、加入 AC 的过程。

图 5-20　IMAGE DATA 过程

（6）CONFIGURE 过程

CONFIGURE 过程用于进行 AP 的现有配置和 AC 设定配置的匹配检查。如图 5-21 所示，AP 发送 CONFIGURATION STATUS REQUEST 到 AC，该信息中包含现有 AP 的配置。当 AP 的当前配置与 AC 的要求不符合时，AC 会通过 CONFIGURATION STATUS RESPONSE 通知 AP。

图 5-21　CONFIGURE 过程

（7）DATA CHECK 过程

如图 5-22 所示，当完成 CONFIGURE 过程后，AP 发送 CHANGE STATE EVENT REQUEST

报文，其中包含 radio、result、code 等信息。当 AC 接收到 CHANGE STATE EVENT REQUEST
报文后，开始回应 CHANGE STATE EVENT RESPONSE 报文。至此，已经完成 CAPWAP 隧道建
立，开始进入隧道的维护阶段。

图 5-22　DATA CHECK 过程

（8）隧道的维护

隧道包含数据流隧道和管理流隧道。数据流隧道的维护如图 5-23 所示。AP 发送 KEEPALIVE 报
文到 AC，AC 收到 KEEPALIVE 报文后表示数据隧道建立，AC 回应 KEEPALIVE 报文，AP 进入
"normal" 状态，开始正常工作。

图 5-23　数据流隧道的维护

管理流隧道的维护如图 5-24 所示。AP 进入 RUN 状态后，同时发送 ECHO REQUEST 报文给
AC，宣布建立好 CAPWAP 管理隧道并启动 ECHO 发送定时器和隧道检测超时定时器以检测管理隧道
是否出现了异常。当 AC 收到 ECHO REQUEST 报文后，同样进入 RUN 状态，并回应 ECHO
RESPONSE 报文给 AP，启动隧道超时定时器。当 AP 收到 ECHO RESPONSE 报文后，会重设检
验隧道超时的定时器。

图 5-24　管理流隧道的维护

5. 无线用户接入过程

无线用户接入 WLAN 的过程包含扫描、验证和关联这 3 个阶段，如图 5-25 所示。

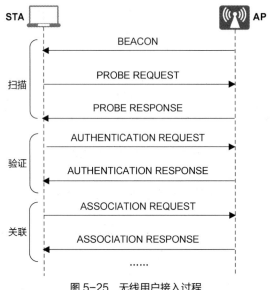

图 5-25 无线用户接入过程

（1）扫描阶段：无线客户端有两种方式可以获取到无线网络信息（即通常所说的 SSID）。第一种是主动扫描，即无线客户端定期、主动搜索周围的无线网络；第二种是被动扫描，无线客户端被动等待 AP 每隔一段时间定时发送的 BEACON（信标）帧，从而获取无线网络信息，这种方法较为常用。

（2）验证阶段：为了保证无线链路的安全，接入过程中 AP 需要完成对客户端的验证，只有通过验证后才能进入后续的关联阶段。

（3）关联阶段：终端的关联过程实质上是链路服务协商的过程，当用户通过指定 SSID 选择无线网络，并通过 AP 链路验证后，就会立即向 AP 发送关联请求。AP 会对关联请求帧携带的能力信息进行检测，最终确定该无线终端支持的能力，并回复关联响应通知链路是否关联成功。通常，无线终端同时只能和一个 AP 建立链路，且关联总是由无线终端发起的。

6. 无线验证方式

常见的无线验证方式有开放系统验证、共享密钥验证、IEEE 802.1X 验证（本书不讨论）。共享密钥验证常用的加密算法有 WEP、WPA、WPA2。

开放系统验证，简单来说就是不进行验证，当无线客户端（STA）向 AP 发送验证请求帧时，AP 立即回应验证成功的响应报文，这种验证非常简单，但不安全。使用这种验证方式时，STA 只需要知道 AP 发送的 SSID 就可连接成功。即使可以设置 AP 不发送 BEACON（信标）帧来隐藏 SSID，但是入侵者可以很容易地使用设备或者软件搜索隐藏的 SSID。

共享密钥验证（Shared Key Authentication）指通过判决对方是否掌握相同的密钥来确定对方身份是否合格。共享密钥验证常用于防止非法用户窃听或侵入无线网络。

有线等效保密（Wired Equivalent Privacy，WEP）的核心是采用 RC4 算法，加密密钥长度有 64 位、128 位和 152 位，其中有 24 位的初始向量（Initialization Vector，IV）是由系统产生的，所以 WLAN 服务端和 WLAN 客户端上配置的密钥长度是 40 位、104 位或 128 位。WEP 采用了静态的密钥，接入同一 SSID 下的所有 STA 使用相同的密钥访问无线网络。目前，WEP 已经是一种不安全的验证方式，不建议使用。

Wi-Fi 保护接入（Wi-Fi Protected Access，WPA）的核心还是采用 RC4 算法，在 WEP 基础上提出了时限密钥完整性协议（Temporal Key Integrity Protocol，TKIP）加密算法，采用了 IEEE 802.1X 的身份验证框架，支持 EAP-PEAP、EAP-TLS 等验证方式。随后 IEEE 802.11i 安全标准组织又推出了 WPA2。WPA2 采用了安全性更高的计数器模式密码块链消息完整码协议（Counter CBC-MAC Protocol，CCMP）加密算法。建议选择 WPA2 作为首选的无线验证方式。

5.1.3　AC+AP 组网方式

根据 AC 和 AP 连接的网络架构，可分为二层组网和三层组网；根据 AC 在网络中的位置，可分为直连式组网和旁挂式组网。二层组网和三层组网、直连式组网和旁挂式组网可以组合成 4 种方式：直连式二层组网、旁挂式二层组网、直连式三层组网、旁挂式三层组网。AC+Fit AP 组网架构中，数据流转发模式又包括直接转发模式和隧道转发模式，所以组网方式和转发模式的组合共有 8 种。

1.　二层组网和三层组网

（1）二层组网

AC 和 AP 直连或者 AC 和 AP 通过二层网络进行连接的方式称为二层组网，如图 5-26 所示。二层组网比较简单，AC 通常配置为 DHCP 服务器，无须配置 DHCP 代理，简化了配置。AC 和 AP 在同一广播域中，因此 AP 通过广播很容易就能发现 AC。二层组网适用于简单的组网，但是因为要求 AC 和 AP 在同一个二层网络中，所以局限性较大，不适用于有大量三层路由的大型网络。

（2）三层组网

AC 和 AP 通过三层网络进行连接的方式称为三层组网，如图 5-27 所示。在三层组网中，AC 和 AP 不在同一广播域中，AP 需要通过 DHCP 代理从 AC 获得 IP 地址，或者额外部署 DHCP 服务器为 AP 分配 IP 地址。因为 AP 无法通过广播发现 AC，所以需要在 DHCP 服务器上配置 Option 43 来指明 AC 的 IP 地址。三层组网虽然比较复杂，但是由于 AC 和 AP 可以放在不同的网络中，只要它们之间 IP 包可达即可，所以部署非常灵活，适用于大型网络的无线组网。

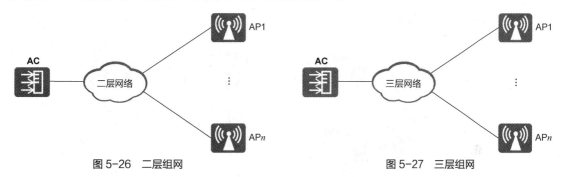

图 5-26　二层组网　　　　　　　　　　　　　　图 5-27　三层组网

2.　直连式组网和旁挂式组网

（1）直连式组网

图 5-28 所示为直连式组网，AP、AC 与核心网络串联在一起，移动终端的数据流需要经过 AC 到达上层网络。在这种组网方式中，AC 需要转发移动终端的数据流，压力较大；如果是在已有的有线网络中新增无线网络，则在核心网络和 IP 网络中插入 AC 会改变原有拓扑。这种组网方式的架构清晰，实施较为容易。

（2）旁挂式组网

图 5-29 所示为旁挂式组网，AC 并不在 AP 和核心网络的中间，而是位于网络的一侧（通常是旁挂在汇聚交换机或者核心交换机上）。因为实际组建 WLAN 时，大多情况下是已经建好了有线网络，旁挂式组网不需要改变现有网络的拓扑，所以它是较为常用的组网方式。如果旁挂式组网采用直接转发模式，则移动终端的数据流不需要经过 AC 就能到达上层网络，AC 的压力较小。如果旁挂式组网采用隧道转发模式，则移动终端的数据流要通过 CAPWAP 隧道发送到 AC，AC 再把数据转发到上层网络，AC 也将面临较大压力。

3.　AC+AP 组网中的 VLAN

AC+AP 组网配置中存在多种 VLAN，理解这些 VLAN 的作用对于成功组建 WLAN 很关键。

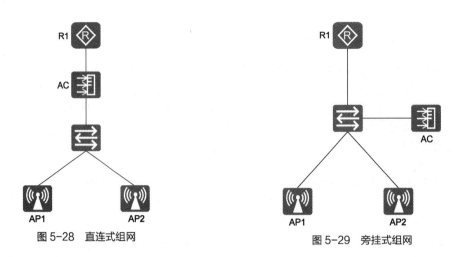

图 5-28　直连式组网　　　　　　　　　图 5-29　旁挂式组网

（1）管理 VLAN

如图 5-30 所示，管理 VLAN 主要用来实现 AC 和 AP 的直接通信，主要包括 AP 的 DHCP 报文、ARP 报文和 CAPWAP 报文（含控制报文和数据报文）。二层组网时，AP 和 AC 在同一管理 VLAN 中；三层组网时，AC 和 AP 在不同的管理 VLAN 中，甚至不同的 AP 在不同的管理 VLAN 中，此时需要正确配置有线 IP 网络的 VLAN 间路由以使 AC 和 AP 可以通信。配置 WLAN 时，如果有线网络中 VLAN、Trunk 和 VLAN 间路由配置不正确，则会造成管理 VLAN 之间无法通信，而 DHCP 服务器或者 DHCP 代理配置不正确会导致 AP 发现不了 AC，这是组建 WLAN 较常见的错误。

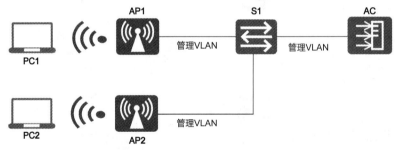

图 5-30　WLAN 中的管理 VLAN

（2）业务 VLAN

业务 VLAN 是 WLAN 用户接入后用户所在的 VLAN，主要负责传输 WLAN 用户上网时的数据。对 AP 来说，在直接转发模式下，业务 VLAN 是 AP 为用户的数据所加的 VLAN 标签。如图 5-31 所示，AP1 和 S1 之间的链路为 Trunk 链路，AP1 收到 PC1 的数据后，将加上 VLAN 1 的标签发往 S1；AP2 收到 PC2 的数据后，将加上 VLAN 2 的标签发往 S1。

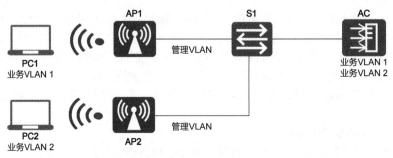

图 5-31　WLAN 中的业务 VLAN

如果在隧道转发模式下,则业务 VLAN 是 CAPWAP 隧道内用户报文的 VLAN 标签。AP1 收到 PC1 的数据后,将加上 VLAN 1 的标签,再把数据封装到 CAPWAP 报文中发送到 AC,AC 解封 CAPWAP 报文后得到带 VLAN 1 标签的数据报文后再转发到目的网络;AP2 收到 PC2 的数据后也做类似的处理。

5.1.4　WLAN 基本业务配置流程

使用 AC+AP 进行 WLAN 组网时,AP 通常是零配置,配置主要是在有线网络和 AC 上进行的。在 AC 上进行配置时,可以使用 CLI 或者 Web 界面,限于篇幅,本书只介绍 CLI 配置。WLAN 的基本业务配置流程如图 5-32 所示,具体介绍如下。

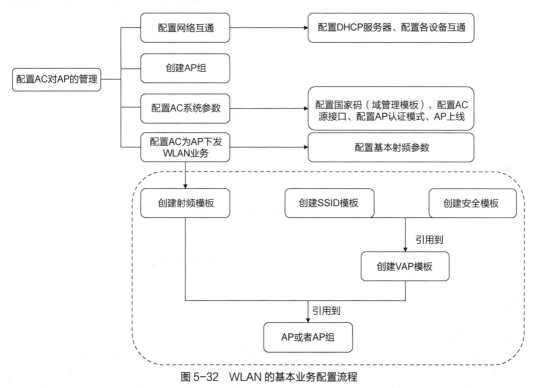

图 5-32　WLAN 的基本业务配置流程

（1）配置网络互通。
（2）创建 AP 组。
（3）配置 AC 系统参数。
（4）配置 AC 为 AP 下发 WLAN 业务。
（5）配置 AC 双机 VRRP 热备（可选）。

5.1.5　AC 双机热备份

在 AC+AP 组建 WLAN 的方案中,如果 AC 出现故障,则将导致整个 WLAN 无法使用,可以采取双 AC 的方案提高 WLAN 的可靠性。双 AC 支持 VRRP 热备份、双链路热备份、双链路冷备份和 *N*+1 备份这几种模式,本书使用较为常用的 VRRP 热备份。使用 VRRP 热备份时,主备 AC 的两个独立的 IP 地址通过 VRRP 对外虚拟为同一个 IP 地址,单个 AP 和虚拟 IP 地址建立一条 CAPWAP 链路。主设备 AC 备份 AP 信息、STA 信息和 CAPWAP 链路信息,并通过热备份（Hot-Standby Backup,HSB）主备服务将信息同步给备份设备 AC。主设备 AC 发生故障后,备份设备 AC 直接接替其工作。这种方式的主备切换速度快,对业务影响小,如果合理配置 VRRP 的抢占时间,则相比于其他备份方式可实现更快的双机切换。由于 VRRP 是二层协议，这种方式不支持主备 AC 异地部署，同时主备 AC 的型号和软件版本需完全一致。

　　如图 5-33 所示，AC1 与 AC2 组成一个 VRRP 备份组。正常情况下，主设备 AC1 处理所有业务，并将产生的会话信息通过主备通道传送到备份设备 AC2 上进行备份；AC2 不处理业务，只用作备份。当主设备 AC1 发生故障时，备份设备 AC2 接替主设备 AC1 处理业务。由于已经在备份设备上备份了会话信息，从而可以保证新发起的会话能正常建立，当前正在进行的会话也不会中断，提高了网络的可靠性。当原来的主设备故障排除之后，在抢占方式下，将重新回到 Master 状态；在非抢占方式下，将保持在 Backup 状态。

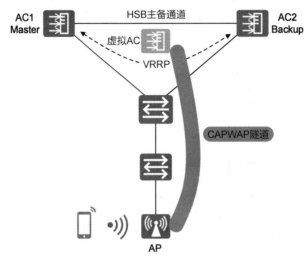

图 5-33　双 AC VRRP 热备份中的主备方式组网

5.1.6　WLAN 配置命令

1. 配置网络互通

　　网络互通配置主要是配置有线网络，使得 AP 能够获得 IP 地址并和 AC 建立隧道，以及无线用户能获得 IP 地址和有线网络进行通信，包含 VLAN、Trunk、DHCP 服务器或者 DHCP 代理、VLAN 间路由等，这些知识请参见本书前面的项目。以下介绍在 AC 上配置 DHCP 服务，为 AP 或者无线用户分配 IP 地址。

```
[AC]dhcp enable                        //启用 DHCP 服务
[AC]interface vlanif vlan-id
[AC-Vlanif100]ip address ip-address netmask
[AC-Vlanif100]dhcp select interface    //在接口上启用 DHCP 服务
[AC-Vlanif100]quit
```

2. 创建 AP 组

```
[AC]wlan   //进入 WLAN 视图
[AC-wlan-view]regulatory-domain-profile name domain-profile-name
//创建域管理模板
[AC-wlan-regulatory-domain-prof-domain1]country-code CN
//配置国家码
[AC-wlan-regulatory-domain-prof-domain1]quit
[AC-wlan-view]ap-group name group-name
//创建 AP 组并进入 AP 组视图，默认系统中存在名为 default 的 AP 组
[AC-wlan-ap-group-ap-group1]regulatory-domain-profile domain-profile-name
//AP 组下引用域管理模板
```

3. 配置 AC 系统参数

（1）配置 AC 的源接口或者源 IP 地址，AC 将使用该接口或 IP 地址和 AP 建立 CAPWAP 隧道

```
[AC]capwap source interface vlanif vlan-id
```

或者：

```
[AC]capwap source ip-address ip-address
```

（2）配置 AP 验证方式

```
[AC]wlan
[AC-wlan-view]ap auth-mode { mac-auth | no-auth | sn-auth }
```
/*验证方式有基于 AP 的 MAC 地址、不验证、AP 的系列号共 3 种方式。默认情况下，AP 验证方式为 MAC 地址验证*/

（3）配置 AP 上线

```
[AC-wlan-view]ap-id ap-id [ type-id type-id | ap-type ap-type ] [ ap-mac ap-mac ]
[ ap-sn ap-sn ]                              //为不同的 AP 赋予一个 ID，并进入 AP 视图
[AC-wlan-ap-0]ap-name ap-name     //配置 AP 的名称
[AC-wlan-ap-0]ap-group group-name
```
//把 AP 加入 AP 组，这会引起 AP 复位，询问是否继续，回答"y"后才能继续操作
```
Warning: This operation may cause AP reset. If the country code changes, it will clear
channel, power and antenna gain configurations of the radio, Whether to continue? [Y/N]:y
```

4. 配置 AC 为 AP 下发 WLAN 业务

（1）配置安全模板

```
[AC-wlan-view]security-profile name security-profile-name
```
//创建安全模板并进入安全模板视图
```
[AC-wlan-sec-prof-wlan-net]security wpa2 psk pass-phrase password aes
```
/*配置无线验证方式，常用的有 open（不验证）、WEP、WPA、WAP2，建议使用 WPA2。PSK 表示预共享密钥，AES 表示加密算法*/

（2）配置 SSID 模板

```
[AC-wlan-view]ssid-profile name ssid-profile-name   //创建 SSID 模板
[AC-wlan-ssid-prof-wlan-ssid]ssid ssid-name
```
//指明无线网络名称，也就是无线终端将搜索到的无线网名称

（3）配置 VAP 模板

```
[AC-wlan-view]vap-profile name vap-profile-name     //创建 VAP 模板
[AC-wlan-vap-prof-wlan-vap1]forward-mode {direct-forward | tunnel }
```
//配置转发模式为直接转发模式或者隧道转发模式
```
[AC-wlan-vap-prof-wlan-vap1]service-vlan vlan-id vlan-id
```
//指明业务 VLAN，即无线用户在哪个 VLAN
```
[AC-wlan-vap-prof-wlan-vap1]security-profile security-profile-name
```
//在指定 VAP 模板中引用安全模板
```
[AC-wlan-vap-prof-wlan-vap1]ssid-profile ssid-profile-name
```
//对 VAP 和安全模板、SSID 模板进行关联

（4）把 VAP 模板绑定到 AP 组

```
[AC-wlan-view]ap-group name group-name       //进入 AP 组视图
[AC-wlan-ap-group-ap-group1]vap-profile  vap-profile-name    wlan  wlan-id radio
radio-id    //把 VAP 模板绑定到 AP 组
```

（5）配置基本射频参数

```
[AC-wlan-view]ap-id ap-id                  //进入 AP 视图
[AC-wlan-ap-0]radio [0 | 1]             //0 表示 2.4GHz 空口，1 表示 5GHz 空口
[AC-wlan-radio-0/0]channel bandwidth channel
```
/*配置带宽和信道，会引起服务中断。2.4GHz 频段的带宽有 20MHz 和 40MHz，信道数和带宽相关；采用 20MHz

时，相邻 AP 信道编号要相差 5 或者以上，以免相互干扰。5GHz 频段的带宽有 20MHz、40MHz、80MHz 等，信道数也和带宽相关；采用 20MHz 时，相邻 AP 信道要相差 4 或者以上，以免相互干扰*/

```
Warning: This action may cause service interruption. Continue?[Y/N]y
[AC-wlan-radio-0/0]eirp eirp-value    //配置发射功率，单位为 dBm
```

5. 配置 AC 双机 VRRP 热备份

（1）配置 VRRP 备份组

```
[AC1]interface vlanif vlan-id    //进入 VLANIF 接口视图
[AC1-Vlanif100]vrrp vrid virtual-router-id virtual-ip virtual-address
//创建 VRRP 备份组并配置虚拟 IP 地址
[AC1-Vlanif100]vrrp vrid virtual-router-id priority priority-value
//配置设备在 VRRP 备份组中的优先级，默认优先级为 100
```

（2）配置 HSB 主备服务

```
[AC1 hsb-service service-index
//创建 HSB 备份服务并进入 HSB 备份服务视图
[AC1-hsb-service-0]service-ip-port local-ip local-ip-address peer-ip peer-ip-
address local-data-port local-port peer-data-port peer-port
//创建 HSB 主备备份通道的 IP 地址和端口号
```

（3）配置 HSB 备份组

```
[AC1]hsb-group group-index    //创建 HSB 备份组并进入 HSB 备份组视图
[AC1-hsb-group-0]bind-service service-index
//配置 HSB 备份组绑定的主备服务
[AC1-hsb-group-0]track vrrp vrid virtual-router-id interface interface-type
interface-number
//配置 HSB 备份组绑定的 VRRP 备份组
```

（4）配置业务功能与 HSB 备份组绑定

```
[AC1]hsb-service-type access-user hsb-group group-index
//配置 NAC 业务绑定 HSB 备份组
[AC1]hsb-service-type dhcp hsb-group group-index
//配置 DHCP 业务绑定 HSB 备份组
[AC1]hsb-service-type ap hsb-group group-index
//配置 WLAN 业务绑定 HSB 备份组
```

（5）启用 HSB 备份组

```
[AC1]hsb-group group-index    //进入 HSB 备份组视图
[AC1-hsb-service-0]hsb enable    //启用 HSB 备份组
```

任务实施

如图 5-1 所示，在 A 公司的网络设计方案中，AC1 连接到核心交换机 S1，AC2 连接到核心交换机 S2，AC1 和 AC2 通过 VRRP 实现双机热备份；AP1、AP2 和 AP3 需要靠近无线用户，连接到接入层交换机 S3、S4 和 S5 上。WLAN 方案采用旁挂式三层组网，AC1 和 AC2 在 VLAN 100 中，AP1、AP2 和 AP3 在 VLAN 101 中，AC1 和 AC2 通过 VLAN 104 进行心跳检测，主设备 AC（AC1）发生故障时，备份设备 AC（AC2）切换为新的主设备 AC。配置两个无线 SSID，其中一个为 Guest，采用开放验证，归属于 VLAN 102，给访客使用；另一个 SSID 为 A-WLAN，采用 WPA2+AES 验证，归属于 VLAN 103，给企业员工使用。AC1 和 AC2 上启用 DHCP 服务，为 AP、SSID 为 Guest 和 A-WLAN 的无线用户分配 IP 地址。AP 是零配置（在 VLAN 101 中），和 AC（在 VLAN 100 中）不属于同一 VLAN，因此需要在 DHCP 上配置 Option 43。工程师需要完成的主要任务如下。

（1）配置 AP、AC 和周边网络设备实现二、三层网络互通。

（2）配置 DHCP 服务器。

（3）创建 AP 组。

（4）配置 AC 系统参数。

（5）配置 AC 为 AP 下发 WLAN 业务。

（6）配置 AC 双机 VRRP 热备份。

1. 配置 AP、AC 和周边网络设备实现二、三层网络互通

无线网络是在有线网络的基础上构建起来的，因此需要保证此前的有线网络是正常运行的（参见前面的项目），如有线网络各 VLAN 间的通信、STP 正确配置。除此之外，还需在有线网络中增加与 WLAN 相关的网络互通配置。

（1）创建 VLAN 和配置 Trunk

① 在接入层交换机 S3、S4 和 S5 上创建 VLAN 101、VLAN 102、VLAN 103，其中 VLAN 101 是 AP 所在的管理 VLAN，VLAN 102 和 VLAN 103 分别是 Guset 和 A-WLAN 无线用户所在的 VLAN。配置接入层交换机的 G0/0/20 接口为 Trunk 接口，并允许 VLAN 101、VLAN 102、VLAN 103 的数据通过，将默认 VLAN 改为 101，保证 AP 加电后被分配到 VLAN 101。

```
[S3]vlan batch 101 to 103
[S3]interface GigabitEthernet0/0/20
[S3-GigabitEthernet0/0/20]port link-type trunk
[S3-GigabitEthernet0/0/20]port trunk pvid vlan 101
[S3-GigabitEthernet0/0/20]port trunk allow-pass vlan 101 to 103
[S3]interface GigabitEthernet0/0/1
[S3-GigabitEthernet0/0/1]port link-type trunk
[S3-GigabitEthernet0/0/1]port trunk allow-pass vlan 101 to 103
[S3]interface GigabitEthernet0/0/2
[S3-GigabitEthernet0/0/2]port link-type trunk
[S3-GigabitEthernet0/0/2]port trunk allow-pass vlan 101 to 103

[S4]vlan batch 101 to 103
[S4]interface GigabitEthernet0/0/20
[S4-GigabitEthernet0/0/20]port link-type trunk
[S4-GigabitEthernet0/0/20]port trunk pvid vlan 101
[S4-GigabitEthernet0/0/20]port trunk allow-pass vlan 101 to 103
[S4]interface GigabitEthernet0/0/1
[S4-GigabitEthernet0/0/1]port link-type trunk
[S4-GigabitEthernet0/0/1]port trunk allow-pass vlan 101 to 103
[S4]interface GigabitEthernet0/0/2
[S4-GigabitEthernet0/0/2]port link-type trunk
[S4-GigabitEthernet0/0/2]port trunk allow-pass vlan 101 to 103

[S5]vlan batch 101 to 103
[S5]interface GigabitEthernet0/0/20
[S5-GigabitEthernet0/0/20]port link-type trunk
[S5-GigabitEthernet0/0/20]port trunk pvid vlan 101
[S5-GigabitEthernet0/0/20]port trunk allow-pass vlan 101 to 103
[S5]interface GigabitEthernet0/0/1
[S5-GigabitEthernet0/0/1]port link-type trunk
[S5-GigabitEthernet0/0/1]port trunk allow-pass vlan 101 to 103
[S5]interface GigabitEthernet0/0/2
[S5-GigabitEthernet0/0/2]port link-type trunk
[S5-GigabitEthernet0/0/2]port trunk allow-pass vlan 101 to 103
```

② 在核心层交换机 S1 和 S2 上创建 VLAN 100～VLAN 104，其中 VLAN 100 是 AC 所在的管理 VLAN，VLAN 104 将作为 AC1、AC2 主备的心跳检测网络。配置核心层交换机 S1 和 S2 的 G0/0/1～G0/0/3、Eth-Trunk 12、G0/0/20 为 Trunk 接口，允许 VLAN 101～VLAN 104 的数据通过，默认 VLAN 保持为 VLAN 1。S1、S2 与 S3、S4、S5 的接口应该为 Trunk，并允许 VLAN 101～VLAN 104 的数据通过。

```
[S1]vlan batch 100 to 104
[S1]interface GigabitGigabitEthernet0/0/20
[S1-GigabitGigabitEthernet0/0/20]port link-type trunk
[S1-GigabitGigabitEthernet0/0/20]port trunk allow-pass vlan 100 to 104
[S1]interface GigabitGigabitEthernet0/0/1
[S1-GigabitGigabitEthernet0/0/1]port link-type trunk
[S1-GigabitGigabitEthernet0/0/1]port trunk allow-pass vlan 100 to 104
[S1]interface GigabitGigabitEthernet0/0/2
[S1-GigabitGigabitEthernet0/0/2]port link-type trunk
[S1-GigabitGigabitEthernet0/0/2]port trunk allow-pass vlan 100 to 104
[S1]interface GigabitGigabitEthernet0/0/3
[S1-GigabitGigabitEthernet0/0/3]port link-type trunk
[S1-GigabitGigabitEthernet0/0/3]port trunk allow-pass vlan 100 to 104
[S1]interface Eth-Trunk 12
[S1-Eth-Trunk12]mode manual load-balance
[S1-Eth-Trunk12]load-balance src-dst-ip
[S1-Eth-Trunk12]trunkport GigabitEthernet 0/0/23 to 0/0/24
[S1-Eth-Trunk12]port link-type trunk
[S1-Eth-Trunk12]port trunk allow-pass vlan 100 to 104

[S2]vlan batch 100 to 104
[S2]interface GigabitGigabitEthernet0/0/20
[S2-GigabitGigabitEthernet0/0/20]port link-type trunk
[S2-GigabitGigabitEthernet0/0/20]port trunk allow-pass vlan 100 to 104
[S2]interface GigabitGigabitEthernet0/0/1
[S2-GigabitGigabitEthernet0/0/1]port link-type trunk
[S2-GigabitGigabitEthernet0/0/1]port trunk allow-pass vlan 100 to 104
[S2]interface GigabitGigabitEthernet0/0/2
[S2-GigabitGigabitEthernet0/0/2]port link-type trunk
[S2-GigabitGigabitEthernet0/0/2]port trunk allow-pass vlan 100 to 104
[S2]interface GigabitGigabitEthernet0/0/3
[S2-GigabitGigabitEthernet0/0/3]port link-type trunk
[S2-GigabitGigabitEthernet0/0/3]port trunk allow-pass vlan 100 to 104
[S2]interface Eth-Trunk 12
[S2-Eth-Trunk12]mode manual load-balance
[S2-Eth-Trunk12]load-balance src-dst-ip
[S2-Eth-Trunk12]trunkport GigabitEthernet 0/0/23 to 0/0/24
[S2-Eth-Trunk12]port link-type trunk
[S2-Eth-Trunk12]port trunk allow-pass vlan 100 to 104
```

③ 在 AC1 和 AC2 上创建 VLAN 100～VLAN 104，G0/0/1 为 Trunk 接口，允许 VLAN 100～VLAN 104 的数据通过，默认 VLAN 保持为 VLAN 1。

```
[AC1]vlan batch 100 to 104
[AC1]interface GigabitGigabitEthernet0/0/1
```

```
[AC1-GigabitGigabitEthernet0/0/1]port link-type trunk
[AC1-GigabitGigabitEthernet0/0/1]port trunk allow-pass vlan 100 to 104

[AC2]vlan batch 100 to 104
[AC2]interface GigabitGigabitEthernet0/0/1
[AC2-GigabitGigabitEthernet0/0/1]port link-type trunk
[AC2-GigabitGigabitEthernet0/0/1]port trunk allow-pass vlan 100 to 104
```

（2）配置路由和 VRRP

① 在核心层交换机 S1 和 S2 上配置 VLAN 间路由，创建 VLANIF 100～VLAN IF 103 并配置相应 IP 地址，保证 VLAN 100～VLAN 103 之间互通。VLAN 104 仅用于主备心跳，因此无须和其他 VLAN 通信。为了增加可靠性，交换机 S1 和 S2 之间配置 VRRP（VRRP 的配置过程可参见项目 2）。但是在 VLAN 100 中不配置 VRRP，这是因为无线控制器 AC1 是采用单条线路连接到交换机 S1 上的，即使配置 VRRP，当交换机 S1 发生故障、交换机 S2 切换为主设备时，无线控制器 AC1 也无法和交换机 S2 通信。

```
[S1]interface Vlanif100
[S1-Vlanif100]ip address 192.168.100.1 255.255.255.0
[S1]interface Vlanif101
[S1-Vlanif101]ip address 192.168.101.1 255.255.255.0
[S1-Vlanif101]vrrp vrid 1 virtual-ip 192.168.101.254
[S1]interface Vlanif102
[S1-Vlanif102]ip address 192.168.102.1 255.255.255.0
[S1-Vlanif102]vrrp vrid 1 virtual-ip 192.168.102.254
[S1]interface Vlanif103
[S1-Vlanif103]ip address 192.168.103.1 255.255.255.0
[S1-Vlanif103]vrrp vrid 1 virtual-ip 192.168.103.254

[S2]interface Vlanif100
[S2-Vlanif100]ip address 192.168.100.2 255.255.255.0
[S2]interface Vlanif101
[S2-Vlanif101]ip address 192.168.101.2 255.255.255.0
[S2-Vlanif101]vrrp vrid 1 virtual-ip 192.168.101.254
[S2-Vlanif101]vrrp vrid 1 priority 80
[S2]interface Vlanif102
[S2-Vlanif102]ip address 192.168.102.2 255.255.255.0
[S2-Vlanif102]vrrp vrid 1 virtual-ip 192.168.102.254
[S2-Vlanif101]vrrp vrid 1 priority 80
[S2]interface Vlanif103
[S2-Vlanif103]ip address 192.168.103.2 255.255.255.0
[S2-Vlanif103]vrrp vrid 1 virtual-ip 192.168.103.254
[S2-Vlanif101]vrrp vrid 1 priority 80
```

② 在交换机 S1 和 S2 上检查 VRRP 摘要信息。

```
[S1]display vrrp brief
VRID   State       Interface        Type      Virtual IP
-----------------------------------------------------------------
1      Master      Vlanif101        Normal    192.168.101.254
1      Master      Vlanif102        Normal    192.168.102.254
1      Master      Vlanif103        Normal    192.168.103.254
-----------------------------------------------------------------
```

```
Total:3     Master:3    Backup:0    Non-active:0

[S2]display vrrp brief
VRID  State          Interface            Type    Virtual IP
--------------------------------------------------------------
1      Backup        Vlanif101            Normal  192.168.101.254
1      Backup        Vlanif102            Normal  192.168.102.254
1      Backup        Vlanif103            Normal  192.168.103.254
--------------------------------------------------------------
Total:3     Master:0    Backup:3    Non-active:0
//以上输出表明交换机 S1 是 VRRP 组主设备，交换机 S2 是 VRRP 组备份设备
```

③ 在无线控制器 AC1 和 AC2 上配置 VLANIF 接口的 IP 地址及 VLAN 100 的 VRRP，并配置静态默认路由下一跳指向 VLANIF 100 接口，以实现和其他 VLAN（如 VLAN 101 以及有线网络已存在的 VLAN）的通信。

```
[AC1]interface Vlanif100
[AC1-Vlanif100]ip address 192.168.100.252 255.255.255.0
[AC1-Vlanif100]vrrp vrid 1 virtual-ip 192.168.100.254
[AC1-Vlanif100]vrrp vrid 1 preempt-mode timer delay 10
/*以上的 VRRP 配置是 AC 双机热备份的需要，默认的 VRRP 优先级为 100。对 AP 来说，这里所配置 VRRP 的
虚拟 IP 地址才是 AC 的 IP 地址*/
[AC1]interface Vlanif101
[AC1-Vlanif101]ip address 192.168.101.252 255.255.255.0
[AC1]interface Vlanif102
[AC1-Vlanif102]ip address 192.168.102.252 255.255.255.0
[AC1]interface Vlanif103
[AC1-Vlanif103]ip address 192.168.103.252 255.255.255.0
[AC1]interface Vlanif104
[AC1-Vlanif104]ip address 192.168.104.252 255.255.255.0
[AC1]ip route-static 0.0.0.0 0.0.0.0 192.168.100.1

[AC2]interface Vlanif100
[AC2-Vlanif100]ip address 192.168.100.253 255.255.255.0
[AC2-Vlanif100]vrrp vrid 1 virtual-ip 192.168.100.254
[AC2-Vlanif100]vrrp vrid 1 preempt-mode timer delay 10
[AC2-Vlanif100]vrrp vrid 1 priority 80  //VRRP 的优先级为 80，作为备份 AC
[AC1]interface Vlanif101
[AC1-Vlanif101]ip address 192.168.101.253 255.255.255.0
[AC2]interface Vlanif102
[AC2-Vlanif102]ip address 192.168.102.253 255.255.255.0
[AC2]interface Vlanif103
[AC2-Vlanif103]ip address 192.168.103.253 255.255.255.0
[AC2]interface Vlanif104
[AC2-Vlanif104]ip address 192.168.104.253 255.255.255.0
[AC2]ip route-static 0.0.0.0 0.0.0.0 192.168.100.2
```

④ 在无线控制器 AC1 和 AC2 上检查 VRRP 摘要信息。

```
<AC1>display vrrp brief
Total:1     Master:1    Backup:0    Non-active:0
VRID  State          Interface            Type    Virtual IP
```

```
-----------------------------------------------------------------
1    Master      Vlanif100              Normal   192.168.100.254

[AC2]display vrrp brief
Total:1   Master:0   Backup:1   Non-active:0
VRID  State      Interface              Type     Virtual IP
-----------------------------------------------------------------
1    Backup      Vlanif100              Normal   192.168.100.254
```
//以上输出表明无线控制器 AC1 是 VRRP 组主设备，无线控制器 AC2 是 VRRP 组备份设备

2. 配置 DHCP 服务器

配置无线控制器 AC1 和 AC2 作为 DHCP 服务器，为 AP 和无线用户分配 IP 地址。

```
[AC1]dhcp enable //启用 DHCP 服务器功能
[AC1]ip pool ap   //地址池为 AP 分配 IP 地址
[AC1-ip-pool-ap]gateway-list 192.168.101.254
//VLAN 101 的网关是交换机 S1 和 S2 上的 VRRP 的虚拟 IP 地址
[AC1-ip-pool-ap]network 192.168.101.0 mask 255.255.255.0
//地址池所在的网段
[AC1-ip-pool-ap]option 43 sub-option 3 ascii 192.168.100.254
```
/*由于 AP 在 VLAN 101 中，而 AC 的管理 VLAN 是 VLAN 100，AP 无法通过广播找到 AC，但可以通过 DHCP 的 Option 43 来指明 AC 的 IP 地址。此外，无线控制器 AC1 和 AC2 作为双机热备份，对 AP 来说，无线控制器 AC1、AC2 上 VRRP 的虚拟 IP 地址（192.168.100.254）才是 AC 的 IP 地址*/
```
[AC1]ip pool vl102   //地址池为 Guest 的无线用户分配 IP 地址
[AC1-ip-pool-vl102]gateway-list 192.168.102.254
//注意，该 VLAN 的网关是交换机 S1、S2 上 VRRP 的虚拟 IP 地址
[AC1-ip-pool-vl102]network 192.168.102.0 mask 255.255.255.0
[AC1-ip-pool-vl102]dns-list 10.10.10.10
//此处 DNS 服务的 IP 地址是假设的，实际网络中的 DNS 应该指向网络中真正的 DNS
[AC1]ip pool vl103
//该地址池为 A-WLAN 的无线用户分配 IP 地址
[AC1-ip-pool-vl103]gateway-list 192.168.103.254
[AC1-ip-pool-vl103]network 192.168.103.0 mask 255.255.255.0
[AC1-ip-pool-vl103]dns-list 10.10.10.10
[AC1]interface Vlanif100
[AC1-Vlanif100]dhcp select global
//启用接口采用全局地址池的 DHCP Server 功能
[AC1]interface Vlanif101
[AC1-Vlanif101]dhcp select global
[AC1]interface Vlanif102
[AC1-Vlanif102]dhcp select global
[AC1]interface Vlanif103
[AC1-Vlanif103]dhcp select global

[AC2]dhcp enable
[AC2]ip pool ap
[AC2-ip-pool-ap]gateway-list 192.168.101.254
[AC2-ip-pool-ap]network 192.168.101.0 mask 255.255.255.0
[AC2-ip-pool-ap]option 43 sub-option 3 ascii 192.168.100.254
[AC2]ip pool vl102
```

```
[AC2-ip-pool-vl102]gateway-list 192.168.102.254
[AC2-ip-pool-vl102]network 192.168.102.0 mask 255.255.255.0
[AC2-ip-pool-vl102]dns-list 10.10.10.10
[AC2]ip pool vl103
[AC2-ip-pool-vl103]gateway-list 192.168.103.254
[AC2-ip-pool-vl103]network 192.168.103.0 mask 255.255.255.0
[AC2-ip-pool-vl103]dns-list 10.10.10.10
[AC2]interface Vlanif100
[AC2-Vlanif100]dhcp select global
[AC2]interface Vlanif101
[AC2-Vlanif101]dhcp select global
[AC2]interface Vlanif102
[AC2-Vlanif102]dhcp select global
[AC2]interface Vlanif103
[AC2-Vlanif103]dhcp select global
```

3. 创建 AP 组

（1）无线控制器 AC1 上的配置

在无线控制器 AC1 上创建域管理模板，在域管理模板下配置 AC 的国家码并在 AP 组下引用域管理模板。默认域管理模板为 default。

```
[AC1]wlan
[AC1-wlan-view]regulatory-domain-profile name default
//使用默认域管理模板
[AC1-wlan-regulate-domain-default]country-code cn
//配置国家码，不同国家的 WLAN 规则略有不同
[AC1-wlan-regulate-domain-default]quit
```

创建 AP 组，用于将相同配置的 AP 都加入同一 AP 组中。

```
[AC1-wlan-view]ap-group name ap-group1 //创建 AP 组，并进入 AP 组视图
[AC1-wlan-ap-group-ap-group1]regulatory-domain-profile default
//调用默认域管理模板
Warning: Modifying the country code will clear channel, power and antenna gain
configurations of the radio and reset the AP. Continue?[Y/N]:y
```

（2）无线控制器 AC2 上的配置

```
[AC2]wlan
[AC2-wlan-view]regulatory-domain-profile name default
[AC2-wlan-regulate-domain-default]country-code cn
[AC2-wlan-regulate-domain-default]quit
[AC2-wlan-view]ap-group name ap-group1
[AC2-wlan-ap-group-ap-group1]regulatory-domain-profile default
Warning: Modifying the country code will clear channel, power and antenna gain
configurations of the radio and reset the AP. Continue?[Y/N]:y
```

4. 配置 AC 系统参数

（1）无线控制器 AC1 上的配置

① 配置无线控制器 AC1 的源接口。

```
[AC1]capwap source ip-address 192.168.100.254
```
//注意，由于无线控制器 AC1、AC2 作为双机热备份，CAPWAP 的源 IP 地址应该是 VRRP 的虚拟 IP 地址

② 在无线控制器 AC1 上离线导入接入点 AP1、AP2、AP3，并将 AP 加入 AP 组"ap-group1"中。

```
[AC1]wlan
[AC1-wlan-view]ap auth-mode mac-auth //配置 AP 的验证方式为 MAC 地址验证
```

```
[AC1-wlan-view]ap-id 0 ap-mac 00e0-fcb5-1770 //接入点 AP1 的 MAC 地址
[AC1-wlan-ap-0]ap-name area_1        //配置 AP 名，默认名为其 MAC 地址
Warning: This operation may cause AP reset. Continue? [Y/N]:y
[AC1-wlan-ap-0]ap-group ap-group1   //把 AP 加入 ap-group1 AP 组
Warning: This operation may cause AP reset. If the country code changes, it will clear
channel, power and antenna gain configurations of the radio, Whether to continue? [Y/N]:y
[AC1-wlan-ap-0]quit
[AC1-wlan-view]ap-id 1 ap-mac 00e0-fc15-2320 //接入点 AP2 的 MAC 地址
[AC1-wlan-ap-1]ap-name area_2
Warning: This operation may cause AP reset. Continue? [Y/N]:y
[AC1-wlan-ap-1]ap-group ap-group1
Warning: This operation may cause AP reset. If the country code changes, it will clear
channel, power and antenna gain configurations of the radio, Whether to continue? [Y/N]:y
[AC1-wlan-ap-1]quit
[AC1-wlan-view]ap-id 2 ap-mac 00e0-fc37-2230 //AP3 的 MAC 地址
[AC1-wlan-ap-1]ap-name area_3
Warning: This operation may cause AP reset. Continue? [Y/N]:y
[AC1-wlan-ap-1]ap-group ap-group1
Warning: This operation may cause AP reset. If the country code changes, it will clear
channel, power and antenna gain configurations of the radio, Whether to continue? [Y/N]:y
[AC1-wlan-ap-1]quit
```

③ 查看 AP 信息。

```
[AC1]display ap all   //检查 AP 上线结果
Info: This operation may take a few seconds. Please wait for a moment.done.Total AP
information:
nor : normal         [3]
--------------------------------------------------------------------------------
ID   MAC            Name    Group     IP              Type        State STA Uptime
--------------------------------------------------------------------------------
0    00e0-fcb5-1770 area_1  ap-group1 192.168.101.207 AP6050DN    nor   0   2H:34M:46S
1    00e0-fc15-2320 area_2  ap-group1 192.168.101.34  AP6050DN    nor   0   2H:44M:31S
2    00e0-fc37-2230 area_3  ap-group1 192.168.101.156 AP6050DN    nor   0   2H:44M:24S
--------------------------------------------------------------------------------
Total: 3
```

需要一段时间才能查看到 AP 的 "State" 字段为 "nor"，表示 AP 正常上线。这是 WLAN 配置中的关键阶段，如果 AP 不正常上线，则勿继续进行后续配置。可检查有线网络是否互通、AP 能否正常获取 IP 地址、AC 系统参数是否正确、AP 验证是否正常，直到 AP 正常上线，常常因为有线网络的配置错误，如 Trunk 配置错误或者 VLAN 路由错误，而导致 AP 无法发现 AC。

（2）无线控制器 AC2 上的配置

① 配置无线控制器 AC2 的源接口。

```
[AC2]capwap source ip-address 192.168.100.254
```

② 在无线控制器 AC2 上离线导入接入点 AP1、AP2、AP3，并将 AP 加入 AP 组 "ap-group1" 中。

```
[AC2]wlan
[AC2-wlan-view]ap auth-mode mac-auth
[AC2-wlan-view]ap-id 0 ap-mac 00e0-fcb5-1770
[AC2-wlan-ap-0]ap-name area_1
Warning: This operation may cause AP reset. Continue? [Y/N]:y
```

```
[AC2-wlan-ap-0]ap-group ap-group1
   Warning: This operation may cause AP reset. If the country code changes, it will clear
channel, power and antenna gain configurations of the radio, Whether to continue? [Y/N]:y
   [AC2-wlan-ap-0]quit
   [AC2-wlan-view]ap-id 1 ap-mac 00e0-fc15-2320
   [AC-wlan-ap-1]ap-name area_2
   Warning: This operation may cause AP reset. Continue? [Y/N]:y
   [AC2-wlan-ap-1]ap-group ap-group1
   Warning: This operation may cause AP reset. If the country code changes, it will clear
channel, power and antenna gain configurations of the radio, Whether to continue? [Y/N]:y
   [AC2-wlan-ap-1]quit
   [AC2-wlan-view]ap-id 2 ap-mac 00e0-fc37-2230
   [AC2-wlan-ap-1]ap-name area_3
   Warning: This operation may cause AP reset. Continue? [Y/N]:y
   [AC2-wlan-ap-1]ap-group ap-group1
   Warning: This operation may cause AP reset. If the country code changes, it will clear
channel, power and antenna gain configurations of the radio, Whether to continue? [Y/N]:y
```

③ 查看 AP 信息。

```
[AC2] display ap all
Info: This operation may take a few seconds. Please wait for a moment.done.
Total AP information:
fault: fault            [3]
--------------------------------------------------------------------------------
ID   MAC              Name     Group     IP   Type        State STA Uptime
--------------------------------------------------------------------------------
0    00e0-fcb5-1770   area_1   ap-group1  -    AP6050DN    idle  0   -
1    00e0-fc15-2320   area_2   ap-group1  -    AP6050DN    idle  0   -
2    00e0-fc37-2230   area_3   ap-group1  -    AP6050DN    idle  0   -
--------------------------------------------------------------------------------
Total: 3
//无线控制器 AC2 是备用 AC，因此以上输出信息中看到的 AP 状态是 idle（空闲）
```

5. 配置 AC 为 AP 下发 WLAN 业务

（1）无线控制器 AC1 上的配置

① 发布两个 SSID，使用两个 vap-profile，分别为 "wlan-net1" 和 "wlan-net2"。两个 SSID 配置独立的验证方式等参数。先创建名为 "wlan-net1" 的安全模板，并配置安全策略。

```
[AC1-wlan-view]security-profile name wlan-net1
[AC1-wlan-sec-prof-wlan-net]security open //采用开放验证方式，供访客使用
[AC1-wlan-sec-prof-wlan-net]quit
```

② 创建名为 "wlan-net1" 的 SSID 模板，并配置 SSID 名称为 "Guest"。

```
[AC1-wlan-view]ssid-profile name wlan-net1
[AC1-wlan-ssid-prof-wlan-net]ssid Guest //配置 SSID
[AC1-wlan-ssid-prof-wlan-net]quit
```

③ 创建名为 "wlan-net1" 的 VAP 模板，配置业务数据转发模式、业务 VLAN，并引用安全模板和 SSID 模板。这里采用直接转发模式，业务 VLAN 是 VLAN 102。

```
[AC1-wlan-view]vap-profile name wlan-net1
[AC1-wlan-vap-prof-wlan-net]forward-mode direct-forward
//配置直接转发模式，这是默认配置
```

```
[AC1-wlan-vap-prof-wlan-net]service-vlan vlan-id 102
//配置该 SSID 的无线用户所在的 VLAN
[AC1-wlan-vap-prof-wlan-net]security-profile wlan-net1      //引用安全模板
[AC1-wlan-vap-prof-wlan-net]ssid-profile wlan-net1         //引用 SSID 模板
[AC1-wlan-vap-prof-wlan-net]quit
```

④ 参照"wlan-net1"的 VAP 模板，创建名为"wlan-net2"的 VAP 模板。

```
[AC1-wlan-view]security-profile name wlan-net2
[AC1-wlan-sec-prof-wlan-net]security wpa2 psk pass-phrase a1234567 aes
//采用 WPA2 预共享密钥进行验证，密码为 a1234567，加密算法采用 AES
[AC1-wlan-sec-prof-wlan-net]quit
[AC1-wlan-view]ssid-profile name wlan-net2
[AC1-wlan-ssid-prof-wlan-net]ssid A-WLAN
[AC1-wlan-ssid-prof-wlan-net]quit
[AC1-wlan-view]vap-profile name wlan-net2
[AC1-wlan-vap-prof-wlan-net]forward-mode direct-forward
[AC1-wlan-vap-prof-wlan-net]service-vlan vlan-id 103
[AC1-wlan-vap-prof-wlan-net]security-profile wlan-net2
[AC1-wlan-vap-prof-wlan-net]ssid-profile wlan-net2
[AC1-wlan-vap-prof-wlan-net]quit
```

⑤ 配置 AP 组引用 VAP 模板，AP 上的射频 0（2.4GHz）和射频 1（5GHz）都同时使用 VAP 模板"wlan-net1"和"wlan-net2"的配置。

```
[AC1-wlan-view]ap-group name ap-group1
[AC1-wlan-ap-group-ap-group1]vap-profile wlan-net1 wlan 1 radio 0
[AC1-wlan-ap-group-ap-group1]vap-profile wlan-net1 wlan 1 radio 1
[AC1-wlan-ap-group-ap-group1]vap-profile wlan-net2 wlan 2 radio 0
[AC1-wlan-ap-group-ap-group1]vap-profile wlan-net2 wlan 2 radio 1
[AC1-wlan-ap-group-ap-group1]quit
```

⑥ 配置 AP 射频 0 的信道和功率。

```
[AC1-wlan-view]ap-id 0
[AC1-wlan-ap-0]radio 0
[AC1-wlan-radio-0/0]channel 20mhz 1        //配置信道宽度和频道
Warning: This action may cause service interruption. Continue?[Y/N]y
[AC1-wlan-radio-0/0]eirp 127              //配置功率，功率越大，无线信号越强
[AC1-wlan-radio-0/0]quit
```

⑦ 配置 AP 射频 1 的信道和功率。

```
[AC1-wlan-ap-0]radio 1
[AC1-wlan-radio-0/1]channel 20mhz 149
Warning: This action may cause service interruption. Continue?[Y/N]y
[AC1-wlan-radio-0/1]eirp 127
[AC1-wlan-radio-0/1]quit
[AC1-wlan-ap-0]quit
```

⑧ 参照接入点 AP1 配置接入点 AP2、AP3 的信道和功率。需要注意接入点 AP1、AP2、AP3 信号覆盖有重叠时，信道值需要有一定间隔。

```
[AC1-wlan-view]ap-id 1
[AC1-wlan-ap-1]radio 0
[AC1-wlan-radio-1/0]channel 20mhz 6
Warning: This action may cause service interruption. Continue?[Y/N]y
```

```
[AC1-wlan-radio-1/0]eirp 127
[AC1-wlan-radio-1/0]quit
[AC1-wlan-ap-1]radio 1
[AC1-wlan-radio-1/1]channel 20mhz 153
Warning: This action may cause service interruption. Continue?[Y/N]y
[AC1-wlan-radio-1/1]eirp 127
[AC1-wlan-radio-1/1]quit
[AC1-wlan-ap-1]quit
[AC1-wlan-view]ap-id 2
[AC1-wlan-ap-1]radio 0
[AC1-wlan-radio-1/0]channel 20mhz 11
Warning: This action may cause service interruption. Continue?[Y/N]y
[AC1-wlan-radio-1/0]eirp 127
[AC1-wlan-radio-1/0]quit
[AC1-wlan-ap-1]radio 1
[AC1-wlan-radio-1/1]channel 20mhz 157
Warning: This action may cause service interruption. Continue?[Y/N]y
[AC1-wlan-radio-1/1]eirp 127
[AC1-wlan-radio-1/1]quit
[AC1-wlan-ap-1]quit
```

（2）验证 WLAN 业务配置自动下发给 AP

① 查看指定 SSID 的业务型 VAP 的相关信息。

```
[AC1]display vap ssid Guest
Info: This operation may take a few seconds, please wait.
WID : WLAN ID
-----------------------------------------------------------------------
AP ID AP name RfID WID  BSSID            Status  Auth type  STA  SSID
-----------------------------------------------------------------------
0     area_1  0    1    00E0-FCB5-1770   ON      Open       1    Guest
0     area_1  1    1    00E0-FCB5-1780   ON      Open       0    Guest
1     area_2  0    1    00E0-FC15-2320   ON      Open       0    Guest
1     area_2  1    1    00E0-FC15-2330   ON      Open       0    Guest
2     area_3  0    1    00E0-FC37-2230   ON      Open       0    Guest
2     area_3  1    1    00E0-FC37-2240   ON      Open       0    Guest
-----------------------------------------------------------------------

[AC1]display vap ssid A-WLAN
Info: This operation may take a few seconds, please wait.
WID : WLAN ID
-----------------------------------------------------------------------
AP ID AP name RfID WID  BSSID            Status  Auth type  STA  SSID
-----------------------------------------------------------------------
0     area_1  0    2    00E0-FCB5-1771   ON      WPA2-PSK   0    A-WLAN
0     area_1  1    2    00E0-FCB5-1781   ON      WPA2-PSK   0    A-WLAN
1     area_2  0    2    00E0-FC15-2321   ON      WPA2-PSK   1    A-WLAN
1     area_2  1    2    00E0-FC15-2331   ON      WPA2-PSK   0    A-WLAN
2     area_3  0    2    00E0-FC37-2231   ON      WPA2-PSK   0    A-WLAN
2     area_3  1    2    00E0-FC37-2241   ON      WPA2-PSK   1    A-WLAN
-----------------------------------------------------------------------
```

以上输出表明 WLAN 业务配置已经自动下发给 AP，其中，AP name 表示 AP 名称，RfID 表示射频 ID，WID 表示 VAP 的 ID，BSSID 表示 VAP 的 MAC 地址，Status 表示 VAP 当前状态（ON 表示 AP 对应的射频上的 VAP 已创建成功），Auth type 表示 VAP 验证方式，STA 表示当前 VAP 接入的终端数，SSID 表示 SSID 的名称。

② 查看指定 SSID 的 STA 接入信息。

在移动终端上搜索到 SSID 名为"Guest"或"A-WLAN"的无线网络，直接连接或输入密码"a1234567"并正常关联。

```
[AC1]display station ssid Guest
Rf/WLAN: Radio ID/WLAN ID
Rx/Tx: link receive rate/link transmit rate(Mbps)
--------------------------------------------------------------------------------
STA MAC        AP ID Ap name  Rf/WLAN Band  Type Rx/Tx   RSSI VLAN IP address
--------------------------------------------------------------------------------
5489-989e-6feb  0    area_1   0/1     2.4G  -    -/-     -    102  192.168.102.205
--------------------------------------------------------------------------------
Total: 1 2.4G: 1 5G: 0
[AC1]display station ssid A-WLAN
Rf/WLAN: Radio ID/WLAN ID
Rx/Tx: link receive rate/link transmit rate(Mbps)
--------------------------------------------------------------------------------
STA MAC        AP ID AP name  Rf/WLAN Band  Type Rx/Tx   RSSI VLAN IP address
--------------------------------------------------------------------------------
5489-980b-3276  2    area_3   1/2     5G    11a  0/0     -    103  192.168.103.76
5489-98c7-7119  1    area_2   0/2     2.4G  -    -/-     -    103  192.168.103.77
--------------------------------------------------------------------------------
Total: 2 2.4G: 1 5G: 1
```

以上输出表明 1 个终端已经接入无线网络"Guest"中、2 个终端已经接入无线网络"A-WLAN"中，其中，STA MAC 表示 STA 的 MAC 地址，AP ID 表示 AP 的 ID，AP name 表示 AP 的名称，Rf/WLAN 表示射频 ID/VAP 的 ID，Band 表示射频频段，Type 表示射频的协议类型，Rx/Tx 表示 AP 从该 STA 接收报文的速率/AP 发送报文到该 STA 的速率，RSSI 表示 AP 接收到的 STA 发射的信号强度，VLAN 表示 STA 的 VLAN ID，IP address 表示 STA 的 IP 地址。

（3）无线控制器 AC2 上的配置

```
[AC2-wlan-view]security-profile name wlan-net1
[AC2-wlan-sec-prof-wlan-net]security open
[AC2-wlan-sec-prof-wlan-net]quit
[AC2-wlan-view]ssid-profile name wlan-net1
[AC2-wlan-ssid-prof-wlan-net]ssid Guest
[AC2-wlan-ssid-prof-wlan-net]quit
[AC2-wlan-view]vap-profile name wlan-net1
[AC2-wlan-vap-prof-wlan-net]forward-mode tunnel
[AC2-wlan-vap-prof-wlan-net]service-vlan vlan-id 102
[AC2-wlan-vap-prof-wlan-net]security-profile wlan-net1
[AC2-wlan-vap-prof-wlan-net]ssid-profile wlan-net1
[AC2-wlan-vap-prof-wlan-net]quit
[AC2-wlan-view]security-profile name wlan-net2
[AC2-wlan-sec-prof-wlan-net]security wpa2 psk pass-phrase a1234567 aes
[AC2-wlan-sec-prof-wlan-net]quit
```

```
[AC2-wlan-view]ssid-profile name wlan-net2
[AC2-wlan-ssid-prof-wlan-net]ssid A-WLAN
[AC2-wlan-ssid-prof-wlan-net]quit
[AC2-wlan-view]vap-profile name wlan-net2
[AC2-wlan-vap-prof-wlan-net]forward-mode tunnel
[AC2-wlan-vap-prof-wlan-net]service-vlan vlan-id 103
[AC2-wlan-vap-prof-wlan-net]security-profile wlan-net2
[AC2-wlan-vap-prof-wlan-net]ssid-profile wlan-net2
[AC2-wlan-vap-prof-wlan-net]quit

[AC2-wlan-view]ap-group name ap-group1
[AC2-wlan-ap-group-ap-group1]vap-profile wlan-net1 wlan 1 radio 0
[AC2-wlan-ap-group-ap-group1]vap-profile wlan-net1 wlan 1 radio 1
[AC2-wlan-ap-group-ap-group1]vap-profile wlan-net2 wlan 2 radio 0
[AC2-wlan-ap-group-ap-group1]vap-profile wlan-net2 wlan 2 radio 1
[AC2-wlan-ap-group-ap-group1]quit

[AC2-wlan-view]ap-id 0
[AC2-wlan-ap-0]radio 0
[AC2-wlan-radio-0/0]channel 20mhz 1
Warning: This action may cause service interruption. Continue?[Y/N]y
[AC2-wlan-radio-0/0]eirp 127
[AC2-wlan-radio-0/0]quit
[AC2-wlan-ap-0]radio 1
[AC2-wlan-radio-0/1]channel 20mhz 149
Warning: This action may cause service interruption. Continue?[Y/N]y
[AC2-wlan-radio-0/1]eirp 127
[AC2-wlan-radio-0/1]quit
[AC2-wlan-ap-0]quit

[AC2-wlan-view]ap-id 1
[AC2-wlan-ap-1]radio 0
[AC2-wlan-radio-1/0]channel 20mhz 6
Warning: This action may cause service interruption. Continue?[Y/N]y
[AC2-wlan-radio-1/0]eirp 127
[AC2-wlan-radio-1/0]quit
[AC2-wlan-ap-1]radio 1
[AC2-wlan-radio-1/1]channel 20mhz 153
Warning: This action may cause service interruption. Continue?[Y/N]y
[AC2-wlan-radio-1/1]eirp 127
[AC2-wlan-radio-1/1]quit
[AC2-wlan-ap-1]quit
[AC2-wlan-view]ap-id 2
[AC2-wlan-ap-1]radio 0
[AC2-wlan-radio-1/0]channel 20mhz 11
Warning: This action may cause service interruption. Continue?[Y/N]y
[AC2-wlan-radio-1/0]eirp 127
[AC2-wlan-radio-1/0]quit
[AC2-wlan-ap-1]radio 1
```

```
[AC2-wlan-radio-1/1]channel 20mhz 157
Warning: This action may cause service interruption. Continue?[Y/N]y
[AC2-wlan-radio-1/1]eirp 127
[AC2-wlan-radio-1/1]quit
[AC2-wlan-ap-1]quit
```

6. 配置 AC 双机 VRRP 热备份

（1）配置 HSB 主备服务

```
[AC1]hsb-service 0
//创建 HSB 备份服务并进入 HSB 备份服务视图
[AC1-hsb-service-0]service-ip-port local-ip 192.168.104.252 peer-ip 192.168.104.253
local-data-port 10241 peer-data-port 10241
//配置 HSB 主备备份通道的 IP 地址和端口号
[AC1-hsb-service-0]service-keep-alive detect retransmit 3 interval 2
//配置心跳检查时间间隔和次数

[AC2]hsb-service 0
[AC2-hsb-service-0]service-ip-port local-ip 192.168.104.253 peer-ip 192.168.104.252
local-data-port 10241 peer-data-port 10241
[AC2-hsb-service-0]service-keep-alive detect retransmit 3 interval 2
```

（2）配置 HSB 备份组

```
[AC1]hsb-group 0   //创建 HSB 备份组并进入 HSB 备份组视图
[AC1-hsb-group-0]bind-service 0   //配置 HSB 备份组绑定的主备服务
[AC1-hsb-group-0]track vrrp vrid 1 interface Vlanif100
//配置 HSB 备份组绑定的 VRRP 备份组
[AC1]hsb-service-type access-user hsb-group 0
//配置 NAC 业务绑定的 HSB 备份组
[AC1]hsb-service-type dhcp hsb-group 0   //配置 DHCP 业务绑定的 HSB 备份组
[AC1]hsb-service-type ap hsb-group 0     //配置 WLAN 业务绑定的 HSB 备份组

[AC2]hsb-group 0
[AC2-hsb-group-0]bind-service 0
[AC2-hsb-group-0]track vrrp vrid 1 interface Vlanif100
[AC2]hsb-service-type access-user hsb-group 0
[AC2]hsb-service-type dhcp hsb-group 0
[AC2]hsb-service-type ap hsb-group 0
```

（3）启用 HSB 备份组

```
[AC1]hsb-group 0                        //进入 HSB 备份组视图
[AC1-hsb-service-0]hsb enable           //启用 HSB 备份组

[AC2]hsb-group 0
[AC2-hsb-service-0]hsb enable
```

（4）检查 VRRP 热备份配置结果

① 查看 HSB 备份组的信息。

```
[AC1]display hsb-group 0
Hot Standby Group Information:
--------------------------------------------------------------
 HSB-group ID                 : 0                      //HSB 备份组索引
 Vrrp Group ID                : 1                      //HSB 备份组绑定的 VRRP 组 ID
```

263

```
Vrrp Interface              : Vlanif100          //HSB 备份组下 VRRP 组所在的接口
Service Index               : 0                  //主备服务索引
Group Vrrp Status           : Master             //HSB 备份组下 VRRP 组的主备状态
Group Status                : Active             //HSB 备份组的状态
Group Backup Process        : Realtime           //HSB 备份组备份流程状态为实时备份
Peer Group Device Name      : AC6005             //对端备份组对应的设备名
Peer Group Software Version : V200R007C10SPC300B220  //对端备份组对应的设备的软件版本
Group Backup Modules        : Access-user        //HSB 备份组绑定的业务模块
                              DHCP
                              AP
```
//以上输出表明 HSB 主备备份组中的无线控制器 AC1 是主设备

```
<AC2>display hsb-group 0
Hot Standby Group Information:
-----------------------------------------------------------
 HSB-group ID                : 0
 Vrrp Group ID               : 1
 Vrrp Interface              : Vlanif100
 Service Index               : 0
 Group Vrrp Status           : Backup
 Group Status                : Inactive
 Group Backup Process        : Realtime
 Peer Group Device Name      : AC6005
 Peer Group Software Version : V200R007C10SPC300B220
 Group Backup Modules        : Access-user
                               DHCP
                               AP
-----------------------------------------------------------
```
//以上输出表明 HSB 主备备份组中的无线控制器 AC2 是备份设备

② 查看 HSB 主备服务的信息。

```
[AC1]display hsb-service 0
Hot Standby Service Information:
-----------------------------------------------------------
 Local IP Address     : 192.168.104.252     //本端 IP 地址
 Peer IP Address      : 192.168.104.253     //对端 IP 地址
 Source Port          : 10241               //源端口
 Destination Port     : 10241               //目的端口
 Keep Alive Times     : 3                   //心跳报文发送次数
 Keep Alive Interval  : 2                   //心跳报文发送间隔
 Service State        : Connected           //主备服务的状态
 Service Batch Modules :
-----------------------------------------------------------

<AC2>display hsb-service 0
Hot Standby Service Information:
-----------------------------------------------------------
 Local IP Address     : 192.168.104.253
 Peer IP Address      : 192.168.104.252
```

```
  Source Port              : 10241
  Destination Port         : 10241
  Keep Alive Times         : 3
  Keep Alive Interval      : 2
  Service State            : Connected
  Service Batch Modules    :
-----------------------------------------------------------------
```

③ 查看所有已添加的 AP 信息。

```
[AC2]display ap all
Info: This operation may take a few seconds. Please wait for a moment.done.
Total AP information:
stdby: standby          [3]
-----------------------------------------------------------------
ID   MAC            Name    Group     IP              Type       State STA Uptime
-----------------------------------------------------------------
0    00e0-fcb5-1770 area_1  ap-group1 192.168.101.213 AP6050DN   stdby 1   -
1    00e0-fc15-2320 area_2  ap-group1 192.168.101.178 AP6050DN   stdby 1   -
2    00e0-fc37-2230 area_3  ap-group1 192.168.101.37  AP6050DN   stdby 0   -
-----------------------------------------------------------------
```

//无线控制器 AC2 上 AP 的状态变为 stdby（备份）状态

（5）测试主备 AC 切换

把无线控制器 AC1 关机，在无线控制器 AC2 上查看相关信息。

① 查看 HSB 备份组的信息。

```
<AC2>display hsb-group 0
Hot Standby Group Information:
-----------------------------------------------------------------
  HSB-group ID              : 0
  Vrrp Group ID             : 1
  Vrrp Interface            : Vlanif100
  Service Index             : 0
  Group Vrrp Status         : Master
  Group Status              : Independent
  Group Backup Process      : Independent
  Peer Group Device Name    : -
  Peer Group Software Version : -
  Group Backup Modules      : Access-user
                              DHCP
                              AP
-----------------------------------------------------------------
```

//以上输出表明无线控制器 AC2 成为 HSB 备份组下 VRRP 组的主设备，且 HSB 备份组的状态是独立运行状态

② 查看 HSB 主备服务的信息。

```
<AC2>disp hsb-service 0
Hot Standby Service Information:
-----------------------------------------------------------------
  Local IP Address          : 192.168.104.253
  Peer IP Address           : 192.168.104.252
  Source Port               : 10241
  Destination Port          : 10241
```

```
   Keep Alive Times        : 3
   Keep Alive Interval     : 2
   Service State           : Disconnected
   Service Batch Modules   :
```
//从以上输出信息中可以看到 HSB 备份组的主备服务状态为断开

③ 查看所有已添加的 AP 信息。

```
<AC2>display ap all
Info: This operation may take a few seconds. Please wait for a moment.done.Total AP
information:
nor : normal          [3]
-------------------------------------------------------------------------------

ID   MAC            Name   Group    IP              Type       State STA Uptime
-------------------------------------------------------------------------------

0    00e0-fcb5-1770 area_1 ap-group1 192.168.101.206 AP6050DN   nor   0   11M:13S
1    00e0-fc15-2320 area_2 ap-group1 192.168.101.31  AP6050DN   nor   0   10M:59S
2    00e0-fc37-2230 area_3 ap-group1 192.168.101.190 AP6050DN   nor   0   10M:46S
-------------------------------------------------------------------------------

Total: 3
```
//从以上输出中可以看到 AP 连接上了 AC2

任务评价

评价指标	评价观测点	评价结果		
理论知识	1. 无线基础知识的理解，包括频段、信道、WLAN 标准协议、IEEE 802.11 物理层、帧格式、CSMA/CA 等 2. AC+AP 组网架构的理解，包括 CAPWAP、直接转发和隧道转发模式、无线用户接入过程、无线验证方式、二层组网和三层组网、管理 VLAN 和业务 VLAN 等	自我测评 □ A □ B □ C		
		教师测评 □ A □ B □ C		
职业能力	1. 掌握配置 WLAN 前有线网络的配置和验证 2. 掌握 AP 上线的配置和验证 3. 掌握 AC 系统参数的配置和验证 4. 掌握 AC 下发 WLAN 业务给 AP 的配置和验证 5. 掌握 AC 双机 VRRP 热备份的配置和验证	自我测评 □ A □ B □ C		
		教师测评 □ A □ B □ C		
职业素养	1. 设备操作规范 2. 故障排除思路 3. 报告书写能力 4. 查阅文献能力 5. 语言表达能力 6. 团队协作能力	自我测评 □ A □ B □ C		
		教师测评 □ A □ B □ C		
综合评价	1. 理论知识（40%） 2. 职业能力（40%） 3. 职业素养（20%）	自我测评 □ A □ B □ C		
		教师测评 □ A □ B □ C		

学生签字：　　　　　　教师签字：　　　　　　年　　　月　　　日

任务总结

WLAN 可解决设备的移动上网问题，在家庭或者小办公室中使用消费级无线路由器即可，但是在企业中通常使用 AC+AP 的组网方式。WLAN 使用射频信号作为传输介质，通常是 2.4GHz 和 5.8GHz，WLAN 采用 IEEE 802.11、IEEE 802.11b、IEEE 802.11a、IEEE 802.11g、IEEE 802.11n、IEEE 802.11ac 标准，WLAN 介质访问控制方式为 CSMA/CA，其帧格式和 IEEE 802.3 的有较大区别。CAPWAP 用于 AC 和 AP 之间的通信，AC 使用该协议对 AP 进行集中控制。WLAN 组网有二层组网和三层组网、直连式组网和旁挂式组网，用户数据的转发有直接转发模式和隧道转发模式。无线的验证有开放系统验证、共享密钥验证、IEEE 802.1X 验证。为实现 WLAN 的高可靠性，可采用双 AC，并配置 VRRP 热备份。本任务详细介绍了无线网络中的频段、信道、WLAN 标准协议、IEEE 802.11 物理层、帧格式、CSMA/CA、CAPWAP、直接转发和隧道转发模式、无线用户接入过程、无线验证方式、二层组网、三层组网、管理 VLAN 和业务 VLAN 等网络知识。同时，本任务以真实的工作任务为载体，介绍了典型的 AC+AP 组网，以及配置 WLAN 的主要过程有配置有线网络的互通、创建 AP 组、配置 AP 上线、配置 AC 系统参数、配置 AC 为 AP 下发 WLAN 业务等职业技能，并详细介绍了 WLAN 配置验证和调试过程。注意，本项目的拓扑采用二层组网更为合理和简单，即 AC 和 AP 均在 VLAN 100 中。考虑到未来无线网络扩展的需要，AC 分配在 VLAN 100 中，而 AP 在 VLAN 101 中，因此采用三层组网。熟练掌握这些网络基础知识和基本技能，将为企业网络无线终端接入奠定坚实的基础。

知识巩固

1. 以下（　　　）技术不是 WLAN 物理层使用的技术。
   A. DSSS　　　　　B. FHSS　　　　　C. OFDM　　　　　D. 3GPP
2. 以下（　　　）帧不是 IEEE 802.11 帧的类型。
   A. 数据帧　　　　B. 冲突帧　　　　C. 管理帧　　　　D. 控制帧
3. 关于 CAPWAP 描述，错误的是（　　　）。
   A. 用于 AC 和 AP 的通信　　　　　　B. 使用 UDP
   C. 有控制报文和数据报文两种　　　　D. 它是华为的私有协议
4. 以下（　　　）不是 WLAN 的验证方式。
   A. DES　　　　　B. WEP　　　　　C. WPA　　　　　D. WPA2
5. 关于 WLAN 旁挂式组网，以下的说法中（　　　）是错误的。
   A. AC 和 AP 不直接连接　　　　　B. 用户数据由 AC 转发到目的地
   C. 便于组网，不需要改变原有拓扑　　D. 可以采用二层组网或者三层组网

项目实战

1. 项目目的

通过本项目训练可以掌握以下内容。
（1）选择 AC 和 AP 部署位置。
（2）选择旁挂式或者直连式组建 WLAN。
（3）选择二层或者三层组建 WLAN。
（4）选择 AP 使用的信道。
（5）选择安全的无线认证方式。

（6）选择使用直接转发或者隧道转发模式组建 WLAN。

（7）规划 WLAN 的管理 VLAN、业务 VLAN。

（8）配置 WLAN 前配置有线网络（VLAN、Trunk、VLAN 间路由、VRRP、DHCP）。

（9）创建 AP 组，并配置 AP 上线。

（10）配置 AC 系统参数。

（11）配置 AC 为 AP 下发 WLAN 业务。

（12）配置 AC 双机 VRRP 热备。

（13）测试无线网络连通性。

2. 项目拓扑

在项目 4 的项目实战的基础上进行无线部署，无线和有线网络拓扑如图 5-34 所示，图 5-35 所示为和 WLAN 部分相关的无线网络拓扑。

3. 项目实施

深圳 A 公司兼并了广州 B 公司，构建了图 5-34 所示的网络。为了方便全公司员工使用 WLAN 进行移动办公，公司决定在深圳总部和广州分公司使用 AC+AP 架构部署 WLAN。考虑到大多数员工集中在深圳总部以及 WLAN 的可靠性，采取在深圳总部部署双 AC 并进行 VRRP 热备份的方案。为减少对已存在的有线网络的大幅改造，现采用 AC 旁挂式组网方式，两个 AC 分别接入深圳总部的交换机 S1 和 S2，总部的 AP 连接到接入层交换机 S3，广州分公司的 AP 接入交换机 S5 和 S6。需要注意的是，广州分公司的 AP 通过广域网和深圳总部的 AC 进行通信。工程师需要完成的任务如下。

（1）无线网络构建，AC 分别连接到交换机 S1 和 S2，AP 分别连接到交换机 S3、S5 和 S6。

（2）深圳总部 AC 的管理 VLAN 为 VLAN 100，IP 地址为 192.168.100.0/24；AP 也在 VLAN 100 和 192.168.100.0/24 网段，业务 VLAN（无线用户所在的网络）为 VLAN 101，IP 地址为 192.168.101.0/24；AC 间心跳检测 VLAN 为 VLAN 102，IP 地址为 192.168.102.0/24；总部的 AC 和 AP 采用二层组网。

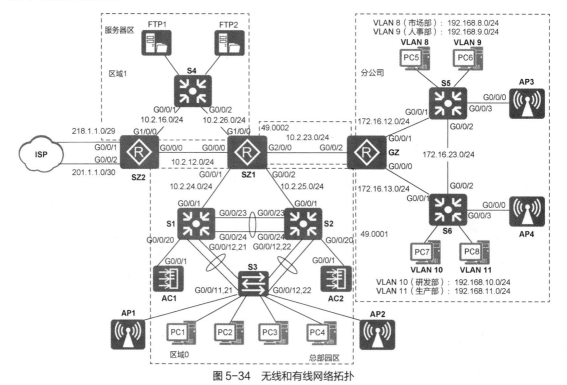

图 5-34　无线和有线网络拓扑

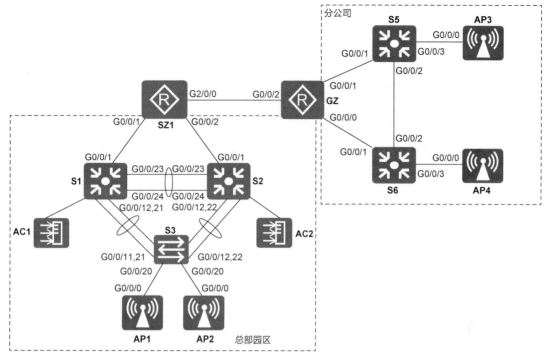

图 5-35　无线网络拓扑

（3）广州分公司 AP 所在 VLAN 为 VLAN 103，IP 地址为 192.168.103.0/24；业务 VLAN 为 VLAN 104，IP 地址为 192.168.104.0/24；总部的 AC 和分公司的 AP 采用三层组网。

（4）在交换机 S1、S2 和 S3 上添加 VLAN 100～VLAN 102，并允许 Trunk 链路传输这些 VLAN 的数据。

（5）在交换机 S1、S2 和 S3 上配置 VLAN 间路由，实现 VLAN 100～VLAN 102 的互通，并能和有线网络已有的 VLAN 互通。

（6）在交换机 S5 和 S6 上添加 VLAN 102 和 VLAN 103，并允许 Trunk 链路传输这些 VLAN 的数据。

（7）在交换机 S5 和 S6 上配置 VLAN 间路由，实现 VLAN 103 和 VLAN 104 的互通，并能和有线网络已有的 VLAN 互通，特别是要实现分公司 AP 和总部 AC 的互通。

（8）在无线控制器 AC1 和 AC2 上配置 VLAN、Trunk、VLANIF 接口的 IP 地址和路由，保证无线控制器 AC1、AC2 和有线网络（含 AP）互通。

（9）在无线控制器 AC1 和 AC2 上配置 DHCP 服务，为总部 AP 和分公司 AP、总部无线用户和分公司无线用户分配 IP 地址。需要注意的是，由于分公司的 AP 和总部的 AC 不在同一个二层网络，需要在交换机 S5、S6 上配置 DHCP 代理。

（10）创建 AP 组并配置 AP 上线，AP 认证方式为 MAC 地址认证。

（11）配置 AC 系统参数。

（12）配置无线控制器 AC1 和 AC2 为 AP 下发 WLAN 业务，总部的无线 SSID 为 A-WLAN，分公司的无线 SSID 为 B-WLAN，无线认证方式为 WPA2+AES，同时启用 2.4GHz 和 5GHz 频段，采用直接转发模式。

（13）配置 AC 双机热备份。

（14）测试无线网络连通性及漫游功能。

（15）保存配置文件，完成项目报告。

项目6
部署和实施网络自动化

06

【项目描述】

面对当前网络自动化运维的趋势，大量的传统运维工作必须转向采用软件自动化的方式，同时要求网络工程师具备软件编程能力。以Python为主的编程能力对传统网络工程师来说已经成为一项必备技能。在工作中只会使用CLI或者GUI来操控网络设备的网络工程师，不管是现在还是将来，在行业里的竞争力会越来越弱。这是大势所趋，不可避免的。

本项目基于A公司的深圳总部园区网络、服务器区网络和广州分公司网络已经部署及实施完毕，且整个网络已经实现了互联互通的基础上，项目组工程师全面参与A公司深圳总部园区网络、服务器区网络和广州分公司网络的自动化运维工作。网络拓扑如图6-1所示。

本项目将使用Python编程语言，围绕Python中的telnetlib、paramiko和netmiko模块编写自动化脚本实现网络自动化运维与管理。按照公司的整体网络功能和自动化运维管理的要求，运维部工程师需要完成的任务如下。

（1）使用telnetlib模块实现网络配置下发。

（2）使用paramiko模块实现网络自动化巡检。

（3）使用netmiko模块实现网络拓扑发现。

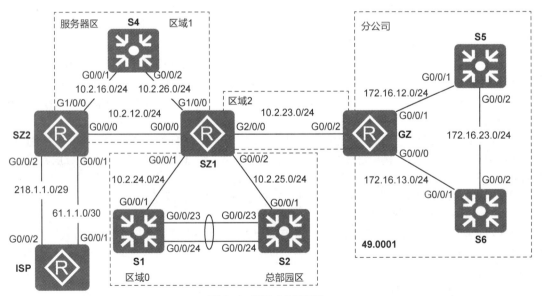

图6-1　项目6网络拓扑

本项目涉及的知识和能力图谱如图6-2所示。

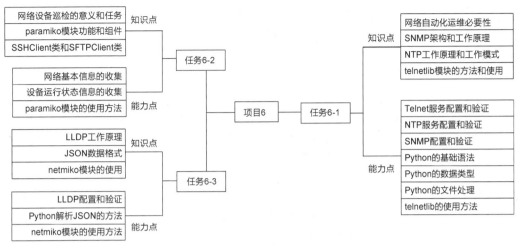

图 6-2　项目 6 涉及的知识和能力图谱

 使用 telnetlib 模块实现网络配置自动下发

任务描述

网络工程领域不断出现新的协议、技术、交付和运维模式。传统网络面临着云计算、人工智能等新连接需求的挑战。企业也在不断追求业务的敏捷、灵活和弹性。在这些背景下，网络自动化变得越来越重要。传统的网络运维工作需要网络工程师手动登录网络设备，人工查看和执行配置命令。这种严重依赖"人"的工作方式不但操作流程长、效率低下，而且操作过程不易审计。

使用 Python 编写的自动化脚本能够很好地执行重复、耗时和有规律的操作。网络自动化旨在简化网络工程师配置、管理、监控和操作等相关工作，提高网络工程师的部署和运维效率。telnetlib 模块是 Python 的标准模块，可实现网络设备的远程 Telnet 管理功能，可用来自动连接一些设备并进行相应的操作。

本任务主要要求读者夯实和理解网络自动化运维必要性、SNMP 架构和工作原理、NTP 工作原理和工作模式以及 telnetlib 模块的方法和使用等基础知识，通过使用 telnetlib 模块自动下发网络配置，掌握 Telnet 服务配置、NTP 服务配置、SNMP 配置、Python 的基础语法、Python 的数据类型、Python 的文件处理和 telnetlib 的使用方法等职业技能，为后续网络自动化运维做好准备。

知识准备

6.1.1　网络自动化运维简介

基于 CLI 管理网络的方式，其核心在于网络设备返回的是非结构化数据(文本回显)，非结构化数据方便人理解，但是不利于机器理解，不利于自动化的数据采集。网络自动化发展的基础需求是设备可提供结构化的数据，这可以极大地推进网络自动化的进程。

通常，网络工程师专注于网络协议原理及配置和管理网络设备；系统工程师专注于操作系统原理及配置和管理系统服务；开发工程师专注于编程语言、算法和其他相关开发工作。而网络自动化对应的网络自动化运维工程师需要具备以上岗位的部分能力。在网络领域，需要掌握专业的网络知识和技能；在软件开发领域，需要至少掌握一门编程语言，如 Python；在系统领域，需要掌握操作系统运维的必要知识和技能，以满足企业网络自动化部署、开发和运维的岗位需求。

学习网络自动化技术，需要读者具备一定的 Python 编程基础。

6.1.2 SNMP 简介

简单网络管理协议（Simple Network Management Protocol，SNMP）是专门设计的可用于 IP 网络管理网络节点的一种标准协议，它是一种应用层协议。网络管理员可以利用网络管理工作站（Network Management Station，NMS）在网络上的任意节点完成信息查询、信息修改和故障排查等工作，提升工作效率。同时，SNMP 协议屏蔽了不同产品之间的差异，实现了不同种类和厂商的网络设备之间的统一管理。对于所有支持 SNMP 的网络设备，网络管理员都可将其统一纳入管理。SNMP 不仅能够提升网络管理系统的效能，还可以用来对网络中的资源进行管理和实时监控。SNMP 传输层使用 UDP，管理端的默认端口为 UDP 162，主要用来接收代理（Agent）的消息，如 Trap 告警消息等。代理端使用 UDP 的 161 端口接收管理端下发的消息。

SNMP 框架体系由多个功能相对独立的子系统或应用程序集合而成，因而可以方便管理网络，其典型架构如图 6-3 所示。在基于 SNMP 进行管理的网络中，NMS 是整个网络的网管中心，在它之上运行管理进程，对网络设备进行管理和监控。每台被管理设备都需要运行代理进程。管理进程和代理进程利用 SNMP 报文进行通信。被管理设备是网络中接受 NMS 管理的设备。

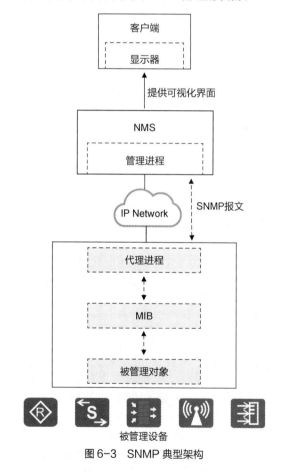

图 6-3　SNMP 典型架构

代理进程运行于被管理设备上，用于维护被管理设备的信息数据并响应来自 NMS 的请求，把管理数据汇报给发送请求的 NMS。NMS 和被管理设备的信息交互分为两种。一种是 NMS 通过 SNMP 给被管理设备发送修改配置信息请求或查询配置信息请求。被管理设备上运行的代理进程可根据 NMS 的请求消息做出响应。另一种是被管理设备主动向 NMS 上报告警信息（Trap），以便网络管理员及时发现故障。

每台设备可能包含多个被管理对象，被管理对象可以是设备中的某个硬件，也可以是在硬件、软件（如路由选择协议）上配置的参数集合。SNMP 规定通过 MIB 去描述可管理实体的一组对象。MIB 是一个数据库，指明被管理设备所维护的变量（即能够被代理进程查询和设置的信息）。MIB 在数据库中定义被管理设备的一系列属性，包括对象标识符（Object Identifier，OID）、对象的状态、对象的访问权限和对象的数据类型等。MIB 给出了一个数据结构，包含网络中所有可能的被管理对象的集合。因为数据结构与树相似，所以 MIB 又被称为对象命名树。

SNMP 的发展经历了 SNMPv1、SNMPv2c 和 SNMPv3，这是一个不断完善及改进的过程。SNMPv1 是 SNMP 的最初版本，容易实现且成本低。因为该版本缺少大量读取数据的能力，并且没有足够的安全机制，所以适用于规模较小、设备较少和安全要求不高或本身就比较安全的网络，如校园网和小型企业网等。SNMPv2c 扩充了 SNMPv1 的功能，增加了 Getbulk 和 Inform 操作。但是该版本仍然没有足够的安全机制，因此适用于规模较大、设备较多和安全要求不高，或本身比较安全但业务比较繁忙、有可能发生流量拥塞的网络。鉴于 SNMPv2c 在安全方面没有得到改善，IETF 又颁布了 SNMPv3，提供了基于用户的安全模块（User-based Security Model，USM）的认证加密和基于视图的访问控制模型（View-based Access Control Model，VACM）功能。该版本适用于各种规模的网络，尤其是对安全要求较高，只有合法的网络管理员才能对网络设备进行管理的网络。

NMS 通过 SNMPv3 向被管理设备下发查询和设置操作指令，并接收操作响应信息，同时监听被管理设备发送的告警信息。SNMPv3 的基本功能和操作类型如表 6-1 所示。

表 6-1　SNMPv3 的基本功能和操作类型

功能	操作类型	功能描述
查询	Get	从代理中提取一个或多个参数值
	Getnext	从代理中按照字典顺序提取下一个参数值
	Getbulk	对代理进行信息批量查询
设置	Set	通过代理设置一个或多个参数值
告警	Trap	代理主动向 NMS 发出信息，告知被管理设备出现的情况
	Inform	作用与 Trap 相同，但需要 NMS 进行接收确认，会占用较多系统资源
响应消息	Response	代理对 Get/Set 操作的响应消息，以及 NMS 对 Inform 的响应消息

SNMPv1 和 SNMPv2c 使用团体名（community，可以理解为密码）进行安全认证，团体名在网络中以明文传输，容易泄露。同时，大多数网络产品出厂时设定只读团体名默认值为"Public"，读写操作团体名默认值为"Private"，许多网络管理员从未修改过该默认值，存在安全风险。

SNMPv3 较 SNMPv1 和 SNMPv2c 在安全性方面做了提升。SNMPv3 定义了 3 个安全级别——1 级为 privacy（鉴权且加密），2 级为 authentication（只鉴权），3 级为 noauthentication（不鉴权不加密），并对拥有相同安全级别的用户划分用户组，同时定义了视图控制用户访问的 mib 节点集合。

用户的安全级别必须大于等于用户组的安全级别，即如果用户组是 1 级的，则用户必须是 1 级的；若用户组是 2 级的，则用户可以是 1 级或者 2 级的。

SNMPv3 采用了 USM 和 VACM。USM 提供身份验证和数据加密服务。身份验证指的是代理或 NMS 接收到信息时首先必须确认信息是否来自有权限的 NMS 或代理，且信息在传输过程中是否未被改变。数据加密是通过对称密钥系统，NMS 和代理共享同一密钥对数据进行加密和解密。VACM 对用户组实现基于视图的访问控制。用户必须先配置一个视图，并指明其权限。用户可以在配置用户或者用户组或者团体名的时候加载这个视图，以达到限制读写、Inform 或 Trap 操作的目的。

华为设备上 SNMP 的基本配置命令如下。

```
[Huawei]snmp-agent    //启用 SNMP 代理功能
[Huawei]snmp-agent sys-info version [v1 | v2c | v3]
/*配置 SNMP 版本信息。用户可以根据自己的需求配置对应的 SNMP 版本，但设备侧使用的协议版本必须与网
管侧一致*/
[Huawei]snmp-agent mib-view view-name { exclude | include } subtree-name [mask mask]
//创建或者更新 MIB 视图的信息
[Huawei]snmp-agent group v3 group-name { authentication | noauth | privacy }
[ read-view view-name | write-view view-name | notify-view view-name ]
/*创建一个新的 SNMP 组，将该组用户映射到 SNMP 视图，指定验证的加密方式、只读视图、读写视图、通知
视图*/
[Huawei]snmp-agent usm-user v3 user-name group group-name
//为 SNMP 组添加一个新用户
[Huawei]snmp-agent usm-user v3 user-name  authentication-mode { md5 | sha | sha2-256 }
//配置 SNMPv3 用户验证密码
[Huawei]snmp-agent usm-user v3 user-name privacy-mode { aes128 | des56 }
//配置 SNMPv3 用户加密密码

[Huawei]snmp-agent target-host trap-paramsname paramsname v3 securityname
securityname { authentication | noauthnopriv | privacy }
//配置设备发送 Trap 报文的参数信息
[Huawei]snmp-agent target-host trap-hostname hostname address ipv4-address
trap-paramsname paramsname    //配置 Trap 报文的目的主机
[Huawei]snmp-agent trap enable
//打开设备的所有告警开关，注意该命令只是打开设备发送 Trap 告警的功能
[Huawei]snmp-agent target-host trap-paramsname paramsname v3 securityname
securityname { authentication | noauthnopriv | privacy }
//配置设备发送 Trap 报文的参数信息
[Huawei]snmp-agent target-host trap-hostname hostname address ipv4-address
trap-paramsname paramsname    //配置 Trap 报文的目的主机
[Huawei]snmp-agent trap source interface-type interface-number
/*配置发送告警的源接口，注意 Trap 告警无论从哪个接口发出，都必须有一个发送的源地址，因此源接口必
须是已经配置了 IP 地址的接口*/
```

6.1.3 NTP 简介

当今企业园区网络中很多场景需要所有设备保持时钟一致，如果采用网络管理员手动输入命令的方式来修改系统时间以进行时间同步，不但工作量巨大，而且不能保证适中的精确性。为此可以使用网络时间协议（Network Time Protocol，NTP）技术来同步设备的时钟。NTP 是 TCP/IP 协议簇中的一种应用层协议。NTP 用于在一系列分布式时间服务器与客户端之间同步时钟。NTP 的实现基于 IP 和 UDP，NTP 报文通过 UDP 传输，端口号是 123。通过配置 NTP，可以很快将网络中设备的时钟同步，同时保证很高的精度，避免人工同步时带来的时钟误差和庞大的工作量。NTP 网络架构如图 6-4 所示。

（1）主时间服务器：通过线缆或无线电直接同步到标准参考时钟，标准参考时钟通常是 Radio Clock或卫星定位系统等。

（2）二级时间服务器：通过网络中的主时间服务器或者其他二级服务器取得同步。二级时间服务器通过 NTP 将时间信息传送到局域网内部的其他主机。

（3）层数（Stratum）：层数是对时钟同步情况的一个分级标准，代表了一个时钟的精确度，取值为

1～15，数值越小，精确度越高。其中，1 表示的时钟精确度最高，15 表示未同步。

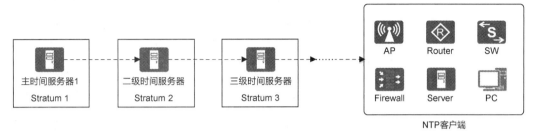

图 6-4　NTP 网络架构

网络设备支持的 NTP 工作模式主要包括以下 4 种。

（1）单播客户端/服务器模式：只需要在客户端配置，服务器除了配置 NTP 主时钟外，不需要进行其他专门配置。只能是客户端同步到服务器，服务器不会同步到客户端。

（2）对等体模式：只需要在主动对等体端进行配置，被动对等体端无须配置 NTP 命令。

（3）广播模式：在不能确定服务器或对等体 IP 地址，或者网络中需要时间同步的设备数量很多等情况下，可以通过广播模式实现时钟同步。

（4）组播模式：组播模式应用在有多台工作站以及不需要很高的准确度的高速网络中。

其中，单播客户端/服务器模式的配置命令如下。

```
[Huawei]ntp-service enable
//启用本地设备的 NTP 功能，默认情况下本地设备的 NTP 功能处于启用状态
[Huawei]ntp-service unicast-server ip-address [ version number | authentication-
keyid key-id | source-interface interface-type interface-number | preference |
vpn-instance vpn-instance-name | maxpoll max-number | minpoll min-number | burst | iburst
| preempt | port port-number ]
/*配置 NTP 服务器，其中，ip-address 是 NTP 服务器的 IP 地址，它是一个主机地址，不能是广播、组播地
址；如果指定 authentication-keyid 参数，则应先配置 NTP 验证；如果指定 port 参数，则需在服务器使用
ntp-service port port-value 命令配置与客户端相同的端口号*/
[Huawei]ntp-service server ipv4 enable
//启用 NTP 客户端的服务功能，默认情况下 NTP 客户端的服务功能处于启用状态
[Huawei]ntp-service source-interface { interface-type interface-number | interface-
name }    //指定本地发送 NTP 报文的源接口
```

6.1.4　使用 telnetlib 模块

telnetlib 模块是 Python 标准模块，可直接使用，它能实现 Telnet 客户端的功能，可用来自动连接一些设备并进行相应的操作。值得注意的是，在使用 telnetlib 模块时传递的是字节字符串（Byte），而不是普通的字符串（String）。

telnetlib 模块提供了实现 Telnet 功能的类 telnetlib.Telnet，通过调用 telnetlib.Telnet 类中的不同方法可实现不同功能。

```
from telnetlib import Telnet          #导入 telnetlib 模块的 Telnet 类
Telnet(host=None, port=0[, timeout])  #Telnet 连接到指定服务器上
```

创建 Telnet 对象时，需输入 Telnet 服务器 IP 地址及端口号；如果不输入端口号，则默认使用 23 号端口。timeout 参数表示进行连接时最长的阻塞时间，如果不设置，则使用套接字（Socket）全局默认的超时时间。

telnetlib.Telnet 类中的常见方法及其功能如表 6-2 所示。更多的方法请参阅 Python 中的 telnetlib 模块文档。

表 6-2　telnetlib.Telnet 类中的常见方法及其功能

方法	功能
Telnet.read_until （expected,timeout=None）	读取直到遇到给定字符串 expected 或 timeout 时间已经过去。当没有找到匹配字符时，返回可用的内容，也可能返回空字节。如果连接已关闭且没有可用的熟数据，则会触发 EOFError
Telnet.read_all ()	读取所有数据直到文件结束（End Of File，EOF），以及阻塞直到连接关闭
Telnet.read_very_eager()	读取从上次 I/O 阻断到现在所有的内容，返回字节串。连接关闭或者没有数据时触发 EOFError
Telnet.read_eager()	读取现成的数据。如果连接已关闭并且没有可用的熟数据，则会触发 EOFError
Telnet.read_some()	在达到 EOF 前，读取至少一字节的熟数据。如果没有立即可用的数据，则阻塞
Telnet.write(buffer)	写入数据。在套接字上写一个字符串，加倍任何解释为命令（Interpret As Command，IAC）字符
Telnet.close()	关闭连接

任务实施

A 公司的网络设计方案中有 3 个区：深圳总部园区网络、服务器区网络和广州分公司网络。交换机 S1 和 S2 位于深圳总部园区网络，路由器 SZ1 用于连接服务器区和广州分公司网络。交换机 S4 位于服务器区，路由器 SZ2 用于连接 ISP 网络，并与路由器 SZ1 相连，如图 6-1 所示。本任务只考虑深圳总部园区网络和服务器区网络，使用如表 6-3 所示的 IP 地址连接各设备。

表 6-3　设备连接 IP 地址

设备名	连接 IP 地址
交换机 S4	10.3.1.254
路由器 SZ2	10.2.12.2
路由器 SZ1	10.2.12.1
交换机 S1	10.1.4.252
交换机 S2	10.1.4.253

基于前文的项目 2～4，整个网络已经部署和实施了路由、交换、安全及 NAT 等各项功能，已经实现了全网互通。本任务主要是向深圳总部园区网络和服务器区网络的路由器及交换机下发配置，工程师需要完成的任务如下。

（1）手动在路由器 SZ1 和 SZ2，交换机 S1、S2 和 S4 上配置 Telnet 服务，Telnet 登录用户名为 python，密码为 Huawei12#$。

（2）使用 telnetlib 在所有路由器和交换机上配置运维用户，用户级别为 1，用户名为 yunwei_001，密码为 Huawei@123。

（3）手动配置 ISP 路由器作为 NTP 的时钟源，使用 IP 地址为 61.1.1.1，配置路由器 SZ2 作为深圳总部园区网络和服务器区网络所有设备的 NTP 服务器，IP 地址是 61.1.1.2，使用 telnetlib 在所有路由器和交换机上下发 NTP 配置，与其进行时间同步。

（4）使用 telnetlib 在所有路由器和交换机上配置 SNMPv3，SNMPv3 用户名为 user01，所属组名为 group01，鉴别方式为 SHA，鉴别密码为 Huawei@123，加密方式为 AES128，加密密码为 Huawei@123。

1. 配置和验证 Telnet 服务

（1）配置 Telnet 服务

配置路由器 SZ1、SZ2 以及交换机 S1、S2 和 S4 的 Telnet 服务。各设备的 Telnet 服务配置相同，此处以路由器 SZ1 的配置为例进行介绍。

```
[SZ1]telnet server enable
[SZ1]aaa
[SZ1-aaa]local-user python password cipher Huawei12#$
[SZ1-aaa]local-user python service-type telnet
[SZ1-aaa]quit
[SZ1]user-interface vty 0 4
[SZ1-ui-vty0-4]authentication-mode aaa
[SZ1-ui-vty0-4]user privilege level 3
[SZ1-ui-vty0-4]protocol inbound telnet
```

（2）验证 Telnet 服务

以路由器 GZ 作为 Telnet 客户端进行测试，登录路由器 SZ1 进行验证。登录信息如下。

```
<GZ>telnet 10.2.23.1
  Press CTRL_] to quit telnet mode
  Trying 10.2.23.1 ...
  Connected to 10.2.23.1 ...
Login authentication
Username:python
Password:
<SZ1>
```

请自行验证其他路由器和交换机，确保每台设备都能使用 Telnet 进行登录。

2. 配置 NTP 服务

（1）配置 NTP 时钟源

配置 ISP 路由器为主时钟源，为 A 公司网络设备提供同步时钟。

```
[ISP]ntp enable                          //启用 NTP 服务
[ISP]ntp-service refclock-master         //配置主时钟源
```

（2）验证 ISP 路由器的 NTP 服务

```
[ISP]display ntp-service status                      //查看 NTP 的状态信息
  clock status: synchronized                         //时钟状态是同步状态
  clock stratum: 8                                    //本地时钟所处的 NTP 层数
  reference clock ID: LOCAL(0)                        //时钟源，Local 表示采用本地时钟作为参考时钟
  nominal frequency: 100.0000 Hz                      //本地时钟的标称频率
  actual frequency: 100.0000 Hz                       //本地时钟的实际频率
  clock precision: 2^18                               //本地时钟的精度
  clock offset: 0.0000 ms                             //本地时钟相对参考时钟的偏移
  root delay: 0.00 ms                                 //本地时钟相对主参考时钟总的系统延迟
  root dispersion: 0.00 ms                            //本地时钟相对主参考时钟的系统离差
  peer dispersion: 10.00 ms                           //本地时钟和远程 NTP 对等体时钟的离差
  reference time: 03:34:54.637 UTC Oct 24 2022(E700865E.A347C73E)   //参考时间戳
```

（3）配置 NTP 服务器

路由器 SZ2 作为深圳总部园区网络和服务器区网络所有设备的 NTP 服务器，只有当其时钟被同步后，才能作为 NTP 服务器去同步其他设备。配置路由器 SZ2 与路由器 ISP 的时间同步。

```
[SZ2]ntp enable
[SZ2]ntp-service unicast-server 61.1.1.1
```

（4）验证 NTP 服务器配置

```
[SZ2]display ntp-service status
  clock status: synchronized
```

```
clock stratum: 9
reference clock ID: 61.1.1.1
nominal frequency: 100.0000 Hz
actual frequency: 100.0000 Hz
clock precision: 2^17
clock offset: -28799147.0775 ms
root delay: 110.26 ms
root dispersion: 48.17 ms
peer dispersion: 10.94 ms
reference time: 12:01:56.124 UTC Oct 24 2022(E700FD34.1FDC054E)
//以上输出信息表明路由器 SZ2 的时钟已经和服务器 ISP 路由器的时钟同步
```

3. 编写配置文件

现在需要在每台路由器和交换机上添加运维用户、配置 NTP 和配置 SNMP，这些都属于通用配置，所有路由器和交换机上的配置完全一致。

（1）将路由器的配置命令写入文件名为 config_6_1_R.txt 的配置文件，内容如下。

```
aaa
local-user yunwei_001 cipher Huawei@123
local-user yunwei_001 service-type telnet
quit
user-interface vty 0 4
authentication-mode aaa
user privilege level 1
protocol inbound telnet
quit
ntp enable
ntp-service unicast-server 61.1.1.2
snmp-agent
snmp-agent sys-info version v3
snmp-agent mib-view nt include iso
snmp-agent mib-view rd include iso
snmp-agent mib-view wt include iso
snmp-agent group v3 group01 privacy read-view rd write-view wt notify-view nt
snmp-agent usm-user v3 user01 group01 authentication-mode sha Huawei@123 privacy-mode
aes128 Huawei@123
```

（2）将交换机的配置命令写入文件名为 config_6_1_S.txt 的配置文件，内容如下。

```
aaa
local-user yunwei_001 password cipher Huawei@123
local-user yunwei_001 service-type telnet
quit
user-interface vty 0 4
authentication-mode aaa
user privilege level 1
protocol inbound telnet
quit
ntp-service unicast-server 61.1.1.2
snmp-agent
snmp-agent sys-info version v3
snmp-agent group v3 group01 privacy  read-view rd write-view wt notify-view nt
```

```
snmp-agent mib-view included nt iso
snmp-agent mib-view included rd iso
snmp-agent mib-view included wt iso
snmp-agent usm-user v3 user01 group01 authentication-mode sha Huawei123 privacy-mode
des56 Huawei123
```

4. 编写 Python 脚本

下面的 Python 脚本的功能是首先登录网络设备，并在每台设备上执行配置文件中的配置命令，然后使用 telnetlib 模块实现自动下发网络设备配置的任务。

（1）导入需要的模块

```
import telnetlib            # telnetlib 是 Python 标准模块，可直接使用
import time
```

（2）定义读取配置文件的函数

该函数有一个参数 filename，需要传入配置文件名。

```
def get_config_command(filename):
    ret = []                            # 创建一个空列表
    try:                                # 文件读写的异常处理
        with open(filename) as f:       # with 语句处理文件，可自动关闭文件
            lines = f.readlines()       # readlines 将文件每一行作为列表的一个元素
            for line in lines:          # 遍历 readlines 方法返回的列表
                ret.append(line.strip())# 删除列表元素中的换行符，追加到列表
        return ret                      # 返回处理后的配置列表
    except FileNotFoundError:           # 如果没有配置文件，则输出异常
        print("the file does not exist.")
```

（3）定义用来登录设备并发送配置命令的函数

该函数有 4 个参数，其中 ip 是每台设备的 IP 地址，username 是使用 Telnet 登录设备的用户名，password 是登录密码，commands 是配置命令列表，即使用 get_config_command() 函数返回的配置命令列表。

```
def send_show_command(ip, username, password, commands):
    print("telnet %s",ip)
    with telnetlib.Telnet(ip) as tn:
        tn.read_until(b"Username:")
        tn.write(username.encode("ascii")+ b"\n")
        tn.read_until(b"Password:")
        tn.write(password.encode("ascii")+ b"\n")
        tn.write(b"system-view"+ b"\n")
        time.sleep(2)
        for command in commands:
            tn.write(command.encode("ascii") + b"\n")
            time.sleep(1)
        print(tn.read_very_eager().decode('ascii'))          # 接收回显
        print("设备 %s 已经配置完成！"%ip)
        time.sleep(1)
```

（4）定义主函数

```
if __name__ == "__main__":
    devices_R = {                                       # 保存路由器 IP 地址
        "SZ1":"10.2.12.1",
        "SZ2":"10.2.12.2",
    }
```

```
    devices_S = {                                    # 保存交换机 IP 地址
        "S4":"10.3.1.254",
        "S1":"10.1.4.252",
        "S2":"10.1.4.253"
    }
    username = "python"
    password = "Huawei12#$"
    config_file_R = "config_6_1_R.txt"               # 路由器配置文件
    config_file_S = "config_6_1_S.txt"               # 交换机配置文件
    commands_S = get_config_command(config_file_S)    # 解析交换机配置命令
    commands_R = get_config_command(config_file_R)    # 解析路由器配置命令
    for device in devices_R.keys():                  # 配置路由器
        ip = devices_R[device]
        send_show_command(ip, username, password, commands_R)
    for device in devices_S.keys():                  # 配置交换机
        ip = devices_S[device]
        send_show_command(ip, username, password, commands_S)
```

5. 运行 Python 脚本

正在 **telnet 10.2.12.1**
Telnet 登录 10.2.12.1 成功

```
    ----------------------------------------------------------------
    User last login information:
    ----------------------------------------------------------------
    Access Type: Telnet
    IP-Address : 192.168.56.1
    Time        : 2022-10-25 00:38:38-08:00
    ----------------------------------------------------------------
<SZ1>system-view
Enter system view, return user view with Ctrl+Z.
[SZ1]aaa
[SZ1-aaa]local-user yunwei_001 password cipher Huawei@123
Info: Add a new user.
[SZ1-aaa]local-user yunwei_001 service-type telnet
[SZ1-aaa]quit
[SZ1]user-interface vty 0 4
[SZ1-ui-vty0-4]authentication-mode aaa
[SZ1-ui-vty0-4]user privilege level 1
[SZ1-ui-vty0-4]protocol inbound telnet
[SZ1-ui-vty0-4]quit
[SZ1]ntp enable
 Info:NTP service is already started
[SZ1]ntp-service unicast-server 61.1.1.2
[SZ1]snmp-agent
[SZ1]snmp-agent sys-info version v3
[SZ1]snmp-agent mib-view nt include iso
[SZ1]snmp-agent mib-view rd include iso
[SZ1]snmp-agent mib-view wt include iso
[SZ1]snmp-agent group v3 group01 privacy read-view rd write-view wt notify-view  nt
```

```
    [SZ1]snmp-agent usm-user v3 user01 group01 authentication-mode sha Huawei@123 pr
ivacy-mode aes128 Huawei@123
    [SZ1]
设备 10.2.12.1 已经配置完成！
正在 telnet 10.2.12.2
Telnet 登录 10.2.12.2 成功
    <SZ2>system-view
    Enter system view, return user view with Ctrl+Z.
    [SZ2]aaa
    [SZ2-aaa]local-user yunwei_001 password cipher Huawei@123
    Info: Add a new user.
    [SZ2-aaa]local-user yunwei_001 service-type telnet
    [SZ2-aaa]quit
    [SZ2]user-interface vty 0 4
    [SZ2-ui-vty0-4]authentication-mode aaa
    [SZ2-ui-vty0-4]user privilege level 1
    [SZ2-ui-vty0-4]protocol inbound telnet
    [SZ2-ui-vty0-4]quit
    [SZ2]ntp enable
     Info:NTP service is already started
    [SZ2]ntp-service unicast-server 61.1.1.2
    Error:(NTP)Wrong server IP address
    [SZ2]snmp-agent
    [SZ2]snmp-agent sys-info version v3
    [SZ2]snmp-agent mib-view nt include iso
    [SZ2]snmp-agent mib-view rd include iso
    [SZ2]snmp-agent mib-view wt include iso
    [SZ2]snmp-agent group v3 group01 privacy read-view rd write-view wt notify-view  nt
    [SZ2]snmp-agent usm-user v3 user01 group01 authentication-mode sha Huawei@123 pr
ivacy-mode aes128 Huawei@123
    [SZ2]
设备 10.2.12.2 已经配置完成！
正在 telnet 10.3.1.254
Telnet 登录 10.3.1.254 成功
    Info: The max number of VTY users is 5, and the number
        of current VTY users on line is 1.
        The current login time is 2022-10-25 00:39:45.
    <S4>system-view
    Enter system view, return user view with Ctrl+Z.
    [S4]aaa
    [S4-aaa]local-user yunwei_001 password cipher Huawei@123
    Info: Add a new user.
    [S4-aaa]local-user yunwei_001 service-type telnet
    [S4-aaa]quit
    [S4]user-interface vty 0 4
    [S4-ui-vty0-4]authentication-mode aaa
    [S4-ui-vty0-4]user privilege level 1
    [S4-ui-vty0-4]protocol inbound telnet
    [S4-ui-vty0-4]quit
```

```
    [S4]ntp-service unicast-server 61.1.1.2
    [S4]snmp-agent
    [S4]snmp-agent sys-info version v3
    [S4]snmp-agent group v3 group01 privacy  read-view rd write-view wt notify-view  nt
    [S4]snmp-agent mib-view included nt iso
    [S4]snmp-agent mib-view included rd iso
    [S4]snmp-agent mib-view included wt iso
    [S4]snmp-agent usm-user v3 user01 group01 authentication-mode sha Huawei123 priv
acy-mode des56 Huawei123
    [S4]
```
设备 **10.3.1.254** 已经配置完成！
正在 **telnet 10.1.4.252**
Telnet 登录 **10.1.4.252** 成功
```
Info: The max number of VTY users is 5, and the number
      of current VTY users on line is 1.
      The current login time is 2022-10-25 00:40:07.
<S1>system-view
Enter system view, return user view with Ctrl+Z.
    [S1]aaa
    [S1-aaa]local-user yunwei_001 password cipher Huawei@123
Info: Add a new user.
    [S1-aaa]local-user yunwei_001 service-type telnet
    [S1-aaa]quit
    [S1]user-interface vty 0 4
    [S1-ui-vty0-4]authentication-mode aaa
    [S1-ui-vty0-4]user privilege level 1
    [S1-ui-vty0-4]protocol inbound telnet
    [S1-ui-vty0-4]quit
    [S1]ntp-service unicast-server 61.1.1.2
    [S1]snmp-agent
    [S1]snmp-agent sys-info version v3
    [S1]snmp-agent group v3 group01 privacy  read-view rd write-view wt notify-view  nt
    [S1]snmp-agent mib-view included nt iso
    [S1]snmp-agent mib-view included rd iso
    [S1]snmp-agent mib-view included wt iso
    [S1]snmp-agent usm-user v3 user01 group01 authentication-mode sha Huawei123 priv
acy-mode des56 Huawei123
    [S1]
```
设备 **10.1.4.252** 已经配置完成！
正在 **telnet 10.1.4.253**
Telnet 登录 **10.1.4.253** 成功
```
Info: The max number of VTY users is 5, and the number
      of current VTY users on line is 1.
      The current login time is 2022-10-25 00:40:28.
<S2>system-view
Enter system view, return user view with Ctrl+Z.
    [S2]aaa
    [S2-aaa]local-user yunwei_001 password cipher Huawei@123
Info: Add a new user.
```

```
    [S2-aaa]local-user yunwei_001 service-type telnet
    [S2-aaa]quit
    [S2]user-interface vty 0 4
    [S2-ui-vty0-4]authentication-mode aaa
    [S2-ui-vty0-4]user privilege level 1
    [S2-ui-vty0-4]protocol inbound telnet
    [S2-ui-vty0-4]quit
    [S2]ntp-service unicast-server 61.1.1.2
    [S2]snmp-agent
    [S2]snmp-agent sys-info version v3
    [S2]snmp-agent group v3 group01 privacy read-view rd write-view wt notify-view  nt
    [S2]snmp-agent mib-view included nt iso
    [S2]snmp-agent mib-view included rd iso
    [S2]snmp-agent mib-view included wt iso
    [S2]snmp-agent usm-user v3 user01 group01 authentication-mode sha Huawei123 priv
acy-mode des56 Huawei123
    [S2]
设备 10.1.4.253 已经配置完成！
```

6. 验证结果

在交换机 S1 和路由器 SZ1 上验证自动下发的配置是否成功。其他设备的验证请读者自行实现。

（1）验证 NTP 时间同步

```
<S1>display ntp-service status
  clock status: synchronized                //时间已同步
  clock stratum: 10
  reference clock ID: 61.1.1.2              //NTP 服务器
  nominal frequency: 64.0000 Hz
  actual frequency: 64.0000 Hz
  clock precision: 2^11
  clock offset: -0.0370 ms
  root delay: 240.10 ms
  root dispersion: 8.79 ms
  peer dispersion: 10.62 ms
  reference time: 01:07:36.742 UTC Oct 25 2022(E701B558.BDF83BE6)   //同步后的系统时间
  synchronization state: clock set but frequency not determined

<SZ1>display ntp-service status
  clock status: synchronized                //时间已同步
  clock stratum: 10
  reference clock ID: 61.1.1.2              //NTP 服务器
  nominal frequency: 100.0000 Hz
  actual frequency: 99.9995 Hz
  clock precision: 2^18
  clock offset: -28799889.4400 ms
  root delay: 333.79 ms
  root dispersion: 1.13 ms
  peer dispersion: 1.53 ms
  reference time: 01:07:36.230 UTC Oct 25 2022(E70B00F4.3B173754)  //同步后的系统时间
  /*以上输出信息表明交换机 S1 和路由器 SZ1 的系统时间已经与时钟服务器 61.1.1.2 同步，时钟所处的 NTP
层数为 10*/
```

（2）验证添加的运维用户

使用运维用户 yunwei_001（密码为 Huawei@123）登录路由器 SZ1。

```
<GZ>telnet 10.2.23.1
  Press CTRL_] to quit telnet mode
  Trying 10.2.23.1 ...
  Connected to 10.2.23.1 ...
Login authentication
Username:yunwei_001
Password:
<SZ1>
//以上输出表明通过自动下发配置的用户可以成功登录网络设备
```

（3）验证 SNMPv3 的配置

在交换机 S1 上查看关于 SNMPv3 自动下发的配置是否成功。其他设备请读者自行实现。

```
<S1>display current-configuration | include snmp        //查看配置文件中的 SNMP 配置
snmp-agent
snmp-agent local-engineid 800007DB034C1FCC326569
snmp-agent sys-info version v3
snmp-agent group v3 group01 privacy  read-view rd write-view wt notify-view nt
snmp-agent mib-view included nt iso
snmp-agent mib-view included rd iso
snmp-agent mib-view included wt iso
snmp-agent usm-user v3 user01 group01 authentication-mode sha N<R\B_IO+MKT&_L40_
FTU6*#0M%! privacy-mode des56 N<R\B_IO+MKT&_L40_FTU1!!
//以上输出表明 SNMPv3 的配置自动下发到交换机 S1
```

任务评价

评价指标	评价观测点	评价结果
理论知识	1. 网络自动化运维必要性的理解 2. SNMP 架构和工作原理的理解 3. NTP 工作原理和工作模式的理解 4. telnetlib 模块的方法和使用的理解	自我测评 □ A □ B □ C 教师测评 □ A □ B □ C
职业能力	1. 掌握 Telnet 服务配置 2. 掌握 NTP 服务配置 3. 掌握 SNMP 配置 4. 掌握 Python 的基础语法 5. 掌握 Python 的数据类型 6. 掌握 Python 的文件处理 7. 掌握 telnetlib 的使用方法	自我测评 □ A □ B □ C 教师测评 □ A □ B □ C
职业素养	1. 设备操作规范 2. 故障排除思路 3. 报告书写能力 4. 查阅文献能力 5. 语言表达能力 6. 团队协作能力	自我测评 □ A □ B □ C 教师测评 □ A □ B □ C

续表

评价指标	评价观测点	评价结果
综合评价	1. 理论知识（40%） 2. 职业能力（40%） 3. 职业素养（20%）	自我测评 □ A □ B □ C 教师测评 □ A □ B □ C
学生签字： 教师签字： 年 月 日		

任务总结

网络自动化运维使得大量的传统运维工作必须转向软件自动化的方式，同时要求网络工程师具备软件编程能力。掌握以 Python 为主的编程能力对传统网络工程师来说已经成为一项必备技能。本任务详细介绍了网络自动化运维必要性、SNMP 架构和工作原理、NTP 工作原理和工作模式以及 telnetlib 模块的方法和使用等网络知识。同时，本任务以真实的工作任务为载体，介绍了 Telnet 服务配置、NTP 服务配置、SNMP 配置、Python 的基础语法、Python 的数据类型、Python 的文件处理和 telnetlib 的使用方法等职业技能，并详细介绍了相关验证和调试的过程。熟练掌握这些网络基础知识和基本技能可为在复杂网络中实施自动化运维工作奠定坚实的基础。

知识巩固

1. 提供了 USM 的认证加密和 VACM 的 SNMP 版本是（   ）。
   A. v3   B. v2   C. v2c   D. v1
2. 在使用 telnetlib 模块时传递的是（   ）。
   A. 列表   B. 字符串   C. 字典   D. 字节字符串
3. NTP 工作模式有（   ）。
   A. 组播模式   B. 对等体模式
   C. 广播模式   D. 单播客户端/服务器模式
4. Python 在文件处理时需要经过（   ）操作。
   A. 打开文件   B. 文件读写   C. 关闭文件   D. 保存文件
5. Python 中，（   ）数据类型是不可变类型。
   A. 数字（Number）   B. 字符串（String）
   C. 元组（Tuple）   D. 字典（Dict）

任务 6-2　使用 paramiko 模块实现网络自动化巡检

任务描述

Telnet 缺少安全的验证方式，且传输过程中采用 TCP 进行明文传输，存在很大的安全隐患。与 Telnet 相比，SSH 提供在传统不安全的网络环境中，服务器通过对客户端的验证及双向的数据加密，为网络终端访问提供安全的服务。paramiko 模块是一个用于远程控制的模块，遵循 SSHv2 协议，可以对远程服务器和网络设备进行命令或文件操作。paramiko 模块能实现 SSH 客户端的功能，可以在 Python 代码中直接使用 SSH 协议对远程 SSH 服务器执行操作。本任务主要要求读者夯实和理解网络设备巡检的意义和任务、paramiko 模块功能和组件、SSHClient 类和 SFTPClient 类等基础知识，通过使用 paramiko

模块实现自动化巡检，掌握网络基本信息的收集、设备运行状态信息的收集、SSH 服务的配置和 paramiko 模块的使用方法等职业技能，为后续网络自动化运维做好准备。

知识准备

6.2.1　网络设备巡检

设备稳定运行依赖于完备的网络规划，而通过日常的维护和监测发现设备运行隐患也是非常有必要的。因此，为保障网络系统的平稳运行，有必要进行网络巡检，并根据巡检结果给出相应的网络系统改进和优化建议。网络巡检是指通过标准的方法和流程定期地对客户一定范围内的网络进行网元级的系统检查，内容包括现场数据采集、分析和报告生成等。通过对关键网元设备的关键检查点参数进行数据采集，并将采集到的数据与有关标准进行比较，从而确定关键网元设备所处的运行状态。通过定期网络巡检，可以及时发现网络中可能存在的隐患，并将其排除在萌芽状态。一般中大型公司需要对网络设备进行定期巡检，当设备量比较大且巡检指标较多的时候，该项工作往往费时费力，同时如果完全采用人工巡检，还容易出现人为因素上的失误。通过 Ansible 工具或者编写程序对网络设备进行自动化巡检，可以提高工作效率并降低人为失误，从而提升网络 QoS，确保设备的正常运行。通过自动化巡检收集相关的数据，可以进行一个阶段的趋势分析，以便更加准确地了解网络系统的整体运行情况，并可以与手动采集的数据结果进行对比，确保数据采集和分析的合理性及可靠性。

由于网络系统的巡检服务是一个长期的、持续性的工作，首先需要对网络系统具有一定的了解，创建一个基本信息库，主要内容如下。

（1）设备清单：包括设备名称、IP 地址、位置、功用、序列号等。

（2）设备模块硬件配置：包括网络设备的模块种类和型号等。

（3）设备软件版本：包括 VRP 软件版本、补丁版本和授权等。

（4）设备使用情况：包括购买时间、上线时长和维修记录等。

（5）设备性能基准：包括 CPU 和内存利用率和设备端口流量的初始数据等。

（6）设备端口信息：包括端口密度、端口速率和相关计数器初始状态。

通过第一次巡检完成基本信息库的建立，作为以后巡检工作的数据对比性分析的基础和依据，并保持数据更新，动态调整基本信息库的参考点。

华为网络 VRP 系统提供了丰富的网络设备基本信息检查和设备运行检查的命令。

设备运行检查主要是检查设备的运行情况，如 CPU 和内存利用率、设备端口和运行的业务等。

1．网络设备基本信息检查

网络设备基本信息检查主要检查设备的基本信息，如设备、风扇、文件系统、软件版本、补丁信息和系统时间等。

（1）执行 display version 命令检查设备运行的版本。

（2）执行 display patch-information 命令检查补丁信息。

（3）执行 display clock 命令检查系统时间。

（4）执行 dir flash 命令检查 Flash 空间。

（5）执行 display current-configuration 命令检查配置的正确性。

（6）执行 display debugging 命令检查 Debug 的开关。

（7）执行 compare configuration 命令检查配置是否保存。

2．设备运行检查

设备运行检查主要检查设备的运行情况，如 CPU 和内存利用率、设备端口和日志信息等。

（1）执行 display device 命令检查设备的部件类型及状态信息。

（2）路由器执行 display health 命令、交换机 display cpu-usage 执行可检查 CPU 状态。

（3）执行 display memory-usage 命令检查内存利用率。

（4）执行 display logbuffer summary 命令检查设备日志信息。

3．端口检查

端口检查主要检查设备的端口信息，如端口协商模式、端口配置、端口状态等是否正确。

（1）执行 display interface 命令检查当前运行状态和接口统计信息。

（2）执行 display current-configuration interface 命令检查端口配置。

（3）执行 display interface brief 命令检查端口处于 Up/Down 状态。

4．业务检查

业务检查主要检查设备运行的业务是否正常。

（1）执行 display dhcp snooping user-bind all 命令检查 DHCP Snooping 绑定表。

（2）执行 display mac-address 命令检查 MAC 地址表信息。

（3）执行 display ip routing-table 命令检查路由表信息。

6.2.2　使用 paramiko 模块

paramiko 模块是 SSHv2 协议的 Python 实现，可以在 Python 代码中直接使用 SSH 协议对远程服务器执行操作，可以实现在远程服务器上执行命令、上传文件到服务器或者从指定服务器下载文件的功能。paramiko 模块不是 Python 标准模块，需要安装后才能使用。可以执行 pip install paramiko 命令安装 paramiko 模块。

paramiko 模块组件如图 6-5 所示，包括密钥相关类和常用协议类。

图 6-5　paramiko 模块组件

paramiko 模块常用协议类如下。

（1）Channel 类：该类用于在 SSH Transport 上创建安全通道。

（2）Message 类：SSH Message 是字节流。该类对字符串、整数、布尔值和无限精度整数（Python 中称为长整数）的某些组合进行编码。

（3）Packetizer 类：该类用于数据包处理。

（4）Transport 类：该类用于在现有套接字或类套接字对象上创建 Transport 会话对象。

（5）SSHClient 类：SSHClient 类是与 SSH 服务器会话的高级表示。该类集成了 Transport 类、Channel 类和 SFTPClient 类。

（6）SFTPClient 类：该类通过一个打开的 SSH Transport 会话创建 SFTP 会话通道并执行远程文件操作。

paramiko 模块密钥相关类如下。

（1）SSH agents 类：该类用于 SSH 代理。

（2）Host keys 类：该类与 OpenSSH known_hosts 文件相关，用于创建 Host Keys 对象。

（3）Key handling 类：该类用于创建对应密钥类型的实例，如 RSA 密钥、DSS（DSA）密钥。

paramiko 模块常用的两个类为 SSHClient 类和 SFTPClient 类，分别提供 SSH 和 SFTP 功能。

1. 使用 SSHClient 类

SSHClient 类是 SSH 服务会话的高级表示。这个类已经集成了 Transport 类、Channel 类和 SFTPClient 类来进行会话通道的建立及鉴权验证，通常用于执行远程命令。SSHClient 类常用方法如表 6-4 所示。

表 6-4　SSHClient 类常用方法

方法	功能
connect()	实现远程服务器的连接与验证
set_missing_host_key_policy()	设置连接到没有已知主机密钥的服务器时使用的策略
load_system_host_keys()	从系统文件中加载主机密钥
exec_command()	在远程服务器上执行 Linux 命令
invoke_shell()	在远程服务器上启动交互式 Shell 会话
open_sftp()	在 SSH 服务器上创建一个 SFTP 会话
close()	关闭连接

（1）connect()

该方法用于实现远程服务器的连接与验证。其常用参数说明如下。

① hostname：连接的目的主机，该方法中只有 hostname 是必传参数。

② port=SSH_PORT：指定端口，默认端口号为 22。

③ username=None：验证的用户名。

④ password=None：验证的用户密码。

⑤ pkey=None：用于身份验证。

⑥ key_filename=None：一个文件名或文件列表，用于指定私钥文件。

⑦ timeout=None：可选的 TCP 连接超时时间。

⑧ allow_agent=True：是否允许连接到 SSH 代理，默认为 True，表示允许。

⑨ look_for_keys=True：是否在~/.ssh 中搜索私钥文件，默认为 True，表示允许。

⑩ compress=False：是否打开压缩。

其使用方法举例如下。

```
client.connect(hostname='192.168.56.101',username='client',password='123456')
# 密码验证
client.connect(hostname='192.168.56.101',username='client',key_filename='id_rsa')
# 密钥验证
```

（2）set_missing_host_key_policy()

该方法用于设置连接到没有已知主机密钥的服务器时使用的策略，目前支持以下 3 种策略。

① AutoAddPolicy：自动添加主机名及主机密钥到本地 HostKeys 对象，不依赖 load_system_host_keys()的配置，即新建 SSH 连接时不需要再输入 yes 或 no 进行确认。

② WarningPolicy：用于记录未知的主机密钥的 Python 告警。

③ RejectPolicy：自动拒绝未知的主机名和密钥，依赖 load_system_host_keys()的配置。此为默认选项。

其使用方法举例如下。

```
client.set_missing_host_key_policy(paramiko.client.AutoAddPolicy())
```

（3）load_system_host_keys()

该方法用于从系统文件中加载主机密钥，如果没有参数，那么尝试从用户本地的"known hosts"文件中读取密钥信息。

（4）exec_command()

该方法用于在远程服务器上执行 Linux 命令。使用方法举例如下。

```
stdin,stdout,stderr=client.exec_command('ls -l')
```

（5）invoke_shell()

该方法用于建立基于 SSH 的会话连接，启动交互式 Shell 会话。使用方法举例如下。

```
cli = client.invoke_shell()
```

（6）open_sftp()

在 SSH 服务器上创建 SFTP 会话。使用方法举例如下。

```
sftp=client.open_sftp()
```

（7）close()

该方法用于关闭连接。

2. 使用 SFTPClient 类

SSH 文件传送协议（SSH File Transfer Protocol，SFTP）是一种安全的文件传输协议，建立在 SSH 协议的基础之上。SFTP 不仅提供 FTP 的所有功能，安全性和可靠性也更高。在作为 SFTP 服务器的网络设备上启用 SFTP 服务器功能后，客户端 PC 可以通过密码验证或密钥验证等验证方式登录 SFTP 服务器并完成文件上传和下载等功能。

SFTPClient 类通过打开的 SSH Transport 会话通道创建 SFTP 会话连接并执行远程文件操作。SFTPClient 类常用方法如表 6-5 所示。

表 6-5　SFTPClient 类常用方法

方法	功能
from_transport()	从打开的 Transport 会话通道中创建 SFTP 会话连接
get()	下载指定文件
put()	上传指定文件

（1）from_transport()

该方法用于从开启的 Transport 会话通道创建 SFTP 会话连接。一个 SSH Transport 连接到一个流（通常为套接字），协商加密会话，进行验证。后续可在加密会话上创建通道。多个通道可以在单个会话连接中多路复用（如端口转发）。

（2）get()

该方法用于将远程文件从 SFTP 服务器复制到本地主机的指定路径中，操作引发的任何异常都将被传递。使用方法如下。

sftp.get(remotepath，localpath)，remotepath 参数指定将要被下载的远程文件，localpath 参数指定本地主机的目的路径，该路径应包含文件名，仅指定目录可能会导致错误。

（3）put()

该方法用于将本地文件从本地主机复制到 SFTP 服务器的指定路径中，操作引发的任何异常都将被传递。使用方法如下。

sftp.put(localpath，remotepath)，localpath 参数指定将要被上传的本地文件，remotepath 参数指定 SFTP 服务器上的目的路径，该路径应包含文件名，仅指定目录可能会导致错误。

任务实施

A 公司的网络已经在正常运行。现在考虑对运行中的网络准备进行日常的巡检，除了日常的设备环境检查外，还要检查设备基本信息和设备运行状态等。本任务将收集网络设备的版本信息、补丁信息、时钟信息、板卡运行状态、CPU 利用率、内存利用率及日志信息，便于分析网络运行状态。如图 6-1

所示，本任务只考虑深圳总部园区网络和服务器区网络，使用表 6-3 所示的 IP 地址连接各设备。

按照公司的整体网络规划，运维部工程师将对深圳总部园区网络和服务器区网络使用 paramiko 模块实现网络自动化巡检，需要完成的任务如下。

（1）配置 SSH 服务端。

（2）编写 Python 脚本。

（3）运行 Python 脚本。

1. 配置 SSH 服务端

需要在路由器 SZ1、SZ2 和交换机 S1、S2、S4 上手动配置 SSH 服务。路由器和交换机的 SSH 服务配置稍有不同，下面以路由器 SZ1 和交换机 S1 的配置为例进行介绍。

（1）配置路由器的 SSH 服务器

```
[SZ1]aaa
[SZ1-aaa]local-user python password cipher Huawei12#$
[SZ1-aaa]local-user python service-type ssh
[SZ1-aaa]local-user python privilege level 3
[SZ1-aaa]quit
[SZ1]stelnet server enable
[SZ1]ssh user python authentication-type password
[SZ1]user-interface vty 0 4
[SZ1-ui-vty0-4]authentication-mode aaa
[SZ1-ui-vty0-4]user privilege level 3
[SZ1-ui-vty0-4]protocol inbound ssh
```

（2）配置交换机的 SSH 服务器

```
[S1]aaa
[S1-aaa]local-user python password cipher Huawei12#$
[S1-aaa]local-user python service-type ssh
[S1-aaa]local-user python privilege level 3
[S1-aaa]quit
[S1]stelnet server enable
[S1]ssh user python
[S1]ssh user python authentication-type password
[S1]ssh user python service-type stelnet
[S1]user-interface vty 0 4
[S1-ui-vty0-4]authentication-mode aaa
[S1-ui-vty0-4]user privilege level 3
[S1-ui-vty0-4]protocol inbound ssh
```

（3）验证路由器 SZ1 和交换机 S1 的 SSH 服务器

```
[SZ1]display ssh server status
 SSH version                            :1.99
 SSH connection timeout                 :60 seconds
 SSH server key generating interval     :0 hours
 SSH Authentication retries             :3 times
 SFTP Server                            :Disable
 Stelnet server                         :Enable      //STelnet 已启用

[S1]display ssh server status
 SSH version                            :1.99
 SSH connection timeout                 :60 seconds
 SSH server key generating interval     :0 hours
```

```
SSH authentication retries      :3 times
SFTP server                     :Disable
Stelnet server                  :Enable      //STelnet 已启用
Scp server                      :Disable
```

2. 编写 Python 脚本

下面的 Python 脚本的功能是先登录网络设备，并在每台设备上执行配置文件中的配置命令，再使用 paramiko 模块实现自动化巡检。

（1）导入需要的模块。

```
import paramiko                  # paramiko 模块需要先安装后使用
import time
```

（2）定义 send_dis_cmd()函数用于登录设备并向设备发送执行命令。其中，参数 ip 是设备的 IP 地址，username 和 password 是登录设备的用户名和密码，commands 是向设备发送命令的列表。

```
def send_dis_cmd(ip,username,password,commands):
    try:
        # 创建 SSH 对象，使用 paramiko SSHClient()实例化 SSH 对象
        ssh = paramiko.SSHClient()

        # 允许连接未知主机，即新建 SSH 连接时不需要再输入 yes 或 no 进行确认。自动添加主机名及主机密钥
        # 到本地 HostKeys 对象上
        ssh.set_missing_host_key_policy(paramiko.AutoAddPolicy())
        # 创建 SSH 会话连接
        ssh.connect(hostname=ip,username=username,
                    password=password,look_for_keys=False)
        print(f"SSH 已经登录 {ip}")
        cli = ssh.invoke_shell()
        cli.send('screen-length 0 temporary\n')
        for cmd in commands_S:
            cli.send(cmd + "\n")
        # Python 默认无间隔并按顺序执行所有代码，在使用 paramiko 向交换机发送配置命令时，可能会遇到 SSH
        # 响应不及时或者设备回显信息显示不全的情况。此时，可以使用 time 模块下的 sleep 方法来人为暂停程序
            time.sleep(1)
        # 抓取通道回显信息。invoke_shell()已经创建了一个逻辑通道。此前所有的输入输出的过程信息都在
        # 此通道中，获取此通道中的所有信息，并将其输出。调用 cli.recv()函数，使用 decode()方法进行对其
        # 解码，最后赋值给 dis_cu。cli.recv(999999)的作用是接收通道中的数据，数据最大为 999999 字节。
        # decode()方法的作用是以指定的编码格式解码字节对象，默认编码格式为 UTF-8
        dis_cu = cli.recv(999999).decode()
        # 输出回显内容
        print(dis_cu)
        ssh.close()
    except paramiko.ssh_exception.AuthenticationException:
        print(f"\n\tUser authentication failed for {ip}.\n")
```

（3）定义主函数。路由器和交换机上的命令稍有不同，commands_R 是路由器上执行的命令，commands_S 是交换机上执行的命令。

```
if __name__ == "__main__":
    # 路由器上执行的命令
    commands_R = ["display version","display patch-information",
                  "display clock","display device",
```

```
                   "display health","display memory-usage",
                   "display logbuffer"]
    # 交换机上执行的命令
    commands_S = ["display version","display patch-information",
                   "display clock","display device",
                   "display cpu-usage configuration",
                   "display memory-usage",
                   "display logbuffer summary"]
    # 网络设备地址信息，通过字典的键的第一个字母来表示该设备是路由器还是交换机
    devices= {"R_SZ1":"10.2.12.1",
              "R_SZ2":"10.2.12.2",
              "S_S4":"10.3.1.254",
              "S_S1":"10.1.4.252",
              "S_S2":"10.1.4.253"
              }
    username = "python"
    password = "Huawei12#$"
    for key in devices.keys():
        ip = devices[key]
        if key.startswith("R"):           # 路由器执行 commands_R
            send_dis_cmd(ip,username,password,commands_R)
        else:                             # 交换机执行 commands_S
            send_dis_cmd(ip,username,password,commands_S)
```

3. 运行 Python 脚本

```
SSH 已经登录 10.2.12.1

<SZ1>screen-length 0 temporary
Info: The configuration takes effect on the current user terminal interface only.
<SZ1>display version
Huawei Versatile Routing Platform Software
VRP (R) software, Version 5.130 (AR2200 V200R003C00)
Copyright (C) 2011-2012 HUAWEI TECH CO., LTD
Huawei AR2220 Router uptime is 0 week, 0 day, 0 hour, 6 minutes
BKP 0 version information:
1. PCB       Version : AR01BAK2A VER.NC
2. If Supporting PoE : No
3. Board     Type    : AR2220
4. MPU Slot Quantity : 1
5. LPU Slot Quantity : 6


MPU 0(Master) : uptime is 0 week, 0 day, 0 hour, 6 minutes
MPU version information  :
1. PCB       Version : AR01SRU2A VER.A
2. MAB       Version : 0
3. Board     Type    : AR2220
4. BootROM Version   : 0


<SZ1>display patch-information
```

```
<SZ1>display clock
2022-10-25 00:34:47
Tuesday
Time Zone(China-Standard-Time) : UTC-08:00
<SZ1>display device
AR2220's Device status:
Slot  Sub Type    Online      Power       Register    Alarm   Primary
- - - - - - - - - - - - - - - - - - - - - - - - - - - - - - - - - - - -
1    -   1GEC     Present     PowerOn     Registered  Normal  NA
2    -   1GEC     Present     PowerOn     Registered  Normal  NA
3    -   1GEC     Present     PowerOn     Registered  Normal  NA
0    -   AR2220   Present     PowerOn     Registered  Normal  Master
7    -   PWR      Present     PowerOn     Registered  Normal  NA


<SZ1>display health
--------------------------------------------------------------------------
 Slot    Card     Sensor No.    SensorName      Status  Upper  Lower  Temp(C)
--------------------------------------------------------------------------
 0       -        1             AR2220 TEMP     NORMAL  73     0      0
 1       -        1             1GEC TEMP       NORMAL  65     0      0
 2       -        1             1GEC TEMP       NORMAL  65     0      0
 3       -        1             1GEC TEMP       NORMAL  65     0      0
--------------------------------------------------------------------------
 PowerNo  Present  Mode   State     Current(A)  Voltage(V)  Power(W)
--------------------------------------------------------------------------
 7        YES      AC     Supply    N/A         12          150
--------------------------------------------------------------------------
         FanId  FanNum  Present  Register  Speed  Mode
--------------------------------------------------------------------------
         0      [1-4]   YES      YES       NA     AUTO
 The total  power is : 150.000(W)
 The used   power is : 0.000(W)
 The remain power is : 150.000(W)
 The system used power detail information :
--------------------------------------------------------------------------
 SlotID  BoardType    Power-Used(W)  Power-Requested(W)
--------------------------------------------------------------------------
 0       AR2220       0.000          0
 1       1GEC         -              0
 2       1GEC         -              0
 3       1GEC         -              0
System CPU Usage Information:
 System cpu usage at 2022-11-01  10:07:51 855 ms
--------------------------------------------------------------------------
 SlotID  CPU Usage  Upper Limit
--------------------------------------------------------------------------
 0       0 %        80%
System Memory Usage Information:
```

```
 System memory usage at 2022-11-01  10:07:51 855 ms
 --------------------------------------------------------------------------------
  SlotID  Total Memory(MB)  Used Memory(MB)  Used Percentage  Upper Limit
 --------------------------------------------------------------------------------
   0       152               123              81%              95%
System Disk Usage Information:
 System disk usage at 2022-11-01  10:07:51 855 ms
 --------------------------------------------------------------------------------
  SlotID  Device  Total Memory(MB)  Used Memory(MB)  Used Percentage
 --------------------------------------------------------------------------------
   0       flash:  1065             299              28%

<SZ1>display memory-usage
 Memory utilization statistics at 2022-10-25 00:34:50 841 ms
 System Total Memory Is: 159383552 bytes
 Total Memory Used Is: 129519120 bytes
 Memory Using Percentage Is: 81%
<SZ1>display logbuffer summary
 EMERG ALERT  CRIT ERROR  WARN NOTIF  INFO DEBUG
    0     0     0     0    49    0     0     0
<SZ1>
SSH 已经登录 10.2.12.2

<SZ2>screen-length 0 temporary
Info: The configuration takes effect on the current user terminal interface only.
<SZ2>display version
Huawei Versatile Routing Platform Software
VRP (R) software, Version 5.130 (AR2200 V200R003C00)
Copyright (C) 2011-2012 HUAWEI TECH CO., LTD
Huawei AR2220 Router uptime is 0 week, 0 day, 0 hour, 7 minutes
BKP 0 version information:
1. PCB      Version : AR01BAK2A VER.NC
2. If Supporting PoE : No
3. Board    Type    : AR2220
4. MPU Slot Quantity : 1
5. LPU Slot Quantity : 6

MPU 0(Master) : uptime is 0 week, 0 day, 0 hour, 7 minutes
MPU version information :
1. PCB      Version : AR01SRU2A VER.A
2. MAB      Version : 0
3. Board    Type    : AR2220
4. BootROM Version  : 0

<SZ2>display patch-information
<SZ2>display clock
2022-10-25 00:34:55
Tuesday
```

```
Time Zone(China-Standard-Time) : UTC-08:00
<SZ2>display device
AR2220's Device status:
Slot  Sub    Type    Online   Power    Register     Alarm    Primary
- - - - - - - - - - - - - - - - - - - - - - - - - - - - - - - - - - -
1     -      1GEC    Present  PowerOn  Registered   Normal   NA
0     -      AR2220  Present  PowerOn  Registered   Normal   Master
7     -      PWR     Present  PowerOn  Registered   Normal   NA


<SZ2>display health
--------------------------------------------------------------------
Slot   Card   Sensor No.   SensorName     Status   Upper   Lower   Temp(C)
--------------------------------------------------------------------
0      -      1            AR2220 TEMP    NORMAL   73      0       0
1      -      1            1GEC TEMP      NORMAL   65      0       0
--------------------------------------------------------------------
PowerNo  Present  Mode   State     Current(A)   Voltage(V)   Power(W)
--------------------------------------------------------------------
7        YES      AC     Supply    N/A          12           150
--------------------------------------------------------------------
        FanId  FanNum  Present  Register  Speed  Mode
--------------------------------------------------------------------
        0      [1-4]   YES      YES       NA     AUTO
The total  power is : 150.000(W)
The used   power is : 0.000(W)
The remain power is : 150.000(W)
The system used power detail information :
--------------------------------------------------------------------
 SlotID  BoardType   Power-Used(W)   Power-Requested(W)
--------------------------------------------------------------------
0     AR2220    0.000        0
1     1GEC      -            0
System CPU Usage Information:
 System cpu usage at 2022-11-01  10:09:40 33 ms
--------------------------------------------------------------------
 SlotID  CPU Usage  Upper Limit
--------------------------------------------------------------------
0     0 %        80%
System Memory Usage Information:
 System memory usage at 2022-11-01  10:09:41 43 ms
--------------------------------------------------------------------
 SlotID  Total Memory(MB)  Used Memory(MB)  Used Percentage  Upper Limit
--------------------------------------------------------------------
0      152               123               80%              95%
System Disk Usage Information:
 System disk usage at 2022-11-01  10:09:41 43 ms
--------------------------------------------------------------------
 SlotID  Device  Total Memory(MB)  Used Memory(MB)  Used Percentage
--------------------------------------------------------------------
```

```
     0     flash: 1065           299              28%
<SZ2>display memory-usage
 Memory utilization statistics at 2022-10-25 00:34:58 806 ms
 System Total Memory Is: 159383552 bytes
 Total Memory Used Is: 129247000 bytes
 Memory Using Percentage Is: 81%
<SZ2>display logbuffer summary
 EMERG ALERT  CRIT ERROR  WARN NOTIF  INFO DEBUG
    0     0     0     0    30     0     0     0
<SZ2>
SSH 已经登录 10.3.1.254

Info: The max number of VTY users is 5, and the number
     of current VTY users on line is 1.
     The current login time is 2022-10-25 00:35:04.
<S4>screen-length 0 temporary
Info: The configuration takes effect on the current user terminal interface only.
<S4>display version
Huawei Versatile Routing Platform Software
VRP (R) software, Version 5.110 (S5700 V200R001C00)
Copyright (c) 2000-2011 HUAWEI TECH CO., LTD

Quidway S5700-28C-HI Routing Switch uptime is 0 week, 0 day, 0 hour, 8 minutes
<S4>display patch-information
Info: No patch exists.
The state of the patch state file is: Idle
The current state is: Idle
<S4>display clock
2022-10-25 00:35:05-08:00
Tuesday
Time Zone(China-Standard-Time) : UTC-08:00
<S4>display device
S5700-28C-HI's Device status:
Slot Sub Type         Online  Power       Register       Status     Role
- - - - - - - - - - - - - - - - - - - - - - - - - - - - - - - - - - - - -
0    -   5728C        Present PowerOn  Registered    Normal     Master
<S4>display cpu-usage  configuration
The CPU usage monitor is turned on.
The current monitor cycle is 60 seconds.
The current monitor warning threshold is 80%.
The current monitor restore threshold is 75%.
<S4>display memory-usage
 Memory utilization statistics at 2022-10-25 00:35:08-08:00
 System Total Memory Is: 171493452 bytes
 Total Memory Used Is: 124394128 bytes
 Memory Using Percentage Is: 72%
<S4>display logbuffer summary
     SLOT EMERG ALERT  CRIT ERROR  WARN NOTIF  INFO DEBUG
```

```
         0   0   0   0   0   0   0   0   0

<S4>
SSH 已经登录 10.1.4.252

Info: The max number of VTY users is 5, and the number
    of current VTY users on line is 1.
      The current login time is 2022-10-25 00:35:11.
<S1>screen-length 0 temporary
Info: The configuration takes effect on the current user terminal interface only.
<S1>display version
Huawei Versatile Routing Platform Software
VRP (R) software, Version 5.110 (S5700 V200R001C00)
Copyright (c) 2000-2011 HUAWEI TECH CO., LTD


Quidway S5700-28C-HI Routing Switch uptime is 0 week, 0 day, 0 hour, 7 minutes
<S1>display patch-information
Info: No patch exists.
The state of the patch state file is: Idle
The current state is: Idle
<S1>display clock
2022-10-25 00:35:13-08:00
Tuesday
Time Zone(China-Standard-Time) : UTC-08:00
<S1>display device
S5700-28C-HI's Device status:
Slot  Sub Type        Online   Power       Register       Status     Role
- - - - - - - - - - - - - - - - - - - - - - - - - - - - - - - - - - - - -
0    -   5728C     Present  PowerOn   Registered   Normal   Master
<S1>display cpu-usage  configuration
The CPU usage monitor is turned on.
The current monitor cycle is 60 seconds.
The current monitor warning threshold is 80%.
The current monitor restore threshold is 75%.
<S1>display memory-usage
 Memory utilization statistics at 2022-10-25 00:35:16-08:00
 System Total Memory Is: 171493452 bytes
 Total Memory Used Is: 124573736 bytes
 Memory Using Percentage Is: 72%
<S1>display logbuffer summary
    SLOT EMERG ALERT  CRIT ERROR  WARN NOTIF  INFO DEBUG
       0   0   0   0   0   0   0   0   0


<S1>
SSH 已经登录 10.1.4.253

Info: The max number of VTY users is 5, and the number
    of current VTY users on line is 1.
      The current login time is 2022-10-25 00:35:19.
```

```
<S2>screen-length 0 temporary
Info: The configuration takes effect on the current user terminal interface only.
<S2>display version
Huawei Versatile Routing Platform Software
VRP (R) software, Version 5.110 (S5700 V200R001C00)
Copyright (c) 2000-2011 HUAWEI TECH CO., LTD

Quidway S5700-28C-HI Routing Switch uptime is 0 week, 0 day, 0 hour, 7 minutes
<S2>display patch-information
Info: No patch exists.
The state of the patch state file is: Idle
The current state is: Idle
<S2>display clock
2022-10-25 00:35:21-08:00
Tuesday
Time Zone(China-Standard-Time) : UTC-08:00
<S2>display device
S5700-28C-HI's Device status:
Slot  Sub Type        Online   Power     Register      Status     Role
- - - - - - - - - - - - - - - - - - - - - - - - - - - - - - - - - - - - - - - - -
0     -   5728C       Present  PowerOn   Registered    Normal     Master
<S2>display cpu-usage configuration
The CPU usage monitor is turned on.
The current monitor cycle is 60 seconds.
The current monitor warning threshold is 80%.
The current monitor restore threshold is 75%.
<S2>display memory-usage
 Memory utilization statistics at 2022-10-25 00:35:24-08:00
 System Total Memory Is: 171493452 bytes
 Total Memory Used Is: 124604160 bytes
 Memory Using Percentage Is: 72%
<S2>display logbuffer summary
     SLOT EMERG ALERT  CRIT ERROR  WARN NOTIF  INFO DEBUG
        0     0     0     0     0     0     0     0     0
<S2>
```

任务评价

评价指标	评价观测点	评价结果
理论知识	1. 网络设备巡检的意义和任务的理解 2. paramiko 模块功能和组件的理解 3. SSHClient 类和 SFTPClient 类的理解	自我测评 □ A □ B □ C 教师测评 □ A □ B □ C
职业能力	1. 掌握网络日常巡检内容 2. 掌握网络基本信息的收集 3. 掌握设备运行状态信息的收集 4. 掌握 SSH 服务的配置 5. 掌握 paramiko 模块的使用方法	自我测评 □ A □ B □ C 教师测评 □ A □ B □ C

续表

评价指标	评价观测点	评价结果
职业素养	1. 设备操作规范 2. 故障排除思路 3. 报告书写能力 4. 查阅文献能力 5. 语言表达能力 6. 团队协作能力	自我测评 □ A □ B □ C 教师测评 □ A □ B □ C
综合评价	1. 理论知识（40%） 2. 职业能力（40%） 3. 职业素养（20%）	自我测评 □ A □ B □ C 教师测评 □ A □ B □ C
学生签字：	教师签字：	年　月　日

任务总结

　　paramiko 模块是一个用于远程控制的模块，可以对远程服务器、网络设备进行操作。本任务详细介绍了网络设备巡检的意义和任务、paramiko 模块功能和组件、SSHClient 类和 SFTPClient 类等网络知识。同时，本任务以真实的工作任务为载体，介绍了网络日常巡检内容、网络基本信息的收集、设备运行状态信息的收集、SSH 服务的配置和 paramiko 模块的使用方法等职业技能，并详细介绍了相关验证和调试的过程。熟练掌握这些网络基础知识和基本技能为复杂网络中实施自动化运维工作奠定了坚实的基础。

知识巩固

1. 以下（　　　）命令可以检查设备运行状态。
   - A. display cpu-usage
   - B. display platform
   - C. display device
   - D. display dialog
2. 在检查 CPU 状态时，如果出现 CPU 利用率长时间超过（　　）的情况，则建议重点关注。
   - A. 60%
   - B. 70%
   - C. 90%
   - D. 80%
3. SSH 支持（　　）方式。
   - A. 密码验证
   - B. 密钥验证
   - C. 指纹验证
   - D. 一次性验证
4. paramiko 模块组件中常见协议类有（　　）。
   - A. SSHClient
   - B. SFTPClient
   - C. Transport
   - D. Channel
5. paramiko 模块组件中密钥相关类有（　　）。
   - A. SSH agents
   - B. Host keys
   - C. Key handling
   - D. Message

任务 6-3　使用 netmiko 模块实现网络拓扑发现

任务描述

　　随着网络规模的扩大，网络设备种类越来越多，其各自的配置越来越复杂，因此对网络管理能力的要求越来越高。传统网络管理系统只能分析到三层网络拓扑结构,无法确定网络设备的详细拓扑信息以及是否存在配置冲突等。因此需要一个标准的二层信息交流协议。LLDP 提供了一种标准的链路层发现方式。通过 LLDP 获取设备二层信息能够快速检测设备间的配置冲突和查询网络出现故障的原因等。用户可以通过使用网络管理系统,对运行 LLDP 的设备进行链路状态监控,在网络发生故障的时候进行快速故障定位。netmiko 模块是基于 paramiko 模块开发的专门用于网络设备的 SSH 模块,是网络运维工程师日常工作中常用的模块之一。本任务主要要求读者夯实和理解 LLDP 工作原理、JSON 数据格式和 netmiko 模块的使用等基础知识,通过使用 netmiko 模块实现网络拓扑发现,掌握 LLDP 配置、SSH 配置、Python 解析 JSON 的方法和 netmiko 模块的使用方法等职业技能,为后续网络自动化运维做好准备。

知识准备

6.3.1　JSON 数据格式

JS 对象简谱(JavaScript Object Notation,JSON)是一种轻量级的数据交换格式,可以在多种语言之间进行数据交换。JSON 数据格式具有数据格式简单、易于读写、占用带宽小及易于解析等优点,在网络自动化中经常采用 JSON 数据格式与网络设备进行数据交换。

构成 JSON 数据格式的两个主要部分是键和值。键始终是用引号括起来的字符串,值可以是字符串、数字、布尔表达式、数组或对象。

键和值一起组成一个键/值对。键/值对遵循特定的语法,键后跟一个冒号,然后是值。键/值对以逗号分隔。下面的例子包含两个键/值对。

```
"Router" : "Edge Router",
"Switch" : "Core Switch"
```

两个键/值对间以逗号分隔,其中,"Router"和"Switch"是键,键"Router"的值是"Edge Router","Switch"的值是"Core Switch"。

JSON 对象是一个无序的、键/值对的集合,一个对象以左花括号{开始,以右花括号}结束,左右花括号之间为对象中的若干键/值对。键/值对中,键必须是字符串类型(使用引号将键包裹起来),而值可以是 JSON 中的任意类型,键和值之间需要使用冒号分隔开,不同的键/值对之间需要使用逗号分隔开,对象中的最后一个键/值对末尾不需要添加逗号。

```
{
  "RouterName": "Backbone-1",
  "mng_ip_address" : "192.168.0.1",
  "mng_subnet_mask" : "255.255.255.0"
}
```

JSON 值的类型可以是布尔值、数字、字符串、数组、对象。JSON 值的类型是布尔值、数字和字符串时,较容易理解,这里不对其进行介绍。下面 JSON 对象中的值是一个列表。

```
{
  "r1": {
    "sysname": "R1",
    "location": "SZ",
    "vendor": "Huawei",
    "ip": "10.255.0.1"
    },
  "r2": {
    "sysname": "R2",
```

```
        "location": "GZ",
        "vendor": "Huawei",
        "ip": "10.255.0.2"
        }
    }
```

JSON 对象中可以嵌套 JSON 对象，下面的例子中 JSON 对象包含了两个键（键"r1"和键"r2"），分别表示"r1"和"r2"路由器，每个键都有一个嵌套的 JSON 对象作为该键的值。

```
    {
    "r1": [
        "sysname": "R1",
        "location": "SZ",
        "vendor": "Huawei",
        "ip": "10.255.0.1"
        ],
    "r2": [
        "sysname": "R2",
        "location": "GZ",
        "vendor": "Huawei",
        "ip": "10.255.0.2"
        ]
    }
```

Python 的 json 模块用于处理 JSON 对象和 Python 值之间转换的所有细节，json 模块属于 Python 的标准库，使用时直接导入即可，无须单独安装。json 模块提供了 4 个方法：load()、loads()、dump() 和 dumps()。

（1）json.load()：读取文件中 JSON 格式的字符串元素并将其转换为 Python 类型。

（2）json.loads()：将已编码的 JSON 字符串解码为 Python 对象。

（3）json.dump()：将 Python 内置类型序列化为 JSON 对象后写入文件。

（4）json.dumps()：将 Python 对象编码为 JSON 字符串。

以下是 json 模块提供的 4 个方法使用示例，首先创建 JSON 文件 sw_templates.json。

```
    {
    "access": [
        "port link-type access",
        "port default vlan 100"
    ],
    "trunk": [
        " port trunk allow-pass vlan 100",
        " port link-type trunk ",
        " port trunk pvid vlan 100"
    ]
}
```

1. json.load()方法

通过 json.load()方法可以读取 JSON 文件，将 JSON 字符串以 Python 字典形式返回。

```
import json                                    # 导入 json 模块
with open('sw_templates.json') as f:           # 打开 JSON 文件
    templates = json.load(f)                    # 读取 JSON 文件，返回字典
print(templates)                               # 输出
for section, commands in templates.items():    # 遍历字典
```

```
        print(section)                              # section 是字典的键
        print('\n'.join(commands))                  # commands 是字典的值，为列表形式
```

2. json.loads()方法

json.loads()方法只接收 JSON 字符串，所以不能直接读取 JSON 文件，将 JSON 字符串以 Python 字典形式返回。

```
import json
with open('sw_templates.json') as f:
    content = f.read()                    # open()方法用于读取 JSON 文件，content 是 JSON 字符串
    templates = json.loads(content)  # 将 JSON 字符串传入，返回字典
print(templates)
for section, commands in templates.items():
    print(section)
    print('\n'.join(commands))
```

3. json.dump()方法

将 Python 对象写入 JSON 文件。

```
import json
trunk_template = [
    " port trunk allow-pass vlan 100",
    " port link-type trunk ",
    " port trunk pvid vlan 100"
    ]
access_template = [
    "port link-type access",
    "port default vlan 100"
    ]
to_json = {'trunk': trunk_template, 'access': access_template}
with open('sw_templates.json', 'w') as f:
    json.dump(to_json, f)                 # 写入 sw_templates.json 文件
with open('sw_templates.json') as f:
    print(f.read())                       # 读取 sw_templates.json 文件
```

4. json.dumps()方法

将对象转换为 JSON 格式的字符串，适用于要以 JSON 格式返回字符串的情况。例如，将对象传递给接口。

```
import json
trunk_template = [
    " port trunk allow-pass vlan 100",
    " port link-type trunk ",
    " port trunk pvid vlan 100"
    ]
access_template = [
    "port link-type access",
    "port default vlan 100"
    ]
to_json = {'trunk': trunk_template, 'access': access_template}
with open('sw_templates2.json', 'w') as f:
    f.write(json.dumps(to_json))              # 将列表转换为字符串
with open('sw_templates2.json') as f:
    print(f.read())
```

6.3.2 使用 netmiko 模块

paramiko 模块能实现 SSH 功能，但它并不是专门为网络设备设计的模块。在使用 paramiko 模块和网络设备交互时并不简单，也不通用。netmiko 模块是基于 paramiko 模块开发的专门用于网络设备的 SSH 模块，是网络运维工程师日常工作中常用的模块之一。

相对于 paramiko 模块，netmiko 模块对很多细节进行了优化和简化，不需要导入 time 模块进行休眠，不需要在输入命令后面加换行符\n，华为设备不需要执行 system-view、quit 等命令，思科设备不需要执行 config terminal、exit、end 等命令。该模块也方便提取、输出回显内容，还可以配合 Jinja2 模块调用配置模板，以及配合 TextFSM、pyATS、Genie 等模块将回显内容以有序的 JSON 格式输出，以方便过滤和提取所需的数据等。

netmiko 模块目前能支持很多厂商设备的 SSH 连接。具体厂商设备请参阅 netmiko 模块官网。netmiko 模块支持的厂商设备可分为以下 3 类。

（1）定期测试：在每次 netmiko 模块发布之前，都会对这组设备进行完整测试。

（2）有限测试：有限测试意味着配置和显示操作系统测试在某个时间点通过了该平台上的测试，因此，可以认为 netmiko 模块在这些平台上是可以工作的。

（3）实验性：没有经过定期测试和有限测试，但通过了检查，应当是可以支持的，但是关于是否完全通过单元测试或其可靠性如何，没有足够的数据进行验证。

netmiko 模块不是 Python 标准模块，需要执行 **pip install netmiko** 命令安装 netmiko 模块。

netmiko 模块是基于 paramiko 模块的，提供了许多接口和方法，使得 netmiko 模块登录和配置网络设备更加方便。

1. ConnectHandler 类连接设备

ConnectHandler 类是 netmiko 模块的核心类，通过 ConnectHandler 类的初始化函数并传入相应的设备参数就可以登录设备。参数包含必要参数和可选参数，必要参数包括 device_type、ip、username 和 password 等，可选参数包括 port、secret、use_keys、key_file、conn_timeout 等。

下面是使用 ConnectHandler 类连接设备的 3 种方式。

（1）直接传入参数

```
import netmiko
conn = netmiko.ConnectHandler(device_type="huawei",
                              ip="192.168.56.101",
                              username="python",
                              password="Huawei12#$")
ret = conn.send_command("display ip int brief")
print("display ip int brief")
print (ret)
conn.disconnect()
```

（2）使用字典传入参数

```
import netmiko
AR1 = {"device_type":"huawei",
       "ip":"192.168.56.101",
       "username":"python",
       "password":"Huawei12#$"
       }
conn = netmiko.ConnectHandler(**AR1)          # 注意：AR1 前有 2 个星号
ret = conn.send_command("display ip int brief")
print("display ip int brief")
```

303

```
print (ret)
conn.disconnect()
```

（3）使用上下文管理器（with 语句）调用 ConnectHandler 类

```
import netmiko
AR1 = {"device_type":"huawei",
       "ip":"192.168.56.101",
       "username":"python",
       "password":"Huawei12#$"
       }
with netmiko.ConnectHandler(**AR1) as conn:        # 注意：AR1 前有 2 个星号
    ret = conn.send_command("display ip int brief")
    print("display ip int brief")
    print (ret)
```

直接传入参数和使用字典传入参数都需要手动关闭 SSH 会话，如 conn.disconnect()语句；使用上下文管理器调用 ConnectHandler 类时，脚本运行完毕后会自动关闭 SSH 会话。

在使用字典传入参数时，要使用 2 个星号，其意义不是将整个字典作为一个参数传入，而是将字典中的每个键值对作为一个参数传递给 ConnectHandler 类。

2. 设备类型

device_type 参数指的是 netmiko 模块支持的厂商设备类型，它与 ip、username 和 password 参数都是必要参数。例如，上面的代码中，针对华为设备，其 device-type 为 "huawei"，但这并不意味着 device-type 就是厂商名。这需要根据 netmiko 模块中定义的名称来确定 device-type 的值。支持的思科 device-type 值有 cisco_asa、cisco_ftd、cisco_ios、cisco_nxos、cisco_s300、cisco_tp、cisco_wlc、cisco_xe、cisco_xr；支持的华为 device-type 值有 huawei、huawei_olt、huawei_smartax、huawei_vrpv8；支持的锐捷 device-type 值有 ruijie_os。

（1）发送命令

netmiko 模块有以下 4 种发送配置函数。

① send_command()：向设备发送一条命令。发出命令后，默认情况下这个函数会一直等待，直到接收到设备的完整回显内容为止。

② send_command_timing()：与 send_command()一样，支持向设备发送一条命令。send_command_timing()参数中的 delay_factor 参数默认为 1，如果没有从设备收到更多新的回显内容，则在等待 delay_factor × 2s 后自动停止，且不会抛出任何异常。

③ send_config_set ()：向设备发送一条或多条配置命令，执行 send_config_set()函数时，华为设备会自动执行 system-view 命令进入配置模式，命令执行完成后将自动执行 quit 命令退出；思科设备会自动执行 config terminal 命令进入配置模式，命令执行完成后将自动执行 end 命令退出。其他厂商设备执行各自的相应命令。下面是在华为设备上配置 OSPF 协议时使用的代码。

```
commands = ['ospf 10',
            'area 0',
            'network 10.0.0.0 0.255.255.255 area 0',
            'network 192.168.100.0 0.0.0.255 area 1']
result = ssh.send_config_set(commands)
```

其执行过程是自动执行 system-view 命令进入配置模式，接着执行 commands 中的每条命令，最后自动执行 quit 命令。

④ send_config_from_file()：在配置命令数量较多时，可将所有命令写入配置文件，send_config_from_file()用于从该配置文件中读取命令完成配置。send_config_from_file()也会自动进入配置模式，命令执行完成后将自动执行退出命令。下面是 send_config_from_file()函数读取文件的用法。

```
result = ssh.send_config_from_file('config_ospf.txt')
```

（2）其他常用命令

① 保存配置：下面是在华为设备上执行 save_config ()命令保存配置的示例。

```
result = ssh.save_config(cmd='save', confirm=True, confirm_response='y')
print(result)
```

② 关闭 SSH 会话。

```
ssh.disconnect() # 关闭连接
```

任务实施

A 公司的网络已经在正常运行。目前该网络只能分析到三层网络拓扑结构，无法确定网络设备的详细拓扑信息。本任务通过 LLDP 获取设备二层信息以快速获取相连设备的拓扑信息，并以图形化方式显示交换机和路由器之间的路径。本任务只考虑深圳总部园区网络和服务器区网络，使用如表 6-3 所示的 IP 地址连接各设备。

按照公司的整体网络规划，运维部工程师将对深圳总部园区网络和服务器区网络使用 netmiko 模块来实现自动网络拓扑的发现，需要完成的任务如下。

（1）配置设备的 SSH 服务和 LLDP。

（2）编写 Python 脚本。

（3）运行 Python 脚本。

（4）查看网络拓扑图。

1. 配置设备的 SSH 服务和 LLDP

需要手动配置路由器 SZ1、SZ2 以及交换机 S1、S2、S4 的 SSH 服务。路由器和交换机的 SSH 服务配置稍有不同，下面以路由器 SZ1 和交换机 S1 的配置为例进行介绍。

（1）配置路由器的 SSH 服务

```
[SZ1]aaa
[SZ1-aaa]local-user python password cipher Huawei12#$
[SZ1-aaa]local-user python service-type ssh
[SZ1-aaa]local-user python privilege level 3
[SZ1-aaa]quit
[SZ1]stelnet server enable
[SZ1]ssh user python authentication-type password
[SZ1]user-interface vty 0 4
[SZ1-ui-vty0-4]authentication-mode aaa
[SZ1-ui-vty0-4]user privilege level 3
[SZ1-ui-vty0-4]protocol inbound ssh
```

（2）配置交换机的 SSH 服务

```
[S1]aaa
[S1-aaa]local-user python password cipher Huawei12#$
[S1-aaa]local-user python service-type ssh
[S1-aaa]local-user python privilege level 3
[S1-aaa]quit
[S1]stelnet server enable
[S1]ssh user python
[S1]ssh user python authentication-type password
[S1]ssh user python service-type stelnet
[S1]user-interface vty 0 4
[S1-ui-vty0-4]authentication-mode aaa
```

```
[S1-ui-vty0-4]user privilege level 3
[S1-ui-vty0-4]protocol inbound ssh
```

（3）验证 SSH 服务

```
[SZ1]display ssh server status
 SSH version                      :1.99
 SSH connection timeout           :60 seconds
 SSH server key generating interval  :0 hours
 SSH Authentication retries       :3 times
 SFTP Server                      :Disable
 Stelnet server                   :Enable      # STelnet 已启用

[S1] display ssh server status
 SSH version                      :1.99
 SSH connection timeout           :60 seconds
 SSH server key generating interval  :0 hours
 SSH authentication retries       :3 times
 SFTP server                      :Disable
 Stelnet server                   :Enable      # STelnet 已启用
 Scp server                       :Disable
```

（4）配置设备的 LLDP 功能

需要在路由器和交换机上进行手动配置。全局启用路由器和交换机的 LLDP 功能。路由器和交换机的配置相同，下面以在交换机 S1 上启用全局 LLDP 为例进行介绍。

```
[S1]lldp enable
```

2. 编写 Python 脚本

编写脚本的思路是首先使用 netmiko 模块的 SSH 登录每台设备，执行 display lldp neighbor brief 命令收集网络拓扑信息；其次，将每台设备的输出保存为一个 TXT 文件，文件名格式为 display_lldp_x.txt，其中 x 为设备名；再次，解析每台设备的 display_lldp_x.txt 文件，输出拓扑文件 topology.yaml；最后，根据拓扑文件画出网络拓扑图。

（1）导入需要的模块

```
import json,netmiko                                      # 导入 json 和 netmiko 模块
from netmiko import NetmikoTimeoutException              # 导入 netmiko 连接超时异常
from netmiko import NetmikoAuthenticationException       # 导入 netmiko 验证异常
import yaml
import glob
from draw_network_graph import draw_topology             # 导入自定义模块
```

（2）编写网络设备信息文件

将所有设备的信息写入一个 JSON 文件，文件名为 top_devices.json，包括 netmiko 模块用到的 devie-type，以及 SSH 登录设备需要的 IP 地址、登录用户名和密码。文件内容如下。

```
{
    "SZ1": {
            "device_type":"huawei",
            "ip":"10.2.12.1",
            "username":"python",
            "password":"Huawei12#$"
        },
    "SZ2": {
            "device_type":"huawei",
```

```
            "ip":"10.2.12.2",
            "username":"python",
            "password":"Huawei12#$"
        },
    "S1": {
            "device_type":"huawei",
            "ip":"10.1.4.252",
            "username":"python",
            "password":"Huawei12#$"
        },
    "S2": {
            "device_type":"huawei",
            "ip":"10.1.4.253",
            "username":"python",
            "password":"Huawei12#$"
        },
    "S4": {
            "device_type":"huawei",
            "ip":"10.3.1.254",
            "username":"python",
            "password":"Huawei12#$"
        }
}
```

（3）定义函数 get_connect_info()

该函数的主要功能是读取 top_devices.json 文件，获取每台设备的 netmiko 连接参数。

```
def get_connect_info(info_filename):
    try:
        with open(info_filename) as f:          # 打开设备信息的 JSON 文件
            devices = json.load(f)               # 读取设备信息，发回字典 devices
            print(devices)                       # 输出字典 devices
            for key in devices.keys():           # 遍历字典的键
                config_device(key,devices[key])  # 调用 config_device() 函数
    except FileNotFoundError:
        print("the file does not exist.")
```

（4）定义函数 config_device()

该函数的主要功能是根据设备的连接信息，使用 netmiko SSH 登录设备后，向设备发送命令 display lldp neighbor brief，并将命令的输出写入文件"display_lldp_" + 设备名 + ".txt"。

```
def config_device(device,device_info):
    try:
        print("SSH 正在登录设备 %s ……" % device )
        # 使用 netmiko 连接设备
        with netmiko.ConnectHandler(**device_info) as conn:
            print("SSH 已登录设备 %s " % device)
            print("SSH 正在向 %s 设备发送命令" % device)
            ret = conn.send_command("display lldp neighbor brief")
            print(ret)
            lldp_filename = "display_lldp_" + device + ".txt"
            try:
```

307

```
                    with open(lldp_filename,"w") as f:
                        f.write(ret)
                except Exception as e:
                    print(e)
            except (NetmikoTimeoutException,
                    NetmikoAuthenticationException) as error:
                print("SSH 登录设备 %s 不成功。错误信息如下: \n %s " % (device,error))
```

函数执行后的输出文件如下。

```
display_lldp_S1.txt, display_lldp_S2.txt, display_lldp_S4.txt,
display_lldp_SZ1.txt, display_lldp_SZ2.txt
```

文件内容就是每台设备的 display lldp neighbor brief 命令的输出结果，如 display_lldp_S1.txt 文件的内容如下。

```
Local Intf     Neighbor Dev          Neighbor Intf         Exptime
GE0/0/1        SZ1                   GE0/0/1               103
GE0/0/23       S2                    GE0/0/23              114
GE0/0/24       S2                    GE0/0/24              114
```

（5）定义函数 parse_dis_lldp_neighbors()

该函数的主要功能是解析函数 config_device()输出的每个文件，返回每个文件的解析结果，并将解析结果保存在一个字典中。

```
def parse_dis_lldp_neighbors(device_name,filename):
    list1 = []
    device_dict = {}
    connect_dict = {}
    neigh_dict = {}
    with open(filename) as f:
        content = f.readlines()
        for line in content:
            if line.startswith("Local"):          # 删除第一行
                continue
            if line == "\n":                       # 删除最后一行
                continue
            lldp_info = line.strip().split(" ")
            for each in lldp_info:
                if each == "":                     # 删除空格
                    continue
                else:
                    list1.append(each)
            neigh_dict[list1[1]] = list1[2]
            connect_dict[list1[0]] = neigh_dict
            list1 = []
            neigh_dict = {}
        device_dict[device_name] = connect_dict
        return device_dict                         # 返回文件的解析结果
```

函数执行后输出每台设备的 LLDP 的解析结果，如交换机 S2 的解析结果如下。

```
{'S2': {'GE0/0/1': {'SZ1': 'GE0/0/2'},
        'GE0/0/23': {'S1': 'GE0/0/23'},
        'GE0/0/24': {'S1': 'GE0/0/24'}
       }
}
```

（6）定义函数 generate_topology_from_lldp()

该函数的主要功能是将函数 parse_dis_lldp_neighbors()处理后的每台设备的解析结果写入 YAML 文件，YAML 文件格式便于画出网络拓扑图。

```
def generate_topology_from_lldp(list_of_files, save_to_filename=None):
    topology = {}
    for filename in list_of_files:
        device_name = filename.split(".")[0].split("_")[-1]
        topology.update(parse_dis_lldp_neighbors(device_name,filename))
    if save_to_filename:
        with open(save_to_filename, "w") as f_out:
            yaml.dump(topology, f_out, default_flow_style=False)
    return topology
```

（7）定义函数 transform_topology()

该函数的主要功能是将函数 generate_topology_from_lldp()产生的 YAML 文件转换为画图元素。

```
def transform_topology(topology_filename):
    with open(topology_filename) as f:
        raw_topology = yaml.safe_load(f)
    formatted_topology = {}
    for l_device, peer in raw_topology.items():
        for l_int, remote in peer.items():
            r_device, r_int = list(remote.items())[0]
            if not (r_device, r_int) in formatted_topology:
                formatted_topology[(l_device, l_int)] = (r_device, r_int)
    return formatted_topology
```

（8）定义主函数

主函数将依次调用前面的各个函数，完成自动拓扑发现功能。

```
if __name__ == "__main__":
# 将所有设备的信息格式化为 JSON 文件
    filename = 'top_devices.json'
# 通过每台设备的连接信息登录设备，输出每台设备 LLDP 的解析结果文件
    get_connect_info(filename)
# 使用 glob()函数找到当前目录下所有以 display_lldp_开头的文件
    f_list = glob.glob("display_lldp_*")
    # 解析文件，并将其转换为 topology.yaml 文件
    print(generate_topology_from_lldp(f_list, save_to_filename="topology.yaml"))
# 通过 topology.yaml 文件信息获得画图元素
    formatted_topology = transform_topology("topology.yaml")
# 画出网络拓扑图
    draw_topology(formatted_topology)
```

（9）draw_topology()函数

该函数的主要功能是根据 transform_topology()函数获得的画图元素并画出网络拓扑图。为该函数专门编写一个 draw_network_grapg.py 文件，文件内容如下。

```
import sys
try:
    import graphviz as gv
except ImportError:
    print("Module graphviz needs to be installed")
```

```python
        print("pip install graphviz")
        sys.exit()
    styles = {                              # 定义图样式
        "graph": {
            "label": "拓扑图",
            "fontsize": "10",
            "fontcolor": "white",
            "bgcolor": "#3F3F3F",
            "rankdir": "BT",
        },
        "nodes": {                          # 定义画出来的设备的形状
            "fontname": "Helvetica",
            "shape": "box",
            "fontcolor": "white",
            "color": "#006699",
            "style": "filled",
            "fillcolor": "#006699",
            "margin": "0.4",
        },
        "edges": {                          # 定义设备之间的连线
            "style": "dashed",
            "color": "green",
            "arrowhead": "open",
            "fontname": "Courier",
            "fontsize": "14",
            "fontcolor": "white",
        },
    }
    def apply_styles(graph, styles):
        graph.graph_attr.update(("graph" in styles and styles["graph"]) or {})
        graph.node_attr.update(("nodes" in styles and styles["nodes"]) or {})
        graph.edge_attr.update(("edges" in styles and styles["edges"]) or {})
        return graph
    def draw_topology(topology_dict,
                      out_filename="topology", style_dict=styles):
        nodes = set([item[0] for item in
                    list(topology_dict.keys()) + list(topology_dict.values())]
        )
        graph = gv.Graph(format="svg")              # 保存图片格式
        for node in nodes:
            graph.node(node)
        for key, value in topology_dict.items():
            head, t_label = key
            tail, h_label = value
            graph.edge(head, tail, headlabel=h_label,
                    taillabel=t_label, label=" " * 12)
        graph = apply_styles(graph, style_dict)
        filename = graph.render(filename=out_filename)
        print("Topology saved in", filename)
```

（10）安装 graphviz 模块和软件

在 draw_network_grapg.py 文件中用到了 Python 的画图模块 graphviz，该模块不是 Python 标准模块，需要先安装后使用。下面是安装 graphviz 模块的命令。

```
pip install graphviz
```

另外，上面的程序需要将网络拓扑图输出到一个图片文件中，还需要安装 graphviz 的应用程序，安装文件为 windows_10_cmake_Release_graphviz-install-6.0.1-win64.exe，需由读者到其官网自行下载。需要注意的是，安装时要将 graphviz 模块的安装路径添加到系统路径中。

3. 运行 Python 脚本

```
SSH 正在登录设备 SZ1……
SSH 已登录设备 SZ1
SSH 正在向 SZ1 设备发送命令
Local Intf    Neighbor Dev      Neighbor Intf        Exptime
GE0/0/0       SZ2               GE0/0/0              96
GE0/0/1       S1                GE0/0/1              107
GE0/0/2       S2                GE0/0/1              116
GE1/0/0       S4                GE0/0/2              109
SSH 正在登录设备 SZ2……
SSH 已登录设备 SZ2
SSH 正在向 SZ2 设备发送命令
Local Intf    Neighbor Dev      Neighbor Intf        Exptime
GE0/0/0       SZ1               GE0/0/0              90
GE1/0/0       S4                GE0/0/1              93
SSH 正在登录设备 S1……
SSH 已登录设备 S1
SSH 正在向 S1 设备发送命令
Local Intf    Neighbor Dev      Neighbor Intf        Exptime
GE0/0/1       SZ1               GE0/0/1              112
GE0/0/23      S2                GE0/0/23             106
GE0/0/24      S2                GE0/0/24             106
SSH 正在登录设备 S2……
SSH 已登录设备 S2
SSH 正在向 S2 设备发送命令
Local Intf    Neighbor Dev      Neighbor Intf        Exptime
GE0/0/1       SZ1               GE0/0/2              103
GE0/0/23      S1                GE0/0/23             117
GE0/0/24      S1                GE0/0/24             96
SSH 正在登录设备 S4……
SSH 已登录设备 S4
SSH 正在向 S4 设备发送命令
Local Intf    Neighbor Dev      Neighbor Intf        Exptime
GE0/0/1       SZ2               GE1/0/0              115
GE0/0/2       SZ1               GE1/0/0              93
['display_lldp_S1.txt', 'display_lldp_S2.txt', 'display_lldp_S4.txt', 'display_
lldp_SZ1.txt', 'display_lldp_SZ2.txt']
Topology saved in topology.svg
```

4. 查看网络拓扑图

网络拓扑图保存在 topology.svg 文件中。打开文件，可以看到整个网络的拓扑，如图 6-6 所示。

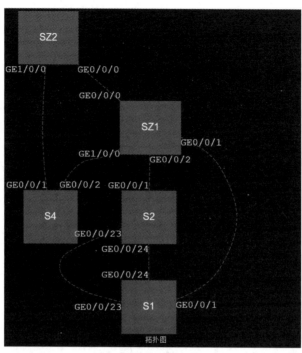

图 6-6　网络拓扑

任务评价

评价指标	评价观测点	评价结果		
理论知识	1. LLDP 工作原理的理解 2. JSON 数据格式的理解 3. netmiko 模块的使用	自我测评 □ A　□ B　□ C		
		教师测评 □ A　□ B　□ C		
职业能力	1. 掌握 LLDP 配置 2. 掌握 SSH 配置 3. 掌握 Python 解析 JSON 的方法 4. 掌握 netmiko 模块的使用方法	自我测评 □ A　□ B　□ C		
		教师测评 □ A　□ B　□ C		
职业素养	1. 设备操作规范 2. 故障排除思路 3. 报告书写能力 4. 查阅文献能力 5. 语言表达能力 6. 团队协作能力	自我测评 □ A　□ B　□ C		
		教师测评 □ A　□ B　□ C		
综合评价	1. 理论知识（40%） 2. 职业能力（40%） 3. 职业素养（20%）	自我测评 □ A　□ B　□ C		
		教师测评 □ A　□ B　□ C		
学生签字：	教师签字：　　　　　　年　　月　　日			

任务总结

本任务详细介绍了 JSON 数据格式和 netmiko 模块的使用等网络知识。同时，本任务以真实的工作任务为载体，介绍了 LLDP 配置、SSH 配置、Python 解析 JSON 的方法和 netmiko 模块的使用方法等职业技能，并详细介绍了相关验证和调试的过程。熟练掌握这些网络基础知识和基本技能将为在复杂网络中实施自动化运维工作奠定坚实的基础。

知识巩固

1. LLDP 工作在网络模型中的第（　　　）层。
   A. 3　　　　　　　　　B. 2　　　　　　　　C. 4　　　　　　　　D. 1
2. （　　　）是 netmiko 的核心类。
   A. Connect 类　　　　　　　　　　　B. Command 类
   C. ConnectHandler 类　　　　　　　　D. DeviceType 类
3. （　　　）是 netmiko 模块相比 paramiko 模块的细节优化和简化。
   A. 不需要导入 time 模块进行休眠
   B. 在输入命令后面加换行符
   C. 不能调用配置模板
   D. 华为设备不需要执行 system-view、quit 等命令
4. 下面关于 JSON 语法规则正确的有（　　　）。
   A. 键和值之间使用冒号 ":" 进行隔离
   B. 键值对中数据由逗号 "," 分隔
   C. 花括号 "{}" 用于保存对象
   D. 方括号 "[]" 用于保存数组
5. Python JSON 模块提供的方法有（　　　）。
   A. loads　　　　　　　　　　　　　B. open
   C. close　　　　　　　　　　　　　D. dumps

项目实战

1. 项目目的

通过本项目训练可以掌握以下内容。

（1）配置网络设备的 SSH 服务。

（2）熟练掌握 netmiko 模块的使用。

（3）通过 netmiko 模块下发 SNMP 配置。

（4）通过 netmiko 模块下发 NTP 配置。

（5）通过 netmiko 模块收集网络巡检的信息。

（6）在 netmiko 模块的基础上结合 graphviz 模块画出网络拓扑图。

2. 项目拓扑

项目网络拓扑如图 6-7 所示。

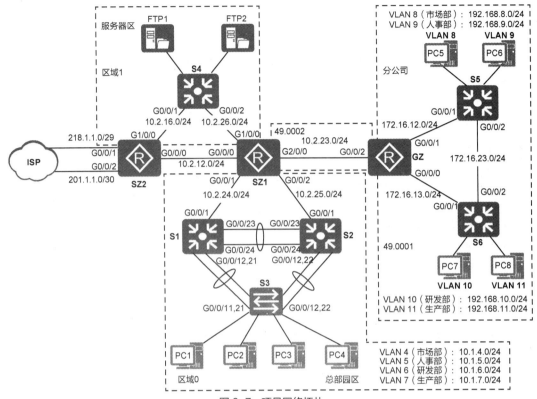

图 6-7　项目网络拓扑

3. 项目实施

基于图 6-7 所示的网络拓扑，实现网络日常的运维工作。需要注意的是，这里只考虑总部园区网络和服务器区网络。工程师需要完成的任务如下。

（1）配置总部园区、服务器区和广州分公司所有网络设备的 SSH 服务。

（2）编写总部园区、服务器区和广州分公司所有网络设备的 device-type 的文件，用于 netmiko 模块调用。

（3）根据路由器和交换机的配置命令编写相应的配置文件。

（4）使用 netmiko 模块发送配置文件中的命令到各设备中执行。

（5）收集日常巡检的信息，并将其保存到文件中。

（6）收集设备的 LLDP 信息，并将其保存到文件中。

（7）解析 LLDP 文件获得设备的连接接口。

（8）通过解析后的文件画出网络拓扑图。

（9）完成后撰写项目报告。

附录

缩略语中英对照表

英文缩写	英文全称	中文全称
3DES	Triple DES	三重数据加密标准
ABR	Area Border Router	区域边界路由器
AC	Access Controller	控制接入器
AES	Advanced Encryption Standard	高级加密标准
AFI	Authority and Format Identifier	权限和格式标识符
AH	Authentication Header	鉴别头
AP	Alternate Port	替换端口
AP	Access Point	接入点
ARP	Address Resolution Protocol	地址解析协议
ASBR	Autonomous System Boundary Router	自治系统边界路由器
ASE	Autonomous System External	自治系统外部
ATT	Attachment	区域关联
BDR	Backup Designated Router	备份指定路由器
BGP	Border Gateway Protocol	边界网关协议
BID	Bridge Identifier	桥 ID
BMA	Broadcast Multiple Access	广播多路访问
BOM	Beginning Of Message	报文开始
BP	Blocking Port	阻塞端口
BP	Back Port	备份端口
BPDU	Bridge Protocol Data Unit	网桥协议数据单元
BR	Backbone Router	骨干路由器
CAPWAP	Control And Provisioning of Wireless Access Points Protocol Specification	无线接入点控制和配置协议规范
CCMP	Counter CBC-MAC Protocol	计数器模式密码块链消息完整码协议
CFI	Canonical Format Indicator	标准格式指示位
CLI	Command Line Interface	命令行界面
CLNP	Connectionless Network Protocol	无连接网络协议
CLNS	Connectionless Network Service	无连接网络服务

英文缩写	英文全称	中文全称
CMU	Centralized Monitoring Unit	集中监控板
CPU	Central Processing Unit	中央处理器
CSMA/CA	Carrier Sense Multiple Access with Collision Avoidance	带冲突避免的载波监听多路访问
CSNP	Complete SNP	完整 SNP
CSS	Cluster Switch System	集群交换系统
CTS	Clear to Send	允许发送
DAD	Duplicate Address Detection	重复地址检测
DCF	Distribute Coordination Function	分布协调功能
DD	Database Description	数据库描述
DDR	Double Data Rate	双倍速内存
DES	Data Encryption Standard	数据加密标准
DHCP	Dynamic Host Configuration Protocol	动态主机配置协议
DIFS	Distributed Interframe Space	分布式帧间间隔
DIS	Designated Intermediate System	指定中间系统
DM	Detect Multi	检测倍数
DoS	Denial of Service	拒绝服务
DP	Designated Port	指定端口
DR	Designated Router	指定路由器
DSCP	Differentiated Services Code Point	区分服务码点
DSP	Domain Specific Part	特定域部分
DSSS	Direct Sequence Spread Spectrum	直接序列扩频
DTLS	Datagram Transport Layer Security	数据传输层安全协议
EGP	Exterior Gateway Protocol	外部网关协议
EP	Edge Port	边缘端口
ES	End System	终端系统
ESP	Encapsulating Security Payload	封装安全负载
FA	Forwarding Address	转发地址
FCC	Federal Communications Commission	联邦通信委员会
FHRP	First Hop Redundancy Protocol	第一跳冗余协议
FHSS	Frequency-Hopping Spread Spectrum	跳频扩频
FPU	Floating Processing Unit	浮点计算单元
FTP	File Transfer Protocol	文件传送协议
GLBP	Gateway Load Balance Protocol	网关负载均衡协议
GSM	Global System for Mobile Communications	全球移动通信系统
HDLC	High-level Data Link Control	高级数据链路控制

英文缩写	英文全称	中文全称
HODSP	High Order DSP	高位 DSP
HSB	Hot Standby Backup	热备份
HSRP	Hot Standby Router Protocol	热备份路由器协议
HTTP	Hypertext Transfer Protocol	超文本传送协议
HTTPS	Hypertext Transfer Protocol Secure	超文本传送安全协议
IANA	Internet Assigned Numbers Authority	因特网编号分配机构
ICMP	Internet Control Message Protocol	互联网控制报文协议
ICMPv6	Internet Control Message Protocol Version 6	第 6 版互联网控制报文协议
ICT	Information and Communication Technology	信息与通信技术
IDI	Initial Domain Identifier	初始域标识符
IDP	Initial Domain Part	初始域部分
IETF	Internet Engineering Task Force	因特网工程任务组
IKE	Internet Key Exchange	互联网密钥交换
IP	Internet Protocol	互联网协议
IPSec	Internet Protocol Security	互联网安全协议
IPv4	Internet Protocol Version 4	第 4 版互联网协议
IPv6	Internet Protocol Version 6	第 6 版互联网协议
IR	Internal Router	内部路由器
IS	Intermediate System	中间系统
ISAKMP	Internet Security Association and Key Management Protocol	互联网安全关联和密钥管理协议
IS-IS	Intermediate System-to-Intermediate System	中间系统到中间系统
ISO	International Organization for Standardization	国际标准化组织
iStack	intelligent Stack	智能堆叠
IV	Initialization Vector	初始向量
JSON	JavaScript Object Notation	JS 对象简谱
LACP	Link Aggregation Control Protocol	链路聚合控制协议
LACPDU	Link Aggregation Control Protocol Data Unit	LACP 数据单元
LAG	Link Aggregation Group	聚合组
LLDP	Link Layer Discovery Protocol	链路层发现协议
LPU	Line Processing Unit	业务板
LSA	Link State Advertisement	链路状态通告
LSAck	Link State Acknowledgement	链路状态确认
LSP	Link State Packet	链路状态分组
LSR	Link State Request	链路状态请求
LSU	Link State Update	链路状态更新

英文缩写	英文全称	中文全称
MAC	Medium Access Control	介质访问控制
MD	Message Digest	报文摘要
MIB	Management Information Base	管理信息库
MLD	Multicast Listener Discovery	组播接收方发现
MPU	Main Processing Unit	主控板
MSTI	Multiple Spanning Tree Instance	多生成树实例
MSTP	Multiple Service Transport Platform	多业务传送平台
MTBF	Mean Time Between Failures	平均故障间隔时间
MTU	Maximum Transmission Unit	最大传输单元
MUX VLAN	Multiplex VLAN	多路 VLAN
NA	Neighbor Advertisement	邻居通告
NAC	Network Access Controller	网络接入控制器
NBMA	Non-Broadcast Multiple Access	非广播多路访问
NDP	Neighbor Discovery Protocol	邻居发现协议
NET	Network Entity Titles	网络实体名称
NMS	Network Management Station	网络管理工作站
NS	Neighbor Solicitation	邻居请求
NSAP	Network Service Access Point	网络服务访问点
NSEL	NSAP Selector	NSAP 选择器
NSSA	Not-So-Stubby	次末节
NVRAM	Non-Volatile Random Access Memory	非易失性随机访问存储器
OFDM	Orthogonal Frequency Division Multiplexing	正交频分复用
OID	Object Identifier	对象标识符
OL	Overload	过载
OOB	Out-Of-Band	带外
OSI	Open System Interconnection	开放系统互连
OSPF	Open Shortest Path First	开放最短路径优先
OUI	Organizationally Unique Identifier	组织唯一标识符
PR	Partition Repair	区域修复
P2P	Point-to-Point	点到点
PCB	Printed Circuit Board	印制电路板
PFS	Perfect Forward Secrecy	完善的前向安全性
PID	Port Identifier	端口 ID
PMTU	Path MTU	通路最大传输单元
PoE	Power over Ethernet	以太网供电

续表

英文缩写	英文全称	中文全称
PPP	Point-to-Point Protocol	点到点协议
PRI	Priority	优先级
PSE	Power Sourcing Equipment	供电设备
PSNP	Partial SNP	部分 SNP
PVID	Port-base VLAN ID	基于端口的 VLAN ID
R	Reserved	保留位
RA	Router Advertisement	路由器通告
RD	Routing Domain	路由域
RIP	Route Information Protocol	路由信息协议
RIPng	RIP next generation	下一代路由选择信息协议
RIR	Regional Internet Registry	区域互联网注册机构
ROM	Read-Only Memory	只读存储器
RP	Root Port	根端口
RS	Router Solicitation	路由器请求
RSTP	Rapid Spanning Tree Protocol	快速生成树协议
RSVP	Resource Reservation Protocol	资源预留协议
RTS	Request to Send	请求发送
RX	Required Min RX Interval	最小接收时间间隔
SA	Security Association	安全关联
SDRAM	Synchronous Dynamic Random Access Memory	同步动态随机存储器
SFTP	SSH File Transfer Protocol	SSH 文件传送协议
SIC	Smart Interface Card	智能接口卡
SIFS	Short Interframe Space	短帧间间隔
SNAP	Sub Network Access Protocol	子网访问协议
SNMP	Simple Network Management Protocol	简单网络管理协议
SNP	Sequence Number	序列号
SNPA	Subnetwork Point of Attachment	子网连接点
SOHO	Small Office Home Office	公寓式办公楼
SPF	Shortest Path First	最短路径优先
SPI	Security Parameter Index	安全参数索引
SSH	Secure Shell	安全外壳
SSL	Secure Socket Layer	安全套接字层
SST	Single Spanning Tree	单生成树
STP	Spanning Tree Protocol	生成树协议
TCN	Topology Change Notification	拓扑变化通知
TKIP	Temporal Key Integrity Protocol	时限密钥完整性协议
TLV	Type/Length/Value	类型/长度/值
TPID	Tag Protocol Identifier	标签协议标识符

英文缩写	英文全称	中文全称
TX	Desired Min TX Interval	最小发送时间间隔
UDP	User Datagram Protocol	用户数据报协议
UNII	Unlicensed National Information Infrastructure	未经授权的国家信息基础设施
URL	Uniform Resource Locater	统一资源定位符
USB	Universal Serial Bus	通用串行总线
USM	User-based Security Model	基于用户的安全模块
VACM	View-based Access Control Model	基于视图的访问控制模型
VAP	Virtual Access Point	虚拟接入点
VLAN	Virtual Local Area Network	虚拟局域网
VLAN ID	VLAN Identifier	VLAN 标识符
VRP	Versatile Routing Platform	通用路由平台
VTY	Virtual Type Terminal	虚拟类型终端
WEP	Wired Equivalent Privacy	有线等效保密
WINS	Windows Internet Naming Server	Windows Internet 命名服务器
WPA	Wi-Fi Protected Access	Wi-Fi 保护接入
CIST	Common and Internal Spanning Tree	公共和内部生成树
CST	Common Spanning Tree	公共生成树
IST	Internal Spanning Tree	内部生成树